新时代大数据管理与应用专业
新形态系列教材

Multivariate Statistical Analysis

多元统计分析

张建同◎编著

U0435763

清华大学出版社
北京

内 容 简 介

多元统计分析在多个领域展现广泛的应用价值。本书主要介绍多元统计分析的相关内容，包括随机向量、多元正态分布、统计推断、多元线性回归、主成分分析、因子分析、聚类分析、判别分析、分类神经网络、路径分析和结构方程等。书中主要的多元统计方法都以常用的统计软件 SPSS 和 JMP 作为求解运算与分析工具。

本书既可作为高等院校工科类和经济管理类本科高年级和硕士的教材，也可作为各类经济管理人员的参考用书。

图书在版编目（CIP）数据

多元统计分析 / 张建同编著. -- 北京 ：清华大学出版社，2025. 2.
（新时代大数据管理与应用专业新形态系列教材）.
ISBN 978-7-302-67969-1

Ⅰ. O212.4

中国国家版本馆 CIP 数据核字第 2025LF5876 号

责任编辑：张　伟
封面设计：李召霞
责任校对：宋玉莲
责任印制：刘海龙

出版发行：清华大学出版社
网　　址：https://www.tup.com.cn，https://www.wqxuetang.com
地　　址：北京清华大学学研大厦 A 座　　**邮　　编**：100084
社 总 机：010-83470000　　**邮　　购**：010-62786544
投稿与读者服务：010-62776969，c-service@tup.tsinghua.edu.cn
质量反馈：010-62772015，zhiliang@tup.tsinghua.edu.cn
课件下载：https://www.tup.com.cn，010-83470332
印 装 者：小森印刷霸州有限公司
经　　销：全国新华书店
开　　本：185mm×260mm　　**印　　张**：17.25　　**字　　数**：406 千字
版　　次：2025 年 3 月第 1 版　　**印　　次**：2025 年 3 月第 1 次印刷
定　　价：59.00 元

产品编号：098888-01

丛书专家指导委员会

（按姓氏拼音排序）

胡祥培　大连理工大学

黄文彬　北京大学

梁昌勇　合肥工业大学

谭跃进　国防科技大学

唐加福　东北财经大学

王兴芬　北京信息科技大学

王育红　江南大学

吴　忠　上海商学院

徐　心　清华大学

叶　强　中国科技大学

前言

在人工智能和大数据时代，多元统计分析作为统计学的重要分支，扮演着越来越重要的角色。它不仅能够揭示多个变量之间的复杂关系，还能够为科学研究、商业决策、政策制定等领域提供有力的数据支持。因此，编写一本系统、全面且易于理解的多元统计分析教材，对于培养数据分析人才、推动学科发展具有重要意义。

本书旨在为读者提供一本全面、实用的多元统计分析教材。我们力求通过深入浅出的方式，将多元统计分析的基本理论、方法及其应用系统地呈现给读者。本书不仅涵盖了多元统计分析的基本概念、原理和方法，还注重结合实际应用案例，使读者能够更好地理解和掌握所学知识。鉴于计算机已成为解决统计问题的得力助手，本书特别注重将主要的多元统计方法与计算机软件 SPSS 和 JMP 相结合，作为求解运算和分析的主要工具，从而显著提升本书的实用价值和读者的计算机应用能力。

为突出《多元统计分析》这本教材的应用特点，书中采用问题引导型的编写方法，在各主要章节一开始就提出一个或若干典型的应用案例，用以说明本章节内容的应用领域及其所能解决的问题，并始终以解决这些问题为主线展开教材内容；在各章的最后则以一个或若干案例问题，运用所学知识进行系统分析，以此作为对整章教学内容的总结。

本书设置了案例和课后习题，并提供了参考答案，以便读者进行自我检测和巩固提升。本书录制了 SPSS 软件操作的参考视频，以直观展示软件应用过程。

本书的案例、SPSS 软件操作视频及课后习题由同济大学经济与管理学院张建军副教授及博士生孙嘉青、陈婷婷、郭雨姗、张玲珍协助完成。全书由张建同教授总纂并定稿。尽管我们付出了诸多努力，但书中难免仍存在不足之处，恳请广大读者批评指正，以便我们不断改进和完善。

张建同

2024 年 7 月于上海

目录

第 1 章

随机向量与多元正态分布

以往，我们只讨论一个随机变量的情况，与之相关的一元离散型随机分布（如二项分布、泊松分布、超几何分布等）和一元连续型随机分布（如一元正态分布、t 分布、χ^2 分布、F 分布等）在理论和实际应用中都有着重要的地位。

但在实际问题中，对于某些随机试验的结果需要同时用两个或两个以上的随机变量来描述。例如，为了研究某一地区学龄前儿童的发育情况，对这一地区的儿童进行抽查。对于每个儿童，都能观察到他的身高 X_1 和体重 X_2。因此，相对于某地区全部学龄前儿童这一样本空间，由它们构成的一个向量(X_1, X_2)，就形成二维随机向量。又如研究公司的运营情况时，要涉及公司的资金周转能力 X_1、偿债能力 X_2、获利能力 X_3 及竞争能力 X_4 等财务指标，这样向量(X_1, X_2, X_3, X_4)就形成一个四维随机向量。

引导案例

制造公司产品质量检测

在一家制造公司的质量控制部门，负责监督产品质量的工程师小李面临着一项重要任务。公司生产的产品涉及多个技术指标，包括尺寸、重量、硬度，这些指标共同构成了一个随机向量 $\boldsymbol{X}=(X_1, X_2, X_3)$，符合三元正态分布。小李通过质量控制分析得知，协方差矩阵$\boldsymbol{\Sigma}$如下：

$$\boldsymbol{\Sigma}=\begin{bmatrix} 4 & 1.5 & 0.8 \\ 1.5 & 9 & 2.5 \\ 0.8 & 2.5 & 5 \end{bmatrix}$$

现有两个产品 A 和 B 的技术指标数据为：产品 A，$\boldsymbol{X}_{\mathrm{A}}=(10,20,30)$；产品 B，$\boldsymbol{X}_{\mathrm{B}}=(12,18,28)$。小李知道，为了评估产品之间的差异程度，他需要使用统计距离来衡量随机向量之间的差异。最初，他选择了欧氏距离来计算产品之间的距离：

$$\begin{aligned} d_E(\mathrm{A},\mathrm{B}) &= \sqrt{(X_{\mathrm{A}1}-X_{\mathrm{B}1})^2+(X_{\mathrm{A}2}-X_{\mathrm{B}2})^2+(X_{\mathrm{A}3}-X_{\mathrm{B}3})^2} \\ &= \sqrt{(10-12)^2+(20-18)^2+(30-28)^2}=\sqrt{12}\approx 3.464 \end{aligned}$$

但很快他发现这种简单的距离度量没有考虑到变量之间的相关性。有时，产品的不同技术指标之间可能存在关联，而欧氏距离无法准确地反映这种关系。

本章将介绍随机向量、统计距离与马氏距离、多元正态分布的定义及其相关性质。

1.1 随机向量

1.1.1 随机向量基本定义

假定所讨论的是多个变量的总体，所研究的数据是同时观测 p 个指标(即变量)，进行了 n 次观测得到的(这里 n 实际是样本容量的概念)。可以将 p 个指标表示为 $X_1, X_2, \cdots, X_p$。常用向量

$$\boldsymbol{X}=(X_1, X_2, \cdots, X_p)^{\mathrm{T}}$$

表示对同一个个体观测的 p 个指标。这样经过 n 次观测，则可得到如表 1.1 所示的数据，称每个个体的 p 个指标为一个样品，而全体 n 个样品形成一个样本。

表 1.1 样本容量为 n 的一个多元随机样本

样品序号	变量(指标)			
	X_1	X_2	$\cdots$	X_p
1	x_{11}	x_{12}	$\cdots$	x_{1p}
2	x_{21}	x_{22}	$\cdots$	x_{2p}
$\vdots$	$\vdots$	$\vdots$		$\vdots$
n	x_{n1}	x_{n2}	$\cdots$	x_{np}

横看表 1.1，记

$$\boldsymbol{X}_{(i)}=(x_{i1}, x_{i2}, \cdots, x_{ip})^{\mathrm{T}}, i=1,2,\cdots,n$$

表示第 i 个样品的各个指标的观测值。

竖看表 1.1，第 j 列的元素：

$$\boldsymbol{X}_j=(x_{1j}, x_{2j}, \cdots, x_{nj})^{\mathrm{T}}, j=1,2,\cdots,p$$

表示对第 j 个变量 X_j 的 n 次观测值。

多元随机向量的样本数据可以用矩阵进行描述：

$$\boldsymbol{X}=\begin{bmatrix} x_{11} & x_{12} & \cdots & x_{1p} \\ x_{21} & x_{22} & \cdots & x_{2p} \\ \vdots & \vdots & & \vdots \\ x_{n1} & x_{n2} & \cdots & x_{np} \end{bmatrix}=(\boldsymbol{X}_1, \boldsymbol{X}_2, \cdots, \boldsymbol{X}_p)$$

【例 1.1】 下面以一个实例来说明具有多个变量的样本数据。表 1.2 是蝴蝶花(IRIS)特征数据。

表 1.2 蝴蝶花(IRIS)特征数据

样品序号	变量			
	萼片长度 sepal length in cm	萼片宽度 sepal width in cm	花瓣长度 petal length in cm	花瓣宽度 width in cm
1	5.1	3.5	1.4	0.2
2	4.9	3	1.4	0.2
3	4.7	3.2	1.3	0.2

续表

样品序号	变　　量			
	萼片长度 sepal length in cm	萼片宽度 sepal width in cm	花瓣长度 petal length in cm	花瓣宽度 width in cm
4	4.6	3.1	1.5	0.2
5	5	3.6	1.4	0.2
6	5.4	3.9	1.7	0.4
7	4.6	3.4	1.4	0.3
8	5	3.4	1.5	0.2
9	4.4	2.9	1.4	0.2
10	4.9	3.1	1.5	0.1
11	5.4	3.7	1.5	0.2
12	4.8	3.4	1.6	0.2
13	4.8	3	1.4	0.1
14	4.3	3	1.1	0.1
15	5.8	4	1.2	0.2
16	5.7	4.4	1.5	0.4
17	5.4	3.9	1.3	0.4
18	5.1	3.5	1.4	0.3
19	5.7	3.8	1.7	0.3
20	5.1	3.8	1.5	0.3

在 SPSS 软件中，单击**文件→新建→数据表**，然后在“变量视图”表中定义变量名称、类型及其他属性，并在“数据视图”中填充表 1.2 中的数据，如图 1.1 所示。

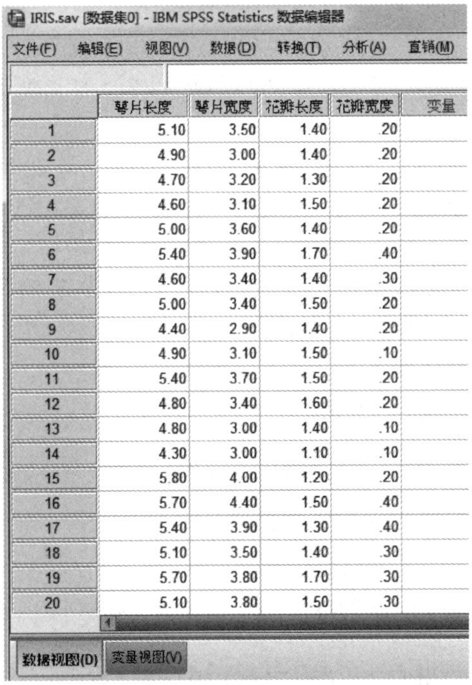

	萼片长度	萼片宽度	花瓣长度	花瓣宽度	变量
1	5.10	3.50	1.40	.20	
2	4.90	3.00	1.40	.20	
3	4.70	3.20	1.30	.20	
4	4.60	3.10	1.50	.20	
5	5.00	3.60	1.40	.20	
6	5.40	3.90	1.70	.40	
7	4.60	3.40	1.40	.30	
8	5.00	3.40	1.50	.20	
9	4.40	2.90	1.40	.20	
10	4.90	3.10	1.50	.10	
11	5.40	3.70	1.50	.20	
12	4.80	3.40	1.60	.20	
13	4.80	3.00	1.40	.10	
14	4.30	3.00	1.10	.10	
15	5.80	4.00	1.20	.20	
16	5.70	4.40	1.50	.40	
17	5.40	3.90	1.30	.40	
18	5.10	3.50	1.40	.30	
19	5.70	3.80	1.70	.30	
20	5.10	3.80	1.50	.30	

图 1.1　蝴蝶花(IRIS)多元随机样本的 SPSS 数据界面

1.1.2 随机向量分布函数

定义 1.1 设 $X_1,X_2,\cdots,X_p$ 为 p 个随机变量，由它们组成的向量 $\boldsymbol{X}=(X_1,X_2,\cdots,X_p)^{\mathrm{T}}$ 称为 p 维的随机向量。一维随机向量就是随机变量。

定义 1.2 设 $\boldsymbol{X}=(X_1,X_2,\cdots,X_p)^{\mathrm{T}}$ 为一 p 维的随机向量，对任意实数 $x_1,x_2,\cdots,x_p$，则 p 元函数 $F(\boldsymbol{X})=F(x_1,x_2,\cdots,x_p)=P\{X_1\leqslant x_1,X_2\leqslant x_2,\cdots,X_p\leqslant x_p\}$ 称为 p 维随机向量 $\boldsymbol{X}$ 的联合分布函数，或称为分布函数，式中 $\boldsymbol{X}=(x_1,x_2,\cdots,x_p)\in\boldsymbol{R}^p$，记作 $\boldsymbol{X}\sim F(\boldsymbol{X})$。

多元分布函数具有如下性质。

(1) $0\leqslant F(x_1,x_2,\cdots,x_p)\leqslant 1$。

(2) $F(x_1,x_2,\cdots,x_p)$是每个变量 x_i 的单调非降右连续函数。

(3) $F(-\infty,x_2,\cdots,x_p)=F(x_1,-\infty,\cdots,x_p)=\cdots=F(x_1,x_2,\cdots,-\infty)=0$。

(4) $F(+\infty,+\infty,\cdots,+\infty)=1$。

以二维随机变量(X,Y)为例。如果二维随机变量(X,Y)的所有可能取值是有限对或可列无穷多对，则称(X,Y)为离散型随机变量。设(X,Y)所有可能取的值为(x_i,y_j)，$i,j=1,2,\cdots,p,\cdots$，并记 $P\{X=x_i,Y=y_j\}=p_{ij}$，$i,j=1,2,\cdots,p,\cdots$，则由概率的定义，我们可知：

$$\sum_{i=1}^{+\infty}\sum_{j=1}^{+\infty}p_{ij}=1,0\leqslant p_{ij}\leqslant 1$$

且分布函数

$$F(X,Y)=P\{X\leqslant x,Y\leqslant y\}=\sum_{x_i\leqslant x}\sum_{y_j\leqslant y}P\{X=x_i,Y=y_j\}$$

我们称 $P\{X=x_i,Y=y_j\}=p_{ij}$，$i,j=1,2,\cdots,p,\cdots$为二维随机变量(X,Y)的联合概率分布或联合分布律。

定义 1.3 设 p 维随机向量 $\boldsymbol{X}\sim F(\boldsymbol{X})=F(x_1,x_2,\cdots,x_p)$，若存在一个非负的函数 $f(x_1,x_2,\cdots,x_p)$，使得 $F(\boldsymbol{x})=\int_{-\infty}^{x_1}\int_{-\infty}^{x_2}\cdots\int_{-\infty}^{x_p}f(t_1,t_2,\cdots,t_p)\mathrm{d}t_1\mathrm{d}t_2\cdots\mathrm{d}t_p$ 对一切 $\boldsymbol{x}=(x_1,x_2,\cdots,x_p)\in\boldsymbol{R}^p$ 成立，则称 $f(x_1,x_2,\cdots,x_p)$为 $\boldsymbol{X}$ 的联合概率密度函数(或分布密度)，并称 $\boldsymbol{X}$ 为 p 维的连续型随机向量。

联合概率密度函数的性质如下。

(1) $f(x_1,x_2,\cdots,x_p)\geqslant 0,\forall(x_1,x_2,\cdots,x_p)\in\boldsymbol{R}^p$

(2) $\int_{-\infty}^{+\infty}\int_{-\infty}^{+\infty}\cdots\int_{-\infty}^{+\infty}f(t_1,t_2,\cdots,t_p)\mathrm{d}t_1\mathrm{d}t_2\cdots\mathrm{d}t_p=1$

(3) $f(x_1,x_2,\cdots,x_p)=\dfrac{\partial^p F(x_1,x_2,\cdots,x_p)}{\partial x_1\partial x_2\cdots\partial x_p}$

(4) 设 D 是 $\boldsymbol{R}^p$ 中的一个区域，点$(x_1,x_2,\cdots,x_p)$落在 D 内的概率为

$$\iiint_D f(x_1,x_2,\cdots,x_p)\mathrm{d}x_1\mathrm{d}x_2\cdots\mathrm{d}x_p$$

其中，性质(1)和(2)是一个 p 维变量的函数 $f(x_1,x_2,\cdots,x_p)$ 能作为 $\boldsymbol{R}^p$ 中某个随机向量的联合概率密度函数的充分必要条件。

【例 1.2】 若随机向量(X_1,X_2,X_3)有函数 $f(x_1,x_2,x_3)=x_1^2+6x_3^2+\frac{1}{3}x_1x_2$，其中 $0<x_1<1,0<x_2<2,0<x_3<\frac{1}{2}$，验证该函数能否成为三维随机向量$(X_1,X_2,X_3)$的分布密度函数。

解 因为 $f(x_1,x_2,x_3)\geqslant 0,\forall(x_1,x_2,x_3)\in\boldsymbol{R}^3$，而且

$$\int_{-\infty}^{+\infty}\int_{-\infty}^{+\infty}\int_{-\infty}^{+\infty}f(x_1,x_2,x_3)\mathrm{d}x_1\mathrm{d}x_2\mathrm{d}x_3=\int_0^{1/2}\int_0^2\int_0^1\left(x_1^2+6x_3^2+\frac{1}{3}x_1x_2\right)\mathrm{d}x_1\mathrm{d}x_2\mathrm{d}x_3$$

$$=\frac{x_1^3}{3}\bigg|_0^1\times 2\times\frac{1}{2}+2x_3^3\bigg|_0^{1/2}\times 2\times 1+\frac{x_1^2}{6}\bigg|_0^1\times\frac{x_2^2}{2}\bigg|_0^2\times\frac{1}{2}$$

$$=\frac{1}{3}+\frac{1}{2}+\frac{1}{6}=1$$

所以该函数满足上述分布密度函数性质中(1)和(2)，可以成为三维随机向量的分布密度函数。

1.1.3 多元变量的独立性

定义 1.4 设 $X_1,X_2,\cdots,X_p$ 为 p 个随机变量，如果对于任意的 $x_1,x_2,\cdots,x_p$，满足 $P\{X_1\leqslant x_1,X_2\leqslant x_2,\cdots,X_p\leqslant x_p\}=P\{X_1\leqslant x_1\}P\{X_2\leqslant x_2\}\cdots P\{X_p\leqslant x_p\}$，则称 X_1，$X_2,\cdots,X_p$ 是相互独立的。用以判定随机变量 $X_1,X_2,\cdots,X_p$ 是否独立的方法主要有以下两种。

(1) 如果 X_i 的分布函数为 $F_i(x_i)(i=1,2,\cdots,p)$，它们的联合分布函数为 $F(x_1,x_2,\cdots,x_p)$，则 $X_1,X_2,\cdots,X_p$ 相互独立的充分必要条件是对一切 $x_1,x_2,\cdots,x_p$，有

$$F(x_1,x_2,\cdots,x_p)=\prod_{i=1}^{p}F_i(x_i)$$

(2) 如果 X_i 的密度函数为 $f_i(x_i)(i=1,2,\cdots,p)$，它们的联合分布函数为 $f(x_1,x_2,\cdots,x_p)$，则 $X_1,X_2,\cdots,X_p$ 相互独立的充分必要条件是对一切 $x_1,x_2,\cdots,x_p$，有

$$f(x_1,x_2,\cdots,x_p)=\prod_{i=1}^{p}f_i(x_i)$$

1.1.4 随机向量的数字特征

1. 随机向量 $\boldsymbol{X}$ 的均值

设 $\boldsymbol{X}=(X_1,X_2,\cdots,X_p)^{\mathrm{T}}$ 有 p 个分量。若 $E(X_i)=u_i$ 存在，$i=1,2,\cdots,p$，定义随机向量 $\boldsymbol{X}$ 的均值为

$$E(\boldsymbol{X})=\begin{bmatrix}E(X_1)\\E(X_2)\\\vdots\\E(X_p)\end{bmatrix}=\begin{bmatrix}u_1\\u_2\\\vdots\\u_p\end{bmatrix}=\boldsymbol{u}$$

式中，$\boldsymbol{u}$ 是一个 p 维向量，称为均值向量。

对于任意的随机向量 $\boldsymbol{X}$、$\boldsymbol{Y}$ 及常数矩阵 $\boldsymbol{A}$、$\boldsymbol{C}$，有如下性质：

(1) $E(\boldsymbol{C})=\boldsymbol{C}$

(2) $E(\boldsymbol{X}+\boldsymbol{Y})=E(\boldsymbol{X})+E(\boldsymbol{Y})$

(3) $E(\boldsymbol{CX})=\boldsymbol{C}E(\boldsymbol{X})$

(4) $E(\boldsymbol{CXA})=\boldsymbol{C}E(\boldsymbol{X})\boldsymbol{A}$

2. 随机向量 $\boldsymbol{X}$ 和 $\boldsymbol{Y}$ 的协方差阵

定义数 $\sigma_{ij}=E(X_i-EX_i)(Y_j-EY_j)$ 为 X_i 和 Y_j 的协方差，$i,j=1,2,\cdots,p$，通常记为 $\operatorname{cov}(X_i,Y_j)=\sigma_{ij}$。由数学期望的性质可以证明协方差有以下性质：

(1) $\operatorname{cov}(X_i,Y_j)=\operatorname{cov}(Y_j,X_i)$

(2) $\operatorname{cov}(X_i,X_i)=\sigma_{ii}=D(X_i)$

(3) $\operatorname{cov}(aX_i,bY_j)=ab\times\operatorname{cov}(X_i,Y_j)$

(4) $\operatorname{cov}(X_i+X_k,Y_j)=\operatorname{cov}(X_i,Y_j)+\operatorname{cov}(X_k,Y_j)$

设 $\boldsymbol{X}=(X_1,X_2,\cdots,X_p)^{\mathrm{T}}$ 和 $\boldsymbol{Y}=(Y_1,Y_2,\cdots,Y_n)^{\mathrm{T}}$ 分别为 p 维和 n 维随机向量，它们之间的协方差阵定义为一个 $p\times n$ 的矩阵，其元素是 $\operatorname{cov}(X_i,Y_j)$，即

$$\operatorname{cov}(\boldsymbol{X},\boldsymbol{Y})=(\operatorname{cov}(X_i,Y_j)),i=1,2,\cdots,p,j=1,2,\cdots,n$$

特别地：

(1) 若 $\operatorname{cov}(\boldsymbol{X},\boldsymbol{Y})=\boldsymbol{0}$，则 $\boldsymbol{X}$，$\boldsymbol{Y}$ 是不相关的；

(2) $\boldsymbol{\Sigma}=\operatorname{cov}(\boldsymbol{X},\boldsymbol{X})=E(\boldsymbol{X}-E\boldsymbol{X})(\boldsymbol{X}-E\boldsymbol{X})^{\mathrm{T}}=D(\boldsymbol{X})$

$$=\begin{bmatrix} D(X_1) & \operatorname{cov}(X_1,X_2) & \cdots & \operatorname{cov}(X_1,X_p) \\ \operatorname{cov}(X_2,X_1) & D(X_2) & \cdots & \operatorname{cov}(X_2,X_p) \\ \vdots & \vdots & & \vdots \\ \operatorname{cov}(X_p,X_1) & \operatorname{cov}(X_p,X_2) & \cdots & D(X_p) \end{bmatrix}$$，可以看出其协方差阵是 $p\times p$ 的对称阵，同时总是非负定的。

对于任意的随机向量 $\boldsymbol{X}$、$\boldsymbol{Y}$ 及常数矩阵 $\boldsymbol{A}$、$\boldsymbol{C}$，协方差阵有如下性质：

(1) $D(\boldsymbol{C})=\boldsymbol{0}$

(2) $D(\boldsymbol{X}+\boldsymbol{C})=D(\boldsymbol{X})$

(3) $D(\boldsymbol{CX})=\boldsymbol{C}D(\boldsymbol{X})\boldsymbol{C}^{\mathrm{T}}=\boldsymbol{C\Sigma C}^{\mathrm{T}}$

(4) $\operatorname{cov}(\boldsymbol{AX},\boldsymbol{CY})=\boldsymbol{A}\operatorname{cov}(\boldsymbol{X},\boldsymbol{Y})\boldsymbol{C}^{\mathrm{T}}$

(5) 设 $\boldsymbol{X}=(X_1,X_2,\cdots,X_p)^{\mathrm{T}}$ 为 p 维随机向量，其期望和协方差存在，记 $\boldsymbol{u}=E(\boldsymbol{X})$，$\boldsymbol{\Sigma}=D(\boldsymbol{X})$，$\boldsymbol{C}$ 为 $p\times p$ 常数阵，则有

$$E(\boldsymbol{X}^{\mathrm{T}}\boldsymbol{CX})=\operatorname{tr}(\boldsymbol{C\Sigma})+\boldsymbol{u}^{\mathrm{T}}\boldsymbol{Cu}$$

3. 随机向量 $\boldsymbol{X}$ 的相关阵

若 $i\neq j$，协方差 $\operatorname{cov}(X_i,X_j)=\sigma_{ij}=0$，则变量 X_i 和 X_j 不相关。

定义 X_i 和 X_j 的相关系数 $r_{ij}=\dfrac{\operatorname{cov}(X_i,X_j)}{\sqrt{D(X_i)}\sqrt{D(X_j)}}$，$i,j=1,2,\cdots,p$，显然，$r_{ij}=r_{ji}$，$r_{ii}=1$。

相关系数有如下重要性质。

(1) $|r_{ij}| \leqslant 1$。

(2) $|r_{ij}| = 1$ 的充分必要条件是存在常数 a,b,使得 $P\{X_j = aX_i + b\} = 1$,即线性相关。

(3) 当 X_i, X_j 相互独立时,$r_{ij} = 0$。

(4) 如果 $r_{ij} > 0$,则 X_i, X_j 趋于正相关;如果 $r_{ij} < 0$,则 X_i, X_j 趋于负相关。

(5) 对于任意常数 a_i, a_j, b_i, b_j,设 $Y_i = a_iX_i + b_i$,$Y_j = a_jX_j + b_j$,那么 Y_i 和 Y_j 之间的相关系数 r_{yij} 满足

$$r_{yij} = \begin{cases} r_{ij} & a_ia_j > 0 \\ -r_{ij} & a_ia_j < 0 \text{(证明留给读者)} \\ 0 & a_ia_j = 0 \end{cases}$$

在相关系数的基础上,随机向量 $\boldsymbol{X}$ 的相关阵定义为

$$\boldsymbol{R} = \begin{bmatrix} r_{11} & r_{12} & \cdots & r_{1p} \\ r_{21} & r_{22} & \cdots & r_{2p} \\ \vdots & \vdots & & \vdots \\ r_{p1} & r_{p2} & \cdots & r_{pp} \end{bmatrix} = (r_{ij})_{p \times p}$$

在数据处理时,为了避免由于指标的量纲不同给统计分析结果带来的影响,往往在使用某种统计分析方法之前,将每个指标"标准化",即做如下类似以前一元统计分析中的 Z 转换:

$$X_i^* = \frac{X_i - E(X_i)}{\sqrt{D(X_i)}}, \quad i = 1, 2, \cdots, p$$

这样得到,$\boldsymbol{X}^* = (X_1^*, X_2^*, \cdots, X_p^*)$,可知 $E(\boldsymbol{X}^*) = \boldsymbol{0}$,$D(\boldsymbol{X}^*) = \boldsymbol{R}$,即标准化数据的协方差阵正好是原指标的相关阵。

【例 1.3】 计算表 1.2 中蝴蝶花(IRIS)的协方差阵和相关阵

视频 1-1

解 在 SPSS 软件中,提取协方差阵和相关阵操作步骤如下。

(1) 依次单击**分析→度量→可靠性分析**打开可靠性分析对话框,如图 1.2 所示。将变量移入项目列表。

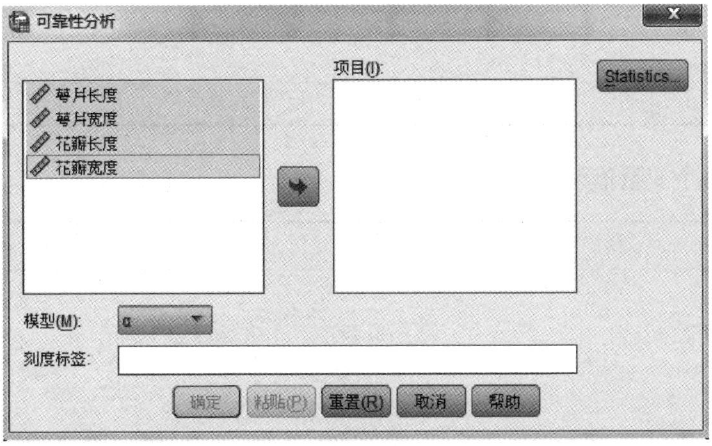

图 1.2　可靠性分析对话框

（2）单击 **Statistics**，弹出图 1.3 所示对话框，勾选项之间的**相关性**和**协方差**，然后单击**继续**和**确定**按钮，提交运算，输出结果，如图 1.4 所示。

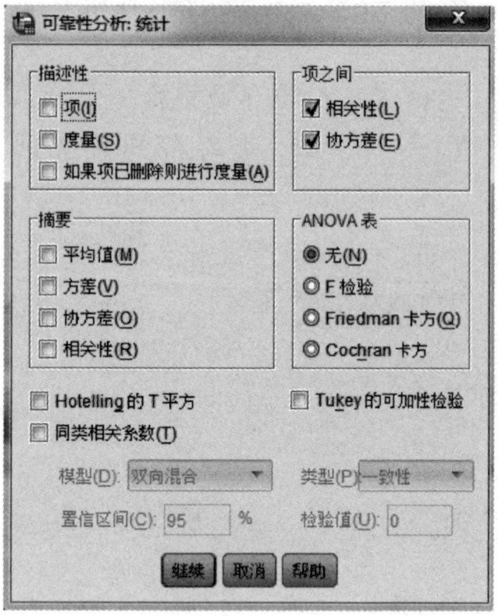

图 1.3 “可靠性分析：统计”对话框

项间相关性矩阵

	萼片长度	萼片宽度	花瓣长度	花瓣宽度
萼片长度	1.000	.876	.317	.562
萼片宽度	.876	1.000	.260	.753
花瓣长度	.317	.260	1.000	.369
花瓣宽度	.562	.753	.369	1.000

项间协方差矩阵

	萼片长度	萼片宽度	花瓣长度	花瓣宽度
萼片长度	.182	.152	.020	.022
萼片宽度	.152	.166	.015	.029
花瓣长度	.020	.015	.021	.005
花瓣宽度	.022	.029	.005	.009

图 1.4 相关矩阵与协方差矩阵结果

【例 1.4】 设随机向量 $\boldsymbol{X}=(X_1,X_2,X_3)=\begin{bmatrix}5&6&8\\7&9&4\\2&4&5\\3&4&6\end{bmatrix}$，计算协方差阵和相关阵。

解 已知变量个数 $p=3$，样品数 $n=4$，随机向量中的元素可用 x_{ij} 表示，$i=1,2,3,4$，$j=1,2,3$。首先计算每个变量下样品对应的平均值：

	x_{i1}	x_{i2}	x_{i3}
	5	6	8
	7	9	4
	2	4	5
	3	4	6
$\bar{x}_{.j}, j=1,2,3$	4.25	5.75	5.75

然后计算每个变量值与其平均值的差值：

$x_{i1}-\bar{x}_{.1}$	$x_{i2}-\bar{x}_{.2}$	$x_{i3}-\bar{x}_{.3}$
0.75	0.25	2.25
2.75	3.25	−1.75
−2.25	−1.75	−0.75
−1.25	−1.75	0.25

根据协方差的定义计算

$$\begin{aligned}\mathrm{cov}(X_1,X_1)=D(X_1)&=\frac{1}{4-1}\times(0.75,2.75,-2.25,-1.25)\times\\&\quad(0.75,2.75,-2.25,-1.25)'\\&=4.916\,67\end{aligned}$$

类似地，$\mathrm{cov}(X_1,X_2)=\frac{1}{4-1}\times(0.75,2.75,-2.25,-1.25)\times(0.25,3.25,-1.75,-1.75)'=5.083\,33$，相应地可以得到协方差矩阵中的所有元素。

对于相关矩阵，譬如求 $r_{12}=\frac{\mathrm{cov}(X_1,X_2)}{\sqrt{D(X_1)}\sqrt{D(X_2)}}=\frac{5.083\,33}{\sqrt{4.916\,67}\sqrt{5.583\,33}}=0.970\,2$，具体的相关矩阵和协方差矩阵可见表 1.3 和表 1.4。

表 1.3　相 关 矩 阵

项间相关性矩阵			
	X_1	X_2	X_3
X_1	1.000	0.970	−0.154
X_2	0.970	1.000	−0.351
X_3	−0.154	−0.351	1.000

表 1.4　协方差矩阵

项间协方差矩阵			
	X_1	X_2	X_3
X_1	4.917	5.083	−0.583
X_2	5.083	5.583	−1.417
X_3	−0.583	−1.417	2.917

1.2　统 计 距 离

在多指标统计分析如判别分析和系统聚类分析时，距离的概念非常重要，通常用距离来度量不同样本间的相似性。距离的定义方法有多种，通常情况下，我们所说的距离是指欧氏距离，但在多元统计分析中，也常常使用马氏距离。本节主要介绍这两种距离。

1.2.1　欧氏距离

欧氏距离是最易于理解的一种距离计算方法，几何上它是空间中两个点之间的真实距离。

若点 $\boldsymbol{x}=(x_1,x_2,\cdots,x_p)^{\mathrm{T}}$ 和 $\boldsymbol{y}=(y_1,y_2,\cdots,y_p)^{\mathrm{T}}$ 是 p 维空间中任意两点，则这两点的欧氏距离定义为

$$d(\boldsymbol{x},\boldsymbol{y})=\sqrt{(\boldsymbol{x}-\boldsymbol{y})^{\mathrm{T}}(\boldsymbol{x}-\boldsymbol{y})}$$
$$=\sqrt{(x_1-y_1)^2+(x_2-y_2)^2+\cdots+(x_p-y_p)^2}$$

点 $\boldsymbol{x}=(x_1,x_2,\cdots,x_p)^{\mathrm{T}}$ 到总体 $\boldsymbol{G}$ 的欧氏距离定义为

$$d(\boldsymbol{x},\boldsymbol{G})=\sqrt{(\boldsymbol{x}-\boldsymbol{\mu})^{\mathrm{T}}(\boldsymbol{x}-\boldsymbol{\mu})}$$
$$=\sqrt{(x_1-\mu_1)^2+(x_2-\mu_2)^2+\cdots+(x_p-\mu_p)^2}$$

其中，$\boldsymbol{\mu}=(\mu_1,\mu_2,\cdots,\mu_p)^{\mathrm{T}}$ 是总体 $\boldsymbol{G}$ 的均值。

欧氏距离虽然简单、易于计算，但它也存在明显的缺点，主要包括以下几方面。

1. 没有考虑各分量量纲的差异

欧氏距离与向量各分量的量纲有关，(如果各分量)量纲不全相同，则上述公式计算的欧氏距离常常是无意义的。

2. 同等看待各分量对距离的贡献

在多指标统计分析时，采用欧氏距离的统计结果有时并不符合实际。这是因为各分量往往具有不同的波动程度，波动程度大的分量对欧氏距离起着决定性作用，而波动程度小的分量起到的作用则常常微乎其微。图 1.5 显示了某次收入和受教育年限调研的结果，很明显收入的波动程度远高于受教育年限，如果用欧氏距离计算样本点之间的距离，则会夸大收入的影响。

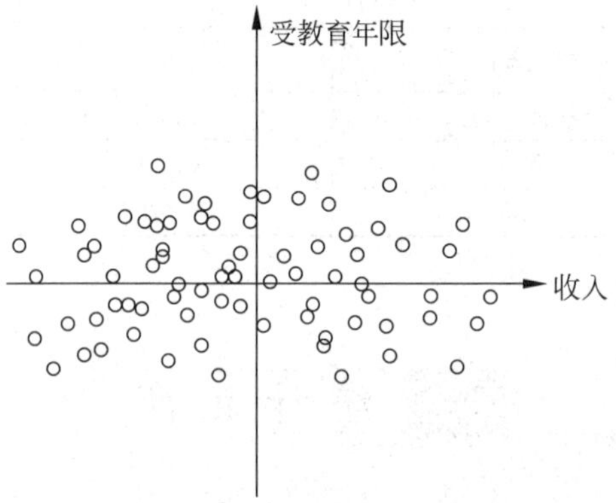

图 1.5　收入—受教育年限散点图

在实际统计分析时，为了消除量纲和不同波动程度的影响，通常对各分量进行标准化预处理，然后再计算欧氏距离。经过简单的推导就可以得到两点间标准化欧氏距离计算公式：

$$d(\boldsymbol{x}*,\boldsymbol{y}*)=\sqrt{(\boldsymbol{x}*-\boldsymbol{y}*)^{\mathrm{T}}(\boldsymbol{x}*-\boldsymbol{y}*)}$$
$$=\sqrt{\frac{(x_1-y_1)^2}{S_1}+\frac{(x_2-y_2)^2}{S_2}+\cdots+\frac{(x_p-y_p)^2}{S_p}}$$

易知，该公式计算的距离是一标量。如果将方差的倒数视为权重，则上述公式计算的距离可以看成一种加权欧氏距离。以图 1.5 为例，标准化的处理使波动程度大的收入变量相对压缩，而波动程度小的受教育年限变量相对扩张，标准化后的各变量波动程度一致。

3. 没有考虑变量间的相关性

欧氏距离没有考虑变量间的相关性，加权欧氏距离能够消除量纲和波动差异的影响，但不能消除变量之间相关性的影响，以致采用欧氏距离统计得到的结果有时并不理想。对此，印度统计学家 P. C. 马哈拉诺比斯(P. C. Mahalanobis)于 1936 提出“马氏距离”的距离度量方法。

1.2.2　马氏距离

以二元统计分析为例，设对 n 个样品观测两个指标 x_1 和 x_2 得到的散点图如图 1.6 所示。

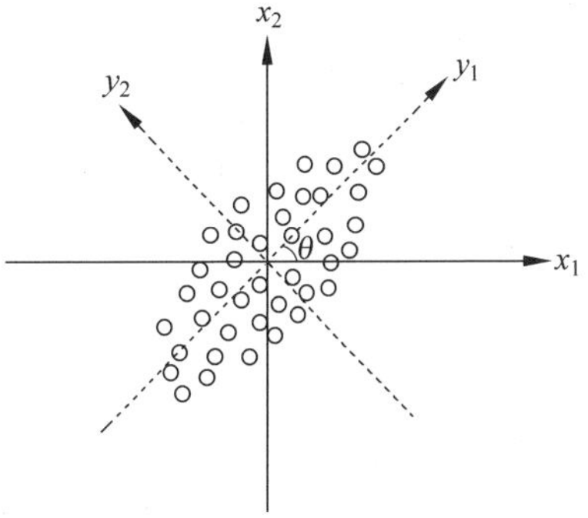

图 1.6　散点图

由图 1.6 可知，指标 x_1 和 x_2 存在着某种相关性。为了消除相关性的影响，在几何上可将坐标轴按逆时针旋转 θ 度，得到新的坐标轴，使得样本点在新的坐标系下的指标 y_1 和 y_2 互不相关。在此基础上，再通过计算加权欧氏距离来消除量纲和波动程度的影响，此距离即为马氏距离。

具体来讲，假设 $\boldsymbol{x}_1$ 和 $\boldsymbol{x}_2$ 是均值为$\boldsymbol{\mu}$ 、协方差阵为$\boldsymbol{\Sigma}$ 的总体 $\boldsymbol{G}$ 中的两个样本，则通过求协方差阵的特征值 $\lambda_1,\lambda_2,\cdots,\lambda_p$ 与对应的标准正交特征向量$\boldsymbol{\gamma}_1,\boldsymbol{\gamma}_2,\cdots,\boldsymbol{\gamma}_p$ 将协方差阵对角化，存在$\boldsymbol{\Lambda}=\mathrm{diag}(\lambda_1,\lambda_2,\cdots,\lambda_p)$，$\boldsymbol{P}=(\boldsymbol{\gamma}_1,\boldsymbol{\gamma}_2,\cdots,\boldsymbol{\gamma}_p)$，使得$\boldsymbol{\Sigma}=\boldsymbol{P\Lambda P}^{\mathrm{T}}$。在此情形下，$\boldsymbol{y}=\boldsymbol{P}^{\mathrm{T}}\boldsymbol{x}=(y_1,y_2,\cdots,y_p)^{\mathrm{T}}$ 则表示点 $\boldsymbol{x}$ 在经正交旋转后的新坐标体系下对应的坐标。于是 $\boldsymbol{y}_1=\boldsymbol{P}^{\mathrm{T}}\boldsymbol{x}_1(y_{11},y_{12},\cdots,y_{1p})^{\mathrm{T}}$ 和 $\boldsymbol{y}_2=\boldsymbol{P}^{\mathrm{T}}\boldsymbol{x}_2=(y_{21},y_{22},\cdots,y_{2p})^{\mathrm{T}}$。由于

$$D(\boldsymbol{y})=D(\boldsymbol{P}^{\mathrm{T}}\boldsymbol{x})=\boldsymbol{P}^{\mathrm{T}}D(\boldsymbol{x})\boldsymbol{P}=\boldsymbol{\Lambda}$$

所以在新坐标体系下，分量 $y_1,y_2,\cdots,y_p$ 互不相关，消除了原始数据中各分量间相关性的影响。为了进一步消除分量 $y_1,y_2,\cdots,y_p$ 不同波动程度的影响，对各分量进行标准化处理，计算标准化欧氏距离得

$$\begin{aligned}d_p^2(\boldsymbol{x}_1,\boldsymbol{x}_2)&=\frac{(y_{11}-y_{22})^2}{\lambda_1}+\frac{(x_{12}-y_{22})^2}{\lambda_2}+\cdots+\frac{(x_{1p}-y_{2p})^2}{\lambda_p}\\&=(\boldsymbol{y}_1-\boldsymbol{y}_2)^{\mathrm{T}}\boldsymbol{\Lambda}^{-1}(\boldsymbol{y}_1-\boldsymbol{y}_2)\\&=(\boldsymbol{P}^{\mathrm{T}}\boldsymbol{x}_1-\boldsymbol{P}^{\mathrm{T}}\boldsymbol{x}_2)^{\mathrm{T}}\boldsymbol{\Lambda}^{-1}(\boldsymbol{P}^{\mathrm{T}}\boldsymbol{x}_1-\boldsymbol{P}^{\mathrm{T}}\boldsymbol{x}_2)\\&=(\boldsymbol{x}_1-\boldsymbol{x}_2)^{\mathrm{T}}\boldsymbol{\Sigma}^{-1}(\boldsymbol{x}_1-\boldsymbol{x}_2)\end{aligned}$$

显然，如果协方差矩阵为单位矩阵，马氏距离就简化为欧氏距离；如果协方差矩阵为对角阵，马氏距离则可称为加权欧氏距离。

基于上述讨论，我们可以得到马氏距离的定义：$\boldsymbol{x}_1$ 和 $\boldsymbol{x}_2$ 是均值为$\boldsymbol{\mu}$ 、协方差阵为$\boldsymbol{\Sigma}$ 的总体$\boldsymbol{G}$ 中的两个维度为 p 的样本，则 $\boldsymbol{x}_1$ 和 $\boldsymbol{x}_2$ 两点的马氏距离为

$$d_p^2(\boldsymbol{x}_1,\boldsymbol{x}_2)=(\boldsymbol{x}_1-\boldsymbol{x}_2)^{\mathrm{T}}\boldsymbol{\Sigma}^{-1}(\boldsymbol{x}_1-\boldsymbol{x}_2)$$

点 $\boldsymbol{x}$ 到总体$\boldsymbol{G}$ 的马氏距离为

$$d_p^2(\boldsymbol{x},\boldsymbol{G})=(\boldsymbol{x}-\boldsymbol{\mu})^{\mathrm{T}}\boldsymbol{\Sigma}^{-1}(\boldsymbol{x}-\boldsymbol{\mu})$$

设 D 表示一个点集，$d(x_1,x_2)$表示点 x_1 和 x_2 之间的距离，可以证明，马氏距离满足以下距离的基本公理。

(1) $d(x_1,x_2)\geqslant 0$，当且仅当 $x_1=x_2$ 时，$d(x_1,x_2)=0$，$\forall x_1,x_2\in D$。(非负性)

(2) $d(x_1,x_2)=d(x_2,x_1)$，$\forall x_1,x_2\in D$。(对称性)

(3) $d(x_1,x_2)\leqslant d(x_1,x_3)+d(x_3,x_2)$，$\forall x_1,x_2,x_3\in D$。(三角不等式)

【例 1.5】 体温测量与身高体重关系

医学研究人员正在研究体温与身高、体重之间的关系。为了收集数据，你随机选取了一组参与者，并测量了他们的体温、身高和体重。现在，有了每个参与者的三个变量数据：体温、身高和体重。假设研究以下四位参与者的体温、身高和体重数据：参与者 A：(体温=36.5 ℃，身高=170 cm，体重=65 kg)；参与者 B：(体温=36.8 ℃，身高=175 cm，体重=70 kg)；参与者 C：(体温=37.0 ℃，身高=165 cm，体重=60 kg)；参与者 D：(体温=36.6 ℃，身高=172 cm，体重=68 kg)。

(1) 欧氏距离计算。对于参与者 A 和 B，欧氏距离 d(A,B)可以通过以下公式计算：

$$\begin{aligned}d(\mathrm{A},\mathrm{B})&=\sqrt{(36.8-36.5)^2+(175-170)^2+(70-65)^2}\\&=\sqrt{(0.09+25+25)}\approx 7.08\end{aligned}$$

类似地，我们可以计算 A 和 C，A 和 D，B 和 C，B 和 D，C 和 D 之间的欧氏距离：$d(\mathrm{A},\mathrm{C})\approx 7.09$；$d(\mathrm{A},\mathrm{D})\approx 3.61$；$d(\mathrm{B},\mathrm{C})\approx 14.14$；$d(\mathrm{B},\mathrm{D})\approx 3.61$；$d(\mathrm{C},\mathrm{D})\approx 10.64$。

(2) 马氏距离计算。在计算马氏距离时，我们需要先计算数据的协方差矩阵 $\boldsymbol{S}$。在这个例子中，我们计算体温、身高和体重的样本协方差矩阵如下：

$$\boldsymbol{S}=\begin{bmatrix}0.0100 & 1.5833 & 0.7083\\ 1.5833 & 26.6667 & 11.3333\\ 0.7083 & 11.3333 & 6.6667\end{bmatrix}$$

然后，我们计算马氏距离 d_p(A,B)及其他组合的马氏距离：

$$d_p(\mathrm{A},\mathrm{B})=\sqrt{(\boldsymbol{X}_{\mathrm{A}}-\boldsymbol{X}_{\mathrm{B}})^{\mathrm{T}}\boldsymbol{S}^{-1}(\boldsymbol{X}_{\mathrm{A}}-\boldsymbol{X}_{\mathrm{B}})}\approx 1.00$$

其中，$\boldsymbol{X}_{\mathrm{A}}$，$\boldsymbol{X}_{\mathrm{B}}$ 表示两个参与者 A，B 的数据向量(体温、身高、体重组成的向量)。类似地，我们可以计算 $d_p(\mathrm{A},\mathrm{C})$，$d_p(\mathrm{A},\mathrm{D})$，$d_p(\mathrm{B},\mathrm{C})$，$d_p(\mathrm{B},\mathrm{D})$，$d_p(\mathrm{C},\mathrm{D})$的值：$d_p(\mathrm{A},\mathrm{C})\approx 1.41$；$d_p(\mathrm{A},\mathrm{D})\approx 0.35$；$d_p(\mathrm{B},\mathrm{C})\approx 1.73$；$d_p(\mathrm{B},\mathrm{D})\approx 1.63$；$d_p(\mathrm{C},\mathrm{D})\approx 1.34$。

通过这个例子，我们可以看到欧氏距离衡量了样本在多个变量上的差异，而马氏距离考虑了变量之间的相关性，可以更准确地衡量样本之间的差异。在这个例子中，可以观察到参与者 C 和 D 在欧氏距离上的差异较大，但在马氏距离上的差异较小，这反映了他们在体温、身高和体重之间存在一定的相关性。

【例 1.6】 引导案例解答

马氏距离不仅考虑了变量之间的相关性，还考虑了随机向量 $\boldsymbol{X}$ 的协方差矩阵。产品 A 和 B 之间的马氏距离计算公式为：$d_p(\mathrm{A},\mathrm{B})=\sqrt{(\boldsymbol{X}_{\mathrm{A}}-\boldsymbol{X}_{\mathrm{B}})^{\mathrm{T}}\boldsymbol{\Sigma}^{-1}(\boldsymbol{X}_{\mathrm{A}}-\boldsymbol{X}_{\mathrm{B}})}$，其中，T 表示矩阵转置，$\boldsymbol{\Sigma}^{-1}$ 表示协方差矩阵的逆矩阵。通过代入数值计算，可得到：

$$(\boldsymbol{X}_{\mathrm{A}}-\boldsymbol{X}_{\mathrm{B}})=\begin{bmatrix}-2\\ 2\\ 2\end{bmatrix},\quad (\boldsymbol{X}_{\mathrm{A}}-\boldsymbol{X}_{\mathrm{B}})^{\mathrm{T}}=[-2\quad 2\quad 2]$$

$$\boldsymbol{\Sigma}^{-1} \approx \begin{bmatrix} 0.2778 & -0.0625 & -0.0833 \\ -0.0625 & 0.125 & -0.0833 \\ -0.0833 & -0.0833 & 0.25 \end{bmatrix}$$

将这些结果代入马氏距离的公式可得到 $d_p(\mathrm{A},\mathrm{B}) \approx \sqrt{0.5556+0.25-0.3332} \approx \sqrt{0.4724} \approx 0.6874$。

马氏距离相对于欧氏距离在描述和度量多维数据之间的差异时更为准确和可靠。考虑到不同技术指标之间可能存在的相关性，小李使用马氏距离有助于更精确地评估产品之间的差异程度，提高质量控制的效果。在整个质量控制过程中，随机向量、统计距离与马氏距离、多元正态分布紧密相连，为小李提供了强大的分析工具。借助这些工具，他成功地提高了产品质量的控制准确性和效率，为公司的发展贡献了自己的一份力量。

1.3 多元正态分布

多元正态分布是一元正态分布及二元正态分布的自然推广，内容更为丰富。迄今为止，多元分析的主要理论都是建立在多元正态总体基础上的。

1.3.1 多元正态分布的定义

我们已经知道一元正态分布的密度函数为

$$f(x) = \frac{1}{\sqrt{2\pi}\sigma} \mathrm{e}^{-\frac{(x-u)^2}{2\sigma^2}}, \quad \sigma > 0$$

该函数可以改写成

$$f(x) = (2\pi)^{-1/2}\sigma^{-1}\exp\left[-\frac{1}{2}(x-u)'(\sigma^2)^{-1}(x-u)\right]$$

定义 1.5　如果 p 维随机向量 $\boldsymbol{X}=(X_1,X_2,\cdots X_p)^{\mathrm{T}}$ 的联合概率密度函数为

$$f(x_1,x_2,\cdots,x_p) = \frac{1}{(2\pi)^{p/2}\,|\boldsymbol{\Sigma}|^{1/2}}\exp\left\{-\frac{1}{2}(\boldsymbol{x}-\boldsymbol{u})^{\mathrm{T}}\boldsymbol{\Sigma}^{-1}(\boldsymbol{x}-\boldsymbol{u})\right\},$$

$$\boldsymbol{\Sigma} > 0$$

则称 $\boldsymbol{X}=(X_1,X_2,\cdots X_p)^{\mathrm{T}}$ 服从 p 元正态分布，也称 $\boldsymbol{X}$ 为 p 元正态变量。记为：$\boldsymbol{X} \sim N_p(\boldsymbol{u},\boldsymbol{\Sigma})$，其中 $|\boldsymbol{\Sigma}|$ 为协方差阵 $\boldsymbol{\Sigma}$ 的行列式。

当 $p=2$ 时，可以得到二元正态分布的概率密度函数。

设 $\boldsymbol{X}=(X_1,X_2)^{\mathrm{T}}$ 服从二元正态分布，则 $\boldsymbol{\Sigma} = \begin{bmatrix} \sigma_{11} & \sigma_{12} \\ \sigma_{21} & \sigma_{22} \end{bmatrix} = \begin{bmatrix} \sigma_1^2 & \sigma_1\sigma_2 r \\ \sigma_2\sigma_1 r & \sigma_2^2 \end{bmatrix}$，$r \neq \pm 1$，其中 σ_1^2 和 σ_2^2 分别是 X_1 与 X_2 的方差，r 是 X_1 与 X_2 的相关系数。这样，

$$|\boldsymbol{\Sigma}| = \sigma_1^2\sigma_2^2(1-r^2)$$

$$\boldsymbol{\Sigma}^{-1} = \frac{1}{\sigma_2^2\sigma_1^2(1-r^2)}\begin{bmatrix} \sigma_2^2 & -\sigma_1\sigma_2 r \\ -\sigma_2\sigma_1 r & \sigma_1^2 \end{bmatrix}$$

故，X_1 与 X_2 的概率密度函数为

$$f(x_1,x_2)=\frac{1}{2\pi\sigma_1\sigma_2(1-r^2)^{1/2}}\exp\left\{-\frac{1}{2(1-r^2)}\left[\frac{(x_1-u_1)^2}{\sigma_1^2}-2r\frac{(x_1-u_1)(x_2-u_2)}{\sigma_1\sigma_2}+\frac{(x_2-u_2)^2}{\sigma_2^2}\right]\right\}$$

二维正态分布的图形如图 1.7 和图 1.8 所示。

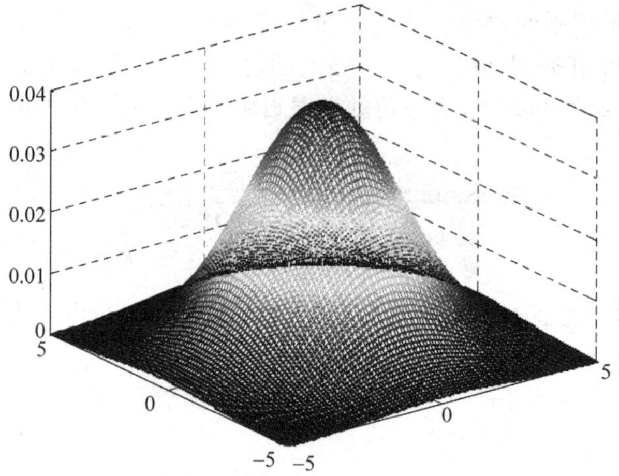

$u_1=0.1,u_2=0.2,\sigma_1=\sigma_2=2,r=0$

图 1.7　二维正态分布(1)

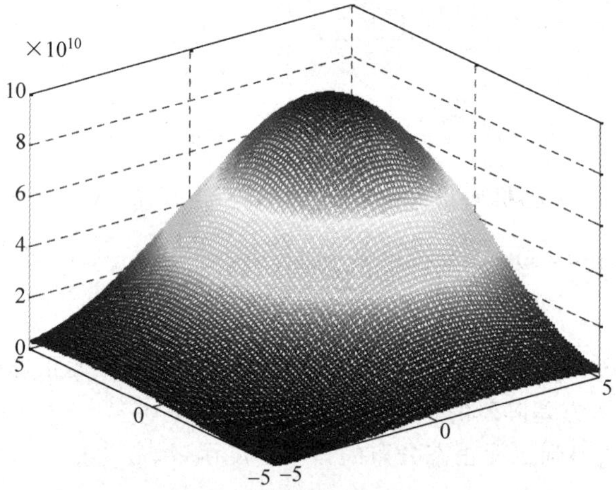

$u_1=u_2=2,\sigma_1=\sigma_2=3,r=0.2$

图 1.8　二维正态分布(2)

当 $\boldsymbol{X}\sim N_p(\boldsymbol{u},\boldsymbol{\Sigma})$，$\boldsymbol{\Sigma}>0$ 时，$\boldsymbol{X}$ 的密度等高面是一族椭球或椭圆。$(\boldsymbol{x}-\boldsymbol{u})^{\mathrm{T}}\boldsymbol{\Sigma}^{-1}(\boldsymbol{x}-\boldsymbol{u})=\alpha_{*}^{2}$，随着 α 的大小不同，得到不同的椭球。

【例 1.7】　设随机向量 $\boldsymbol{X}=(X_1,X_2)^{\mathrm{T}}$ 服从二元正态分布 $f(x_1,x_2)=\frac{1}{2\pi\sigma_1\sigma_2(1-r^2)^{1/2}}$

$\exp\left\{-\frac{1}{2(1-r^2)}\left[\frac{(x_1-u_1)^2}{\sigma_1^2}-2r\frac{(x_1-u_1)(x_2-u_2)}{\sigma_1\sigma_2}+\frac{(x_2-u_2)^2}{\sigma_2^2}\right]\right\}$，证明 X_1 与 X_2 的相关系数就是概率密度函数中的 r。

证明　可以求得 X_1、X_2 的边缘概率密度函数分别是

$$f(x_1)=\frac{1}{\sqrt{2\pi}\sigma_1}\exp\left\{-\left(\frac{x_1-u_1}{\sqrt{2}\sigma_1}\right)^2\right\},\quad -\infty<x_1<+\infty$$

$$f(x_2)=\frac{1}{\sqrt{2\pi}\sigma_2}\exp\left\{-\left(\frac{x_2-u_2}{\sqrt{2}\sigma_2}\right)^2\right\},\quad -\infty<x_2<+\infty$$

故 $E(X_1)=u_1, E(X_2)=u_2, D(X_1)=\sigma_1^2, D(X_2)=\sigma_2^2$。

而

$$\begin{aligned}\mathrm{cov}(X_1,X_2)&=E(X_1-EX_1)(X_2-EX_2)\\&=\int_{-\infty}^{+\infty}\int_{-\infty}^{+\infty}(x_1-u_1)(x_2-u_2)f(x_1,x_2)\mathrm{d}x_1\mathrm{d}x_2\\&=\int_{-\infty}^{+\infty}\int_{-\infty}^{+\infty}\frac{(x_1-u_1)(x_2-u_2)}{2\pi\sigma_1\sigma_2(1-r^2)^{1/2}}\exp\left\{-\frac{1}{2(1-r^2)}\left[\frac{(x_1-u_1)^2}{\sigma_1^2}-\right.\right.\\&\qquad\left.\left.2r\frac{(x_1-u_1)(x_2-u_2)}{\sigma_1\sigma_2}+\frac{(x_2-u_2)^2}{\sigma_2^2}\right]\right\}\mathrm{d}x_1\mathrm{d}x_2\\&=\int_{-\infty}^{+\infty}\int_{-\infty}^{+\infty}\frac{\sigma_1\sigma_2\mu\nu}{2\pi(1-r^2)^{1/2}}\exp\left\{-\frac{1}{2(1-r^2)}(\mu^2-2r\mu\nu+\nu^2)\right\}\mathrm{d}\mu\mathrm{d}\nu\end{aligned}$$

$\left(令\ \mu=\frac{x_1-u_1}{\sigma_1},\nu=\frac{x_2-u_2}{\sigma_2}\right)$

$$\begin{aligned}&=\frac{\sigma_1\sigma_2}{2\pi(1-r^2)^{1/2}}\int_{-\infty}^{+\infty}\int_{-\infty}^{+\infty}\mu\nu\exp\left\{-\frac{1}{2(1-r^2)}[(\mu-r\nu)^2+(1-r^2)\nu^2]\right\}\mathrm{d}\mu\mathrm{d}\nu\\&=\frac{\sigma_1\sigma_2}{\sqrt{2\pi}}\int_{-\infty}^{+\infty}\left\{\nu\exp\left(-\frac{\nu^2}{2}\right)\int_{-\infty}^{+\infty}\frac{\mu}{\sqrt{2\pi}\sqrt{1-r^2}}\exp\left[-\frac{1}{2(1-r^2)}(\mu-\nu r)^2\right]\mathrm{d}\mu\right\}\mathrm{d}\nu\end{aligned}$$

其中，积分 $\int_{-\infty}^{+\infty}\frac{\mu}{\sqrt{2\pi}\sqrt{1-r^2}}\exp\left[-\frac{1}{2(1-r^2)}(\mu-\nu r)^2\right]\mathrm{d}\mu$ 恰好是服从正态分布 $N(rv,1-r^2)$ 的随机变量的数学期望 rv，于是，

$$\begin{aligned}\mathrm{cov}(X_1,X_2)&=\frac{\sigma_1\sigma_2 r}{\sqrt{2\pi}}\int_{-\infty}^{+\infty}\nu^2\exp\left\{-\frac{\nu^2}{2}\right\}\mathrm{d}\nu\\&=\frac{\sigma_1\sigma_2 r}{\sqrt{2\pi}}\left[-\nu\exp\left\{-\frac{\nu^2}{2}\right\}\right]\Bigg|_{-\infty}^{+\infty}+\int_{-\infty}^{+\infty}\exp\left\{-\frac{\nu^2}{2}\right\}\mathrm{d}\nu=\sigma_1\sigma_2 r\end{aligned}$$

所以有相关系数

$$r=\frac{\mathrm{cov}(X_1,X_2)}{\sqrt{D(X_1)}\sqrt{D(X_2)}}=\frac{\sigma_1\sigma_2 r}{\sigma_1\sigma_2}=r$$

定理 1.1　设 $\boldsymbol{X}\sim N_p(\boldsymbol{u},\boldsymbol{\Sigma})$，则 $E(\boldsymbol{X})=\boldsymbol{u}, D(\boldsymbol{X})=\boldsymbol{\Sigma}$。

定理 1.1 将正态分布的参数 $\boldsymbol{u}$ 和 $\boldsymbol{\Sigma}$ 赋予了明确的统计意义。

1.3.2 多元正态分布的性质

(1) 如果 p 维随机向量 $\boldsymbol{X} \sim N_p(\boldsymbol{u},\boldsymbol{\Sigma})$，随机向量 $\boldsymbol{Y}=\boldsymbol{BX}+\boldsymbol{C}$，其中 $\boldsymbol{B}$ 是一个 $n \times p$ 的常数矩阵，$\boldsymbol{C}$ 是 n 维常向量，则 $\boldsymbol{Y}$ 服从 $N_n(\boldsymbol{Bu}+\boldsymbol{C},\boldsymbol{B\Sigma B}^{\mathrm{T}})$，即 $\boldsymbol{Y}$ 服从 n 元正态分布，其均值向量为 $\boldsymbol{Bu}+\boldsymbol{C}$，协方差阵为 $\boldsymbol{B\Sigma B}^{\mathrm{T}}$。由此可见，正态随机向量的线性组合仍然是正态向量。

(2) 多元正态分布随机向量 $\boldsymbol{X} \sim N_p(\boldsymbol{u},\boldsymbol{\Sigma})$，则 $\boldsymbol{X}=(X_1,X_2,\cdots,X_p)^{\mathrm{T}}$ 的任何一个分量子集的分布(称为 $\boldsymbol{X}$ 的边缘分布)仍然服从正态分布；但是，反过来，如果一个随机向量的任何边缘分布均为正态，并不能推导出该随机向量服从多元正态分布。

例如，设 $\boldsymbol{X}=(X_1,X_2)^{\mathrm{T}}$ 有联合分布密度

$$f(x_1,x_2)=\frac{1}{2\pi}\mathrm{e}^{-\frac{1}{2}(x_1^2+x_2^2)}\left[1+x_1x_2\mathrm{e}^{-\frac{1}{2}(x_1^2+x_2^2)}\right]$$

容易验证，$X_1 \sim N(0,1)$，$X_2 \sim N(0,1)$，但 $\boldsymbol{X}=(X_1,X_2)^{\mathrm{T}}$ 不是正态分布。

(3) 如果 p 元随机向量 $\boldsymbol{X}=(X_1,X_2,\cdots,X_p)^{\mathrm{T}}$ 与 $\boldsymbol{Y}=(Y_1,Y_2,\cdots,Y_p)^{\mathrm{T}}$ 的联合分布是正态分布 $N_p\left(\begin{pmatrix}\boldsymbol{u}_X\\ \boldsymbol{u}_Y\end{pmatrix},\begin{pmatrix}\boldsymbol{\Sigma}_{11} & \boldsymbol{\Sigma}_{12}\\ \boldsymbol{\Sigma}_{21} & \boldsymbol{\Sigma}_{22}\end{pmatrix}\right)$，则 $\boldsymbol{X}$ 与 $\boldsymbol{Y}$ 相互独立的充分必要条件是$\boldsymbol{\Sigma}_{12}=\boldsymbol{\Sigma}_{21}=0$。

(4) 设 n 个 p 维随机向量是 $\boldsymbol{X}^{(1)},\boldsymbol{X}^{(2)},\cdots,\boldsymbol{X}^{(n)}$ 相互独立的，且每个随机向量都服从正态分布，即 $\boldsymbol{X}^{(i)} \sim N_p(\boldsymbol{u}^{(i)},\boldsymbol{\Sigma})(i=1,2,\cdots,n)$，如果 n 阶方阵 $\boldsymbol{P}=(p_{ij})_{n\times n}$ 是正交阵，则 p 维随机向量 $\boldsymbol{Y}^{(i)}=\sum_{j=1}^{n}p_{ij}\boldsymbol{X}^{(j)}$ 仍服从正态分布 $N_p\left(\sum_{j=1}^{n}p_{ij}\boldsymbol{u}^{(j)},\boldsymbol{\Sigma}\right)(i=1,2,\cdots,n)$，且 $\boldsymbol{Y}^{(i)}$，$i=1,2,\cdots,n$ 也是相互独立的。

1.3.3 条件分布和独立性

设 $\boldsymbol{X} \sim N_p(\boldsymbol{u},\boldsymbol{\Sigma})$，$p \geqslant 2$，将 $\boldsymbol{X}$、$\boldsymbol{u}$ 和$\boldsymbol{\Sigma}$ 剖分如下：

$$\boldsymbol{X}=\begin{bmatrix}\boldsymbol{X}^{(1)}\\ \boldsymbol{X}^{(2)}\end{bmatrix},\quad \boldsymbol{u}=\begin{bmatrix}\boldsymbol{u}^{(1)}\\ \boldsymbol{u}^{(2)}\end{bmatrix},\quad \boldsymbol{\Sigma}=\begin{bmatrix}\boldsymbol{\Sigma}_{11} & \boldsymbol{\Sigma}_{12}\\ \boldsymbol{\Sigma}_{21} & \boldsymbol{\Sigma}_{22}\end{bmatrix}$$

其中，$\boldsymbol{X}^{(1)}$、$\boldsymbol{u}^{(1)}$为 q 维向量，$\boldsymbol{\Sigma}_{11}$ 为 $q \times q$ 阵，我们希望求出当 $\boldsymbol{X}^{(2)}$ 给定时 $\boldsymbol{X}^{(1)}$ 的条件分布，即$(\boldsymbol{X}^{(1)} \mid \boldsymbol{X}^{(2)})$的分布。下面的定理不仅指出了正态分布的条件分布与边缘分布仍是正态分布，而且给出了条件分布的均值和方差阵的计算公式。

定理 1.2 设 $\boldsymbol{X} \sim N_p(\boldsymbol{u},\boldsymbol{\Sigma})$，$\boldsymbol{\Sigma}>0$，则

$(\boldsymbol{X}^{(1)} \mid \boldsymbol{X}^{(2)}) \sim N_q(\boldsymbol{u}_{1\cdot 2},\boldsymbol{\Sigma}_{11\cdot 2})$，其中

$$\boldsymbol{u}_{1\cdot 2}=\boldsymbol{u}^{(1)}+\boldsymbol{\Sigma}_{12}\boldsymbol{\Sigma}_{22}^{-1}(\boldsymbol{X}^{(2)}-\boldsymbol{u}^{(2)})$$

$$\boldsymbol{\Sigma}_{11\cdot 2}=\boldsymbol{\Sigma}_{11}-\boldsymbol{\Sigma}_{12}\boldsymbol{\Sigma}_{22}^{-1}\boldsymbol{\Sigma}_{21}$$

证明：先将证明思路介绍一下。我们知道，条件密度等于联合密度除以给定条件的边缘分布密度。联合密度及给定条件的边缘分布密度都是可以求得的。然而，问题在于形式上两个密度函数除不尽，不能简单写成整式，因此无法直接证明两个密度函数之商是正态分

布密度。为了使两个密度函数能除尽，我们需要将联合密度表示为给定条件的边缘分布密度与另一个函数的乘积。

显然，另一个函数即商是条件分布密度函数，也就是我们需要找到这个函数使联合密度表示成两个密度函数的乘积。接着，根据独立性的性质，这两个密度函数所对应的随机向量应该相互独立。因为其中一个向量为给定条件的随机向量，所以另一个随机向量应该与给定条件独立。由一元正态分布的性质可知，对于正态分布而言，独立与不相关是等价的。因此，我们只需要确保另一个随机向量与给定条件的随机向量不相关，即协方差阵为零矩阵，或等价地将这两个随机向量合成为一个向量的协方差阵是对角块阵。

进而可以将问题简化为如何将协方差阵对角化。由于协方差阵是对角阵，所以一定可以通过相似对角化将其表示为对角矩阵，然后再利用线性变换矩阵进行线性变换。通过这样的步骤，我们可以得到两个不相关的随机向量，其中一个与给定条件的随机向量独立，从而证明了所求的条件分布是正态分布。

由$\boldsymbol{\Sigma}>0$，根据正定阵的性质，$\boldsymbol{\Sigma}_{11}>0$，$\boldsymbol{\Sigma}_{22}>0$，令

$$\boldsymbol{Z}=\begin{bmatrix}\boldsymbol{Z}^{(1)}\\ \boldsymbol{Z}^{(2)}\end{bmatrix}=\begin{bmatrix}\boldsymbol{I}_q & -\boldsymbol{\Sigma}_{12}\boldsymbol{\Sigma}_{22}^{-1}\\ \boldsymbol{0} & \boldsymbol{I}_{p-q}\end{bmatrix}\begin{bmatrix}\boldsymbol{X}^{(1)}\\ \boldsymbol{X}^{(2)}\end{bmatrix}=\boldsymbol{BX}$$

$$=\begin{bmatrix}\boldsymbol{X}^{(1)}-\boldsymbol{X}^{(2)}\boldsymbol{\Sigma}_{12}\boldsymbol{\Sigma}_{22}^{-1}\\ \boldsymbol{X}^{(2)}\end{bmatrix}$$

则根据 1.3.2 节中的性质(1)，$\boldsymbol{Z}$ 服从正态分布，且，

$$E(\boldsymbol{Z})=\boldsymbol{B}E(\boldsymbol{X})=\begin{bmatrix}\boldsymbol{u}^{(1)}-\boldsymbol{u}^{(2)}\boldsymbol{\Sigma}_{12}\boldsymbol{\Sigma}_{22}^{-1}\\ \boldsymbol{u}^{(2)}\end{bmatrix}$$

$$D(\boldsymbol{Z})=\boldsymbol{B}D(\boldsymbol{X})\boldsymbol{B}^{\mathrm{T}}=\begin{bmatrix}\boldsymbol{\Sigma}_{11}-\boldsymbol{\Sigma}_{12}\boldsymbol{\Sigma}_{22}^{-1}\boldsymbol{\Sigma}_{21} & \boldsymbol{0}\\ \boldsymbol{0} & \boldsymbol{\Sigma}_{22}\end{bmatrix}=\begin{bmatrix}\boldsymbol{\Sigma}_{11\cdot 2} & \boldsymbol{0}\\ \boldsymbol{0} & \boldsymbol{\Sigma}_{22}\end{bmatrix}$$

根据正定性质$\boldsymbol{\Sigma}_{11\cdot 2}>0$，由前文分析可知，$\boldsymbol{Z}$ 的分布密度应该是$\boldsymbol{X}^{(2)}$ 与$\boldsymbol{X}^{(1)}-\boldsymbol{\Sigma}_{12}\boldsymbol{\Sigma}_{22}^{-1}\boldsymbol{X}^{(2)}$ 两个正态分布密度之积，即

$N_q(\boldsymbol{u}^{(1)}-\boldsymbol{\Sigma}_{12}\boldsymbol{\Sigma}_{22}^{-1}\boldsymbol{u}^{(2)},\boldsymbol{\Sigma}_{11\cdot 2})N_{p-q}(\boldsymbol{u}^{(2)},\boldsymbol{\Sigma}_{22})$，这样 $\boldsymbol{Z}$ 的密度函数可表示为

$$f(\boldsymbol{Z})=(2\pi)^{-q/2}(2\pi)^{-\frac{p-q}{2}}\mid\boldsymbol{\Sigma}_{11\cdot 2}\mid^{-\frac{1}{2}}\mid\boldsymbol{\Sigma}_{22}\mid^{\frac{1}{2}}$$

$$=\exp\left\{-\frac{1}{2}(\boldsymbol{Z}^{(1)}-\boldsymbol{\mu}^{(1)}+\boldsymbol{\Sigma}_{12}\boldsymbol{\Sigma}_{22}^{-1}\boldsymbol{\mu}^{(2)})^{\mathrm{T}}\boldsymbol{\Sigma}_{11\cdot 2}^{-1}(\boldsymbol{Z}^{(1)}-\boldsymbol{\mu}^{(1)}+\right.$$

$$\left.\boldsymbol{\Sigma}_{12}\boldsymbol{\Sigma}_{22}^{-1}\boldsymbol{\mu}^{(2)})\right\}\exp\left\{-\frac{1}{2}(\boldsymbol{Z}^{(2)}-\boldsymbol{\mu}^{(2)})^{\mathrm{T}}\boldsymbol{\Sigma}_{22}^{-1}(\boldsymbol{Z}^{(2)}-\boldsymbol{\mu}^{(2)})\right\}$$

$$=(2\pi)^{-\frac{q}{2}}\mid\boldsymbol{\Sigma}_{11\cdot 2}\mid^{-1/2}\exp\left\{-\frac{1}{2}(\boldsymbol{Z}^{(1)}-\boldsymbol{\mu}^{(1)}+\boldsymbol{\Sigma}_{12}\Sigma_{22}^{-1}\boldsymbol{\mu}^{(2)})^{\mathrm{T}}\right.$$

$$\left.\boldsymbol{\Sigma}_{11\cdot 2}^{-1}(\boldsymbol{Z}^{(1)}-\boldsymbol{\mu}^{(1)}+\boldsymbol{\Sigma}_{12}\boldsymbol{\Sigma}_{22}^{-1}\boldsymbol{\mu}^{(2)})(2\pi)^{-\frac{p-q}{2}}\mid\boldsymbol{\Sigma}_{22}\mid^{-\frac{1}{2}}\right\}\times$$

$$\exp\left\{-\frac{1}{2}(\boldsymbol{Z}^{(2)}-\boldsymbol{\mu}^{(2)})^{\mathrm{T}}\boldsymbol{\Sigma}_{22}^{-1}(\boldsymbol{Z}^{(2)}-\boldsymbol{\mu}^{(2)})\right\}$$

当然，这样的 $\boldsymbol{Z}$ 函数与给定条件$\boldsymbol{X}^{(2)}$的密度仍不好相除，因此需再做逆变换回到 $\boldsymbol{X}$，逆

变换的公式为

$$\begin{cases}\boldsymbol{X}^{(1)}=\boldsymbol{Z}^{(1)}+\boldsymbol{\Sigma}_{12}\boldsymbol{\Sigma}_{22}^{-1}\boldsymbol{Z}^{(2)}\\ \boldsymbol{X}^{(2)}=\boldsymbol{Z}^{(2)}\end{cases}$$

变换当然要考虑雅可比行列式,但它是三角阵,对角线元素全为1,故 $J=1$,这时再考虑联合密度与给定条件的密度函数之商。根据 $\boldsymbol{X}^{(2)}=\boldsymbol{Z}^{(2)}$,后一个因子即 $\boldsymbol{X}^{(2)}$ 的分布密度即给定条件的分布密度,因而可以约去,此时就只剩下

$$(2\pi)^{-\frac{q}{2}}\mid\boldsymbol{\Sigma}_{11\cdot 2}\mid^{-1/2}\exp\left\{-\frac{1}{2}(\boldsymbol{X}^{(1)}-\boldsymbol{\mu}^{(1)}+\boldsymbol{\Sigma}_{12}\boldsymbol{\Sigma}_{22}^{-1}\boldsymbol{\mu}^{(2)}-\boldsymbol{\Sigma}_{12}\boldsymbol{\Sigma}_{22}^{-1}\boldsymbol{X}^{(2)})^{\mathrm{T}}\times\right.$$

$$\left.\boldsymbol{\Sigma}_{11\cdot 2}^{-1}(\boldsymbol{X}^{(1)}-\boldsymbol{\mu}^{(1)}+\boldsymbol{\Sigma}_{12}\boldsymbol{\Sigma}_{22}^{-1}\boldsymbol{\mu}^{(2)}-\boldsymbol{\Sigma}_{12}\boldsymbol{\Sigma}_{22}^{-1}\boldsymbol{X}^{(2)})\right\}$$

$$=(2\pi)^{-\frac{q}{2}}\mid\boldsymbol{\Sigma}_{11\cdot 2}\mid^{-1/2}\exp\left\{-\frac{1}{2}(\boldsymbol{X}^{(1)}-\boldsymbol{\mu}_{1\cdot 2})^{\mathrm{T}}\boldsymbol{\Sigma}_{22}^{-1}(\boldsymbol{X}^{(1)}-\boldsymbol{\mu}_{1\cdot 2})\right\}$$

这正是正态分布密度函数的标准形式,均值为 $\boldsymbol{\mu}_{1\cdot 2}$,方差为 $\boldsymbol{\Sigma}_{11\cdot 2}$。

该定理告诉我们,$\boldsymbol{X}^{(1)}$ 的分布与 $\boldsymbol{X}^{(1)}|\boldsymbol{X}^{(2)}$ 的分布均为正态分布,它们的协方差阵分别为 $\boldsymbol{\Sigma}_{11}$ 与 $\boldsymbol{\Sigma}_{11\cdot 2}=\boldsymbol{\Sigma}_{11}-\boldsymbol{\Sigma}_{12}\boldsymbol{\Sigma}_{22}^{-1}\boldsymbol{\Sigma}_{21}$,由于 $\boldsymbol{\Sigma}_{12}\boldsymbol{\Sigma}_{22}^{-1}\boldsymbol{\Sigma}_{21}\geqslant 0$,故 $\boldsymbol{\Sigma}_{11}\geqslant\boldsymbol{\Sigma}_{11\cdot 2}$,等号成立当且仅当 $\boldsymbol{\Sigma}_{12}=0$。协方差阵是用来描述指标之间相关关系及散布程度的,$\boldsymbol{\Sigma}_{11}\geqslant\boldsymbol{\Sigma}_{11\cdot 2}$ 说明了在已知 $\boldsymbol{X}^{(2)}$ 的条件下,$\boldsymbol{X}^{(1)}$ 散布的程度比不知道 $\boldsymbol{X}^{(2)}$ 的情况下缩小了,只有当 $\boldsymbol{\Sigma}_{12}=0$ 时,两者才相同。同时,还可以证明,当 $\boldsymbol{\Sigma}_{12}=0$ 时等价于 $\boldsymbol{X}^{(1)}$ 和 $\boldsymbol{X}^{(2)}$ 相互独立,这时,即使给出 $\boldsymbol{X}^{(2)}$,对 $\boldsymbol{X}^{(1)}$ 的分布也是没有影响的。

定理 1.3 设 $\boldsymbol{X}\sim N_p(\boldsymbol{u},\boldsymbol{\Sigma})$,$\boldsymbol{\Sigma}>0$,将 $\boldsymbol{X},\boldsymbol{u},\boldsymbol{\Sigma}$ 剖分如下:

$$\boldsymbol{X}=\begin{bmatrix}X^{(1)}\\X^{(2)}\\X^{(3)}\end{bmatrix}\begin{matrix}r\\s\\t\end{matrix},\quad\boldsymbol{u}=\begin{bmatrix}\boldsymbol{u}^{(1)}\\\boldsymbol{u}^{(2)}\\\boldsymbol{u}^{(3)}\end{bmatrix}\begin{matrix}r\\s\\t\end{matrix},\quad\boldsymbol{\Sigma}=\begin{bmatrix}\boldsymbol{\Sigma}_{11}&\boldsymbol{\Sigma}_{12}&\boldsymbol{\Sigma}_{13}\\\boldsymbol{\Sigma}_{21}&\boldsymbol{\Sigma}_{22}&\boldsymbol{\Sigma}_{23}\\\boldsymbol{\Sigma}_{31}&\boldsymbol{\Sigma}_{32}&\boldsymbol{\Sigma}_{33}\end{bmatrix}\begin{matrix}r\\s\\t\end{matrix}$$,则

$X^{(1)}$ 有如下的条件均值和条件协方差阵的递推公式:

$$E(X^{(1)}\mid X^{(2)},X^{(3)})=\boldsymbol{u}_{1\cdot 3}+\boldsymbol{\Sigma}_{12\cdot 3}\boldsymbol{\Sigma}_{22\cdot 3}^{-1}(X^{(2)}-\boldsymbol{u}_{2\cdot 3})$$

$$D(X^{(1)}\mid X^{(2)},X^{(3)})=\boldsymbol{\Sigma}_{11\cdot 3}-\boldsymbol{\Sigma}_{12\cdot 3}\boldsymbol{\Sigma}_{22\cdot 3}^{-1}\boldsymbol{\Sigma}_{21\cdot 3}$$

其中,$\boldsymbol{\Sigma}_{ij\cdot k}=\boldsymbol{\Sigma}_{ij}-\boldsymbol{\Sigma}_{ik}\boldsymbol{\Sigma}_{kk}^{-1}\boldsymbol{\Sigma}_{kj}$,$i,j,k=1,2,3$,$\boldsymbol{u}_{i\cdot 3}=E(X^{(i)}|X^{(3)})$,$i=1,2$。证明可参见方开泰编著的《实用多元统计分析》(上海:华东师范大学出版社,1989)。

定理 1.2 和定理 1.3 在 20 世纪 70 年代中期为国家标准部门制定服装标准时有成功的应用。

【例 1.8】 在制定服装标准时需抽样进行人体测量,现从某年龄段女子测量取出部分结果如下。

X_1:身高,X_2:胸围,X_3:腰围,X_4:上体长,X_5:臀围。已知它们遵从 $N_5(\boldsymbol{u},\boldsymbol{\Sigma})$,其中,$\boldsymbol{u}=\begin{bmatrix}154.98\\83.39\\70.26\\61.32\\91.52\end{bmatrix}$,

$$\boldsymbol{\Sigma}=\begin{bmatrix}29.660 & 6.514 & 1.847 & 9.358 & 10.336\\ 6.514 & 30.530 & 25.536 & 3.540 & 19.532\\ 1.847 & 25.536 & 39.859 & 2.227 & 20.703\\ 9.358 & 3.540 & 2.227 & 7.033 & 5.213\\ 10.336 & 19.532 & 20.703 & 5.213 & 27.363\end{bmatrix}$$

解

若取 $\boldsymbol{X}^{(1)}=(X_1,X_2,X_3)^{\mathrm{T}}$，$\boldsymbol{X}^{(2)}=(X_4)$，$\boldsymbol{X}^{(3)}=(X_5)$，则由定理 1.2 得

$$E\left[\begin{matrix}X_1\\X_2\\X_3\\X_4\end{matrix}\middle|\, X_5\right]=\begin{bmatrix}154.98\\83.39\\70.26\\61.32\end{bmatrix}+\begin{bmatrix}10.34\\19.53\\20.70\\5.21\end{bmatrix}(27.36)^{-1}(X_5-91.52)$$

$$=\begin{bmatrix}154.98+0.38(X_5-91.52)\\83.39+0.71(X_5-91.52)\\70.26+0.76(X_5-91.52)\\61.32+0.19(X_5-91.52)\end{bmatrix}$$

其中第一个常数向量来自 $\boldsymbol{u}$ 的上半部分，$(10.336,\cdots)^{\mathrm{T}}$ 来自 $\boldsymbol{\Sigma}$ 的右上角，27.363 是 $\boldsymbol{\Sigma}$ 的右下角，即 $\boldsymbol{\Sigma}_{22}$，91.52 是 $\boldsymbol{u}^{(2)}$，

$$D\left[\begin{matrix}X_1\\X_2\\X_3\\X_4\end{matrix}\middle|\, X_5\right]=\begin{bmatrix}29.66 & 6.51 & 1.85 & 9.36\\6.51 & 30.53 & 25.54 & 3.54\\1.85 & 25.54 & 39.86 & 2.23\\9.36 & 3.54 & 2.23 & 7.03\end{bmatrix}-\begin{bmatrix}10.34\\19.53\\20.70\\5.21\end{bmatrix}(27.36)^{-1}(10.34,19.53,20.70,5.21)$$

$$=\begin{bmatrix}25.76 & -0.86 & -5.97 & 7.39\\-0.86 & 16.59 & 10.76 & -0.18\\-5.97 & 10.76 & 24.19 & -1.72\\7.39 & -0.18 & -1.72 & 6.04\end{bmatrix}$$

其中第一个矩阵是 $\boldsymbol{\Sigma}$ 的左上角。

再利用定理 1.3 得到

$$D\left[\begin{matrix}X_1\\X_2\\X_3\end{matrix}\middle|\, \begin{matrix}X_4\\X_5\end{matrix}\right]=\begin{bmatrix}25.76 & -0.86 & -5.97\\-0.86 & 16.59 & 10.76\\-5.97 & 10.76 & 24.19\end{bmatrix}-\begin{bmatrix}7.39\\-0.18\\-1.72\end{bmatrix}(6.04)^{-1}(7.39,-0.18,-1.72)$$

$$=\begin{bmatrix}16.72 & -0.64 & -3.87\\-0.64 & 16.58 & 10.71\\-3.87 & 10.71 & 23.71\end{bmatrix}$$

其中三阶阵是 $D\left[\begin{matrix}X_1\\X_2\\X_3\\X_4\end{matrix}\middle|\, X_5\right]$ 的左上角，6.04 是右下角，$(7.39,-0.18,-1.72)$ 是左下角。

我们可以看到，

$$\mathrm{var}(X_1 \mid X_4, X_5) = 16.72 < 29.66 = \mathrm{var}(X_1)$$
$$\mathrm{var}(X_2 \mid X_4, X_5) = 16.58 < 30.53 = \mathrm{var}(X_2)$$
$$\mathrm{var}(X_3 \mid X_4, X_5) = 23.71 < 39.86 = \mathrm{var}(X_3)$$

这说明，若已知一个人的上体长和臀围，则身高、胸围和腰围的条件方差比原来的方差大大缩小。

定义 1.6 当 $\boldsymbol{X}^{(2)}$ 给定时，X_i 和 X_j 的偏相关系数为

$$r_{ij\cdot q+1,\cdots,p} = \frac{\sigma_{ij\cdot q+1,\cdots,p}}{(\sigma_{ii\cdot q+1,\cdots,p}\sigma_{jj\cdot q+1,\cdots,p})^{\frac{1}{2}}}$$

在上面制定服装标准的例子中，给定 X_4 和 X_5 的偏相关系数为

$$r_{12\cdot 45} = \frac{-0.643}{\sqrt{16.717 \times 16.582}} = -0.0386$$

$$r_{13\cdot 45} = \frac{-3.873}{\sqrt{16.717 \times 23.707}} = -0.195$$

$$r_{23\cdot 45} = \frac{10.707}{\sqrt{16.582 \times 23.707}} = 0.540$$

定理 1.4 设 $\boldsymbol{X} \sim N_p(\boldsymbol{u}, \boldsymbol{\Sigma})$，$\boldsymbol{\Sigma} > 0$，将 $\boldsymbol{X}, \boldsymbol{u}, \boldsymbol{\Sigma}$ 剖分如下：

$$\boldsymbol{X} = \begin{bmatrix} \boldsymbol{X}^{(1)} \\ \vdots \\ \boldsymbol{X}^{(k)} \end{bmatrix}, \quad \boldsymbol{u} = \begin{bmatrix} \boldsymbol{u}^{(1)} \\ \vdots \\ \boldsymbol{u}^{(k)} \end{bmatrix}, \quad \boldsymbol{\Sigma} = \begin{bmatrix} \boldsymbol{\Sigma}_{11} & \cdots & \boldsymbol{\Sigma}_{1k} \\ \vdots & & \vdots \\ \boldsymbol{\Sigma}_{k1} & \cdots & \boldsymbol{\Sigma}_{kk} \end{bmatrix}$$

其中：$\boldsymbol{X}^{(j)}: S_j \times 1, \boldsymbol{u}^{(j)}: S_j \times 1, \boldsymbol{\Sigma}_{jj}: S_j \times S_j, j = 1, \cdots, k$，则 $\boldsymbol{X}^{(1)}, \cdots, \boldsymbol{X}^{(k)}$ 相互独立，当且仅当$\boldsymbol{\Sigma}_{ij} = 0$，对一切 $i \neq j$，即$\boldsymbol{\Sigma}$ 为对角块阵。

证明：必要性　如果 $\boldsymbol{X}^{(1)}, \cdots, \boldsymbol{X}^{(k)}$ 相互独立，则 $\forall i \neq j, \boldsymbol{X}^{(1)}, \cdots, \boldsymbol{X}^{(k)}$ 之间独立，一定不相关，所以$\boldsymbol{\Sigma}_{ij} = \mathrm{cov}(\boldsymbol{X}^{(i)}, \boldsymbol{X}^{(j)}) = \boldsymbol{0}$。

充分性　$\forall i \neq j, \boldsymbol{\Sigma}_{ij} = 0$，$\boldsymbol{\Sigma}$ 为对角块阵，所以

$$f(\boldsymbol{X}^{(1)}, \cdots, \boldsymbol{X}^{(k)}) = (2\pi)^{-\frac{1}{2}\sum\limits_{j=1}^{k} S_j} \mid \mathrm{diag}(\boldsymbol{\Sigma}_{11}, \cdots, \boldsymbol{\Sigma}_{kk}) \mid^{-\frac{1}{2}} \times$$
$$\exp\left\{-\frac{1}{2}[(\boldsymbol{X}^{(1)} - \boldsymbol{u}^{(1)})^{\mathrm{T}}, \cdots, (\boldsymbol{X}^{(k)} - \boldsymbol{u}^{(k)})^{\mathrm{T}}] \times\right.$$
$$\left.\mathrm{diag}(\boldsymbol{\Sigma}_{11}^{-1}, \cdots, \boldsymbol{\Sigma}_{kk}^{-1})[(\boldsymbol{X}^{(1)} - \boldsymbol{u}^{(1)}), \cdots, (\boldsymbol{X}^{(k)} - \boldsymbol{u}^{(k)})]\right\} =$$
$$\prod_{j=1}^{k} (2\pi)^{-\frac{S_j}{2}} \mid \boldsymbol{\Sigma}_{jj} \mid^{-\frac{1}{2}} \exp\left\{-\frac{1}{2}(\boldsymbol{X}^{(j)} - \boldsymbol{u}^{(j)})^{\mathrm{T}} \boldsymbol{\Sigma}_{jj}^{-1} (\boldsymbol{X}^{(j)} - \boldsymbol{u}^{(j)})\right\} =$$
$$\prod_{j=1}^{k} f(\boldsymbol{X}^{(j)})$$

所以，$\boldsymbol{X}^{(1)}, \cdots, \boldsymbol{X}^{(k)}$ 相互独立。

值得注意的是，对于多元正态分布而言，“$\boldsymbol{X}^{(1)}$ 和 $\boldsymbol{X}^{(2)}$ 不相关”等价于“$\boldsymbol{X}^{(1)}$ 和 $\boldsymbol{X}^{(2)}$ 相互独立”。

1.4 JMP 软件操作

视频 1-2

1. 多元样本数据输入

在 JMP 软件中，依次单击**文件→新建→数据表**，然后通过增加列的方式建立多个变量并填充数据完成样本输入。

2. 协方差矩阵和相关系数矩阵提取

在 JMP 中计算相关系数和协方差矩阵步骤如下。

(1) 依次单击**分析→多元方法→多元**，如图 1.9 所示。

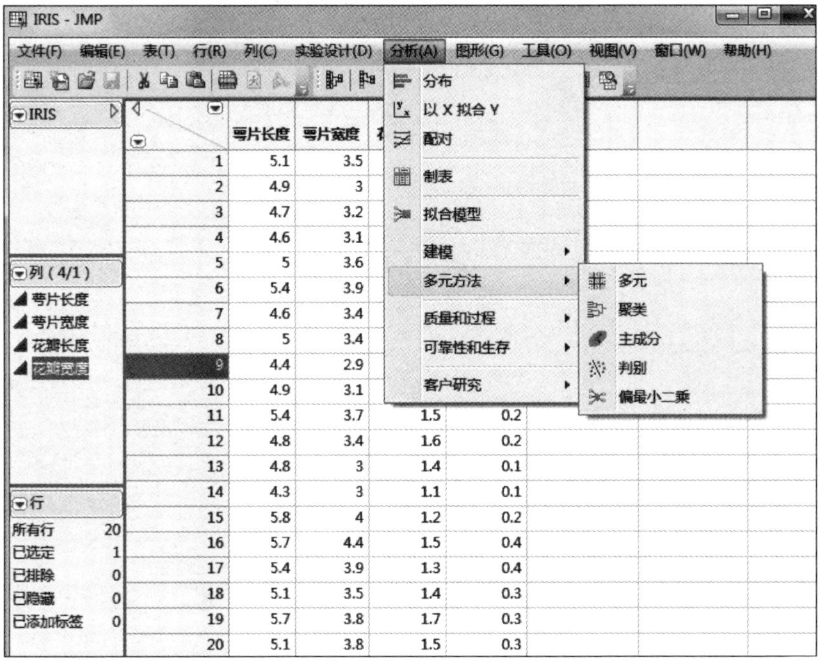

图 1.9　操作流程示意图

(2) 在弹出的图 1.10 的对话框中，将各列放入 **Y**，单击**确定**按钮，可得到相关系数矩阵和散点图矩阵。

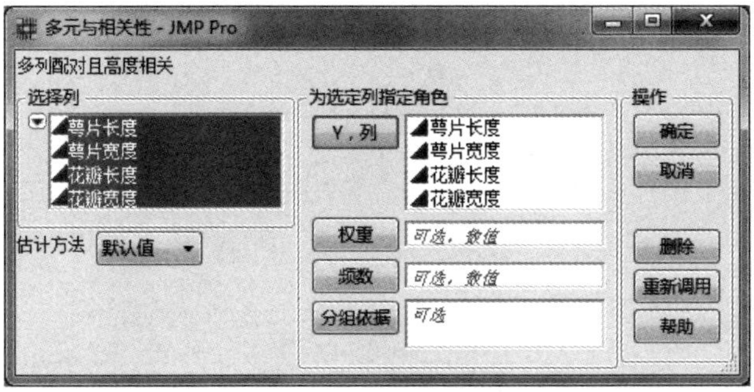

图 1.10　多元对话框

（3）单击**多元**旁的按钮，在弹出的菜单中勾选**协方差矩阵**，即可得到协方差矩阵。

习题

1. 已知一二维正态总体 **G** 的分布为 $N_2\left(\begin{pmatrix}0\\0\end{pmatrix}\begin{pmatrix}1 & 0.9\\0.9 & 1\end{pmatrix}\right)$，求点 $\boldsymbol{A}=\begin{bmatrix}1\\1\end{bmatrix}$ 和 $\boldsymbol{B}=\begin{bmatrix}1\\-1\end{bmatrix}$ 到均值 $\boldsymbol{\mu}=\begin{bmatrix}0\\0\end{bmatrix}$ 的距离。

2. 设随机向量 (X,Y) 的两个分量相互独立，且均服从标准正态分布 $N(0,1)$。

（1）分别写出随机变量 $X+Y$ 与 $X-Y$ 的分布密度。

（2）试问：$X+Y$ 与 $X-Y$ 是否独立？并说明理由。

第 2 章
均值向量和协方差阵的统计推断

通过样本数据建立适当的统计量对总体进行推断，这种利用样本数据来了解总体特征的统计过程也称作推断统计。推断统计是数理统计的核心部分，其内容主要包含两个方面：参数估计问题，即利用样本信息推断总体未知参数；假设检验问题，即利用样本信息判断对总体的假设是否成立。基于此，本章着重介绍均值向量$\boldsymbol{\mu}$和协方差阵$\boldsymbol{\Sigma}$的点估计方法及其有关的假设检验。抽样分布作为多元统计分析中假设检验的基础，本章也相应地介绍了几种常用的抽样分布：Wishart 分布、Hotelling-T^2 分布以及 Wilks Λ 分布。

引导案例

为了研究年龄与某种疾病之间的关系，某课题组按不同年龄段(20～29 岁，30～39 岁，40～49 岁)分为 3 组，每组随机选取 20 位志愿者化验了 4 个指标：$X_1=\beta$ 脂蛋白；$X_2=$ 甘油三酯；$X_3=\alpha$ 脂蛋白；$X_4=$ 前 β 脂蛋白，具体数据详见表 2.1。试检验在 $\alpha=0.05$ 时：①三组的均值向量是否存在显著差异？②三组的协方差是否有显著差异？

表 2.1　4 个指标化验数据(引导案例)

编　号	20～29 岁				30～39 岁				40～49 岁			
	X_1	X_2	X_3	X_4	X_1	X_2	X_3	X_4	X_1	X_2	X_3	X_4
1	265	79	42	20	316	126	34	24	324	65	42	19
2	205	76	36	18	314	66	38	20	265	62	38	14
3	245	93	47	20	197	44	31	16	361	94	32	28
4	177	67	43	18	228	66	37	18	300	106	40	14
5	272	112	42	25	176	67	40	17	273	67	36	22
6	210	131	38	26	213	85	35	19	381	116	40	22
7	192	75	31	16	286	72	41	20	244	59	46	12
8	201	50	49	17	216	43	40	20	262	59	37	21
9	255	120	22	23	283	70	31	26	261	113	30	23
10	204	111	29	22	202	78	44	20	297	75	35	22
11	229	134	39	14	206	80	42	23	242	120	39	21
12	215	129	27	19	287	95	30	13	312	104	33	20
13	176	68	34	17	193	61	36	20	331	113	25	14
14	273	81	36	16	300	56	32	18	350	128	26	23

续表

编　号	20～29岁				30～39岁				40～49岁			
	X_1	X_2	X_3	X_4	X_1	X_2	X_3	X_4	X_1	X_2	X_3	X_4
15	195	64	38	18	274	130	28	22	252	63	24	17
16	283	87	22	19	286	123	33	19	264	63	23	21
17	316	121	27	16	246	64	34	23	230	104	36	32
18	276	58	34	10	282	72	33	22	349	121	39	21
19	252	68	34	15	377	71	33	23	364	113	26	26
20	265	136	42	30	287	41	41	18	254	122	40	17

2.1 均值向量和协方差阵的估计

第1章已经就多元正态分布以及相关的概念和性质进行了介绍，在对许多实际问题进行研究时，常常假定所研究的总体服从多元正态分布，而多元正态分布的两组参数均值向量$\boldsymbol{\mu}$和协方差阵$\boldsymbol{\Sigma}$又常常是未知的，因而本节将主要介绍如何根据获得的样本来对多元正态分布的参数进行估计。

通常，对于多元随机向量$\boldsymbol{X}$，若有$\boldsymbol{X} \sim \boldsymbol{N}_p(\boldsymbol{\mu}, \boldsymbol{\Sigma})$，则

$$E(\boldsymbol{X}) = \boldsymbol{\mu}, \quad \boldsymbol{D}(\boldsymbol{X}) = \boldsymbol{\Sigma}$$

其中，$\boldsymbol{\mu}$为该多元正态分布的样本均值；$\boldsymbol{\Sigma}$为该多元正态分布的协方差。

一般，若根据某一随机抽样中获取的样本阵为

$$\boldsymbol{X} = \begin{bmatrix} x_{11} & \cdots & x_{1p} \\ \vdots & \ddots & \vdots \\ x_{n1} & \cdots & x_{np} \end{bmatrix} = (\boldsymbol{X}_1, \boldsymbol{X}_2, \cdots, \boldsymbol{X}_p) = \begin{bmatrix} \boldsymbol{X}_{(1)}^{\mathrm{T}} \\ \vdots \\ \boldsymbol{X}_{(n)}^{\mathrm{T}} \end{bmatrix}$$

假设n个样本$\boldsymbol{X}_1, \boldsymbol{X}_2, \cdots, \boldsymbol{X}_n$之间相互独立，同时服从于$p$元正态分布$\boldsymbol{N}_p(\boldsymbol{\mu}, \boldsymbol{\Sigma})$，并且满足$n > p$，$\boldsymbol{\Sigma} > 0$，那么根据第1章多元正态分布定义中给出的多元正态分布的密度函数可构建该样本的密度函数为

$$\prod_{i=1}^{n}\left(\frac{1}{2\pi^{p/2}\sqrt{|\boldsymbol{\Sigma}|}}\exp\left\{-\frac{(\boldsymbol{X}_{(i)}-\boldsymbol{\mu})^{\mathrm{T}}\boldsymbol{\Sigma}^{-1}(\boldsymbol{X}_{(i)}-\boldsymbol{\mu})}{2}\right\}\right)$$

$$= \frac{1}{(2\pi^{p/2})^n(\sqrt{|\boldsymbol{\Sigma}|})^n}\exp\left\{-\frac{1}{2}tr\left(\boldsymbol{\Sigma}^{-1}\left[\sum_{i=1}^{n}(\boldsymbol{X}_{(i)}-\boldsymbol{\mu})(\boldsymbol{X}_{(i)}-\boldsymbol{\mu})^{\mathrm{T}}\right]\right)\right\}$$

记

$$\bar{\boldsymbol{X}} = \sum_{i=1}^{n}\frac{\boldsymbol{X}_{(i)}}{n}$$

$$\boldsymbol{L} = \sum_{i=1}^{n}(\boldsymbol{X}_{(i)} - \bar{\boldsymbol{X}})(\boldsymbol{X}_{(i)} - \bar{\boldsymbol{X}})^{\mathrm{T}}$$

其中，$\bar{\boldsymbol{X}}$称为样本均值；$\boldsymbol{L}$称为样本离差阵。

由此，样本的联合密度函数可记为

$$\frac{1}{2\pi^{p/2}\sqrt{|\boldsymbol{\Sigma}|}}\exp\left\{-\frac{1}{2}\mathrm{tr}(\boldsymbol{\Sigma}^{-1}(\boldsymbol{L}+n(\bar{\boldsymbol{X}}-\boldsymbol{\mu})(\bar{\boldsymbol{X}}-\boldsymbol{\mu})^{\mathrm{T}}))\right\}$$

1. 均值向量的估计

根据极大似然(Maximum Likelihood,ML)估计的求解规则,可得出总体样本均值$\boldsymbol{\mu}$ 的极大似然估计为 $\bar{\boldsymbol{X}}$,具体为

$$\hat{\boldsymbol{\mu}}=\bar{\boldsymbol{X}}=\frac{1}{n}\sum_{i=1}^{n}\boldsymbol{X}_{(i)}=\frac{1}{n}\begin{bmatrix}\sum_{i=1}^{n}X_{i1}\\ \sum_{i=1}^{n}X_{i2}\\ \vdots\\ \sum_{i=1}^{n}X_{ip}\end{bmatrix}=\begin{bmatrix}\bar{X}_1\\ \bar{X}_2\\ \vdots\\ \bar{X}_p\end{bmatrix}$$

显然,当随机样本选取的是包含 p 个指标的数据时,样本均值向量$\hat{\boldsymbol{\mu}}=\bar{\boldsymbol{X}}$ 也是 p 维向量。

2. 协方差阵的估计

用$\boldsymbol{\mu}$ 替换样本联合密度函数中的 $\bar{\boldsymbol{X}}$,即可得到样本协方差阵$\boldsymbol{\Sigma}$ 的似然函数为

$$\frac{1}{|\boldsymbol{\Sigma}|^{n/2}}\exp\left\{-\frac{1}{2}\mathrm{tr}(\boldsymbol{\Sigma}^{-1}\boldsymbol{L})\right\}$$

令$\boldsymbol{\Sigma}^{-1/2}\boldsymbol{L}\boldsymbol{\Sigma}^{-1/2}=\boldsymbol{U}\wedge\boldsymbol{U}^{\mathrm{T}}$,其中,$\boldsymbol{U}$ 是正交矩阵,$\boldsymbol{\Lambda}=\mathrm{diag}(\lambda_1,\cdots,\lambda_p)$是对角矩阵,进而$\boldsymbol{\Sigma}$ 的似然函数可进一步简化为

$$\boldsymbol{L}^{-n/2}\prod_{i=1}^{p}\left[\lambda_i^{n/2}\exp\left\{-\frac{\lambda_i}{2}\right\}\right]$$

又对于函数 $f(x)=x^{n/2}\exp\{-x/2\}$,在 $x=n$ 处取得最大值,因而上式在 $\lambda_1=\cdots\lambda_p=n$ 时取得最大值。由此可知协方差矩阵$\boldsymbol{\Sigma}$ 的极大似然估计$\hat{\boldsymbol{\Sigma}}$ 应该满足条件$\hat{\boldsymbol{\Sigma}}^{-1/2}\boldsymbol{L}\,\hat{\boldsymbol{\Sigma}}^{-1/2}=nI_p$,进一步,可以得到$\hat{\boldsymbol{\Sigma}}=\boldsymbol{L}/n$,也即

$$\hat{\boldsymbol{\Sigma}}_p=\frac{1}{n}\boldsymbol{L}=\frac{1}{n}\sum_{i=1}^{n}(\boldsymbol{X}_{(i)}-\bar{\boldsymbol{X}})(\boldsymbol{X}_{(i)}-\bar{\boldsymbol{X}})^{\mathrm{T}}$$

$$=\frac{1}{n}\begin{bmatrix}\sum_{i=1}^{n}(\boldsymbol{X}_{i1}-\bar{\boldsymbol{X}}_1)^2 & \cdots & \sum_{i=1}^{n}(\boldsymbol{X}_{i1}-\bar{\boldsymbol{X}}_1)(\boldsymbol{X}_{ip}-\bar{\boldsymbol{X}}_p)\\ & \sum_{i=1}^{n}(\boldsymbol{X}_{i2}-\bar{\boldsymbol{X}}_2)^2 \quad \cdots & \sum_{i=1}^{n}(\boldsymbol{X}_{i2}-\bar{\boldsymbol{X}}_2)(\boldsymbol{X}_{ip}-\bar{\boldsymbol{X}}_p)\\ & & \sum_{i=1}^{n}(\boldsymbol{X}_{ip}-\bar{\boldsymbol{X}}_p)^2\end{bmatrix}$$

类似于一元统计,$\hat{\boldsymbol{\Sigma}}_p$ 并不是$\boldsymbol{\Sigma}$ 的无偏估计,通常可将样本协方差阵无偏估计$\hat{\boldsymbol{\Sigma}}=\dfrac{1}{n-1}\boldsymbol{L}$ 视为总体协方差阵的估计。

2.2 常用抽样分布

由于多元统计分析研究的是多指标问题，因而为了更好地把握总体的特征，常常需要对总体进行随机抽样，又因为抽样获取的信息是分散在每个样本上，因而需要通过样本的已知函数把样本中有关总体的信息汇集起来，该函数即为统计量，前面章节中所介绍的样本均值向量 $\bar{\boldsymbol{X}}$、样本离差阵 $\boldsymbol{L}$ 等都是统计量。统计量所对应的概率分布则称为抽样分布。

在一元统计分析研究中，常用的抽样分布有 χ^2 分布、t 分布和 F 分布。在多元统计中相应的主要抽样分布分别是 Wishart 分布、Hotelling-T^2 分布以及 Wilks Λ 分布。

2.2.1 χ^2 分布和 Wishart 分布

在一元统计分析中，如果 $X_i(i=1,2,\cdots,n)$ 相互独立，并且都服从标准正态分布，那么就称 $\sum_{i=1}^{n} X_i^2$ 所服从的分布为 χ^2 分布(chi-squared distribution)，记为 $\chi^2(n)$，其中 n 为自由度。

$\chi^2(n)$分布在表征正态变量二次型方面是一个重要分布，因而在一元统计分析领域非常重要，在很多有关样本参数的假设检验或非参数检验中都经常用到 χ^2 统计量。

$\chi^2(n)$分布有两个重要性质。

(1) 可加性：若 $\chi_i^2 \sim \chi^2(n_i)(i=1,2,\cdots,m)$，且相互独立，则

$$\sum_{i=1}^{m} \chi_i^2 \sim \chi^2\left(\sum_{i=1}^{m} n_i\right)$$

(2) Cochran 定理：若 X_i $(i=1,2,\cdots,n)$ 间相互独立，同服从标准正态分布，$\boldsymbol{A}_j(j=1,2,\cdots,m)$ 为 m 个 n 阶对称阵，并且满足 $\sum_{j=1}^{m} \boldsymbol{A}_j = \boldsymbol{I}_n$($n$ 阶单位阵)，记 $\boldsymbol{X}=(X_1, X_2,\cdots,X_n)^{\mathrm{T}}$，$\boldsymbol{M}_j = \boldsymbol{X}^{\mathrm{T}}\boldsymbol{A}_j\boldsymbol{X}$，则 $M_1, M_2, \cdots, M_m$ 为相互独立的 χ^2 分布的充要条件为 $\sum_{j=1}^{m} \mathrm{rank}(\boldsymbol{A}_j) = n$。此时 $\boldsymbol{M}_j \sim \chi^2(n_j)$，$n_j = \mathrm{rank}(\boldsymbol{A}_j)$。$\chi^2(n)$分布的这一性质在方差分析和回归分析中有着重要应用。

1. Wishart 分布的定义

一元统计分析中的 χ^2 分布在多元统计分析中的推广则为 Wishart 分布。Wishart 分布是 1928 年，由统计学家约翰·威沙特(John Wishart)在分析研究多元样本中的离差阵 $\boldsymbol{L}$ 过程中推导出来的。由于 Wishart 分布类似于一元统计中的 χ^2 分布，因而其重要性不言而喻。

定义 2.1 设 $X_i(i=1,2,\cdots,n)$ 相互独立，且 $X_i \sim N_p(\boldsymbol{0}, \boldsymbol{\Sigma})$，记 $\boldsymbol{X}=(X_1, X_2, \cdots, X_n)$，则随机矩阵 $\boldsymbol{W} = \boldsymbol{X}\boldsymbol{X}^{\mathrm{T}} = \sum_{i=1}^{n} \boldsymbol{X}_i\boldsymbol{X}_i^{\mathrm{T}}$ 服从自由度为 n 的 p 维 Wishart 分布，简记为 $\boldsymbol{W} \sim \boldsymbol{W}_p(n, \boldsymbol{\Sigma})$。

当 $n \geqslant p$，$\boldsymbol{\Sigma} > 0$ 时，p 维 Wishart 分布的密度函数如下：

$$\frac{|\boldsymbol{W}|^{(n-p-1)/2}\exp\left\{-\frac{1}{2}\operatorname{tr}(\boldsymbol{\Sigma}^{-1}\boldsymbol{W})\right\}}{2^{np/2}\pi^{p(p-1)/4}\prod_{i=1}^{p}\Gamma((n-i+1)/2)\,|\boldsymbol{\Sigma}|^{n/2}},\quad \boldsymbol{W} > 0$$

根据 Wishart 分布的定义可以发现，$\boldsymbol{\Sigma}$ 在 $p=1$ 的时候会退化为 σ^2，相应的中心 Wishart 分布就退化为 $\chi^2(n)$，这也进一步印证了 Wishart 分布实际上是 χ^2 分布在多维正态情形下的推广。

2. Wishart 分布的性质

下面不加证明地给出 Wishart 分布的 5 条重要性质。

性质 2.1　若 $\boldsymbol{X}_\alpha = (X_{\alpha 1}, X_{\alpha 2}, \cdots, X_{\alpha p})^{\mathrm{T}}$（$\alpha = 1, 2, \cdots, n$）是从 p 维正态总体 $N_p(\boldsymbol{\mu}, \boldsymbol{\Sigma})$ 中抽取的 n 个随机样本，$\bar{\boldsymbol{X}}$ 为样本均值，样本离差阵为 $\boldsymbol{L} = \sum_{i=1}^{n}(\boldsymbol{X}_\alpha - \bar{\boldsymbol{X}})(\boldsymbol{X}_\alpha - \bar{\boldsymbol{X}})^{\mathrm{T}}$，则：

（1）$\bar{\boldsymbol{X}}$ 和 $\boldsymbol{L}$ 相互独立。

（2）$\bar{\boldsymbol{X}} \sim N_p\left(\boldsymbol{\mu}, \frac{1}{n}\boldsymbol{\Sigma}\right)$，$\boldsymbol{L} \sim \boldsymbol{W}_p(n-1, \boldsymbol{\Sigma})$。

性质 2.2　若 $\boldsymbol{W}_i \sim \boldsymbol{W}_p(n, \boldsymbol{\Sigma})$（$i = 1, 2, \cdots, k$）且相互独立，则 $\sum_{i=1}^{k}\boldsymbol{W}_i \sim \boldsymbol{W}_p\left(\sum_{i=1}^{k} n_i, \boldsymbol{\Sigma}\right)$。

性质 2.3　若 $\boldsymbol{W} \sim \boldsymbol{W}_p(n, \boldsymbol{\Sigma})$，$\boldsymbol{C}_{q \times p}$ 为非奇异阵，则

$$\boldsymbol{CWC}^{\mathrm{T}} \sim \boldsymbol{W}_q(n, \boldsymbol{C\Sigma C}^{\mathrm{T}})$$

性质 2.4　若 $\boldsymbol{W} \sim \boldsymbol{W}_p(n, \boldsymbol{\Sigma})$，$\boldsymbol{a}$ 为任一 p 元常向量，满足 $\boldsymbol{a}^{\mathrm{T}}\boldsymbol{\Sigma a} \neq 0$，则 $\frac{\boldsymbol{a}^{\mathrm{T}}\boldsymbol{Wa}}{\boldsymbol{a}^{\mathrm{T}}\boldsymbol{\Sigma a}} \sim \chi^2(n)$。

性质 2.5　若 $\boldsymbol{W} \sim \boldsymbol{W}_p(n, \boldsymbol{\Sigma})$，则 $E(\boldsymbol{W}) = n\boldsymbol{\Sigma}$。

2.2.2　t 分布与 Hotelling-T^2 分布

在一元统计分析中，若随机变量 X、Y 相互独立，并且满足 X 服从标准正态分布，Y 服从自由度为 n 的卡方分布，则统计量 $t = \frac{X}{\sqrt{Y/n}}$ 服从自由度为 n 的 t 分布，即 $t \sim t(n)$。将 t 平方，即 $t^2 = \frac{X^2}{Y}$，则 $t^2 \sim F(1, n)$，即 $t(n)$ 分布的平方服从第一自由度为 1、第二自由度为 n 的 F 分布。

1. Hotelling-T^2 分布的定义

将上述 t^2 分布推广到多元正态分布情景中，即可得到 Hotelling-T^2 分布，下面将简要介绍 Hotelling-T^2 分布。

定义 2.2　对于相互独立的 $\boldsymbol{W}$ 和 $\boldsymbol{X}$，若满足 $\boldsymbol{W} \sim \boldsymbol{W}_p(n, \boldsymbol{\Sigma})$，$\boldsymbol{X} \sim N_p(0, c\boldsymbol{\Sigma})$，$c > 0$，$n \gg p$，$\boldsymbol{\Sigma} > 0$，则称随机变量

$$T^2=\frac{n}{c}\boldsymbol{X}^{\mathrm{T}}\boldsymbol{W}^{-1}\boldsymbol{X}$$

所服从的分布称为第一自由度为 p、第二自由度为 n 的 Hotelling-T^2 分布。

又 T^2 可进一步改写为

$$T^2=\frac{n}{c}(\boldsymbol{\Sigma}^{-1/2}\boldsymbol{X})^{\mathrm{T}}(\boldsymbol{\Sigma}^{-1/2}\boldsymbol{W}\boldsymbol{\Sigma}^{-1/2})^{-1}(\boldsymbol{\Sigma}^{-1/2}\boldsymbol{X})$$

$$\boldsymbol{\Sigma}^{-1/2}\boldsymbol{X}\sim N_p(0,\boldsymbol{I}_p)$$

$$\boldsymbol{\Sigma}^{-1/2}\boldsymbol{W}\boldsymbol{\Sigma}^{-1/2}\sim \boldsymbol{W}_p(0,\boldsymbol{I}_p)$$

由此可知,T^2 的分布与$\boldsymbol{\Sigma}$ 无关,进而可将 Hotelling-T^2 分布简记为 $T_p^2(n)$。

2. Hotelling-T^2 分布的性质

下面不加证明地给出 T^2 分布的几条重要性质。

性质 2.6 若 $\boldsymbol{X}\sim N_p(\boldsymbol{\mu},\boldsymbol{\Sigma})$,$\boldsymbol{W}\sim \boldsymbol{W}_p(n,\boldsymbol{\Sigma})$,且 $\boldsymbol{W}$ 与 $\boldsymbol{X}$ 相互独立,则

$$n(\boldsymbol{X}-\boldsymbol{\mu})^{\mathrm{T}}\boldsymbol{W}^{-1}(\boldsymbol{X}-\boldsymbol{\mu})\sim T^2(p,n)$$

性质 2.7 T^2 分布可化为 F 分布的关系:若 $T^2\sim T^2(p,n)$,则

$$\frac{n-p+1}{np}T^2\sim F(p,n-p+1)$$

性质 2.8 若 $\boldsymbol{X}_i\sim N_p(\boldsymbol{\mu}_i,\boldsymbol{\Sigma})(i=1,2)$,从总体 $\boldsymbol{X}_1,\boldsymbol{X}_2$ 中取得容量分别为 n_1,n_2 的两个随机样本,若$\boldsymbol{\mu}_1=\boldsymbol{\mu}_2$,则

$$\frac{n_1n_2}{n_1+n_2}(\bar{\boldsymbol{X}}_1-\bar{\boldsymbol{X}}_2)^{\mathrm{T}}\boldsymbol{S}_p^{-1}(\bar{\boldsymbol{X}}_1-\bar{\boldsymbol{X}}_2)\sim T^2(p,n_1+n_2-2)$$

或

$$(\bar{\boldsymbol{X}}_1-\bar{\boldsymbol{X}}_2)^{\mathrm{T}}\boldsymbol{S}_p^{-1}(\bar{\boldsymbol{X}}_1-\bar{\boldsymbol{X}}_2)\sim \frac{n_1+n_2}{n_1n_2}T^2(p,n_1+n_2-2)$$

其中,$\bar{\boldsymbol{X}}_1,\bar{\boldsymbol{X}}_2$ 为两样本的均值向量;$\boldsymbol{S}_p=\dfrac{n_1\boldsymbol{S}_1+n_2\boldsymbol{S}_2}{n_1+n_2-2}$;$\boldsymbol{S}_1,\boldsymbol{S}_2$ 分别为两样本的方差阵。

Hotelling-T^2 分布的这些性质常常应用于一些假设检验中。

2.2.3 F 分布与 Wilks Λ 分布

在数理统计中,若 X 与 Y 相互独立,并且 X 和 Y 分别满足 $X\sim\chi^2(m)$,$Y\sim\chi^2(n)$,则称 $F=\dfrac{X/m}{Y/n}$所服从的分布为第一自由度为 m、第二自由度为 n 的 F 分布,记为 $F\sim F(m,n)$。根据 F 分布定义可以发现,F 分布可视为从正态总体 $N(\mu,\sigma^2)$中随机抽取的两个样本方差的比。

进一步,如果相互独立的 X 和 Y 分别有 $X\sim\sigma^2\chi^2(m)$以及 $Y\sim\sigma^2\chi^2(n)$的分布,显然此时 F 依然服从第一自由度为m、第二自由度为 n 的 F 分布。由此可见 F 分布可与β 分布进行相互转换,具体地,

$$B=\frac{X}{X+Y}=\frac{F\cdot\frac{n}{m}}{1+F\cdot\frac{n}{m}}$$

则 $B\sim\beta(n/2,m/2)$。虽然 Wilks Λ 分布也与 F 分布有一定的关系，但是与 Wishart 分布和 Hotelling-T^2 分布不同，Wilks Λ 分布并不是 F 分布在多元统计中的直接推广，而是由 β 分布推广得到。

1. Wilks Λ 分布的定义

下面简要介绍 Wilks Λ 分布。

定义 2.3　设 $\boldsymbol{W}_1\sim\boldsymbol{W}_p(n_1,\boldsymbol{\Sigma})$，$\boldsymbol{W}_2\sim\boldsymbol{W}_p(n_2,\boldsymbol{\Sigma})$，$\boldsymbol{\Sigma}>0$，$n_1>p$，且 $\boldsymbol{W}_1$ 与 $\boldsymbol{W}_2$ 相互独立，则

$$\Lambda=\frac{|\boldsymbol{W}_1|}{|\boldsymbol{W}_1+\boldsymbol{W}_2|}$$

所服从的分布称为维数为 p、第一自由度为 n_1、第二自由度为 n_2 的 Wilks Λ 分布，记为 $\Lambda\sim\Lambda(p,n_1,n_2)$，类似于 Hotelling-$T^2$ 分布，可以证明 Wilks Λ 分布与 $\boldsymbol{\Sigma}$ 无关，因而 Λ 分布可简记为 $\Lambda(p,n_1,n_2)$。

由上述定义，Λ 分布为两个广义方差之比。此外，很显然 Λ 的取值介于 0 和 1 之间，定义中要求 $\boldsymbol{\Sigma}>0$ 很容易理解，而要求 $n_1>p$ 则是为了使统计量 Λ 中分子和分母能够以 1 的概率取正值。

2. Wilks Λ 分布的性质

下面不加证明地给出 Wilks Λ 分布的基本性质。

若 $\Lambda\sim\Lambda(p,n_1,n_2)$，则存在 $B_k\sim\beta\left(\frac{n_1-p+k}{2},\frac{n_2}{2}\right)$。

$\boldsymbol{B}_1,\boldsymbol{B}_2,\cdots,\boldsymbol{B}_p$ 之间相互独立，使得

$$\Lambda\overset{d}{=\!=}\boldsymbol{B}_1\boldsymbol{B}_2\cdots\boldsymbol{B}_p$$

由于在多元统计分析研究中 Λ 分布应用的频率比较高，因此很多学者在 Λ 分布的近似分布和精确分布方面进行了研究。事实上，当 p 和 n_2 中的一个比较小时，Λ 分布可化为 F 分布，表 2.1 列举了常见的情况.

在满足 $n_1>p$ 的前提下，$\Lambda\sim\Lambda(p,n_1,n_2)$与 F 分布的关系如表 2.2 所示。

表 2.2　$\Lambda\sim\Lambda(p,n_1,n_2)$与 F 分布的关系

p	n_2	统计量 F	F 的自由度
任意	1	$\frac{1-\Lambda}{\Lambda}\cdot\frac{n_1-p+1}{p}$	p,n_1-p+1
任意	2	$\frac{1-\sqrt{\Lambda}}{\sqrt{\Lambda}}\cdot\frac{n_1-p}{p}$	$2p,2(n_1-p)$

续表

p	n_2	统计量 F	F 的自由度
1	任意	$\frac{1-\Lambda}{\Lambda}\cdot\frac{n_1}{n_2}$	n_2, n_1
2	任意	$\frac{1-\sqrt{\Lambda}}{\sqrt{\Lambda}}\cdot\frac{n_1-1}{n_2}$	$2n_2, 2(n_1-1)$

当 p, n_2 不属于表 2.2 所列举的情况时，Bartlett 指出可用 χ^2 分布来近似表示，即

$$V=-\left(n_1+n_2-\frac{p+n_2+1}{2}\right)\ln\Lambda(p, n_1, n_2)$$

近似服从 $\chi^2(pn_2)$。

2.3 单个正态总体均值的检验

假设检验是统计推断的另一类基本问题，多元统计分析中的单个总体均值向量检验属于假设检验的常见问题，旨在检验样本总体的均值向量与给定的已知值之间是否存在显著性差异。本节主要介绍如何利用合适的统计量对单个总体均值进行检验（分协方差阵已知和未知两种情况讨论），同时介绍了单个总体均值分量间结构关系的检验过程。

2.3.1 单个总体均值的检验

$\boldsymbol{X}_1, \boldsymbol{X}_2, \cdots, \boldsymbol{X}_n$ 是来自 p 维正态总体 $N_p(\boldsymbol{\mu}, \boldsymbol{\Sigma})$ 的一个样本 $n>p$。

样本均值向量 $\bar{\boldsymbol{X}}=\frac{1}{n}\sum_{i=1}^{n}\boldsymbol{X}_{(i)}$，样本协方差阵 $\hat{\boldsymbol{\Sigma}}=\frac{1}{n-1}\sum_{i=1}^{n}(\boldsymbol{X}_{(i)}-\bar{\boldsymbol{X}})(\boldsymbol{X}_{(i)}-\bar{\boldsymbol{X}})^{\mathrm{T}}$。

检验假设 $H_0: \boldsymbol{\mu}=\boldsymbol{\mu}_0$；$H_1: \boldsymbol{\mu}\neq\boldsymbol{\mu}_0$。

根据协方差阵 $\boldsymbol{\Sigma}$ 是否已知，分两种情况讨论单总体均值向量的检验。

1. 若 $\boldsymbol{\Sigma}$ 已知

由于样本均值 $\bar{\boldsymbol{X}}\sim N_p(\boldsymbol{\mu}, \boldsymbol{\Sigma}/n)$，因此可构造检验统计量

$$\chi^2=n(\bar{\boldsymbol{X}}-\boldsymbol{\mu}_0)^{\mathrm{T}}\boldsymbol{\Sigma}^{-1}(\bar{\boldsymbol{X}}-\boldsymbol{\mu}_0) \tag{2.1}$$

当原假设 $H_0: \boldsymbol{\mu}=\boldsymbol{\mu}_0$ 为真时，根据多元正态分布性质可知，χ^2 服从自由度为 p 的卡方分布，记为 $\chi^2\sim\chi^2(p)$。

对于给定的显著性水平 α，若统计量 $\chi^2>\chi^2_\alpha(p)$，则拒绝 H_0，否则接受 H_0。其中 $\chi^2_\alpha(p)$ 是 $\chi^2(p)$ 的上 α 分位点。

我们可以根据马氏距离的概念直观地了解该检验的合理性。$(\bar{\boldsymbol{X}}-\boldsymbol{\mu}_0)^{\mathrm{T}}\boldsymbol{\Sigma}^{-1}\times(\bar{\boldsymbol{X}}-\boldsymbol{\mu}_0)$ 是样本均值 $\bar{\boldsymbol{X}}$ 与已知平均水平 $\boldsymbol{\mu}_0$ 之间的马氏距离，而 χ^2 则表示为该距离的 n 倍。χ^2 越大，说明反映真值 $\boldsymbol{\mu}$ 取值的 $\bar{\boldsymbol{X}}$ 与 $\boldsymbol{\mu}_0$ 相等的可能性越小，我们就越倾向于接受 H_1；反

之，说明反映真值$\boldsymbol{\mu}$取值的$\bar{\boldsymbol{X}}$与$\boldsymbol{\mu}_0$相等的可能性越大，越倾向于接受H_0。

2. 若$\boldsymbol{\Sigma}$未知

$\boldsymbol{\Sigma}$未知且$n>p$时，一般用样本协方差阵$\boldsymbol{S}$来代替它，此时统计量变为

$$T^2=n(\bar{\boldsymbol{X}}-\boldsymbol{\mu}_0)^{\mathrm{T}}\boldsymbol{S}^{-1}(\bar{\boldsymbol{X}}-\boldsymbol{\mu}_0) \tag{2.2}$$

可以证明，当原假设H_0为真时，统计量T^2服从参数为p、$n-1$的T^2分布，记为$T^2\sim T^2(p,n-1)$。

由T^2分布与F分布的关系可知，上述统计量可转换为如下F统计量进行检验：

$$F=\frac{n-p}{p(n-1)}T^2(p,n-1)\sim F(p,n-p) \tag{2.3}$$

对于给定的显著性水平α，若统计量$F>F_\alpha(p,n-p)$，则拒绝H_0，否则接受H_0。

【例 2.1】 某种疾病与β脂蛋白、甘油三酯、α脂蛋白、前β脂蛋白四种物质含量有关。表 2.3 是对 20 位 20～29 岁的志愿者化验的结果，其中X_1=β脂蛋白；X_2=甘油三酯；X_3=α脂蛋白；X_4=前β脂蛋白。根据以往资料，该年龄段人群的 4 个指标的均值$\boldsymbol{\mu}_0=(235,95,40,20)^{\mathrm{T}}$，现欲在多元正态性假定下检验该人群的 4 个指标是否有变化，给定$\alpha=0.05$。

表 2.3　4 个指标化验数据(例 2.1)

编号	X_1	X_2	X_3	X_4	编号	X_1	X_2	X_3	X_4
1	265	79	42	20	11	229	134	39	14
2	205	76	36	18	12	215	129	27	19
3	245	93	47	20	13	176	68	34	17
4	177	67	43	18	14	273	81	36	16
5	272	112	42	25	15	195	64	38	18
6	210	131	38	26	16	283	87	22	19
7	192	75	31	16	17	316	121	27	16
8	201	50	49	17	18	276	58	34	10
9	255	120	22	23	19	252	68	34	15
10	204	111	29	22	20	265	136	42	30

解　(1) 该问题的检验假设为$H_0:\boldsymbol{\mu}=\boldsymbol{\mu}_0$；$H_1:\boldsymbol{\mu}\neq\boldsymbol{\mu}_0$。

(2) 在 SPSS 软件中，单个总体均值检验的操作步骤如下。

目前无法利用 SPSS 软件直接进行单个总体均值向量检验，只能对两个或多个总体均值向量进行检验。为了实现用 SPSS 做单总体均值向量的假设检验，可以将已知均值$\boldsymbol{\mu}_0$视作随机样本Y来做两总体均值比较的假设检验，即视为两总体均值比较的特殊情形(样本容量$n_2=1$)，并可推导出其统计量F_2与单总体均值向量检验中的统计量F_1之间的关系表达式为

$$F_1=\frac{n-p}{(n-1)p}T_1^2=(n+1)F_2\sim F_\alpha(p,n-p)$$

将表 2.2 的测量数据看作两总体均值比较检验的样本X，即设$n_1=20$，对应的群组变量值设为 1；设该年龄段人群的 4 个指标的均值$\boldsymbol{\mu}_0=(235,95,40,20)^{\mathrm{T}}$为样本$Y$，即$n_2=1$，

且对应的群组变量值设为 2。

（1）新建 4 个变量 X_1,X_2,X_3,X_4，然后输入原始数据。

（2）依次单击**分析→一般线性模型→多变量**，弹出如图 2.1 所示的多变量对话框；将变量 X_1,X_2,X_3,X_4 移入因变量框，将分组变量 Group 移入固定因子框；单击**确定**按钮，即可得到输出结果，如表 2.4 所示。

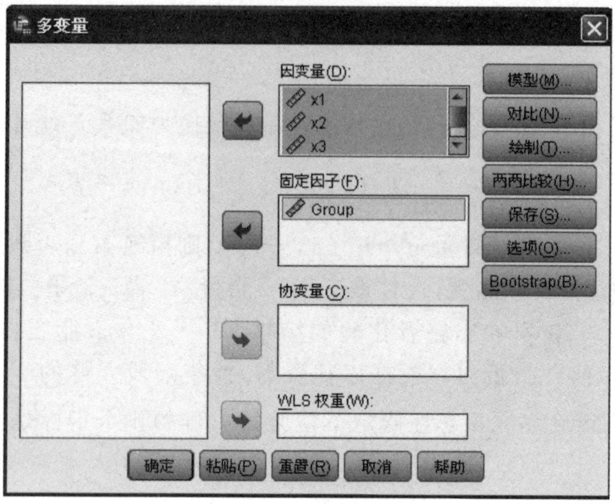

图 2.1　多变量对话框

表 2.4　多变量检验

效　　应		值	F	假设 df	误差 df	Sig.
截距	Pillai 的跟踪	0.947	72.035[a]	4.000	16.000	0.000
	Wilks 的 Lambda	0.053	72.035[a]	4.000	16.000	0.000
	Hotelling 的跟踪	18.009	72.035[a]	4.000	16.000	0.000
	Roy 的最大根	18.009	72.035[a]	4.000	16.000	0.000
Group	Pillai 的跟踪	0.019	0.078[a]	4.000	16.000	0.988
	Wilks 的 Lambda	0.981	0.078[a]	4.000	16.000	0.988
	Hotelling 的跟踪	0.020	0.078[a]	4.000	16.000	0.988
	Roy 的最大根	0.020	0.078[a]	4.000	16.000	0.988

注：[a]为精确统计量。

（3）在输出结果表中 Group 项中“Hotelling 的跟踪”的 F 统计量值为 0.078，即 $F_2=0.078$，将此 F_2 值代入 F_1 与 F_2 的关系式，可得统计量 F_1，即

$$F_1=\frac{n-p}{(n-1)p}T_1^2=(n+1)F_2=(20+1)\times 0.078=1.638$$

查 F 分布表知 $F_{0.05}(4,16)=3.01$，因为 $F_1=1.638<3.01=F_{0.05}(4,16)$，所以，在显著性水平 $\alpha=0.05$ 情况下，接受原假设 H_0。

2.3.2　单个总体均值分量间结构关系的检验

$\boldsymbol{X}_1,\boldsymbol{X}_2,\cdots,\boldsymbol{X}_n$ 是来自 p 维正态总体 $N_p(\boldsymbol{\mu},\boldsymbol{\Sigma})$的一个样本，$n>p$。我们已在 2.3.1 节讨

论了如何利用该样本来检验均值向量是否等于一个指定的向量值，但有时我们也需要检验均值向量的分量之间是否存在某一指定的线性结构关系，也就是检验：

$$H_0: \boldsymbol{C\mu}=\boldsymbol{\varphi}; \quad H_1: \boldsymbol{C\mu}\neq\boldsymbol{\varphi}$$

其中，$\boldsymbol{C}$ 为一已知的 $k\times p$ 矩阵，$k<p$，$\text{rank}(\boldsymbol{C})=k$，常称作对比矩阵；$\boldsymbol{\varphi}$ 为已知的 k 维向量。

根据多元正态分布的性质，

$$\boldsymbol{CX}\sim \boldsymbol{N}_k(\boldsymbol{C\mu},\boldsymbol{C\Sigma C}^{\mathrm{T}}) \tag{2.4}$$

因为 $\text{rank}(\boldsymbol{C\Sigma C}^{\mathrm{T}})=\text{rank}\left[\boldsymbol{C\Sigma}^{\frac{1}{2}}(\boldsymbol{C\Sigma}^{\frac{1}{2}})^{\mathrm{T}}\right]=\text{rank}(\boldsymbol{C\Sigma}^{\frac{1}{2}})=\text{rank}(\boldsymbol{C})=k$，所以 $\boldsymbol{C\Sigma C}^{\mathrm{T}}>\boldsymbol{0}$

构造统计量：

$$T^2=n(\boldsymbol{C\bar{X}}-\boldsymbol{\varphi})^{\mathrm{T}}(\boldsymbol{CSC}^{\mathrm{T}})^{-1}(\boldsymbol{C\bar{X}}-\boldsymbol{\varphi}) \tag{2.5}$$

当原假设 H_0 为真时，由 T^2 分布的性质可知 $T^2\sim T^2(k,n-1)$。

由 T^2 分布与 F 分布的关系可知，上述统计量可转换为如下 F 统计量进行检验：

$$F=\frac{n-k}{k(n-1)}T^2(k,n-1)\sim F(k,n-k) \tag{2.6}$$

对于给定的显著性水平 α，若统计量 $F>F_\alpha(k,n-k)$，则拒绝 H_0，否则接受 H_0。

【例 2.2】 以例 2.1 数据为样本，试检验在 $\alpha=0.05$ 时，4 个指标比例关系是否为 12∶5∶2∶1。

解 该问题的原假设 $H_0: \boldsymbol{C\mu}=\boldsymbol{0}$；$\boldsymbol{C\mu}\neq\boldsymbol{0}$。其中，

$$\boldsymbol{C}=\begin{bmatrix}1 & 0 & 0 & -12\\ 0 & 1 & 0 & -5\\ 0 & 0 & 1 & -2\end{bmatrix}$$

易知：$k=3$，$n=20$，$\boldsymbol{\bar{X}}=[235.3, 93, 35.6, 18.95]^{\mathrm{T}}$。

经计算得：$\boldsymbol{C\bar{X}}=[7.9, -1.75, -2.3]^{\mathrm{T}}$。

$$\boldsymbol{CSC}^{\mathrm{T}}=\begin{bmatrix}4\,468.6 & 644.87 & 366.55\\ 644.87 & 572.2 & -18.763\\ 366.55 & -18.763 & 124.33\end{bmatrix}$$

$$T^2=3.363\,4$$

$$F=\frac{n-k}{k(n-1)}T^2=\frac{20-3}{3(20-1)}T^2=1.003<F_{0.05}(3,17)=3.196\,8$$

所以接受原假设，可认为在 $\alpha=0.05$ 时 4 个指标比例关系为 12∶5∶2∶1。

2.4 两个正态总体均值的比较

比较两个总体之间的均值是否存在差异，是社会经济活动中经常遇到的问题，如辨别研发的新药是否比旧药更具疗效，两类产品质量特征有无明显差异。同样，在进行判别分析时，通常要事先检验两组均值之间有无显著差异，在无差异的情形下做判别分析一般是没必要的。两个正态总体的均值比较包括两种情况：一是两总体协方差阵相等时的比较；二是两总体协方差阵不等时的比较。

2.4.1 协方差阵相等时的均值向量比较

$\boldsymbol{X}_{(1)},\boldsymbol{X}_{(2)},\cdots,\boldsymbol{X}_{(n_1)}$ 是来自 p 维正态总体 $N_p(\boldsymbol{\mu}_1,\boldsymbol{\Sigma})$ 的一个样本，$\boldsymbol{Y}_{(1)},\boldsymbol{Y}_{(2)},\cdots,\boldsymbol{Y}_{(n_2)}$ 是来自 p 维正态总体 $N_p(\boldsymbol{\mu}_2,\boldsymbol{\Sigma})$ 的一个样本，两样本相互独立，且 $n_1>p,n_2>p$，

$$\bar{\boldsymbol{X}}=\frac{1}{n_1}\sum_{i=1}^{n_1}\boldsymbol{X}_{(i)},\quad \bar{\boldsymbol{Y}}=\frac{1}{n_2}\sum_{i=1}^{n_2}\boldsymbol{Y}_{(i)}$$

检验假设 $H_0:\boldsymbol{\mu}_1=\boldsymbol{\mu}_2,H_1:\boldsymbol{\mu}_1\neq\boldsymbol{\mu}_2$。

1. 若 $\boldsymbol{\Sigma}$ 已知

由多元正态分布的性质可知，$\bar{\boldsymbol{X}}-\boldsymbol{\mu}_1\sim N_p\left(\boldsymbol{0},\frac{1}{n_1}\boldsymbol{\Sigma}\right)$，$\bar{\boldsymbol{Y}}-\boldsymbol{\mu}_2\sim N_p\left(\boldsymbol{0},\frac{1}{n_2}\boldsymbol{\Sigma}\right)$，它们相互独立，有

$$(\bar{\boldsymbol{X}}-\bar{\boldsymbol{Y}})-(\boldsymbol{\mu}_1-\boldsymbol{\mu}_2)\sim N_p\left(\boldsymbol{0},\frac{n_1+n_2}{n_1n_2}\boldsymbol{\Sigma}\right)$$

当原假设 $\boldsymbol{\mu}_1=\boldsymbol{\mu}_2$ 成立时有

$$\bar{\boldsymbol{X}}-\bar{\boldsymbol{Y}}\sim N_p\left(\boldsymbol{0},\frac{n_1+n_2}{n_1n_2}\boldsymbol{\Sigma}\right)\tag{2.7}$$

根据多元正态分布的性质可知，统计量 χ^2 服从自由度为 p 的卡方分布，即

$$\chi^2=\frac{n_1n_2}{n_1+n_2}(\bar{\boldsymbol{X}}-\bar{\boldsymbol{Y}})^{\mathrm{T}}\boldsymbol{\Sigma}^{-1}(\bar{\boldsymbol{X}}-\bar{\boldsymbol{Y}})\sim\chi^2(p)\tag{2.8}$$

对于给定的显著性水平 α，若统计量 $\chi^2>\chi^2_\alpha(p)$，则拒绝 H_0，否则接受 H_0。

2. 若 $\boldsymbol{\Sigma}$ 未知

通过两样本协方差阵 $\boldsymbol{S}_1$ 和 $\boldsymbol{S}_2$ 得到 $\boldsymbol{\Sigma}$ 的无偏估计：

$$\boldsymbol{S}=\frac{(n_1-1)\boldsymbol{S}_1+(n_2-1)\boldsymbol{S}_2}{n_1+n_2-2}\tag{2.9}$$

将式(2.8)中的 $\boldsymbol{\Sigma}$ 替换 $\boldsymbol{S}$ 构造统计量 T^2：

$$T^2=\frac{n_1n_2}{n_1+n_2}(\bar{\boldsymbol{X}}-\bar{\boldsymbol{Y}})^{\mathrm{T}}\boldsymbol{S}^{-1}(\bar{\boldsymbol{X}}-\bar{\boldsymbol{Y}})\tag{2.10}$$

由 2.2 节介绍的 T^2 分布的性质可知，当原假设 $\boldsymbol{\mu}_1=\boldsymbol{\mu}_2$ 成立时有

$$T^2\sim T^2(p,n_1+n_2-2)$$

由 T^2 分布与 F 分布的关系可知，上述统计量可转换为如下 F 统计量进行检验：

$$F=\frac{n_1+n_2-p-1}{p(n_1+n_2-2)}T^2(p,n_1+n_2-2)\sim F(p,n_1+n_2-p-1)\tag{2.11}$$

视频 2-1

对于给定的显著性水平 α，若统计量 $F>F_\alpha(p,n_1+n_2-p-1)$，则拒绝 H_0，否则接受 H_0。

【**例 2.3**】 表 2.5 给出了 20～29 岁和 30～39 岁两个年龄段的数

据。在多元正态性假定下，试检验在 $\alpha=0.05$ 时，两组的均值向量之间是否存在显著性差异。

表 2.5　4 个指标化验数据(例 2.3)

编　号	20～29 岁				30～39 岁			
	X_1	X_2	X_3	X_4	X_1	X_2	X_3	X_4
1	265	79	42	20	316	126	34	24
2	205	76	36	18	314	66	38	20
3	245	93	47	20	197	44	31	16
4	177	67	43	18	228	66	37	18
5	272	112	42	25	176	67	40	17
6	210	131	38	26	213	85	35	19
7	192	75	31	16	286	72	41	20
8	201	50	49	17	216	43	40	20
9	255	120	22	23	283	70	31	26
10	204	111	29	22	202	78	44	20
11	229	134	39	14	206	80	42	23
12	215	129	27	19	287	95	30	13
13	176	68	34	17	193	61	36	20
14	273	81	36	16	300	56	32	18
15	195	64	38	18	274	130	28	22
16	283	87	22	19	286	123	33	19
17	316	121	27	16	246	64	34	23
18	276	58	34	10	282	72	33	22
19	252	68	34	15	377	71	33	23
20	265	136	42	30	287	41	41	18

解　(1) 设两组样本协方差相等但未知，该问题的检验假设 $H_0:\boldsymbol{\mu}_1=\boldsymbol{\mu}_2$；$H_1:\boldsymbol{\mu}_1\neq\boldsymbol{\mu}_2$。

(2) 在 SPSS 软件中，均值向量检验的操作步骤如下。

① 新建 4 个变量 X_1,X_2,X_3,X_4 和一个组别变量 G(取值可分别设为 1,2)，然后输入原始数据。

② 依次单击**分析→一般线性模型→多变量**，弹出多变量对话框(图 2.2)；将变量 X_1，X_2,X_3,X_4 移入因变量框，将分组变量移入固定因子框。

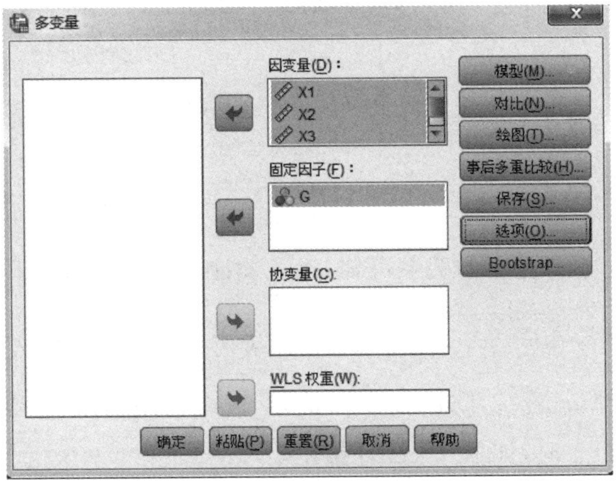

图 2.2　多变量对话框

③ 单击**确定**按钮，提交运算，输出如表 2.6 所示的检验结果。

表 2.6　两总体均值比较检验表

效　应		值	F	假设自由度	误差自由度	显著性
截距	Pillai's 轨迹	0.991	927.908[b]	4.000	35.000	0.000
	Wilks'Lambda	0.009	927.908[b]	4.000	35.000	0.000
	Hotelling's 轨迹	106.047	927.908[b]	4.000	35.000	0.000
	Roy 最大根	106.047	927.908[b]	4.000	35.000	0.000
G	Pillai's 轨迹	0.260	3.071[b]	4.000	35.000	0.029
	Wilks'Lambda	0.740	3.071[b]	4.000	35.000	0.029
	Hotelling's 轨迹	0.351	3.071[b]	4.000	35.000	0.029
	Roy 最大根	0.351	3.071[b]	4.000	35.000	0.029

注：[b]为确切的统计。

(3) 从表 2.6 可以看出，“Hotelling's 轨迹”的 F 统计量值为 3.071，相应的 p 值为 $0.029<0.05$，因此拒绝原假设，认为两个均值向量存在显著差异。

2.4.2　协方差阵不等时的均值向量比较

$\boldsymbol{X}_{(1)},\boldsymbol{X}_{(2)},\cdots,\boldsymbol{X}_{(n_1)}$ 是来自 p 维正态总体 $N_p(\boldsymbol{\mu}_1,\boldsymbol{\Sigma}_1)$ 的一个样本，$\boldsymbol{Y}_{(1)},\boldsymbol{Y}_{(2)},\cdots,\boldsymbol{Y}_{(n_2)}$ 是来自 p 维正态总体 $N_p(\boldsymbol{\mu}_2,\boldsymbol{\Sigma}_2)$ 的一个样本，两样本相互独立，且 $n_1>p,n_2>p$，$\boldsymbol{\Sigma}_1\neq\boldsymbol{\Sigma}_2$。此情形下的均值向量比较问题也就是著名的 Behrens-Fisher 问题。目前有多种方法试图解决此问题。

当$\boldsymbol{\Sigma}_1$ 与$\boldsymbol{\Sigma}_2$ 相差不大时，许宝禄于 1938 年提出了“许方法”解决此问题. 不妨设 $n_1<n_2$，构造如下 T^2 统计量：

$$T^2=h\bar{z}^{\mathrm{T}}\boldsymbol{S}^{-1}\bar{z} \tag{2.12}$$

其中，$\bar{z}=\dfrac{1}{n_1}\sum_{i=1}^{n_1}\boldsymbol{z}(i)=\bar{\boldsymbol{X}}-\bar{\boldsymbol{Y}},\boldsymbol{z}(i)=\boldsymbol{X}_{(i)}-\bar{\boldsymbol{Y}}-\sqrt{\dfrac{n_1}{n_2}}\boldsymbol{Y}_{(i)}+\dfrac{1}{\sqrt{n_1n_2}}\sum_{i=1}^{n_1}\boldsymbol{Y}_{(i)},i=1,2,\cdots,n_1$

$$\boldsymbol{S}=\frac{1}{n_1-1}\sum_{i=1}^{n_1}(\boldsymbol{z}(i)-\bar{\boldsymbol{z}})(\boldsymbol{z}(i)-\bar{\boldsymbol{z}})^{\mathrm{T}}$$

当原假设$\boldsymbol{\mu}_1=\boldsymbol{\mu}_2$ 成立时有

$$T^2\sim T^2(p,n_1-1)$$

同样，由 T^2 分布与 F 分布的关系可知，上述统计量可转换为如下 F 统计量进行检验：

$$F=\frac{n_1-p}{p(n_1-1)}T^2(p,n_1-1)\sim F(p,n_1-p) \tag{2.13}$$

对于给定的显著性水平 α，若统计量 $F>F_\alpha(p,n_1-p)$，则拒绝 H_0，否则接受 H_0。

当$\boldsymbol{\Sigma}_1$ 与$\boldsymbol{\Sigma}_2$ 相差很大时，如下 T^2 统计量：

$$T^2=(\bar{\boldsymbol{X}}-\bar{\boldsymbol{Y}})^{\mathrm{T}}\boldsymbol{S}_*^{-1}(\bar{\boldsymbol{X}}-\bar{\boldsymbol{Y}})$$

其中，$\boldsymbol{S}_* = \frac{\boldsymbol{S}_1}{n_1} + \frac{\boldsymbol{S}_2}{n_2}$。

再令

$$f^{-1} = (n_1^3 - n_2^2)^{-1}((\bar{\boldsymbol{X}} - \bar{\boldsymbol{Y}})^{\mathrm{T}} \boldsymbol{S}_*^{-1} \boldsymbol{S}_1 \boldsymbol{S}_*^{-1} (\bar{\boldsymbol{X}} - \bar{\boldsymbol{Y}}))^2 T^{-4} +$$
$$(n_2^3 - n_2^2)^{-1}((\bar{\boldsymbol{X}} - \bar{\boldsymbol{Y}})^{\mathrm{T}} \boldsymbol{S}_*^{-1} \boldsymbol{S}_2 \boldsymbol{S}_*^{-1} (\bar{\boldsymbol{X}} - \bar{\boldsymbol{Y}}))^2 T^{-4}$$

当原假设$\boldsymbol{\mu}_1 = \boldsymbol{\mu}_2$成立时，可以证明：

$$F = \left(\frac{f - p + 1}{fp}\right) T^2 \sim F(p, f - p + 1) \tag{2.14}$$

对于给定的显著性水平α，若统计量$F > F_\alpha(p, f-p+1)$，则拒绝H_0，否则接受H_0。

2.4.3　两个总体均值分量间结构关系检验

$\boldsymbol{X}_{(1)}, \boldsymbol{X}_{(2)}, \cdots, \boldsymbol{X}_{(n_1)}$是来自$p$维正态总体$N_p(\boldsymbol{\mu}_1, \boldsymbol{\Sigma})$的一个样本，$\boldsymbol{Y}_{(1)}, \boldsymbol{Y}_{(2)}, \cdots, \boldsymbol{Y}_{(n_2)}$是来自$p$维正态总体$N_p(\boldsymbol{\mu}_2, \boldsymbol{\Sigma})$的一个样本，两样本相互独立，且$\boldsymbol{\Sigma} > 0$，$n_1 + n_2 - 2 \geqslant p$。

检验假设$H_0: \boldsymbol{C}(\boldsymbol{\mu}_1 - \boldsymbol{\mu}_2) = \boldsymbol{\varphi}$，$H_1: \boldsymbol{C}(\boldsymbol{\mu}_1 - \boldsymbol{\mu}_2) \neq \boldsymbol{\varphi}$。

其中，$\boldsymbol{C}$是已知的秩为k的$k \times p$矩阵，$\boldsymbol{\varphi}$是已知的k维向量。

检验统计量T^2：

$$T^2 = \frac{n_1 n_2}{n_1 + n_2} (\boldsymbol{C}(\bar{\boldsymbol{X}} - \bar{\boldsymbol{Y}}) - \boldsymbol{\varphi})^{\mathrm{T}} (\boldsymbol{CSC}^{\mathrm{T}})^{-1} (\boldsymbol{C}(\bar{\boldsymbol{X}} - \bar{\boldsymbol{Y}}) - \boldsymbol{\varphi})$$

其中，$\boldsymbol{S}$为$\boldsymbol{\Sigma}$的无偏估计。当原假设H_0成立时有

$$T^2 \sim T^2(k, n_1 + n_2 - 2) \tag{2.15}$$

由T^2分布与F分布的关系可知，上述统计量可转换为如下F统计量进行检验：

$$F = \frac{n_1 + n_2 - k - 1}{k(n_1 + n_2 - 2)} T^2(k, n_1 + n_2 - 2) \sim F(k, n_1 + n_2 - k - 1) \tag{2.16}$$

对于给定的显著性水平α，若统计量$F > F_\alpha(k, n_1 + n_2 - k - 1)$，则拒绝$H_0$，否则接受$H_0$。

【例2.4】　某种产品有A和B两种品牌，其生产成本由X_1、X_2和X_3构成，现从两种产品中各随机抽取10个样本，收集其成本构成数据如表2.7所示。试检验在$\alpha = 0.05$时，两种产品各项成本间的差异是否存在显著性不同。

视频 2-2

表2.7　成本构成数据

编　号	A产品			B产品		
	X_1	X_2	X_3	X_1	X_2	X_3
1	8.13	7.81	7.38	6.82	7.91	7.05
2	8.31	6.57	7.26	8.44	6.56	7.86
3	6.75	8.2	8.03	8.41	7.05	7.81
4	8.33	8.37	8.09	7.47	6.59	6.83
5	7.76	7.86	6.87	8.10	6.69	6.74
6	6.70	8.02	7.48	6.78	8.15	7.50
7	7.06	7.99	7.39	7.34	7.89	8.42

续表

编 号	A产品			B产品		
	X_1	X_2	X_3	X_1	X_2	X_3
8	7.59	7.28	7.79	8.33	7.13	7.18
9	8.42	7.81	7.92	8.08	8.40	7.67
10	8.43	6.84	8.01	8.42	6.57	6.95

解 该问题的检验假设 $H_0: \boldsymbol{C}(\boldsymbol{\mu}_1-\boldsymbol{\mu}_2)=\boldsymbol{0}, H_1: \boldsymbol{C}(\boldsymbol{\mu}_1-\boldsymbol{\mu}_2)\neq\boldsymbol{0}$。

其中

$$\boldsymbol{C}=\begin{bmatrix}1 & -1 & 0\\ 0 & 1 & -1\end{bmatrix}$$

易知：$n_1=n_2=10, k=2, \bar{\boldsymbol{X}}=[7.748,7.675,7.622]^{\mathrm{T}}, \bar{\boldsymbol{Y}}=[7.819,7.294,7.401]^{\mathrm{T}}$。

经计算得

$$\boldsymbol{S}=\begin{bmatrix}0.45795 & -0.23477 & 0.016292\\ -0.23477 & 0.43457 & 0.099787\\ 0.016292 & 0.099787 & 0.22884\end{bmatrix}$$

$$(\bar{\boldsymbol{X}}-\bar{\boldsymbol{Y}})=[-0.071,0.381,0.221]^{\mathrm{T}}$$

$$\boldsymbol{C}(\bar{\boldsymbol{X}}-\bar{\boldsymbol{Y}})=[-0.452,0.16]^{\mathrm{T}}$$

$$\boldsymbol{CSC}^{\mathrm{T}}=\begin{bmatrix}1.3621 & -0.58585\\ -0.58585 & 0.46383\end{bmatrix}$$

$$(\boldsymbol{CSC}^{\mathrm{T}})^{-1}=\begin{bmatrix}1.6074 & 2.0303\\ 2.0303 & 4.7203\end{bmatrix}$$

$$T^2=\frac{n_1 n_2}{n_1+n_2}(\bar{\boldsymbol{X}}-\bar{\boldsymbol{Y}})^{\mathrm{T}}\boldsymbol{C}^{\mathrm{T}}(\boldsymbol{CSC}^{\mathrm{T}})^{-1}\boldsymbol{C}(\bar{\boldsymbol{X}}-\bar{\boldsymbol{Y}})=0.77793$$

$$F=\frac{n_1+n_2-k-1}{k(n_1+n_2-2)}T^2=\frac{10+10-2-1}{2(10+10-2)}T^2=0.3674$$

$$F_{\alpha}(k,n_1+n_2-k-1)=F_{0.05}(2,17)=3.5915$$

因为 $F<F_{0.05}(2,17)$，所以在 $\alpha=0.05$ 时接受原假设。

2.5 多个正态总体均值的比较

在实际中，我们研究的对象不仅限于单总体和两总体，也常常涉及多个总体。对多个总体均值向量的比较实际上是多元方差分析。作为一元方差分析的自然推广，多元方差分析的基本思想也是通过将样本观测值的总变异分解成两部分：一是组间变异（组别因素的效应）；二是组内变异（随机误差），然后比较这两部分变异，判断组间变异是否大于组内变异。

多元方差分析对样本资料的基本要求如下。

(1) 因变量之间存在一定的相关性。若因变量相互独立，则对每个因变量分别采取一元方差分析法。

(2) 各因变量服从多元正态分布。

(3) 样本之间相互独立且各样本满足方差齐性的要求。

(4) 各样本的规模应尽量大且各样本规模应尽量相近。

设有 k 个 p 维正态总体 $N_p(\boldsymbol{\mu}_1,\boldsymbol{\Sigma}),N_p(\boldsymbol{\mu}_2,\boldsymbol{\Sigma}),\cdots,N_p(\boldsymbol{\mu}_k,\boldsymbol{\Sigma})$，从中分别抽取 $n_i(i=1,2,\cdots,k)$ 个独立样本：

$$\boldsymbol{X}_{(1)}^{(1)},\boldsymbol{X}_{(2)}^{(1)},\cdots,\boldsymbol{X}_{(n_1)}^{(1)} \sim N_p(\boldsymbol{\mu}_1,\boldsymbol{\Sigma})$$

$$\boldsymbol{X}_{(1)}^{(2)},\boldsymbol{X}_{(2)}^{(2)},\cdots,\boldsymbol{X}_{(n_2)}^{(2)} \sim N_p(\boldsymbol{\mu}_2,\boldsymbol{\Sigma})$$

$$\cdots$$

$$\boldsymbol{X}_{(1)}^{(k)},\boldsymbol{X}_{(2)}^{(k)},\cdots,\boldsymbol{X}_{(n_k)}^{(k)} \sim N_p(\boldsymbol{\mu}_k,\boldsymbol{\Sigma})$$

$$n_1+n_2+\cdots+n_k=n$$

记各样本的均值向量和全部样本的总均值向量为

$$\bar{\boldsymbol{X}}^{(i)}=\frac{1}{n_i}\sum_{j=1}^{n_i}\boldsymbol{X}_{(j)}^{(i)},\quad i=1,2,\cdots,k$$

$$\bar{\boldsymbol{X}}=\frac{1}{n}\sum_{i=1}^{k}\sum_{j=1}^{n_i}X_{(j)}^{(i)}$$

检验假设 $H_0:\boldsymbol{\mu}_1=\boldsymbol{\mu}_2=\cdots=\boldsymbol{\mu}_k$，$H_1$：至少存在一对 $i\neq j$，使得$\boldsymbol{\mu}_i\neq\boldsymbol{\mu}_j$。类似一元方差分析，将全部样本的总离差阵分解 $\boldsymbol{SST}=\boldsymbol{SSA}+\boldsymbol{SSE}$，其中：

总离差阵
$$\boldsymbol{SST}=\sum_{i=1}^{k}\sum_{j=1}^{n_i}(\boldsymbol{X}_{(j)}^{(i)}-\bar{\boldsymbol{X}})(\boldsymbol{X}_{(j)}^{(i)}-\bar{\boldsymbol{X}})^{\mathrm{T}}$$

组间离差阵
$$\boldsymbol{SSA}=\sum_{i=1}^{k}\sum_{j=1}^{n_i}(\bar{\boldsymbol{X}}^{(i)}-\bar{\boldsymbol{X}})(\bar{\boldsymbol{X}}^{(i)}-\bar{\boldsymbol{X}})^{\mathrm{T}}$$

组内离差阵
$$\boldsymbol{SSE}=\sum_{i=1}^{k}\sum_{j=1}^{n_i}(\boldsymbol{X}_{(j)}^{(i)}-\bar{\boldsymbol{X}}^{(i)})(\boldsymbol{X}_{(j)}^{(i)}-\bar{\boldsymbol{X}}^{(i)})^{\mathrm{T}}$$

当原假设 H_0 成立时，采用似然比方法可以得到 Wilks Λ 统计量：

$$\Lambda=\frac{|\boldsymbol{SSE}|}{|\boldsymbol{SSE}+\boldsymbol{SSA}|}=\frac{|\boldsymbol{SSE}|}{|\boldsymbol{SST}|}\sim\Lambda(p,n-k,k-1)$$

对于给定的显著性水平 α，若统计量 $\Lambda<\Lambda_\alpha(p,n-k,k-1)$，则拒绝 H_0，否则接受 H_0。关于 Wilks Λ 分布的更多信息可参见 2.2 节。

【例 2.5】 引导案例问题①解答

视频 2-3

解　(1) 该问题的原假设 $H_0:\boldsymbol{\mu}_1=\boldsymbol{\mu}_2=\boldsymbol{\mu}_3$，$H_1:\boldsymbol{\mu}_1,\boldsymbol{\mu}_2,\boldsymbol{\mu}_3$ 中至少有两个不等。

(2) 在 SPSS 软件中，多元方差分析的操作步骤如下。

① 新建 4 个变量 X_1,X_2,X_3,X_4 和一个组别变量 G(取值可分别设为 1,2 和 3)，然后输入原始数据。

② 依次单击**分析→一般线性模型→多变量**，弹出如图 2.2 所示的多变量对话框。将变量 X_1,X_2,X_3,X_4 移入因变量框，将分组变量移入固定因子框。

③ 单击确定按钮，提交运算，输出如表 2.8 和表 2.9 所示的检验结果。

表 2.8 多变量检验结果

效 应		值	F	假设自由度	误差自由度	显著性
截距	Pillai's 轨迹	0.991	1409.155[b]	4.000	54.000	0.000
	Wilks'Lambda	0.009	1409.155[b]	4.000	54.000	0.000
	Hotelling's 轨迹	104.382	1409.155[b]	4.000	54.000	0.000
	Roy 最大根	104.382	1409.155[b]	4.000	54.000	0.000
G	Pillai's 轨迹	0.371	3.127	8.000	110.000	0.003
	Wilks'Lambda	0.659	3.136[b]	8.000	108.000	0.003
	Hotelling's 轨迹	0.474	3.143	8.000	106.000	0.003
	Roy 最大根	0.348	4.780[c]	4.000	55.000	0.002

注：[b]为确切的统计。

[c]为统计量是 F 的上限，F 会生成显著性水平的下限。

表 2.9 主体间效应检验结果

源	因变量	Ⅲ类平方和	自由度	均方	F	显著性
校正的模型	x_1	37 274.633[a]	2	18 637.317	8.469	0.001
	x_2	4 166.633[b]	2	2 083.317	2.937	0.061
	x_3	21.700[c]	2	10.850	0.265	0.768
	x_4	24.133[d]	2	12.067	0.666	0.518
截距	x_1	4 155 928.017	1	4 155 928.017	1 888.451	0.000
	x_2	457 102.817	1	457 102.817	644.355	0.000
	x_3	74 342.400	1	74 342.400	1 814.083	0.000
	x_4	23 562.017	1	23 562.017	1 300.319	0.000
G	x_1	37 274.633	2	18 637.317	8.469	0.001
	x_2	4 166.633	2	2 083.317	2.937	0.061
	x_3	21.700	2	10.850	0.265	0.768
	x_4	24.133	2	12.067	0.666	0.518
错误	x_1	125 440.350	57	2 200.708		
	x_2	40 435.550	57	709.396		
	x_3	2 335.900	57	40.981		
	x_4	1 032.850	57	18.120		
总计	x_1	4 318 643.000	60			
	x_2	501 705.000	60			
	x_3	76 700.000	60			
	x_4	24 619.000	60			
校正后的总变异	x_1	162 714.983	59			
	x_2	44 602.183	59			
	x_3	2 357.600	59			
	x_4	1 056.983	59			

注：[a]为 $R^2=0.229$（调整后 $R^2=0.202$）。[b]为 $R^2=0.093$（调整后 $R^2=0.062$）。[c]为 $R^2=0.009$（调整后 $R^2=-0.026$）。[d]为 $R^2=0.023$（调整后 $R^2=-0.011$）。

(3) 从表 2.8 中可知统计量 $\Lambda=0.659$，转化的 F 统计量为 3.136，对应的 p 值为 $0.003<\alpha=0.05$。因此，在 $\alpha=0.05$ 时，可以认为三组的均值向量存在显著性差异。同时表 2.9 给出了 4 个指标一元方差分析的结果，据此我们可以了解这三组均值向量差异是由哪些分量引起的。通过观察 p 值可知，分量 X_1 有显著的差异（$p=0.001<0.05$）。

2.6 协方差阵的检验

在一些多元统计分析中,比如判别分析中的费希尔判别法和均值向量比较中的多元方差分析法,这些检验方法都是以不同总体的协方差阵齐性为前提。因此,在进行以上检验前,为考核是否满足检验的基本条件,需做协方差阵的齐性检验。协方差阵的齐性检验包括两种情况:一是检验样本协方差矩阵$\boldsymbol{\Sigma}$是否等于某一特定的协方差矩阵$\boldsymbol{\Sigma}_0$;二是判断多个样本协方差矩阵是否来自同一协方差矩阵的总体。下面分别介绍这两种情况下协方差阵齐性检验。

2.6.1 检验$\boldsymbol{\Sigma}=\boldsymbol{\Sigma}_0$($\boldsymbol{\Sigma}_0>\boldsymbol{0}$为已知矩阵)

设$\boldsymbol{X}_{(1)},\boldsymbol{X}_{(2)},\cdots,\boldsymbol{X}_{(n)}$是来自$p$维正态总体$N_p(\boldsymbol{\mu},\boldsymbol{\Sigma})$的一个样本,$\boldsymbol{\Sigma}$是未知正定矩阵,样本容量是$n$,$n>p$,且

$$\bar{\boldsymbol{X}}=\frac{1}{n}\sum_{i=1}^{n}\boldsymbol{X}_{(i)},\quad L=\sum_{i=1}^{n}(\boldsymbol{X}_{(i)}-\bar{\boldsymbol{X}})(\boldsymbol{X}_{(i)}-\bar{\boldsymbol{X}})^{\mathrm{T}}$$

检验假设$H_0:\boldsymbol{\Sigma}=\boldsymbol{\Sigma}_0$,$H_1:\boldsymbol{\Sigma}\neq\boldsymbol{\Sigma}_0$。

检验H_0的似然比统计量为

$$\lambda=\exp\left\{-\frac{1}{2}\operatorname{tr}(\boldsymbol{\Sigma}_0^{-1}\boldsymbol{L})\right\}\cdot|\boldsymbol{\Sigma}_0^{-1}\boldsymbol{L}|^{\frac{n}{2}}\cdot\left(\frac{e}{n}\right)^{\frac{np}{2}}$$

由于统计量λ的精确分布不易确定,因此通常采用其近似分布或者极限分布来计算显著性水平α的临界值。Korin(1968)指出:

(1) 当H_0成立时,$-2\ln\lambda$的极限分布是$\chi^2\left(\frac{p(p+1)}{2}\right)$,证明见 Anderson(1958)的文献。

(2) 当H_0成立时,$-2\ln\lambda$的近似分布记为$L(p,n-1,)$,并且当$p\leqslant10$,$n\leqslant75$,korin(1968)给出了$\alpha=0.05$,$\alpha=0.01$时$L(p,n-1)$的α分位点表。

一般来讲,对于显著性水平α,大样本时采用χ^2分布确定临界值,否则通过$L(p,n-1)$分布确定临界值。

2.6.2 检验$\boldsymbol{\Sigma}_1=\boldsymbol{\Sigma}_2=\cdots=\boldsymbol{\Sigma}_k$

设有k个p维正态总体$N_p(\boldsymbol{\mu}_1,\boldsymbol{\Sigma}_1)$,$N_p(\boldsymbol{\mu}_2,\boldsymbol{\Sigma}_2)$,$\cdots$,$N_p(\boldsymbol{\mu}_k,\boldsymbol{\Sigma}_k)$,从中分别抽取$n_i(i=1,2,\cdots,k)$个独立样本:

$$\boldsymbol{X}_{(1)}^{(1)},\boldsymbol{X}_{(2)}^{(1)},\cdots,\boldsymbol{X}_{(n_1)}^{(1)}\sim N_p(\boldsymbol{\mu}_1,\boldsymbol{\Sigma}_1)$$
$$\boldsymbol{X}_{(1)}^{(2)},\boldsymbol{X}_{(2)}^{(2)},\cdots,\boldsymbol{X}_{(n_2)}^{(2)}\sim N_p(\boldsymbol{\mu}_2,\boldsymbol{\Sigma}_2)$$
$$\cdots$$
$$\boldsymbol{X}_{(1)}^{(k)},\boldsymbol{X}_{(2)}^{(k)},\cdots,\boldsymbol{X}_{(n_k)}^{(k)}\sim N_p(\boldsymbol{\mu}_k,\boldsymbol{\Sigma}_k)$$
$$n_1+n_2+\cdots+n_k=n$$

检验假设$H_0:\boldsymbol{\Sigma}_1=\boldsymbol{\Sigma}_2=\cdots=\boldsymbol{\Sigma}_k$,$H_1:\{\boldsymbol{\Sigma}_i\}$不全相等。对于此假设检验通常采用 Box's M检验方法。检验H_0的似然比统计量为

$$\lambda = \frac{\prod_{i=1}^{k} |\boldsymbol{L}_i|^{n_i/2}}{|\boldsymbol{L}|^{n/2}} \cdot \frac{n^{np/2}}{\prod_{i=1}^{k} n_i^{pn_i/2}}$$

其中，$\boldsymbol{L}_1, \boldsymbol{L}_2, \cdots, \boldsymbol{L}_k$ 是 k 个样本的离差阵，$\boldsymbol{L} = \boldsymbol{L}_1 + \boldsymbol{L}_2 + \cdots + \boldsymbol{L}_k$。

在实际应用时，Bartlett 建议分别将 n_i 和 n 的取值替换为 $n_i - 1$ 和 $n-k$，得到一个修正的统计量 λ^*。在此情形下，Box's M 统计量定义为

$$M = -2\ln\lambda^* = (n-k)\ln\left|\frac{\boldsymbol{L}}{(n-k)}\right| - \sum_{i=1}^{k}(n_i - 1)\ln\left|\frac{\boldsymbol{L}_i}{(n_i - k)}\right|$$

当 H_0 成立时，

$$\varepsilon = (1-d)M \sim \chi^2(f)$$

其中

$$\begin{cases} f = \dfrac{p(p+1)(k-1)}{2} \\ d = \dfrac{2p^2 + 3p - 1}{6(p+1)(k-1)}\left(\sum_{i=1}^{k}\dfrac{1}{n_i} - \dfrac{1}{n-k}\right) \end{cases}$$

对于给定的显著性水平 α，若统计量 $\varepsilon > \chi_\alpha^2(f)$，则拒绝 H_0；否则接受 H_0。

视频 2-4

【例 2.6】 引导案例问题②解答

以引导案例数据为样本，试检验在 $\alpha = 0.05$ 时，三组协方差矩阵之间是否存在显著性差异。

解 (1) 该问题的检验假设 $H_0: \boldsymbol{\Sigma}_1 = \boldsymbol{\Sigma}_2 = \boldsymbol{\Sigma}_3$；$H_1: \{\boldsymbol{\Sigma}_i\}$ 不全相等。

(2) 在 SPSS 软件中，协方差检验的操作步骤如下：

① 新建 4 个变量 X_1, X_2, X_3, X_4 和一个组别变量 G(取值可分别设为 1,2 和 3)，然后输入原始数据；

② 依次单击**分析→一般线性模型→多变量**，弹出如图 2.3 所示的多变量对话框；将变量 X_1, X_2, X_3, X_4 移入因变量框，将分组变量移入固定因子框；

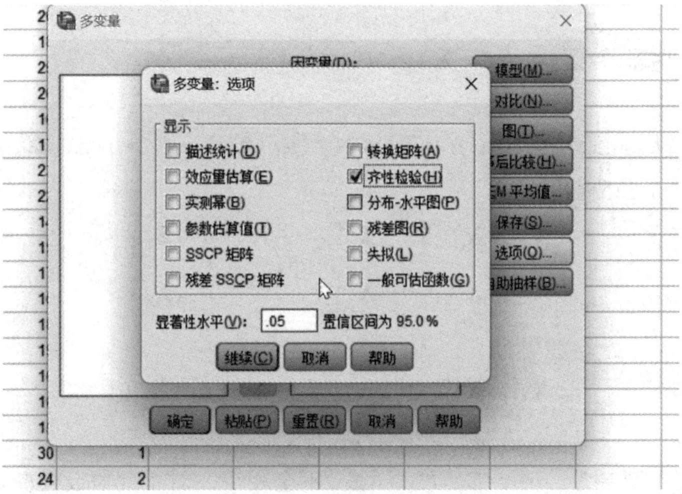

图 2.3 多变量选项对话框

③ 单击**选项**，在输出选项中勾选**齐性检验**，然后单击**继续**和**确定**按钮，提交运算，得到检验结果。

(3) 从输出结果可以看出，Box's M 统计量为 21.134，伴随概率 p-值为 $0.524>\alpha=0.05$，故在 $\alpha=0.05$ 的水平下接受 H_0 的假设，认为三组协方差矩阵无显著性差异(表 2.10)。

表 2.10　协方差矩阵的齐性 Box's 检验[a]

效　应	值
Box's M	21.134
F	0.949
df1	20
df2	11 662.473
显著性	0.524

注：检验各组中观察到的因变量的协方差矩阵相等的零假设。

[a]设计：截距＋G。

2.7 JMP 软件操作

2.7.1 两个或多个正态总体均值的比较

视频 2-5

1. 两个或多个总体Σ 相等但未知时的均值向量检验

在 JMP 软件中，两个或者多个总体协方差相等但未知的均值检验操作步骤如下。

(1) 新建各分量变量(连续型)和一个组别变量(名义型或有序型)，然后输入原始数据。

(2) 单击**分析→拟合模型**，弹出如图 2.4 所示的拟合模型对话框，然后将各分量移入 **Y**，组别变量通过单击**添加**移入构造模型效应列表框，在**特质**列表框中，选择**多元方差分析**，单击**运行**。

(3) 在“响应规格”项中，单击**选择响应→恒等**，勾选**分别检验各列**(对各分量进行一元方差分析)，如图 2.5 所示。

(4) 单击**运行**，输入结果，根据恒等项可查看均值检验的 F 统计量和 p 值等信息，根据各列项，可查看各分量一元方差分析的 F 统计量和 p 值等信息。

2. 两个总体均值分量间结构关系检验

在 JMP 软件中，两总体均值分量间结构关系检验操作步骤如下。

(1) 新建各分量变量(连续型)和一个组别变量(名义型或有序型)，然后输入原始数据。

(2) 单击**分析→拟合模型**，弹出如图 2.4 所示的拟合模型对话框，然后将各分量移入 **Y**，组别变量通过单击添加移入构造模型效应列表框，在“特质”列表框中，选择**多元方差分析**，单击**运行**。

(3) 在“响应规格”项中，单击**选择响应→对比**，输入对比矩阵 **C**，如图 2.6 所示。

(4) 单击**运行**，输入结果，根据整体模型和分组变量项，可得 F 统计量和 p 值等信息。

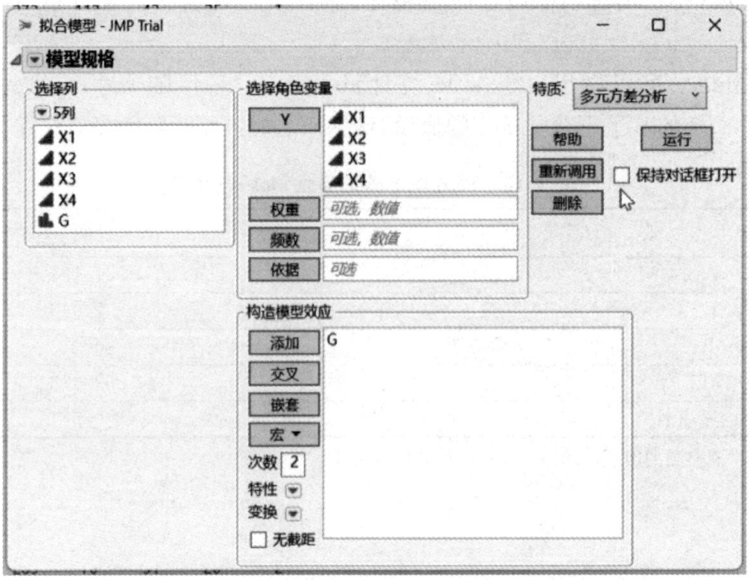

图 2.4　拟合模型对话框

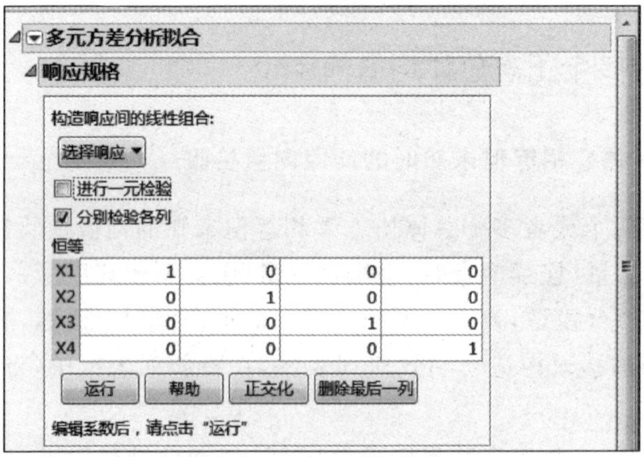

图 2.5　多元方差分析拟合

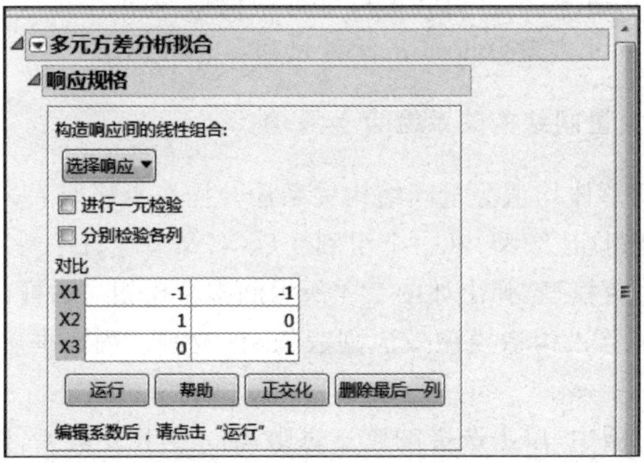

图 2.6　多元方差分析拟合

2.7.2　单个总体均值的检验

1. 单个总体均值向量检验

在 JMP 软件中，同样通过两总体均值向量检验实现单个总体均值的比较。将均值$\boldsymbol{\mu}_0$视作另一样本总体，然后按照两总体协方差相等但未知的均值检验操作得到统计量 F_2，最后乘以系数(样本容量加 1)得到 F 统计量，进而作出检验判断。

2. 单个总体均值分量间结构关系检验

在 JMP 软件中，类似地，通过两总体均值分量间结构关系检验方法实现单总体均值分量间结构关系检验。不同的是，增加的另一新样本总体由一个各分量均为 0 的个体构成。经过简单推导可知，此情形下的两总体均值分量间结构关系检验的 F 统计量 F_2 与单个总体均值分量间结构关系检验的 F 统计量 F_1 的关系式 $F_1=(n+1)\cdot F_2$，n 为单样本总体容量。具体软件操作过程此处不再赘述。

习题

1. 试证多元正态总体 $\boldsymbol{N}_p(\boldsymbol{\mu},\boldsymbol{\Sigma})$的样本协差阵$\hat{\boldsymbol{\Sigma}}=\dfrac{1}{n-1}\boldsymbol{L}$ 为$\boldsymbol{\Sigma}$ 的无偏估计。

2. 试简述多元统计分析中各种均值向量和协方差阵检验的基本思想和步骤。

3. 从某外资企业的职工中随机抽取一个容量为 6 的样本，该样本中各职工的目前工资、受教育年限、初始工资和工作经验资料如表 2.11 所示。

表 2.11　习题 3 资料

职 工 编 号	目前工资/美元	受教育年限/年	初始工资/人民币元	工作经验/月
1	57 000	15	27 000	144
2	40 200	16	18 750	36
3	21 450	12	12 000	381
4	21 900	8	13 200	190
5	45 000	15	21 000	138
6	28 350	8	12 000	26

设职工总体的各个变量均服从多元正态分布，根据样本资料求出均值向量和协方差阵的最大似然估计。

4. 某产品质量有 4 个评价指标，现为了明确某质量检验员的检测行为是否有系统误差，从一指标均值向量$\boldsymbol{\mu}_0=[7\ 5\ 4\ 8]$的正态总体中随机抽取 200 件样品，让检测员对样品进行检测，根据检测的数据计算得

$$\bar{\boldsymbol{X}}=[8.15,5.1,4.45,7.1]$$

$$S=\begin{bmatrix} 1.5026 & -1.2263 & -0.86053 & -0.22632 \\ -1.2263 & 3.1474 & 1.3211 & 0.094737 \\ -0.86053 & 1.3211 & 4.9974 & 0.74211 \\ -0.22632 & 0.094737 & 0.74211 & 2.5158 \end{bmatrix}$$

试问：对于 $\alpha=0.05$，检测员的检验与 $\boldsymbol{\mu}_0$ 是否有差异？

5. 有 A 和 B 两种品牌的轮胎，现各抽取 6 只进行耐用性试验，试验分三阶段进行，每一阶段都旋转 1 000 次收集数据，各组试验结果见表 2.12。

表 2.12 试验结果

A 产品			B 产品		
1	2	3	1	2	3
195.00	193.00	140.00	235.00	120.00	91.00
208.00	189.00	162.00	188.00	106.00	86.00
233.00	217.00	172.00	224.00	200.00	170.00
241.00	221.00	211.00	243.00	125.00	110.00
260.00	250.00	205.00	226.00	125.00	75.00
265.00	181.00	190.00	245.00	117.00	102.00

试问：对于 $\alpha=0.05$，在多元正态性假定下，A 和 B 两种品牌轮胎的耐用性指标是否有显著的不同？如果有，是哪个阶段不同？

第3章

回归分析

回归分析是最重要也是应用最广泛的统计分析方法，本章将介绍回归分析的基本概念、基本原理、求解分析方法及其在经济管理中的广泛应用。由于回归分析特别是多元回归分析(Multiple Regression)的计算量极大，使用手工计算非常烦琐，因此本章仅介绍回归分析的软件求解方法。

引导案例

案例3.1 O2O业务关联案例

近年来，以饿了么、美团等外卖平台为代表的O2O(线上到线下)餐饮外卖业务取得了迅速的发展，已经成为国人的日常基本服务需求。某平台探索发现O2O订单存在双重聚集效应(DSCE)，即在平台上源源不断产生的订单中有部分订单的起点(即消费者位置)与终点(即餐馆位置)分别都是邻近的。为了优化业务运营，该平台需要进一步明确：是否O2O业务的空间分布越密集，订单的DSCE就越显著？

这一问题提出之后所遇到的首要挑战是，如何描述业务的空间分布？平台技术团队发现核密度是一个恰当的指标，该指标通过分析订单的消费者、餐馆在平面上的分布密度来表征业务的空间分布密度。另外，采用DSCE订单的占比来表征聚集效应的强度是很自然的结论。据此，平台获取了相关的样本数据。

为了明确平台所提出的问题，分析人员需要采用回归分析方法对上述两类指标的样本数据进行分析，通过回归方程确认这两类指标之间是否存在显著的同向变化关联。

案例3.2 质量控制案例

某钢厂生产的某种合金钢有两个重要的质量指标：抗拉强度(kg/mm^2)和延伸率(%)；该合金钢的质量标准要求：抗拉强度应大于32 kg/mm^2；延伸率应大于33%。根据冶金学的专业理论知识和实践经验知道，该合金钢的含碳量是影响抗拉强度和延伸率的主要因素。其中含碳量高，则抗拉强度也就会相应提高，但与此同时延伸率则会降低。为提高产品质量、降低质量成本、提升产品的竞争能力，该厂质量控制部门要求该种合金钢产品的上述两项质量指标的合格率都达到99%以上。为实现上述质量控制要求，就需要重新修订该合金钢冶炼中关于含碳量的工艺控制规范，也即在冶炼中应将含碳量控制在什么范围内，可以有

99%以上的把握使抗拉强度和延伸率这两项指数达到要求。

这是一个典型的产品质量控制问题，为有效实现质量控制目标，就需要分析抗拉强度和延伸率这两项指标与含碳量之间的关系，这就需要大量的样本数据。该厂质量管理科查阅了该合金钢的质量检验记录，在剔除了异常情况后，整理了该合金钢的上述两项指标与含碳量的 92 炉实测数据(略)。为解决本案例问题，还需要分别建立描述该合金钢的抗拉强度及延伸率与含碳量相互关系的回归模型，再根据所得到的样本数据求解出反映该合金钢的抗拉强度及延伸率与含碳量相互关系的回归方程，然后根据概率统计的原理，求解出能满足以上要求的含碳量的控制范围。这些就是本章所要讨论的主要内容。

3.1 回归模型介绍

3.1.1 变量间的两类关系

在自然界和社会经济领域中，各种现象之间普遍存在着相互联系和相互制约的关系。要深入了解事物的本质及其发展变化规律，就需要分析各种现象之间客观存在着的相互关系，也即变量间的关系。变量间的关系通常可以分为以下两大类。

1. 确定性关系

如果一个变量的取值能由另一个或若干个变量的值完全确定，则称这些变量间存在着**确定性关系**或**函数关系**，此时变量间的关系可用函数表示为

$$Y=f(X) \qquad \text{或 } F(X,Y)=0$$

$$Y=f(X_1,X_2,\cdots,X_n) \qquad \text{或 } F(X_1,X_2,\cdots,X_n,Y)=0$$

例如，当某商品的销售价格 C 不变时，销售收入 Y 可由销售量 X 确定：

$$Y=CX$$

确定性关系如图 3.1 所示。

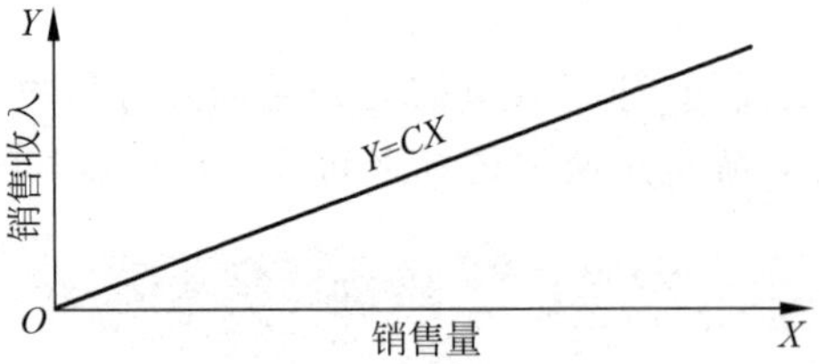

图 3.1 确定性关系

2. 非确定性关系

非确定性关系是指变量间虽然存在着密切相关性，但或者是由于涉及的变量过多、关系过于复杂，人们暂时还不了解它们间的精确函数关系；或者是由于许多无法计量和控制的随机因素的影响，变量间的关系呈现不确定性，即不能由一个或若干个变量的值精确地确定另一个变量的值。在自然界和社会经济领域中的各种现象之间大量和普遍地存在着非确定

性关系。例如，人的血压通常随年龄而增高，但同龄人的血压并不相同；在社会购买力不变的情况下，商品的销售量与其价格密切相关，但两者间并不存在确定性关系；在炼钢过程中，钢水的含碳量与冶炼时间之间也存在着非确定性关系；又如通常家庭收入高，则消费支出也大，但消费支出并不能由收入完全确定，它还受到家庭人口、人口构成、生活习惯、消费偏好、职业、对将来的收入预期和支出预期、周围家庭的消费水平等众多因素的影响，即使收入和人口构成等情况都相同的家庭，消费支出也存在着明显的差异。

对于非确定性关系，虽然不能由某个或某组变量的取值完全确定另一个变量的值，但通过大量的观察或试验，可以发现这些变量间存在着一定的统计规律性，如图 3.2 所示。变量间的这类统计规律就称为**相关关系**或**回归关系**。

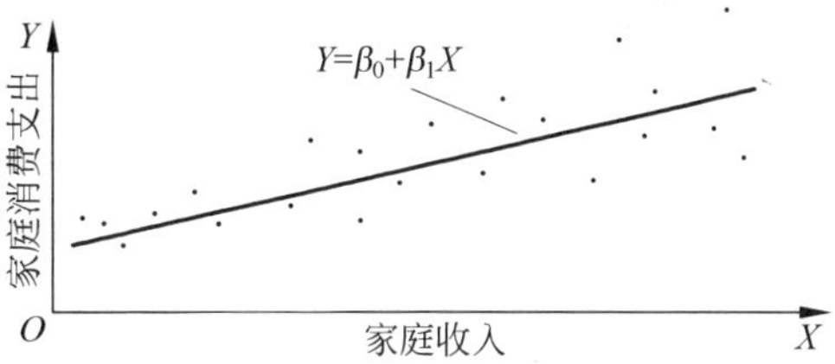

图 3.2　非确定性关系

有关回归关系的理论、方法及其应用统称为**回归分析**。回归分析在生产、科研以及经济与管理等领域中有着非常广泛的应用，其中应用得最为广泛的是**线性回归**模型。

3.1.2　线性回归的数学模型

由于线性函数是最容易进行数学处理和分析的一类函数，并且在自然界和社会经济领域中，变量间普遍存在着线性相关关系，再加上许多非线性关系都可转化为线性关系来分析，因此线性回归是使用得最为广泛的回归模型，它也是回归分析的基础，所有非线性回归都要转化为线性回归才能分析和求解。

在介绍线性回归的概念之前，首先让我们来看一个简单的例子。

【例 3.1】　以三口之家为单位，某种食品在某年各月的家庭月均消费量 Y(kg)与其价格 X(元/kg)间的调查数据如表 3.1 所示(表 3.1 中数据按价格做了递增排序)，试分析该种食品的家庭月平均消费量与价格间的关系。

表 3.1　某食品价格与家庭月均消费量的关系

价格 x_i	4.0	4.0	4.8	5.4	6.0	6.0	7.0	7.2	7.6	8.0	9.0	10.0
消费量 y_i	3.0	3.8	2.6	2.8	2.0	2.9	1.9	2.2	1.9	1.2	1.5	1.6

为找出该食品家庭月均消费量与价格间的大致关系，可在直角坐标平面上将所得的观察值(x_i，y_i)作一散点图，如图 3.3 所示。

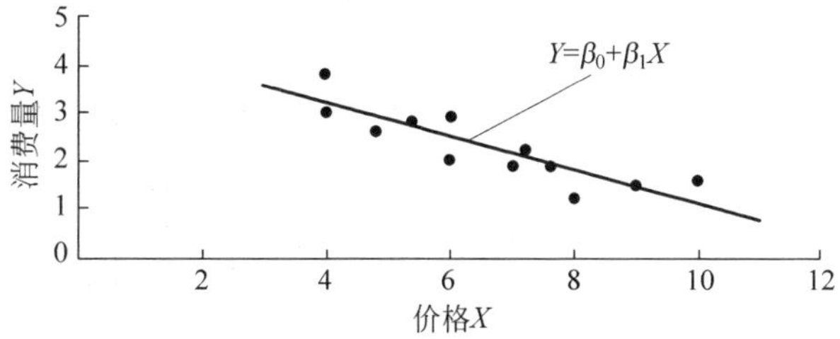

图 3.3　散点图

由图 3.3 可知，这些点都落在了一条直线附近，因此可以假定该食品的家庭月均消费量 Y 与价格 X 之间基本呈线性相关关系，图 3.3 中各点与直线 $Y=\beta_0+\beta_1 X$ 之间的偏差是由其他一些未加控制或无法控制的因素及观察误差所引起的，故可以建立 Y 与 X 之间相关关系的**线性回归模型**如下：

$$Y=\beta_0+\beta_1 X+\varepsilon \tag{3.1}$$

并称 X 为**解释变量**（自变量），Y 为**被解释变量**（因变量）；β_0，β_1 是模型中的**未知参数**，ε 为**随机误差项**，式(3.1)就称为**一元线性回归模型**。

随机误差项产生的原因主要有以下几个方面：

(1) 模型中忽略的其他因素对 Y 的影响；

(2) 由于模型不正确所产生的偏差（例如，将某种非线性关系误设为线性关系）；

(3) 模型中包含了对被解释变量无显著影响的解释变量；

(4) 对变量的观察误差；

(5) 其他随机因素的影响（例如，人们并不是严格按理性规则行事的，其经济行为本身就是一种随机现象）。

当 X 取不完全相同的 N 个值 $x_1,x_2,\cdots,x_N$ 进行试验时，得到被解释变量 Y 的一组观察值 $y_1,y_2,\cdots,y_N$，由式(3.1)，显然每一对观察值 (x_i,y_i) 有如下数据结构：

$$y_i=\beta_0+\beta_1 x_i+\varepsilon_i,\quad i=1,2,\cdots,N \tag{3.2}$$

式中，ε_i 是第 i 次试验中其他因素和试验误差对 y_i 影响的总和。

一般地，若模型中含有 p 个解释变量，则相应的多元线性回归模型为

$$Y=\beta_0+\beta_1 x_1+\beta_2 x_2+\cdots+\beta_p x_p+\varepsilon \tag{3.3}$$

式中，$\beta_j(j=0,1,2,\cdots,p)$ 为模型中的 $p+1$ 个未知参数。

设第 i 次的试验数据为 $(y_i;x_{i1},x_{i2},\cdots,x_{ip})$，$i=1,2,\cdots,N$，则多元线性回归模型有如下数据结构：

$$y_i=\beta_0+\beta_1 x_{i1}+\beta_2 x_{i2}+\cdots+\beta_p x_{ip}+\varepsilon_i,\quad i=1,2,\cdots,N \tag{3.4}$$

3.1.3 线性回归模型的经典假设条件

为了便于分析和处理，关于模型中的解释变量和随机误差项假定满足以下条件（称为**经典假设条件**）。

(1) 各 $\varepsilon_i \sim N(0,\sigma^2)$，且相互独立。

(2) 解释变量是可以精确观察的普通变量（非随机变量）。

(3) 解释变量与随机误差项不相关（即解释变量和随机误差项是各自独立地对被解释变量产生影响的）。

(4) 无多重共线性（即在多元线性回归中，各解释变量的样本数据之间不存在密切的线性相关性）。

称满足以上条件的线性回归模型为**经典线性回归模型**。需要指出的是，在经济领域中，各种经济变量之间的关系通常是不会完全满足上述条件的。当实际问题中的回归模型不满足以上经典假设条件时，通常需要采取相应的数据变换方法后再进行处理，有关这方面的内容将在第 4 章进行讨论。本章将讨论满足经典假设条件的回归分析，它是所有回归分析的基础。

3.1.4 回归分析的内容和分析步骤

(1) 根据问题的实际背景和有关专业理论知识,或对样本数据分析后,建立描述变量间相关关系的回归模型。

(2) 利用所得到的样本数据估计模型中的未知参数,得到回归方程。

(3) 对所得回归方程和回归系数进行显著性检验。

(4) 利用回归方程对被解释变量进行预测或控制。

3.2 一元线性回归

3.2.1 一元线性回归的数学模型

由3.1节的分析可知,一元线性回归模型为

$$\begin{aligned} &Y=\beta_0+\beta_1 X+\varepsilon \\ &\varepsilon \sim N(0,\sigma^2) \end{aligned} \tag{3.5}$$

式中,X 是普通变量,ε 表示除 X 外其他因素对随机变量 Y 的影响,由式(3.5)可知

$$Y \sim N(\beta_0+\beta_1 X,\sigma^2) \tag{3.6}$$

称 Y 的条件期望

$$E(Y \mid X)=\beta_0+\beta_1 X \tag{3.7}$$

为 Y 对 X 的回归。

设(y_i,x_i),$i=1,2,\cdots,N$ 为 N 对样本观察值,则一元线性回归有如下数据结构:

$$\begin{aligned} &y_i=\beta_0+\beta_1 x_i+\varepsilon_i,\quad i=1,2,\cdots,N \\ &\varepsilon_i \sim N(0,\sigma^2),\text{且相互独立} \end{aligned} \tag{3.8}$$

接下来,就是要利用所得的试验数据估计模型中的未知参数 β_0 和 β_1。

3.2.2 参数 β_0 和 β_1 的最小二乘估计

回归分析中是使用**最小二乘法**估计模型中的未知参数的。

记 $\hat{\beta}_0$,$\hat{\beta}_1$ 分别是参数 β_0 和 β_1 的点估计,$\hat{Y}$ 为 Y 的条件期望 $E(Y|X)$的点估计,则由式(3.7),有

$$\hat{Y}=\hat{\beta}_0+\hat{\beta}_1 X \tag{3.9}$$

称式(3.9)为 Y 对 X 的**一元线性回归方程**;并称 $\hat{\beta}_0$,$\hat{\beta}_1$ 为回归方程式(3.9)的**回归系数**;而回归方程的图形就称为**回归直线**。

对每一 x_i 值,由回归方程式(3.9)可以确定 Y 的一个**回归值** $\hat{y}_i$,它是在 $X=x_i$ 条件下 Y 期望值的一个点估计:

$$\hat{y}_i=\hat{\beta}_0+\hat{\beta}_1 x_i,\quad i=1,2,\cdots,N \tag{3.10}$$

Y 的各观察值 y_i 与回归值 $\hat{y}_i$ 之差 $y_i-\hat{y}_i$（称为**残差**）反映了 y_i 与回归直线(3.9)之间的偏离程度，从而全部观察值与回归值的**残差平方和**

$$Q(\hat{\beta}_0,\hat{\beta}_1)=\sum_i(y_i-\hat{y}_i)^2=\sum_i(y_i-\hat{\beta}_0-\hat{\beta}_1x_i)^2 \tag{3.11}$$

就反映了全部观察值与回归直线间总的偏离程度。显然，Q 的值越小，说明回归直线对所有试验数据的拟合程度越好。所谓**最小二乘法**，就是由

$$Q(\hat{\beta}_0,\hat{\beta}_1)=\min$$

来确定 $\hat{\beta}_0$、$\hat{\beta}_1$ 的方法。显然，由最小二乘法配出的直线与全部数据(y_i,x_i)间的偏离程度是所有直线中最小的。最小二乘法原理示意图如图 3.4 所示。

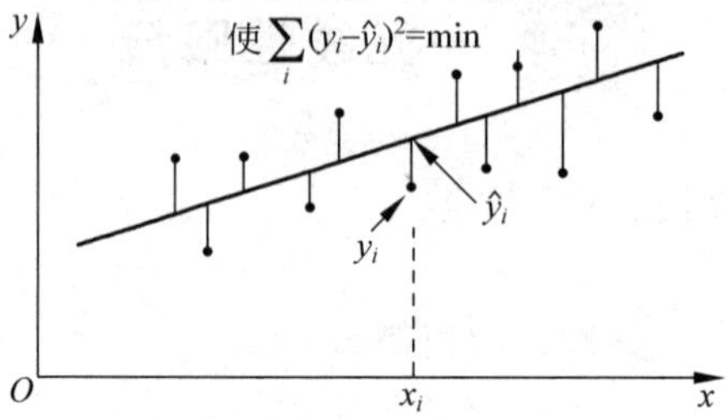

图 3.4　最小二乘法原理示意图

由微分学的知识可知，$\hat{\beta}_0$、$\hat{\beta}_1$ 是以下方程组的解：

$$\begin{cases}\dfrac{\partial Q}{\partial\hat{\beta}_0}=-2\sum_i(y_i-\hat{\beta}_0-\hat{\beta}_1x_i)=0\\[2ex]\dfrac{\partial Q}{\partial\hat{\beta}_1}=-2\sum_i(y_i-\hat{\beta}_0-\hat{\beta}_1x_i)x_i=0\end{cases} \tag{3.12}$$

由式(3.12)，可解得

$$\begin{cases}\hat{\beta}_0=\bar{y}-\hat{\beta}_1\bar{x}\\[2ex]\hat{\beta}_1=\dfrac{\sum_i(x_i-\bar{x})(y_i-\bar{y})}{\sum_i(x_i-\bar{x})^2}\end{cases} \tag{3.13}$$

式中，$\bar{x}=\dfrac{1}{N}\sum_i x_i$；$\bar{y}=\dfrac{1}{N}\sum_i y_i$。式(3.13)就是参数 β_0、β_1 的**最小二乘估计**，也称为**普通最小二乘估计**，记为 OLSE(Ordinary Least Square Estimator)。

与方差分析一样，对本章的所有分析计算过程我们都不再介绍手工计算方法，而是将重点放在利用计算机软件求解和对其进行输出结果的分析。

将 $\hat{\beta}_0=\bar{y}-\hat{\beta}_1\bar{x}$ 代入回归方程式(3.9)，可得

$$\hat{y}-\bar{y}=\hat{\beta}_1(x-\bar{x})$$

可知回归直线是经过点$(\bar{x},\bar{y})$的。

由于用软件求解回归方程时将同时给出对回归方程和回归系数的显著性检验结果，故具体求解方法将在有关内容之后再介绍。

3.2.3 最小二乘估计$\hat{\beta}_0$,$\hat{\beta}_1$的性质

以下关于最小二乘估计 $\hat{\beta}_0$,$\hat{\beta}_1$ 性质的讨论,可以告诉我们许多有用的信息。可以证明,在满足经典假设的条件下,普通最小二乘估计 $\hat{\beta}_0$,$\hat{\beta}_1$ 有如下重要性质。

(1) $\hat{\beta}_0$ 和 $\hat{\beta}_1$ 分别是参数 β_0 和 β_1 的一致最小方差无偏估计。

由此可知,最小二乘估计 $\hat{\beta}_0$,$\hat{\beta}_1$ 分别是参数 β_0 和 β_1 的优良估计。

(2) $\hat{\beta}_0$,$\hat{\beta}_1$ 的方差分别为

$$D(\hat{\beta}_0)=\sigma^2\left[\frac{1}{N}+\frac{\bar{x}^2}{\sum_i (x_i-\bar{x})^2}\right] \tag{3.14}$$

$$D(\hat{\beta}_1)=\frac{\sigma^2}{\sum_i (x_i-\bar{x})^2} \tag{3.15}$$

我们知道,方差反映了随机变量取值的离散程度,估计量 $\hat{\beta}_0$,$\hat{\beta}_1$ 的方差越小,则对未知参数 β_0,β_1 估计的精度就越高,$\hat{\beta}_0$,$\hat{\beta}_1$ 的取值将越集中在未知参数 β_0,β_1 的真值附近。式(3.14)和式(3.15)说明,回归系数 $\hat{\beta}_0$,$\hat{\beta}_1$ 对参数 β_0,β_1 的估计精度不仅与 σ^2 以及样本容量 N 有关,而且与各 x_i 值的分散程度有关,样本容量 N 越大,x_i 的取值越分散,$\hat{\beta}_0$,$\hat{\beta}_1$ 的方差就越小,对参数 β_0,β_1 的估计就越精确;反之,估计的精度就越差。了解这一点,对指导试验(抽样)安排是有非常重要意义的。

3.2.4 回归方程的显著性检验

在实际问题中,变量间的相关关系是非常复杂的,人们根据问题的实际背景或有关专业理论知识所建立的回归模型,只是对变量间相关关系的一种假设和简化。所做的假设是否基本符合变量间实际存在的相互关系,则还需要用统计学的原理进行检验。对于一元线性回归模型,如果变量 Y 与 X 之间并不存在线性相关关系,则模型(3.5)中一次项的系数 β_1 应为0;反之,β_1 就应当显著地不为0。故对一元线性回归模型,要检验的原假设为

$$H_0:\beta_1=0 \tag{3.16}$$

对回归方程的检验,采用的仍是方差分析的方法,需要对 Y 的观察值 $y_1,y_2,\cdots,y_N$ 之间的差异进行分解。由式(3.8)知,$y_1,y_2,\cdots,y_N$ 之间的差异是由以下两方面的原因引起的。

(1) 解释变量 X 的取值 $x_1,x_2,\cdots,x_N$ 不同。

(2) 其他因素和试验误差的影响。

为检验以上两方面中哪一个对 Y 取值的影响是主要的,需要将它们各自对 y_i 取值的影响,从 y_i 间总的差异中分解出来。与方差分析完全类似,可以用全部观察值 y_i 与其平均值 $\bar{y}$ 的偏差平方和来刻画 y_i 间总的波动量,称

$$S_T=\sum_i (y_i-\bar{y})^2 \tag{3.17}$$

为**总的偏差平方和**。将 S_T 做如下分解:

$$S_T=\sum_i (y_i-\bar{y})^2=\sum_i (y_i-\hat{y}_i+\hat{y}_i-\bar{y})^2$$

$$= \sum_i (y_i - \hat{y}_i)^2 + \sum_i (\hat{y}_i - \bar{y})^2 \qquad (3.18)$$

$$\triangleq S_E + S_R$$

并称

$$S_R = \sum_i (\hat{y}_i - \bar{y})^2 \qquad (3.19)$$

为**回归平方和**，它主要是由解释变量 X 的取值 x_i 的不同引起的，其大小反映了模型中 X 的一次项对 Y 影响的重要程度。称

$$S_E = \sum_i (y_i - \hat{y}_i)^2 \qquad (3.20)$$

为**剩余平方和**(或残差平方和)，它主要是由随机误差和其他因素的影响所引起的。

S_T、S_R 和 S_E 本身并没有太大意义，但是回归平方和(S_R)与总平方和(S_T)的比值表示回归模型中由自变量 X 解释的 Y 的偏差部分。这个比值称为判定系数 r^2，定义如下：

$$r^2 = \frac{\text{回归平方和}}{\text{总平方和}} = \frac{S_R}{S_T} \qquad (3.21)$$

判定系数度量了回归模型中由自变量 X 解释的 Y 的偏差部分。譬如当 $r^2 = 0.9$，说明自变量 X 能解释 Y 90%的偏差，表示两者之间存在很强的正线性关系；而剩余 10%的偏差是由除 X 外的其他因素引起的。

于是我们可以用回归平方和 S_R 与剩余平方和 S_E 来构造检验 H_0 的统计量。可以证明，当 H_0 为真时，统计量

$$F = \frac{S_R}{S_E/(N-2)} \sim F(1, N-2) \qquad (3.22)$$

其中，S_E 服从自由度为 $N-2$ 的 χ^2 分布；而当 H_0 为真时，S_R 服从自由度为 1 的 χ^2 分布，且与 S_E 相互独立。故在给定显著性水平 α 下，若

$$F > F_\alpha(1, N-2) \qquad (3.23)$$

就拒绝 H_0，并称**回归方程是显著的**，说明回归模型与回归方程合理反映了解释变量与被解释变量间的相关关系，可以用来进行预测和控制；反之，则称**回归方程无显著意义**。若回归方程不显著，则可能有以下原因：

(1) Y 与 X 之间并不是线性相关关系；

(2) 模型中疏漏了对 Y 有重要影响的其他解释变量；

(3) Y 与 X 间基本不相关；

(4) 试验(观察)误差过大。

应在查明原因后，重新建立更为合理的回归模型，或重新获取更正确的样本数据。

检验过程同样可以列成一张如表 3.2 所示的方差分析表。

表 3.2 方差分析表

来 源	平 方 和	自 由 度	均 方 和	F 比	P 值
回归	S_R	1	S_R	$\frac{S_R}{S_E/(N-2)}$	
剩余	S_E	$N-2$	$S_E/(N-2)$		
总和	S_T	$N-1$			

3.2.5　SPSS 软件上机实现

视频 3-1

1. 操作步骤

(1) 按图 3.5 所示输入例 3.1 的样本数据，注意每个变量的数据输在一列中，如果有多个解释变量，则它们必须录入相邻的列中。

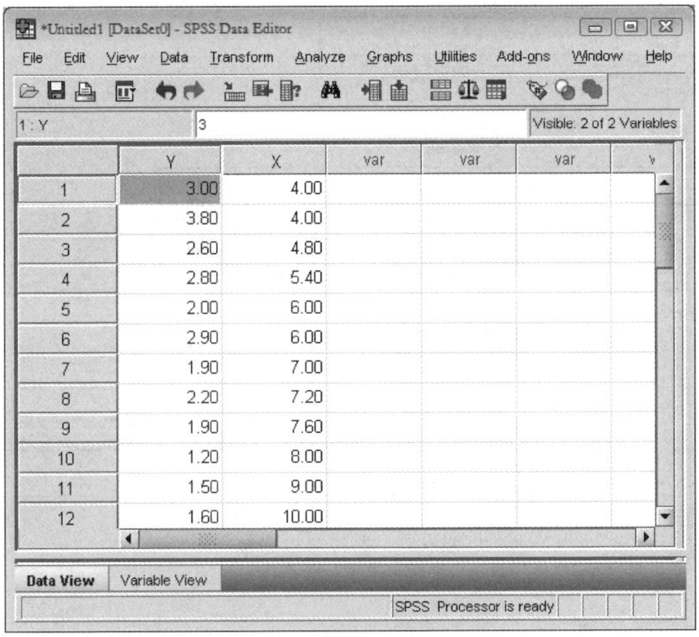

图 3.5　数据录入格式

(2) 选 **Analyze→Regression→Linear**，出现如图 3.6 所示窗口。

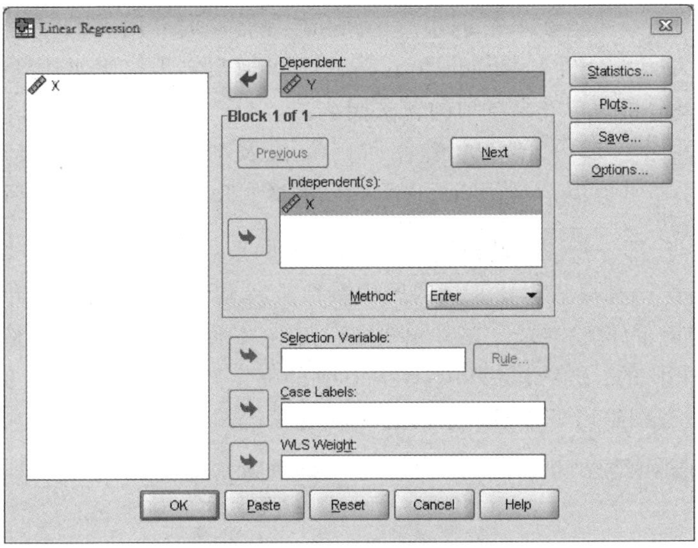

图 3.6　“回归”对话框

(3) 选择被解释变量 Y 到 **Dependent** 框中,选择解释变量 X 到 **Independent** 框中。在 **Method** 框中选择回归分析中解释变量的筛选策略。其中,**Enter** 表示所选解释变量强行进入回归方程,是 SPSS 默认的策略方法,通常用在一元线性回归分析中;**Remove** 表示从回归方程中剔除所选变量;**Stepwise** 表示逐步筛选策略;**Backward** 表示向后筛选策略;**Forward** 表示向前筛选策略。在一元线性回归中,**Statistics** 等框可选择默认,或根据研究需要进行选择。当确定所有选项后,单击 **OK** 按钮,软件即输出运行结果,如图 3.7 所示。

Model Summary

Model	R	R Square	Adjusted R Square	Std. Error of the Estimate
1	.861[a]	.741	.715	.40071

a. Predictors: (Constant), X

ANOVA[b]

Model		Sum of Squares	df	Mean Square	F	Sig.
1	Regression	4.591	1	4.591	28.593	.000[a]
	Residual	1.606	10	.161		
	Total	6.197	11			

a. Predictors: (Constant), X

b. Dependent Variable: Y

Coefficients[a]

Model		Unstandardized Coefficients		Standardized Coefficients	t	Sig.	95% Confidence Interval for B	
		B	Std. Error	Beta			Lower Bound	Upper Bound
1	(Constant)	4.522	.434		10.412	.000	3.554	5.489
	X	-.340	.064	-.861	-5.347	.000	-.482	-.198

a. Dependent Variable: Y

图 3.7　运行输出结果

2. 运行输出结果分析

(1) "Model Summary"中 Multiple R 为复相关系数;R Square 为判定系数 R^2;Adjusted R Square 为修正的判定系数 $\bar{R}^2$;"Std. Error of the Estimate"为对模型中 σ 的点估计 $\hat{\sigma}$ 的值,其值为 $\sqrt{S_E/(N-2)}$,该值在求 Y 的预测区间和控制范围时要用到。

(2) ANOVA 方差分析表中 Significance F 为对回归方程检验所达到的临界显著性水平,即 P 值;方差分析表中其余各项的含义同前。

(3) 图 3.7 中最后部分给出的是各回归系数及对回归系数的显著性检验结果。Intercept 为截距,即常数项;Coefficients 为回归系数;"Std. Error of the Estimate"为回归系数标准差的估计,即 $\sqrt{\hat{D}(\beta_j)}$ 的值;t Stat 为对回归系数进行 t 检验时 t 统计量的值,在多元线性回归时还需要对每个解释变量的回归系数进行显著性检验(见 3.4 节),通常并不需要考虑对常数项 β_0 的检验结果。在一元线性回归中,对回归系数 β_1 的 t 检验结果与回归方程的检验结果是相同的;P-Value 为 t 检验所达到的临界显著性水平,即 P 值;Lower 95.0% 和 Upper 95.0%分别给出了各回归系数的 95%置信区间。

由图 3.7 的输出结果,可得到本例中的回归系数为 $\hat{\beta}_0=4.52$,$\hat{\beta}_1=-0.34$。故所求回归方程为

$$\hat{Y}=4.52-0.34X$$

即该食品的价格每上涨1元，家庭月平均消费量将下降0.34 kg。其中 $\hat{\beta}_0=4.25$ kg 可视为该食品的家庭月平均最大需求量。再由输出的方差分析表，由于 Significance $F=0.00032<0.001$，可知回归方程是极高度显著的，说明该回归模型和回归方程合理反映了该食品家庭月平均消费量与价格之间的相关关系，可以用来进行预测和控制。

3.2.6 预测和控制

回归分析的目的，除了揭示变量间客观存在的相关关系外，更主要的是可以利用通过检验后的回归方程对被解释变量进行预测和控制，这在经济与管理领域中有着非常重要的应用价值。

1. 预测

所谓预测，就是对解释变量 X 的某一给定值 x_0，在给定的水平 α 下，估计被解释变量的对应值 y_0 的置信度为 $1-\alpha$ 的预测区间，类似于区间估计问题。

对 X 的任一给定值 x_0，由回归方程可得 y_0 的回归值：

$$\hat{y}_0=\hat{\beta}_0+\hat{\beta}_1 x_0 \tag{3.24}$$

它是 y_0 条件期望的一个点估计。

记 y_0 的置信度为 $1-\alpha$ 的预测区间为 $(\hat{y}_0-d,\hat{y}_0+d)$，即满足

$$P\{\hat{y}_0-d<y_0<\hat{y}_0+d\}=1-\alpha \tag{3.25}$$

其中，

$$d=t_{\alpha/2}(N-2)\sqrt{\left[1+\frac{1}{N}+\frac{(x_0-\bar{x})^2}{\sum_i (x_i-\bar{x})^2}\right]S_E/(N-2)} \tag{3.26}$$

式(3.26)说明，预测区间的大小(反映了预测精度)不仅与水平 α、样本容量 N 及各 x_i 值的分散程度有关，而且和 x_0 的值有关。x_0 越靠近 $\bar{x}$，d 就越小；相反，x_0 越远离 $\bar{x}$，d 就越大。因此在给定样本数据及 α 后，d 是 x_0 的函数 $d(x_0)$。在 x_0Oy 平面中分别作 $y=\hat{y}-d(x_0)$ 和 $y=\hat{y}+d(x_0)$ 的图形，则这两条曲线将回归直线夹在当中，两头呈喇叭形，且在 $x=\bar{x}$ 处最窄，如图3.8所示。

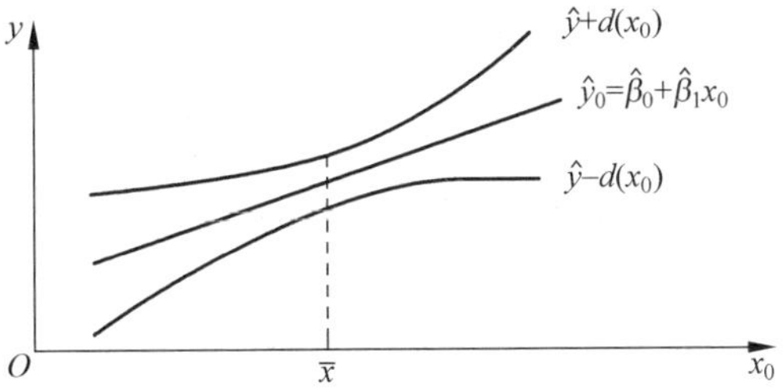

图3.8 预测区间与 x_0 的关系

由此可知，预测精度是随 x_0 远离 $\bar{x}$ 而逐渐降低的。

当样本容量较大时，式(3.26)方括号内的值就近似于1，此时可用式(3.27)求 d 的近

似值：

$$d \approx t_{\alpha/2}(N-2)\sqrt{S_E/(N-2)} \tag{3.27}$$

在式(3.27)中的$\sqrt{S_E/(N-2)}$称为**标准误差**(standard error)，它是模型中σ的误计值。在SPSS的回归分析运行输出结果中给出了该标准误差值。

【例 3.2】 对例 3.1 所给问题，求当该食品价格为 5.6 元/kg 时，家庭月平均消费量的置信度为 90%的预测区间。

解 由软件的输出结果，得到$\sqrt{S_E/(N-2)}=0.4007$，将$x_0=5.6$代入回归方程，得$\hat{y}_0=4.52-0.34\times5.6\approx2.62$，可得

$$d \approx t_{0.05}(10)\sqrt{S_E/(N-2)}=1.8125\times0.4007=0.73$$

$$(\hat{y}_0-d,\hat{y}_0+d)=(1.89,3.35)$$

故所求预测区间为(1.89 kg,3.35 kg)。由于本案例中的$N=12$较小，故预测精度是不高的。

2. 控制

控制问题在质量管理以及微观和宏观经济管理中有着广泛的应用，它是预测的反问题，即假如我们要求以$1-\alpha$的概率将被解释变量Y的值控制在某一给定范围(y_1,y_2)内，应当将解释变量X控制在什么范围内的问题。我们不能直接控制Y，但可以通过控制X来实现对Y的间接控制。因此，也就是要寻找X的两个值x_1和x_2，使当$x\in(x_1,x_2)$时，可在$1-\alpha$的置信度下使$y_1<y<y_2$，即要使

$$p\{y_1<y<y_2 \mid x_1<x<x_2\}=1-\alpha \tag{3.28}$$

如图 3.9 所示。

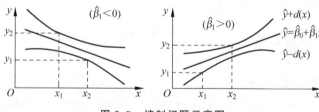

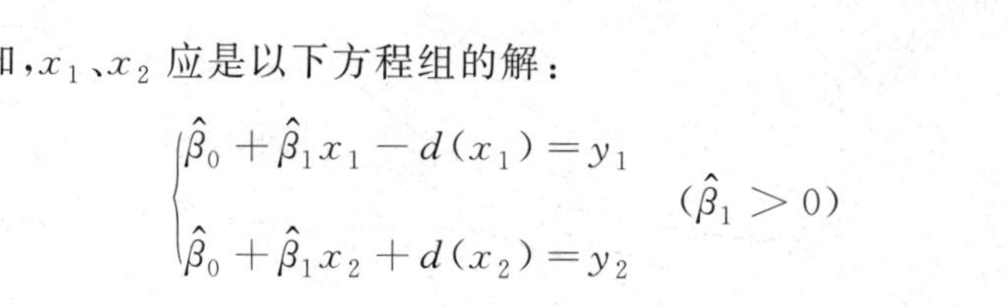

图 3.9 控制问题示意图

由图 3.9 可知，x_1、x_2应是以下方程组的解：

$$\begin{cases}\hat{\beta}_0+\hat{\beta}_1x_1-d(x_1)=y_1\\ \hat{\beta}_0+\hat{\beta}_1x_2+d(x_2)=y_2\end{cases} \quad (\hat{\beta}_1>0) \tag{3.29}$$

或

$$\begin{cases}\hat{\beta}_0+\hat{\beta}_1x_2-d(x_2)=y_1\\ \hat{\beta}_0+\hat{\beta}_1x_1+d(x_1)=y_2\end{cases} \quad (\hat{\beta}_1<0) \tag{3.30}$$

倘若由以上方程组解出的$x_1>x_2$，则表明所要求的控制目标无法实现，也即对y的控制范围不能定得过小(也与α、样本容量N及x_i的分散程度等有关)。

由式(3.29)或式(3.30)解出 x_1 和 x_2 比较麻烦，当样本容量 N 足够大时，就可用式(3.27)作为 d 的近似值，此时式(3.29)和式(3.30)两式可简化为

$$\begin{cases}\hat{\beta}_0+\hat{\beta}_1x_1-d=y_1\\ \hat{\beta}_0+\hat{\beta}_1x_2+d=y_2\end{cases}\quad(\hat{\beta}_1>0)\tag{3.31}$$

或

$$\begin{cases}\hat{\beta}_0+\hat{\beta}_1x_2-d=y_1\\ \hat{\beta}_0+\hat{\beta}_1x_1+d=y_2\end{cases}\quad(\hat{\beta}_1<0)\tag{3.32}$$

如图 3.10 所示。

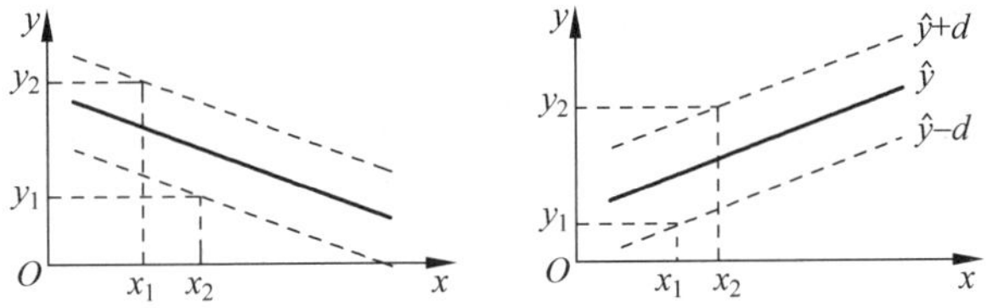

图 3.10　近似控制示意图

以上讨论的都是双侧控制问题，而在实际应用中则往往要求的是单侧控制。请看下例。

【例 3.3】　在例 3.1 所给的问题中，若厂方或销售商希望该食品的家庭月平均消费量能以 90%的概率达到 2.5 kg 以上，应将价格控制在什么水平之下？

解　显然，这是个单侧控制要求。参看图 3.11 可知所提的目标也就是要确定 x_2 的值，使

$$\hat{\beta}_0+\hat{\beta}_1x-d>2.5\tag{3.33}$$

单侧控制示意图如图 3.11 所示。

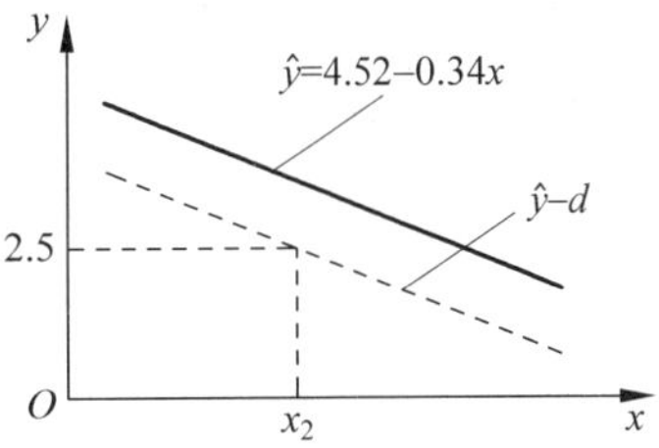

图 3.11　单侧控制示意图

对于单侧控制问题，式(3.27)应改为

$$d\approx t_\alpha(N-2)\sqrt{S_E/(N-2)}\tag{3.34}$$

本例中，$d=t_{0.1}(10)\sqrt{S_E/(N-2)}=1.372\ 2\times0.400\ 7\approx0.55$。

由 $4.52-0.34x-0.55>2.5$，可解得 $x<4.32$，故应将该食品价格控制在 4.32 元/kg 之下。

3.3 引导案例解答

本节将通过下面两个应用案例，来进一步说明上面所学的各知识点。

3.3.1　O2O 业务关联案例

本案例解答过程描述如下。

1. 建立回归模型

为分析业务分布和 DSCE 订单占比这两项指标之间的关系，需要建立反映它们之间相

关关系的回归模型。设 Y、X 分别为 O2O 业务空间分布的核密度和 DSCE 订单的占比，则相应的一元线性回归方程为

$$Y=\beta_0+\beta_1 X+\varepsilon$$

2. 收集样本数据

平台以上海市为样本对象城市，随机选择了其中 111 个区域，对其业务分布核密度指标和具有 DSCE 的订单的占比指标进行了分析，获得的最终样本数据如表 3.3 所示。表 3.3 中，x 为核密度，y 为 DSCE 订单占比。

表 3.3 上海市 O2O 餐饮外卖业务核密度与 DSCE 订单占比的实测数据

x	y/%	x	y/%	x	y/%
49 148	74.77	114 482	81.40	6 524	54.26
50 281	69.44	114 100	82.68	30 618	61.90
81 158	72.25	113 221	79.37	29 079	72.12
59 418	72.52	123 882	84.56	38 267	67.16
72 374	75.76	111 282	88.71	45 642	72.73
84 244	74.18	66 344	87.84	42 633	67.11
96 421	82.13	1 119	51.72	45 875	74.53
75 670	74.85	1 145	34.48	59 345	81.40
42 508	60.44	1 963	60.00	32 557	69.67
44 237	67.71	1 647	56.82	59 804	76.92
42 029	73.68	2 030	68.63	25 207	65.22
6 529	73.17	1 879	71.43	26 319	57.89
3 527	61.40	1 569	60.98	38 818	84.07
3 844	66.93	1 807	65.22	34 701	57.69
3 546	74.07	2 258	61.40	42 924	75.40
4 285	66.67	1 049	53.57	48 889	71.92
3 997	62.99	1 033	55.56	68 663	82.50
4 960	65.36	1 584	50.00	64 455	85.11
3 662	67.57	43 761	70.09	72 267	82.16
2 662	59.52	51 114	72.58	76 456	82.19
1 666	37.74	60 843	77.92	68 192	77.67
80 779	76.58	67 709	77.16	35 562	69.44
220 790	87.25	83 377	81.58	27 460	63.95
153 812	82.93	78 027	80.65	29 191	75.58
43 249	67.80	88 194	75.22	30 055	69.15
51 880	70.42	94 421	79.19	69 423	85.65
46 579	68.18	81 807	80.88	41 379	82.68
45 593	78.13	83 054	77.50	40 761	80.00
62 526	74.71	4 629	52.63	37 834	72.58

续表

x	y/%	x	y/%	x	y/%
62 932	78.31	3 801	46.67	39 653	69.67
37 671	62.50	5 970	60.34	40 117	76.61
30 559	47.62	4 931	63.11	39 447	81.30
31 250	55.56	7 245	67.57	18 120	61.40
58 308	79.71	6 770	67.86	22 945	79.71
56 658	83.33	8 087	64.10	24 501	64.94
173 564	83.77	7 719	62.91	16 393	60.00
94 713	80.95	6 786	66.67	14 813	55.56

3. 用软件求解回归系数并进行显著性检验

首先采用归一化方法对核密度数据进行标准化处理，然后采用 SPSS 软件分别求解本案例的回归方程，可得 $\hat{\beta}_0=0.621$，$\hat{\beta}_1=0.437$，从而得到 DSCE 订单占比与业务分布核密度之间的线性回归方程为

$$\hat{Y}_1=0.621+0.437X$$

操作过程类似于 3.2.5 节。由输出的方差分析表，Significance $F=3.98E-18<0.001$，回归方程极高度显著。

由此，平台可以以极高把握认为 O2O 餐饮外卖业务分布越密集的区域，具有双重聚集效应的订单越多，这意味着可以通过集中处理来降本增效的订单越多。

3.3.2 质量控制案例

解答过程描述如下：

1. 建立回归模型

为分析抗拉强度和延伸率这两项指标与含碳量之间的关系，就需要建立反映它们之间相关关系的回归模型。设 Y_1、Y_2 分别为该合金钢的抗拉强度和延伸率，X 为含碳量，则

$$Y_1=\beta_{01}+\beta_1X+\varepsilon_1$$

$$Y_2=\beta_{02}+\beta_2X+\varepsilon_2$$

分别为该合金钢抗拉强度和延伸率关于含碳量的一元线性回归方程。

2. 收集样本数据

为分析抗拉强度和延伸率这两项指标与含碳量之间的关系，需要有关该合金钢的含碳量与抗拉强度及延伸率的样本数据，这在该厂质量检验科的数据库中可以查到。该厂质量控制部门查阅了该合金钢的质量检验记录，在剔除了异常情况后，整理了该合金钢的上述两项指标与含碳量的 92 炉实测数据，以供分析，如表 3.4 所示。表 3.4 中，x 为含碳量，y_1、y_2 分别为抗拉强度和延伸率。

表 3.4　某合金钢含碳量与性能的实测数据

x/%	y_1	y_2/%	x/%	y_1	y_2/%	x/%	y_1	y_2/%
0.03	40.5	40.0	0.10	43.5	39.0	0.13	47.5	37.0
0.04	41.5	34.5	0.10	40.5	39.5	0.13	49.5	37.0
0.04	38.0	43.5	0.10	44.0	39.5	0.14	49.0	40.0
0.05	42.5	41.5	0.10	42.5	37.5	0.14	41.0	41.5
0.05	40.0	41.0	0.10	41.5	39.5	0.14	43.0	42.0
0.05	41.0	40.0	0.10	37.0	40.0	0.14	47.5	39.0
0.05	40.0	37.0	0.10	43.0	40.5	0.15	46.0	40.5
0.06	43.0	37.5	0.10	41.5	36.5	0.15	49.0	38.0
0.06	43.5	40.0	0.10	45.0	39.5	0.15	39.5	40.5
0.07	39.5	36.0	0.10	41.0	44.0	0.15	55.0	34.5
0.07	43.0	41.0	0.11	42.5	31.5	0.16	48.0	33.0
0.07	42.5	38.5	0.11	42.0	36.0	0.16	48.5	36.5
0.08	42.0	40.0	0.11	42.0	35.5	0.16	51.0	34.5
0.08	42.0	35.5	0.11	46.0	38.5	0.16	48.0	37.0
0.08	42.0	42.0	0.11	45.5	39.0	0.17	53.0	36.5
0.08	41.5	38.5	0.12	49.0	41.0	0.18	50.0	37.0
0.08	42.0	39.5	0.12	42.5	40.5	0.20	52.5	33.0
0.08	41.5	32.5	0.12	44.0	39.5	0.20	55.5	33.0
0.08	42.0	36.5	0.12	42.0	38.5	0.20	57.0	31.0
0.09	42.5	34.5	0.12	43.0	39.0	0.21	56.0	33.5
0.09	39.5	38.0	0.12	46.5	40.5	0.21	52.5	36.5
0.09	43.5	41.0	0.12	46.5	42.0	0.21	56.0	32.5
0.09	39.0	41.5	0.13	43.0	37.0	0.23	60.0	32.4
0.09	42.5	36.0	0.13	46.0	38.0	0.24	56.0	34.5
0.09	42.0	42.5	0.13	43.0	39.5	0.24	53.0	34.0
0.09	43.0	38.5	0.13	44.5	36.5	0.24	53.0	34.0
0.09	43.0	40.5	0.13	49.5	39.0	0.25	54.5	35.5
0.09	44.5	39.5	0.13	43.0	39.0	0.26	61.5	33.3
0.09	43.0	40.5	0.13	45.5	39.5	0.29	59.5	31.0
0.09	45.0	36.5	0.13	44.5	41.0	0.32	64.0	32.0
0.09	45.5	40.5	0.13	46.0	39.5			

3. 用软件求解回归系数并进行显著性检验

用 SPSS 软件分别求解本案例的两个回归方程，可得

$\hat{\beta}_{01}=34.7728$，$\hat{\beta}_1=87.8269$，从而得到抗拉强度和含碳量间的线性回归方程为

$$\hat{Y}_1=34.7728+87.8269X$$

由输出的方差分析表，Significance $F=2.05\text{E}-32<0.001$，回归方程极高度显著。此外还可得到标准误差为$\sqrt{S_{1E}/(N-2)}=2.60878$，这一数据在求解控制问题时需要用到。

同样得到：$\hat{\beta}_{02}=41.8075$，$\hat{\beta}_2=-31.6092$，从而得到延伸率与含碳量间的回归方程为

$$\hat{Y}_2=41.8075-31.6092X$$

再由输出的方差分析表，Significance $F=3.69\text{E}-10<0.001$，回归方程也是极高度显著的。

同时还得到标准误差为$\sqrt{S_{1E}/(N-2)}=2.4669$，这一数据在求解控制问题时也要用到。

4. 求含碳量的控制范围

由于所得到的两个回归方程都是极高度显著的，因此可以用来进行控制。由本案例所给的质量控制要求，抗拉强度 Y_1 应大于 32 kg/mm^2；延伸率 Y_2 应大于 33%，对两个指标——抗拉强度 Y_1 和延伸率 Y_2 都是单侧控制要求，即要求含碳量 X 的控制范围，使以下两式同时满足：

$$P\{\hat{Y}_1-d_1>32\}=0.99$$

$$P\{\hat{Y}_2-d_2>33\}=0.99$$

由于本例中样本容量 $N=92$ 很大，因此可用近似公式求解 d_1 和 d_2 的值，$\alpha=0.01$，$t_\alpha(N-2)=t_{0.01}(90)$在 t 分布表中通常已查不到，由标准正态分布是 t 分布的极限分布可知，此时可用标准正态分布的右侧分位点 $Z_{0.01}$ 来代替 $t_{0.01}(90)$。查表可得：$Z_{0.01}=2.33$。于是：

$$d_1=Z_{0.01}\sqrt{S_{1E}/(N-2)}=2.33\times 2.60878\approx 6.0785$$

$$d_2=Z_{0.01}\sqrt{S_{2E}/(N-2)}=2.33\times 2.4669\approx 5.7479$$

如图 3.12 所示即可得

$$\begin{cases}34.7728+87.8269x-6.0785>32\\41.8075-31.6092x-5.7479>33\end{cases}$$

解此不等式组，得

$$0.0376<x<0.0968$$

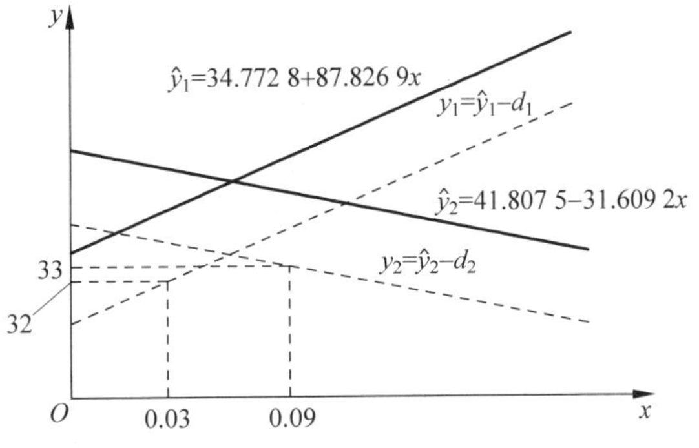

图 3.12　含碳量控制示意图

故只要在冶炼中将含碳量控制在 0.04%～0.09%之间，就可以有 99%的把握使该合金钢的抗拉强度大于 32 kg/mm^2，延伸率大于 33%。

3.4 多元线性回归

在许多实际问题中，影响某一被解释变量 Y 的解释变量不止一个，此时就需要研究一个随机变量 Y 与多个普通变量 $X_1,X_2,\cdots,X_P$ 之间的回归关系，这就是多元回归问题。本节仅讨论多元线性回归，多元非线性回归通常也可化为多元线性回归来求解和分析。多元线性回归分析的原理与一元线性回归是相同的，但分析时要使用矩阵这一工具，且运算量要大得多。

3.4.1 多元线性回归的数学模型

视频 3-2

设被解释变量 Y 与 p 个解释变量 $X_1,X_2,\cdots,X_P$ 之间存在线性相关关系，即

$$Y=\beta_0+\beta_1X_1+\beta_2X_2+\cdots+\beta_pX_p+\varepsilon,\quad \varepsilon\sim N(0,\sigma^2) \tag{3.35}$$

式(3.35)就是多元线性回归的数学模型。

设第 i 次试验的数据为$(y_i;x_{i1},x_{i2},\cdots,x_{ip})$，$i=1,2,\cdots,N$，则多元线性回归有如下数据结构：

$$\begin{cases} y_i=\beta_0+\beta_1x_{i1}+\beta_2x_{i2}+\cdots+\beta_px_{ip}+\varepsilon_i \\ \varepsilon_i\sim N(0,\sigma^2)\text{，且相互独立，}i=1,2,\cdots,N \end{cases} \tag{3.36}$$

式(3.36)还可详细表述为

$$\begin{cases} y_1=\beta_0+\beta_1x_{11}+\beta_2x_{12}+\cdots+\beta_px_{1p}+\varepsilon_1 \\ y_2=\beta_0+\beta_1x_{21}+\beta_2x_{22}+\cdots+\beta_px_{2p}+\varepsilon_2 \\ \cdots \\ y_N=\beta_0+\beta_1x_{N1}+\beta_2x_{N2}+\cdots+\beta_px_{Np}+\varepsilon_N \end{cases}$$

为了便于分析，引进以下矩阵，记

$$\boldsymbol{X}=\begin{bmatrix} 1 & x_{11} & x_{12} & \cdots & x_{1p} \\ 1 & x_{21} & x_{22} & \cdots & x_{2p} \\ \vdots & \vdots & \vdots & \vdots & \vdots \\ 1 & x_{N1} & x_{N2} & \cdots & x_{NP} \end{bmatrix},\quad \boldsymbol{Y}=\begin{bmatrix} y_1 \\ y_2 \\ \vdots \\ y_N \end{bmatrix},\quad \boldsymbol{\beta}=\begin{bmatrix} \beta_0 \\ \beta_1 \\ \beta_2 \\ \vdots \\ \beta_p \end{bmatrix},\quad \boldsymbol{\varepsilon}=\begin{bmatrix} \varepsilon_1 \\ \varepsilon_2 \\ \vdots \\ \varepsilon_N \end{bmatrix}$$

则式(3.36)可以写成如下矩阵形式：

$$\boldsymbol{Y}=\boldsymbol{X\beta}+\boldsymbol{\varepsilon} \tag{3.37}$$

其中，$\boldsymbol{\varepsilon}$ 是 N 维随机向量，各分量相互独立且服从 $N(0,\sigma^2)$。

3.4.2 参数 $\boldsymbol{\beta}$ 的最小二乘估计

在多元回归中，仍使用最小二乘法估计模型中的未知参数。设

$$\hat{\boldsymbol{\beta}}=\begin{bmatrix} \hat{\beta}_0 \\ \hat{\beta}_1 \\ \hat{\beta}_2 \\ \vdots \\ \hat{\beta}_p \end{bmatrix}$$

为参数$\boldsymbol{\beta}$的最小二乘估计，则多元线性回归方程为

$$\hat{\boldsymbol{Y}}=\hat{\beta}_0+\hat{\beta}_1x_1+\hat{\beta}_2x_2+\cdots+\hat{\beta}_px_p \tag{3.38}$$

由最小二乘估计的原理，$\hat{\boldsymbol{\beta}}$应使全部观察值与回归值$\hat{y}_i$的残差平方和达到最小，即使

$$\begin{aligned}Q&=\sum_i(y_i-\hat{y}_i)^2\\&=\sum_i(y_i-\hat{\beta}_0-\hat{\beta}_1x_{i1}-\hat{\beta}_2x_{i2}-\cdots-\hat{\beta}_px_{ip})^2=\min\end{aligned}$$

则$\hat{\beta}_0,\hat{\beta}_1,\cdots,\hat{\beta}_p$应是以下正规方程组的解：

$$\begin{cases}\dfrac{\partial Q}{\partial\hat{\beta}_0}=-2\sum\limits_i(y_i-\hat{\beta}_0-\hat{\beta}_1x_{i1}-\hat{\beta}_2x_{i2}-\cdots-\hat{\beta}_px_{ip})=0\\\dfrac{\partial Q}{\partial\hat{\beta}_j}=-2\sum\limits_i(y_i-\hat{\beta}_0-\hat{\beta}_1x_{i1}-\hat{\beta}_2x_{i2}-\cdots-\hat{\beta}_px_{ip})x_{ij}=0\\j=1,2,\cdots,p\end{cases}$$

经整理，正规方程组可化为如下矩阵形式：

$$(\boldsymbol{X}^{\mathrm{T}}\boldsymbol{X})\hat{\boldsymbol{\beta}}=\boldsymbol{X}^{\mathrm{T}}\boldsymbol{Y} \tag{3.39}$$

称$\boldsymbol{X}^{\mathrm{T}}\boldsymbol{X}$为正规方程组的系数矩阵。在系数矩阵$\boldsymbol{X}^{\mathrm{T}}\boldsymbol{X}$满秩的条件下，可解得参数$\boldsymbol{\beta}$的最小二乘估计为

$$\hat{\boldsymbol{\beta}}=(\boldsymbol{X}^{\mathrm{T}}\boldsymbol{X})^{-1}\boldsymbol{X}^{\mathrm{T}}\boldsymbol{Y} \tag{3.40}$$

同样称$\hat{\boldsymbol{\beta}}=(\hat{\beta}_0,\hat{\beta}_1,\hat{\beta}_2,\cdots,\hat{\beta}_p)^{\mathrm{T}}$为回归方程(3.38)的回归系数。

3.4.3　回归方程的显著性检验

在利用样本数据求出回归方程后，同样需要对回归方程进行检验，以分析回归模型是否符合变量间的关系。

对多元线性回归，如果变量Y与$X_1,X_2,\cdots,X_p$之间并不存在线性相关性，则模型(3.35)中一次项系数应全为零，因此要检验的原假设为

$$H_0:\beta_1=\beta_2=\cdots=\beta_p=0 \tag{3.41}$$

与一元线性回归完全相同，为构造检验H_0的统计量，可将总的偏差平方和S_T做如下分解：

$$S_T=\sum_i(y_i-\bar{y})^2=\sum_i(y_i-\hat{y}_i)^2+\sum_i(\hat{y}_i-\bar{y})^2=S_E+S_R \tag{3.42}$$

同样称$S_R=\sum\limits_i(\hat{y}_i-\bar{y})^2$为回归平方和；称$S_E=\sum\limits_i(y_i-\hat{y}_i)^2$为剩余平方和或残差平方和。可以证明，当$H_0$为真时，统计量

$$F=\frac{S_R/p}{S_E/(N-p-1)}\sim F(p,N-p-1) \tag{3.43}$$

因此，在给定水平α下，若

$$F>F_\alpha(p,N-p-1) \tag{3.44}$$

就拒绝 H_0，说明回归方程是有显著意义的；反之，则称回归方程无显著意义，应分析具体情况，查明原因后重新建立更恰当的回归方程，或重新获取更为准确的样本数据。

具体检验过程同样可以列成一张方差分析表，如表 3.5 所示。

表 3.5 多元回归方差分析表

来源	平方和	自由度	均方和	F 比
回归	S_R	p	S_R/p	$\dfrac{S_R/p}{S_E/(N-p-1)}$
剩余	S_E	$N-p-1$	$S_E/(N-p-1)$	
总和	S_T	$N-1$		

回归平方和(S_R)与总平方和(S_T)的比值表示回归模型中由自变量 X 解释 Y 的偏差部分。这个比值称为判定系数 r^2，定义同式(3.21)，即 r^2 为回归平方和 S_R 除以总平方和 S_T 的值。

当预测同一个被解释变量，而自变量个数又不相同时，修正判定系数 $\bar{r}^2$ 就显得极为重要，修正判定系数的计算公式见式(3.45)。

$$\bar{r}^2 = 1 - \left[(1-r^2)\frac{N-1}{N-p-1}\right] \tag{3.45}$$

3.4.4 回归系数的显著性检验

在多元回归中，回归方程显著的结论仅表明模型中的各参数 $\beta_j\ (j=1,2,\cdots,p)$ 不全为零，显然回归方程显著并不能保证每个解释变量 $X_1, X_2, \cdots, X_p$ 都对被解释变量 Y 有重要影响。如果模型中含有对 Y 无显著影响的变量，就会降低回归方程的稳定性和预测精度，因此还需要对每个解释变量的作用进行检验。

如果某个解释变量 X_k 对 Y 的作用不显著，则模型中该变量的一次项系数 β_k 就应当为零。故检验变量 X_k 的作用是否显著就是检验原假设

$$H_{0k}: \beta_k = 0; \quad k = 1,2,\cdots,p \tag{3.46}$$

是否为真。可以证明，当 H_{0k} 为真时，统计量

$$t_k = \frac{\hat{\beta}_k}{\sqrt{c_{k+1,k+1} S_E/(N-p-1)}} \sim t(N-p-1) \tag{3.47}$$

其中，$c_{k+1,k+1}$ 是式(3.40)中逆矩阵 $(\boldsymbol{X}^{\mathrm{T}}\boldsymbol{X})^{-1}$ 对角线上的第 $k+1$ 个元素。

故在给定水平 α 下，若

$$t_k > t_\alpha(N-p-1) \tag{3.48}$$

就拒绝 H_{0k}，说明 X_k 的作用是显著的；反之，则称 X_k 的作用不显著。接下来需要讨论一下当存在不显著变量后的处理方法。

若经检验，X_k 的作用不显著，则应从模型中剔除 X_k 后，重新求解 Y 对余下的 $p-1$ 个变量的回归方程：

$$\hat{Y} = \hat{\beta}_0^* + \hat{\beta}_1^* X_1 + \cdots + \hat{\beta}_{k-1}^* X_{k-1} + \hat{\beta}_{k+1}^* X_{k+1} + \hat{\beta}_p^* X_p \tag{3.49}$$

需要指出的是：

(1) $\hat{\beta}_j^* \neq \hat{\beta}_j, j \neq k$。这是由于各解释变量之间存在一定的相关性，因此当剔除了一个变量后，其他变量的回归系数就会受到影响而改变，特别是与被剔除变量相关程度较高的变量，其回归系数将会有较大的变化。

(2) 当检验中发现同时存在多个不显著变量时，基于(1)中同样的理由，每次只能剔除一个 t 统计量的绝对值最小(或 P 值最小)的变量，并重新求解新的回归方程，然后再对新的回归系数进行检验，直至所有变量都显著。

当模型中的解释变量数很多并且存在较多不显著的变量时，以上(2)中方法的计算量将是非常大的。为此，可以采用如下的**"逐步回归"**方法来获得最优的线性回归方程。

逐步回归的基本思想是：采用一定的评价标准，将解释变量一个一个地逐步引入回归方程，每引入一个新变量后，都对方程中的原有变量的回归系数进行检验，并剔除在新方程中不显著的变量，被剔除的变量以后就不能再进入回归方程。采用逐步回归方法最终得到的回归方程与(2)中所介绍方法的结果是一样的，但计算量要小得多。目前逐步回归分析方法已经被广泛采用，SPSS 软件的回归分析功能就提供了逐步回归的可选项。

【例 3.4】 某家电产品的需求量与价格及家庭平均收入水平密切相关。表 3.6 给出了某市近 10 年中该产品的年需求量与价格、家庭年平均收入的统计数据。用 SPSS 软件求该产品在该市的需求量对价格和家庭年平均收入水平的线性回归方程，并进行显著性检验。

表 3.6　某家电产品年需求量与价格、家庭年平均收入数据

年需求量/万台	3.0	5.0	6.5	7.0	8.5	7.5	10.0	9.0	11	12.5
价格/千元	4.0	4.5	3.5	3.0	3.0	3.5	2.5	3.0	2.5	2.0
家庭年平均收入/千元	6.0	6.8	8.0	10.0	16.0	20	22	24	26	28

解　设年需求量为 Y，价格、家庭年平均收入分别为 X_1, X_2，由题意，建立线性回归模型如下：

$$Y = \beta_0 + \beta_1 X_1 + \beta_2 X_2 + \varepsilon$$

用 SPSS 求解的结果如图 3.13 所示。

Model Summary

Model	R	R Square	Adjusted R Square	Std. Error of the Estimate
1	.963[a]	.928	.907	.86176

a. Predictors: (Constant), X2, X1

ANOVA[b]

Model		Sum of Squares	df	Mean Square	F	Sig.
1	Regression	66.802	2	33.401	44.977	.000[a]
	Residual	5.198	7	.743		
	Total	72.000	9			

a. Predictors: (Constant), X2, X1

b. Dependent Variable: Y

Coefficients[a]

Model		Unstandardized Coefficients		Standardized Coefficients	t	Sig.	95% Confidence Interval for B	
		B	Std. Error	Beta			Lower Bound	Upper Bound
1	(Constant)	11.167	3.043		3.669	.008	3.970	18.363
	X1	-1.903	.681	-.503	-2.793	.027	-3.514	-.292
	X2	.170	.060	.505	2.808	.026	.027	.312

a. Dependent Variable: Y

图 3.13　回归分析结果

由图 3.13 可知，$\hat{\beta}_0=11.167$，$\hat{\beta}_1=-1.903$，$\hat{\beta}_2=0.170$，故所求回归方程为

$$\hat{Y}=11.167-1.903X_1+0.170X_2$$

由方差分析表，回归方程检验的 P 值为 0.000 1，因而回归方程是极高度显著的；再由 X_1 和 X_2 的检验结果，P 值分别为 0.026 87 和 0.026 21，可知两个解释变量 X_1 和 X_2 的作用都是一般显著的，所得回归方程可以用来进行预测和控制。此外由“回归统计”的输出还得到“标准误差”$\sqrt{S_E/(N-p-1)}=0.861\,8$，该值在求解预测和控制问题时要使用。

3.4.5 预测和控制

1. 预测

多元回归下的预测和一元回归下预测的原理是相同的。在给定解释变量的一组取值 $(x_{01},x_{02},\cdots,x_{0p})$ 时，由回归方程可得 Y 的一个回归值

$$\hat{y}_0=\hat{\beta}_0+\hat{\beta}_1x_{01}+\hat{\beta}_2x_{02}+\cdots+\hat{\beta}_px_{0p} \tag{3.50}$$

它是 $y_0=\beta_0+\beta_1x_{01}+\beta_2x_{02}+\cdots+\beta_px_{0p}+\varepsilon_0$ 的期望值的一个点估计。记 y_0 的置信度为 $1-\alpha$ 的预测区间为 $(\hat{y}_0-d,\hat{y}_0+d)$。与一元线性回归类似，当样本容量 N 很大，且各 x_{0j} 离 $\bar{x}_j$ 较近时，d 可以用式(3.51)近似求得：

$$d\approx t_{\alpha/2}(N-p-1)\sqrt{S_E/(N-p-1)} \tag{3.51}$$

【例 3.5】 在例 3.4 所给的问题中，预计下一年度该产品的价格水平为 1 800 元，家庭年平均收入为 30 000 元，试求该市该家电产品年需求量的置信度为 90%的置信区间。

解 由所得到的回归方程，可得

$$\hat{y}_0=11.167-1.903\times1.8+0.170\times30\approx12.84$$

再由图 3.13 可知，$\sqrt{S_E/(N-p-1)}=0.861\,8$，$t_{0.05}(7)=1.894\,6$，

$$d\approx1.894\,6\times0.861\,8\approx1.63,(\hat{y}_0-d,\hat{y}_0+d)=(11.21,14.47)$$

所以，该商品下一年在该市的年需求量的 90%的预测区间约为(11.21,14.47)万台。

说明：

由于本例中 $N=10$ 不够大，因此按式(3.51)求 d 的近似值将有较大误差(d 的精确值应为 1.98，其具体计算公式略)。

2. 控制

在多元回归中，由于解释变量有多个，若控制问题的提法是：当要求以 $1-\alpha$ 的概率将被解释变量 Y 的值控制在某一给定范围内，应将各解释变量各控制在什么范围内？显然，此问题可以有无穷多组解(当然也可能无解)。

因此，在多元回归分析中，控制问题的一般提法应当是：若要求以 $1-\alpha$ 的概率将 Y 控制在某一给定范围内，在给定其中 $p-1$ 个解释变量的取值范围时，应将另一解释变量控制在什么范围内？

多元回归的控制原理与一元回归是完全类似的。下面通过具体例子来说明控制问题的求解分析过程。

【例 3.6】 在例 3.4 所给的问题中，假定下一年度居民家庭年平均收入估计在 30 000～31 000 元之间，若要求以 90％的概率使该产品在该市的年需求量不低于 12 万台，应将该产品的价格控制在什么范围内？

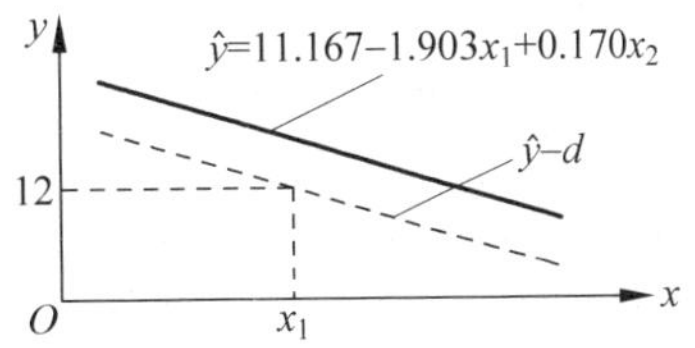

图 3.14　单侧控制示意图

解　此问题仍是单侧控制要求，由图 3.14 可知，即要控制解释变量 x_1 的取值范围，使

$$P\{\hat{y}-d>12\}=0.90$$

其中，$d\approx t_\alpha(N-p-1)\sqrt{S_E/(N-p-1)}=t_{0.1}(7)\times 0.861\ 8=1.219\ 3$

由所得回归方程，可以得到以下不等式组：

$$\begin{cases}11.167-1.903x_1+0.170\times 30-1.219\ 3>12\\ 11.167-1.903x_1+0.170\times 31-1.219\ 3>12\end{cases}$$

解此不等式组，可得 $x_1<1.593$（千元），故应将该商品价格控制在 1 593 元/台之下。

3.4.6　多元回归模型的偏 F 检验

1. 偏 F 检验

创建多元回归模型尽量使用那些能够在预测被解释变量值时显著降低误差的解释变量。如果某个解释变量不能提高这一预测结果，那么可以将该变量从多元回归模型中删除，运用一个解释变量个数较少的模型。

偏 F 检验是一种确定解释变量贡献的方法。它可以在所有其他解释变量均包括在模型中的情况下，确定每个解释变量对回归平方和的贡献。新的解释变量只有在其显著改进模型的情况下才能够被加入。我们以例 3.7 进行说明：

【例 3.7】 一家公司想要将产品 A 在推广到全国之前确定价格和店内促销月预算（包括标志和展示、店内优惠券和免费样品）对市场销售量的影响，计划在一系列超市中选取 34 家作为样本，为产品 A 的销售进行市场测试研究。表 3.7 是 34 家超市的市场测试研究结果。试建立基于价格和促销费用对销售量的多元线性回归模型。

表 3.7　某产品 A 的月销售量、价格和促销费用

店号	月销售量	价格/元	促销费用/元	店号	月销售量	价格/元	促销费用/元
1	4 141	59	200	12	5 015	59	600
2	3 842	59	200	13	1 916	79	200
3	3 056	59	200	14	675	79	200
4	3 519	59	200	15	3 636	79	200
5	4 226	59	400	16	3 224	79	200
6	4 630	59	400	17	2 295	79	400
7	3 507	59	400	18	2 730	79	400
8	3 754	59	400	19	2 618	79	400
9	5 000	59	600	20	4 421	79	400
10	5 120	59	600	21	4 113	79	600
11	4 011	59	600	22	3 746	79	600

续表

店号	月销售量	价格/元	促销费用/元	店号	月销售量	价格/元	促销费用/元
23	3 532	79	600	29	2 114	99	400
24	3 825	79	600	30	1 882	99	400
25	1 096	99	200	31	2 159	99	400
26	761	99	200	32	1 602	99	400
27	2 088	99	200	33	3 354	99	600
28	820	99	200	34	2 927	99	600

对例 3.7 中的销售进行偏 F 检验，需要衡量在模型中已有价格(X_1)的情况下，促销费用(X_2)的贡献；并衡量在模型中已有促销费用(X_2)的情况下，价格(X_1)的贡献。

一般地，如果有几个解释变量，通过计算除所感兴趣的那个变量 j 之外的模型的其他所有变量的回归平方和 S_R(除第 j 个变量外的所有变量)，确定每个变量的贡献。再假设其他所有变量都包括在模型中，应用式(3.52)确定变量 j 的贡献。

$$S_R(X_j \mid \text{除 } j \text{ 外所有变量}) = S_R(\text{包括 } j \text{ 在内所有变量}) - S_R(\text{除 } j \text{ 外的所有变量}) \tag{3.52}$$

对模型中 X_j 贡献检验的原假设和备择假设如下。

H_{0j}：在模型中包含其他变量的情况下，加入变量 j 没有显著改进模型。

H_{1j}：在模型中包含其他变量的情况下，加入变量 j 显著改进了模型。

式(3.53)定义了检验自变量贡献的偏 F 检验统计量。

$$F = \frac{S_R(X_j \mid \text{除 } j \text{ 外的所有变量})}{\dfrac{S_E}{N-p-1}} \tag{3.53}$$

可以证明，偏 F 统计量服从自由度为 1 和 $N-p-1$ 的 F 分布，因此，在给定显著性水平 α 下，若

$$F > F_\alpha(1, N-p-1) \tag{3.54}$$

则拒绝原假设 H_{0j}，否则就接受原假设 H_{0j}。

下面通过例子进行说明。

【例 3.8】 根据例 3.7 中表 3.7 的数据，分析价格和促销费用这两个变量对模型贡献的偏 F 检验。

解 由于只有两个解释变量，可以运用式(3.55)和式(3.56)确定每个变量的贡献。X_2(促销费用) 存在时，变量 X_1(价格) 的贡献为

$$S_R(X_1 \mid X_2) = S_R(X_1 \text{ 与 } X_2) - S_R(X_2) \tag{3.55}$$

X_1(价格) 存在时，变量 X_2(促销费用) 的贡献为

$$S_R(X_2 \mid X_1) = S_R(X_1 \text{ 与 } X_2) - S_R(X_1) \tag{3.56}$$

$S_R(X_2)$表示模型中只包括变量 X_2(促销费用) 时的回归平方和。相似地，$S_R(X_1)$表示模型中只包括变量 X_1(价格) 时的回归平方和。图 3.15 与图 3.16 是从 SPSS 中得到的这两个模型的结果。

从图 3.15 得出，$S_R(X_2)=14\,915\,814$；而从图 3.17 得出，$S_R(X_1 \text{ 与 } X_2)=39\,472\,731$。

Model Summary

Model	R	R Square	Adjusted R Square	Std. Error of the Estimate
1	.535[a]	.286	.264	1077.87208

a. Predictors: (Constant), 促销费用

ANOVA[a]

Model		Sum of Squares	df	Mean Square	F	Sig.
1	Regression	14915814.1	1	14915814.1	12.838	.001[b]
	Residual	37177863.3	32	1161808.23		
	Total	52093677.4	33			

a. Dependent Variable: 销售量

b. Predictors: (Constant), 促销费用

Coefficients[a]

Model		Unstandardized Coefficients		Standardized Coefficients	t	Sig.	95.0% Confidence Interval for B	
		B	Std. Error	Beta			Lower Bound	Upper Bound
1	(Constant)	1496.016	483.979		3.091	.004	510.183	2481.849
	促销费用	4.128	1.152	.535	3.583	.001	1.781	6.475

a. Dependent Variable: 销售量

图 3.15　销售额与促销费用的 SPSS 简单线性回归分析，$S_R(X_2)$

Model Summary

Model	R	R Square	Adjusted R Square	Std. Error of the Estimate
1	.735[a]	.540	.526	864.94565

a. Predictors: (Constant), 价格

ANOVA[a]

Model		Sum of Squares	df	Mean Square	F	Sig.
1	Regression	28153486.1	1	28153486.1	37.632	.000[b]
	Residual	23940191.3	32	748130.978		
	Total	52093677.4	33			

a. Dependent Variable: 销售量

b. Predictors: (Constant), 价格

Coefficients[a]

Model		Unstandardized Coefficients		Standardized Coefficients	t	Sig.	95.0% Confidence Interval for B	
		B	Std. Error	Beta			Lower Bound	Upper Bound
1	(Constant)	7512.348	734.619		10.226	.000	6015.978	9008.718
	价格	-56.714	9.245	-.735	-6.134	.000	-75.546	-37.882

a. Dependent Variable: 销售量

图 3.16　销售额与价格的 SPSS 简单线性回归分析，$S_R(X_1)$

然后运用式(3.55)，

$$\begin{aligned} S_R(X_1 \mid X_2) &= S_R(X_1 \text{ 与 } X_2) - S_R(X_2) \\ &= 39\ 472\ 731 - 14\ 915\ 814 \\ &= 24\ 556\ 917 \end{aligned}$$

要确定在已包含 X_2 的情况下，X_1 是否显著改进了模型，需要将回归平方和分成两个部分，如表 3.8 所示。

Model Summary

Model	R	R Square	Adjusted R Square	Std. Error of the Estimate
1	.870[a]	.758	.742	638.06529

a. Predictors: (Constant), 价格, 促销费用

ANOVA[a]

Model		Sum of Squares	df	Mean Square	F	Sig.
1	Regression	39472730.77	2	19736365.39	48.477	.000[b]
	Residual	12620946.67	31	407127.312		
	Total	52093677.44	33			

a. Dependent Variable: 销售量

b. Predictors: (Constant), 价格, 促销费用

Coefficients[a]

Model		Unstandardized Coefficients		Standardized Coefficients	t	Sig.
		B	Std. Error	Beta		
1	(Constant)	5837.521	628.150		9.293	.000
	促销费用	3.613	.685	.468	5.273	.000
	价格	-53.217	6.852	-.690	-7.766	.000

a. Dependent Variable: 销售量

图 3.17　销售量与促销费用及价格的 SPSS 多元线性回归分析

表 3.8　用以确定 X_1 贡献而分割回归平方和的方差分析表

来　源	自 由 度	平 方 和	均方(方差)	F
回归	2	39 472 731	19 736 365	
X_2	1	14 915 814		
$X_1 \mid X_2$	1	24 556 917	24 556 917	60.32
误差	31	12 620 947	407 127.3	
合计	33	52 093 677		

对模型中 X_1 贡献检验的原假设和备择假设如下。

H_{01}：在模型中包含 X_2 的情况下，加入变量 X_1 没有显著改进模型。

H_{11}：在模型中包含 X_2 的情况下，加入变量 X_1 显著改进了模型。

由表 3.8 得偏 F 统计量，

$$F=\frac{24\ 556\ 917}{407\ 127.3}\approx 60.32$$

偏 F 统计量有 1 和 $N-p-1=34-2-1=31$ 的自由度。在显著性水平 0.05 下，根据附表 2 可以得出临界值 $F_{0.05}(1,31)$约为 4.17。

由于偏 F 检验统计量大于临界值 $F_{0.05}(1,31)$(即 60.32>4.17)，所以拒绝 H_0，并得出结论：在已包括变量 X_2(促销费用)的情况下，增加变量 X_1(价格)显著改进了回归模型。

要确定在已包含 X_1(价格)的情况下，X_2(促销费用)对模型的贡献，需要运用式(3.56)，计算步骤与上述过程基本相同。首先，从图 3.16 可以发现，$S_R(X_1)=28\ 153\ 486$。第二，从图 3.17 得 $S_R(X_1 与 X_2)=39\ 472\ 731$，然后运用式(3.56)得

$$\begin{aligned}S_R(X_2 \mid X_1) &= S_R(X_1 与 X_2)-S_R(X_1)\\ &=39\ 472\ 731-28\ 153\ 486\\ &=11\ 319\ 245\end{aligned}$$

要确定在已包含 X_1 的情况下，X_2 是否显著改进了模型，可以将回归平方和分成两个部分，如表3.9所示。

表3.9 用以确定 x_2 贡献而分割回归平方和的方差分析表

来源	自由度	平方和	均方(方差)	F
回归	2	39 472 731	19 736 365	
X_1	1	28 153 486		
$X_2 \mid X_1$	1	11 319 245	11 319 245	27.80
误差	31	12 620 947	407 127.31	
合计	33	52 093 677		

对模型中 X_2 贡献检验的原假设和备择假设如下。

H_{02}：在模型中包含 X_1 的情况下，加入变量 X_2 没有显著改进模型。

H_{12}：在模型中包含 X_1 的情况下，加入变量 X_2 显著改进了模型。

运用式(3.53)和表3.9得偏 F 检验统计量为

$$F=\frac{11\,319\,245}{407\,127.31}\approx 27.80$$

已知在显著性水平0.05下，自由度为1和31时，临界值 $F_{0.05}(1,31)$ 大约为4.17。由于偏 F 检验统计量远大于这个临界值($27.80>4.17$)，所以拒绝 H_{02}，并得出结论：在已包括变量 X_1(价格)的情况下，增加变量 X_2(促销费用)显著改进了回归模型。

通过检验某一变量已包括在内时另一个自变量对模型的贡献，可以确定每个自变量都显著改进了模型。所以回归模型中应该同时包括价格 X_1 与促销费用 X_2。

2. 偏判定系数

多元判定系数 r^2 用来衡量由自变量所解释的 Y 变化的比例。在其他变量保持为常数时，多元回归模型中每个自变量的贡献可知。**偏判定系数**($r^2_{Y1,2}$ 和 $r^2_{Y2,1}$)测定在另一自变量保持为常数时，由某一个自变量所解释的因变量变化的比例。式(3.57)和式(3.58)定义了包含两个自变量的多元回归模型的偏判定系数。

$$r^2_{Y1,2}=\frac{S_R(X_1 \mid X_2)}{S_T-S_R(X_1\text{与}X_2)+S_R(X_1 \mid X_2)} \tag{3.57}$$

$$r^2_{Y2,1}=\frac{S_R(X_2 \mid X_1)}{S_T-S_R(X_1\text{与}X_2)+S_R(X_2 \mid X_1)} \tag{3.58}$$

其中，$S_R(X_1|X_2)$＝模型中已包含变量 X_2 时，变量 X_1 对回归模型的平方和贡献；$S_R(X_1$ 与 $X_2)=X_1$ 和 X_2 均包含在多元回归模型中时的回归平方和；$S_R(X_2|X_1)$＝模型中已包含变量 X_1 时，变量 X_2 对回归模型的平方和贡献。

以例3.8中的销售为例，

$$r^2_{Y1,2}=\frac{24\,556\,917}{52\,093\,677-39\,472\,731+24\,556\,917}\approx 0.660\,5$$

$$r^2_{Y2,1}=\frac{11\,319\,245}{52\,093\,677-39\,472\,731+11\,319\,245}\approx 0.472\,8$$

在 X_2 保持为常数时，变量 Y 与 X_1 的偏判定系数（$r^2_{Y1,2}$）约为 0.660 5。因此，在促销费用为常数时，销售额变化的 66.05%可以由价格变化解释。在 X_1 保持为常数时，变量 Y 与 X_2 的偏判定系数（$r^2_{Y2,1}$）约为 0.472 8。因此，在价格为常数时，销售额变化的 47.28%可以由促销费用的变化解释。

式(3.59)定义了在 p 个自变量为常数时，第 j 个自变量在多元回归模型中的偏判定系数。

$$r^2_{Yj,\text{除}j\text{外的所有其他变量}}=\frac{S_R(X_j \mid \text{除 } j \text{ 外的所有其他变量})}{S_T-S_R(\text{包括 } j \text{ 的所有变量})+S_R(X_j \mid \text{除 } j \text{ 外的所有其他变量})} \tag{3.59}$$

3.5 在回归模型中运用虚拟变量和交互作用项

3.5.1 虚拟变量

视频 3-3

上述所讨论的多元回归模型假设每个自变量都是数值型的。但是在某些情况下，回归模型中包括一些分类变量作为自变量。例如，在案例 3.2 中，运用价格和促销费用来预测产品的月销售额。除此之外，可能需要建立产品销售预测模型中增加货架在店内位置的效应这个变量（例如，有无过道端展示）。

运用**虚拟变量**可以使分类自变量成为回归模型的一部分。如果给出一个包含两个类别的分类变量，那么需要用一个虚拟变量来表示这两个类别。虚拟变量 X_d 可以定义为

$$X_d=0 \text{ 如果观测值在类别 1 内}$$

$$X_d=1 \text{ 如果观测值在类别 2 内}$$

【例 3.9】 为了说明虚拟变量在回归模型中的应用，考虑这样一个模型：从一个包含 15 座房屋的样本中（表 3.10），根据面积（千平方英尺）和是否有壁炉来预测房屋的评估价值。试建立房屋的评估价格与面积和是否有壁炉两者之间的回归模型。

表 3.10 根据面积大小和是否有壁炉来预测房屋的评估价值

房　屋	Y=评估价值/$000	X_1=房屋面积/千平方英尺	壁　炉	X_2=壁炉
1	84.4	2.00	是	1
2	77.4	1.71	否	0
3	75.7	1.45	否	0
4	85.9	1.76	是	1
5	79.1	1.93	否	0
6	70.4	1.20	是	1
7	75.8	1.55	是	1
8	85.9	1.93	是	1
9	78.5	1.59	是	1
10	79.2	1.50	是	1
11	86.7	1.90	是	1

续表

房　屋	Y=评估价值/$000	X_1=房屋面积/千平方英尺	壁　炉	X_2=壁炉
12	79.3	1.39	是	1
13	74.5	1.54	否	0
14	83.8	1.89	是	1
15	76.8	1.59	否	0

解　想要包括一个关于壁炉存在与否的分类变量，虚拟变量 X_2 定义为

$$X_2=0 \text{ 如果房屋没有壁炉}$$

$$X_2=1 \text{ 如果房屋有壁炉}$$

表 3.10 最后一栏，将分类变量转换成为数值表示的虚拟变量。

假设评估价值与房屋面积之间的斜率无论有无壁炉都一样，多元回归模型为

$$Y_i=\beta_0+\beta_1X_{1i}+\beta_2X_{2i}+\varepsilon_i$$

其中，Y_i 为房屋 i 的评估价值，千美元；β_0 为 Y 截距；X_{1i} 为房屋 i 的面积，千平方英尺；β_1 为在壁炉存在与否情形既定情况下，房屋面积与评估价值之间的斜率；X_{2i} 为房屋 i 壁炉存在与否情况的虚拟变量；β_2 为在房屋面积既定的情况下，有壁炉给评估价值增加带来的影响；ε_i 为房屋 i 的 Y 的随机误差。

图 3.18 显示了该模型的 SPSS 结果。由图可得，回归方程为

$$\hat{Y}_i=50.090+16.186X_{1i}+3.853X_{2i}$$

Model Summary

Model	R	R Square	Adjusted R Square	Std. Error of the Estimate
1	.901[a]	.811	.780	2.26260

a. Predictors: (Constant), 壁炉, 房屋面积

ANOVA[a]

Model		Sum of Squares	df	Mean Square	F	Sig.
1	Regression	263.704	2	131.852	25.756	.000[b]
	Residual	61.432	12	5.119		
	Total	325.136	14			

a. Dependent Variable: 评估价值

b. Predictors: (Constant), 壁炉, 房屋面积

Coefficients[a]

Model		Unstandardized Coefficients		Standardized Coefficients	t	Sig.	95.0% Confidence Interval for B	
		B	Std. Error	Beta			Lower Bound	Upper Bound
1	(Constant)	50.090	4.352		11.511	.000	40.609	59.572
	房屋面积	16.186	2.574	.790	6.287	.000	10.577	21.795
	壁炉	3.853	1.241	.390	3.104	.009	1.149	6.557

a. Dependent Variable: 评估价值

图 3.18　包含房屋面积和壁炉有无的回归模型的 SPSS 结果

对于没有壁炉的房屋，可以将 $X_2=0$ 代入回归模型：

$$\begin{aligned}\hat{Y}_i&=50.090+16.186X_{1i}+3.853X_{2i}\\&=50.090+16.186X_{1i}+3.853(0)\\&=50.090+16.186X_{1i}\end{aligned}$$

对于有壁炉的房屋，可以将 $X_2=1$ 代入回归模型：

$$\begin{aligned}\hat{Y}_i&=50.090+16.186X_{1i}+3.853X_{2i}\\&=50.090+16.186X_{1i}+3.853(1)\\&=53.943+16.186X_{1i}\end{aligned}$$

在这个模型中，回归系数可以做如下解释。

(1) 确定房屋无壁炉的情况下，房屋面积每增加 1.0 千平方英尺，大概会使平均评估价值增加\$ 16 185.80。

(2) 确定房屋面积的情况下，有壁炉大约可以使平均评估价值增加\$ 3 853。

由图 3.17 得，房屋面积与房屋评估价值之间的斜率的 t 统计量是 6.287，P 值大约是 0.000；壁炉存在与否的 t 统计量为 3.104，P 值为 0.009。因此，在显著性水平 0.01 下，两个自变量均对模型有显著贡献(因为两个 P 值都小于显著性水平 0.01)。此外，多元回归系数表示评估价值 81.11%的变化可由房屋面积和有无壁炉两者解释，即判定系数为 0.811。

3.5.2 交互作用

在目前我们讨论的所有回归模型中，假设一个自变量对因变量的效应与另一个自变量对因变量的效应互不影响。当一个自变量对因变量的效应受到另一个自变量的影响时，就产生了**交互作用**。例如，当一种产品的价格较低时，广告可能对销售有很大的影响。然而，当一种产品的价格太高时，增加广告可能对销售不会有太大的影响。这样，价格和广告之间就存在交互作用。换句话说，不能简单地确定广告对销售的影响。广告对销售的影响与产品价格有关。建立有交互作用的回归模型时，需要运用**交互作用项**(有时称为**交叉乘积项**)。

【例 3.10】 为了描述交互作用的概念以及交互作用项，回到前面关于房屋价值评估的例子，即例 3.9。假设房屋面积的效应与有无壁炉的效应之间就存在交互作用，试就表 3.10 的数据建立房屋价值评估的回归模型。

解 要评价交互作用存在的可能性，需要先定义自变量 X_1(房屋面积) 与虚拟变量 X_2(壁炉) 的乘积为交互作用项。然后检验这个交互作用变量对回归模型是否有显著贡献。如果交互作用显著，那么就不能运用原来用于预测的模型。对于表 3.10 的数据，令 $X_{3i}=X_{1i}\times X_{2i}$ 表示自变量 X_{1i}(房屋面积) 与虚拟变量 X_{2i}(壁炉) 的交互作用项。

回归方程设为

$$Y_i=\beta_0+\beta_1X_{1i}+\beta_2X_{2i}+\beta_3X_{3i}+\varepsilon_i$$

式中，β_3 表示交互作用参数项。其他参数定义与例 3.9 相同。

图 3.19 显示了回归模型的 SPSS 结论，包括房屋面积 X_{1i}、有无壁炉 X_{2i}，以及交互作用 X_{1i} 与 X_{2i}(定义为 X_{3i})。

检验交互作用的存在，运用

$$原假设\ H_0: \beta_3=0$$

$$备择假设\ H_1: \beta_3\neq 0$$

在图 3.19 中，面积与壁炉交互作用的 t 统计量为 1.483。由于 P 值$=0.166>0.05$，所以不能拒绝原假设。因此，在已包括面积和有否壁炉的情况下，交互作用对模型没有显著贡献。

Model Summary

Model	R	R Square	Adjusted R Square	Std. Error of the Estimate
1	.918[a]	.843	.800	2.15727

a. Predictors: (Constant), 面积*壁炉, 房屋面积, 壁炉

ANOVA[a]

Model		Sum of Squares	df	Mean Square	F	Sig.
1	Regression	273.944	3	91.315	19.621	.000[b]
	Residual	51.192	11	4.654		
	Total	325.136	14			

a. Dependent Variable: 评估价值

b. Predictors: (Constant), 面积*壁炉, 房屋面积, 壁炉

Coefficients[a]

Model		Unstandardized Coefficients		Standardized Coefficients	t	Sig.	95.0% Confidence Interval for B	
		B	Std. Error	Beta			Lower Bound	Upper Bound
1	(Constant)	62.952	9.612		6.549	.000	41.796	84.108
	房屋面积	8.362	5.817	.408	1.438	.178	-4.441	21.166
	壁炉	-11.840	10.646	-1.199	-1.112	.290	-35.271	11.590
	面积*壁炉	9.518	6.416	1.664	1.483	.166	-4.605	23.641

a. Dependent Variable: 评估价值

图 3.19 包括房屋面积、有无壁炉和二者交互作用的回归模型的 SPSS 结果

视频 3-4

3.6 二次回归模型

多元回归模型通常假设 Y 和自变量之间是线性关系。但实际上变量之间有时候存在非线性关系。本节重点介绍非线性关系中最常见、两个变量之间的二次关系。式(3.60)的二次回归模型定义了 X 与 Y 之间的这种关系。

$$Y_i = \beta_0 + \beta_1 X_{1i} + \beta_2 X_{1i}^2 + \varepsilon_i \tag{3.60}$$

其中,β_0 = Y 截距,β_1 = Y 的线性系数,β_2 = Y 的二次系数,ε_i = 观察值 i 的随机误差。

二次回归模型与包含两个自变量的多元回归模型相似,只不过第二个自变量是第一个自变量的平方。同样,运用样本回归系数($\hat{\beta}_0$、$\hat{\beta}_1$ 和 $\hat{\beta}_2$)作为总体参数估计(β_0、β_1 和 β_2)。式(3.61)定义了一个自变量(X_1)和一个因变量(Y)的二次回归方程。

$$\hat{Y}_i = \hat{\beta}_0 + \hat{\beta}_1 X_{1i} + \hat{\beta}_2 X_{1i}^2 \tag{3.61}$$

式中,第一个回归系数 $\hat{\beta}_0$ 代表 Y 截距,第二个回归系数 $\hat{\beta}_1$ 代表线性效应,第三个回归系数 $\hat{\beta}_2$ 代表二次效应。

1. 确定回归系数和预测 Y

为了说明二次回归模型,参看下面的实验,该实验用来研究不同量的飞尘成分对混凝土强度的影响。收集 18 份 28 天的混凝土做样本,混凝土中飞尘的比例从 0 到 60%不等,相关数据如表 3.11 所示。

表 3.11　飞尘比例和 18 份 28 天混凝土的强度

飞尘比例/%	强度/psi	飞尘比例/%	强度/psi
0	4 779	40	5 995
0	4 706	40	5 628
0	4 350	40	5 897
20	5 189	50	5 746
20	5 140	50	5 719
20	4 976	50	5 782
30	5 110	60	4 895
30	5 685	60	5 030
30	5 618	60	4 648

图 3.20 的散点图可以帮助选择合适的模型来表达飞尘比例与强度之间的关系。图中显示，随着飞尘比例的增加，混凝土的强度也相应增加。强度在飞尘比例为 40%左右达到最大值后保持稳定，接着下降。飞尘比例为 50%的混凝土强度比飞尘为 40%的混凝土强度略低，但是飞尘比例为 60%的混凝土强度显著低于飞尘比例为 50%的混凝土强度。因此，在根据飞尘比例估计混凝土强度的时候，二次模型比线性模型更为适合。

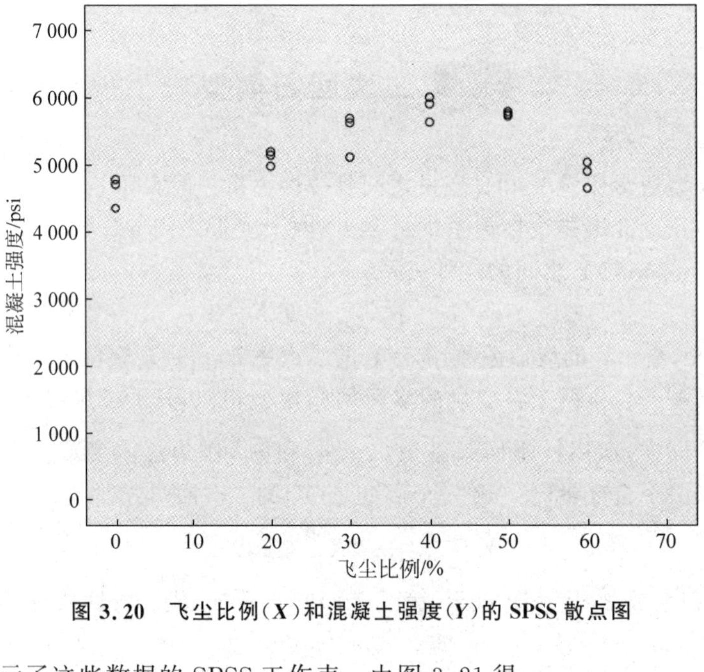

图 3.20　飞尘比例(X)和混凝土强度(Y)的 SPSS 散点图

图 3.21 显示了这些数据的 SPSS 工作表。由图 3.21 得

$$\hat{\beta}_0 = 4\,486.361,\quad \hat{\beta}_1 = 63.005,\quad \hat{\beta}_2 = -0.876$$

因此，二次回归方程为

$$\hat{Y}_i = 4\,486.361 + 63.005X_{1i} - 0.876X_{1i}^2$$

其中，$\hat{Y}_i$ = 样本 i 的预测强度；X_{1i} = 样本 i 的飞尘比例。

Model Summary

Model	R	R Square	Adjusted R Square	Std. Error of the Estimate
1	.805[a]	.648	.602	312.11291

a. Predictors: (Constant), 飞尘%^2, 飞尘%

ANOVA[a]

Model		Sum of Squares	df	Mean Square	F	Sig.
1	Regression	2695473.49	2	1347736.74	13.835	.000[b]
	Residual	1461217.01	15	97414.467		
	Total	4156690.50	17			

a. Dependent Variable: 混凝土强度

b. Predictors: (Constant), 飞尘%^2, 飞尘%

Coefficients[a]

Model		Unstandardized Coefficients		Standardized Coefficients	t	Sig.	95.0% Confidence Interval for B	
		B	Std. Error	Beta			Lower Bound	Upper Bound
1	(Constant)	4486.361	174.753		25.673	.000	4113.884	4858.839
	飞尘%	63.005	12.373	2.586	5.092	.000	36.634	89.377
	飞尘%^2	-.876	.197	-2.263	-4.458	.000	-1.296	-.457

a. Dependent Variable: 混凝土强度

图 3.21　混凝土强度数据的 SPSS 结果

由二次回归方程和图 3.21，Y 截距（$\hat{\beta}_0=4\ 486.361$）是当飞尘比例为 0 时的预测强度。要解释系数 $\hat{\beta}_1$ 和 $\hat{\beta}_2$，观察到在最初的增加之后，强度开始随着飞尘比例的增加而下降。这个非线性关系可以通过预测飞尘比例为 20%、40% 和 60% 时的强度得到进一步证明。运用二次回归模型，

$$\hat{Y}_i=4\ 486.361+63.005X_{1i}-0.876X_{1i}^2$$

当 $X_{1i}=20$，$\hat{Y}_i=4\ 486.361+63.005\times20-0.876\times20^2=5\ 396.061$

当 $X_{1i}=40$，$\hat{Y}_i=4\ 486.361+63.005\times40-0.876\times40^2=5\ 604.961$

当 $X_{1i}=60$，$\hat{Y}_i=4\ 486.361+63.005\times60-0.876\times60^2=5\ 113.061$

图 3.22 绘出了这个二次回归方程的散点图，显示出二次模型十分适合原数据。

因此，40% 飞尘比例的预测混凝土强度为 5 604.961psi，高于飞尘比例为 20% 的预测强度，但是飞尘比例为 60% 的预测强度为 5 113.061psi，低于 40% 飞尘比例的预测强度。

2. 二次模型的显著性检验

计算二次回归方程之后，可以检验强度 Y 和飞尘比例 X_1 之间是否存在显著关系。原假设和备择假设如下。

原假设 H_0：$\beta_1=\beta_2=0$（X_1 与 Y 之间没有关系。）

备择假设 H_1：β_1 或 $\beta_2\neq0$（X_1 与 Y 之间有关系。）

式(3.43)定义了这一检验的 F 统计量：

$$F=\frac{S_R/p}{S_E/(N-p-1)}\sim F(p,N-p-1)$$

由图 3.21 的 SPSS 结果可以直接得到 F 统计量为

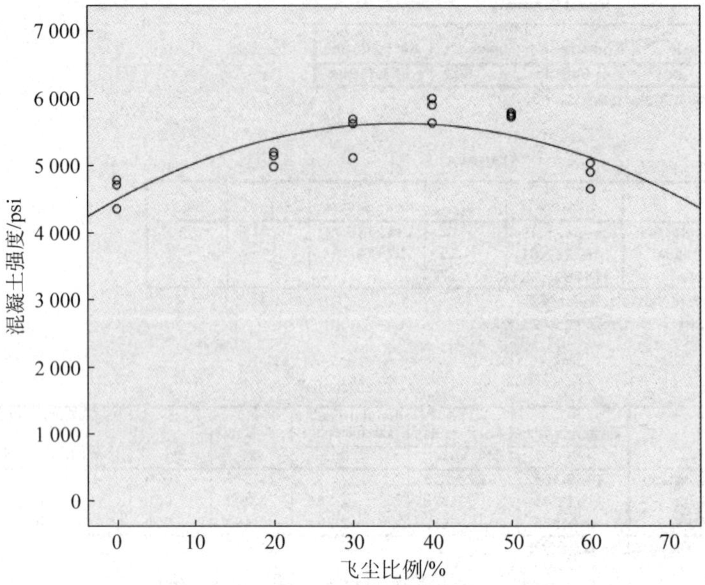

图 3.22　表示飞尘比例与混凝土强度之间的二次关系的 SPSS 散点图

$$F \frac{S_R/p}{S_E/N-p-1}=\frac{1\ 347\ 736.745}{97\ 414.467}\approx 13.835$$

如果选择显著性水平 α 为 0.05，由附表 2 可知，$F(p,N-p-1)=F(2,15)$，即自由度为 2 和 15 的 F 分布的临界值为 3.68。由于 $F\approx 13.835>3.68$，或者由于图 3.21 中 P 值 $=0.000\ 4<\alpha=0.05$，所以拒绝原假设并得出结论，在飞尘比例和强度之间存在显著关系。

3. 二次效应的检验

运用回归模型检验两个变量之间的关系，不仅要找出最精确的模型，而且要找到最简单的模型解释这样的关系。因此，需要检验二次模型和线性模型之间是否有显著差异：

$$Y_i=\beta_0+\beta_1 X_{1i}+\beta_2 X_{1i}^2+\varepsilon_i$$

线性模型：

$$Y_i=\beta_0+\beta_1 X_{1i}+\varepsilon_i$$

运用 t 检验来确定每个自变量对回归模型是否都有显著贡献。检验二次效应的显著贡献，需要运用下面的原假设和备择假设。

H_0：包含二次效应没有显著改进模型($\beta_2=0$)。

H_1：包含二次效应显著改进了模型($\beta_2\neq 0$)。

每个回归系数的标准误差和相应的 t 统计量是 SPSS 结果的一部分(图 3.21)。根据式(3.47)得到关于二次效应的 t 统计量：

$$t_2=\frac{\hat{\beta}_2}{S_{b_2}}=\frac{-0.876}{0.197}\approx -4.447$$

如果选择显著性水平 α 为 0.05，那么由附表 1，自由度为 15(即 $t_{\alpha/2}(N-p-1)=t_{0.025}(18-2-1)=t_{0.025}(15)$)的 t 分布临界值为 $-2.131\ 5$。

由于 $t=-4.447<-2.131\ 5$，或者由于 P 值 $=0.000\ 5<\alpha=0.05$，所以拒绝 H_0 并得出

结论，二次模型在表示飞尘比例和强度之间的关系时显著优于线性模型。

4. 多元判定系数

多元回归模型中，多元判定系数 r^2，表示自变量变化所能解释的因变量 Y 变化的比例。考虑运用飞尘比例和飞尘比例平方预测混凝土强度的二次回归模型。运用判定系数公式计算 r^2：

$$r^2 = \frac{S_R}{S_T}$$

由图 3.21 得，$S_R = 2\,695\,473.49$，$S_T = 4\,156\,690.5$，因此

$$r^2 = \frac{S_R}{S_T} = \frac{2\,695\,473.49}{4\,156\,690.5} \approx 0.648\,5$$

多元回归系数表示强度变化的 64.85%可以由强度和飞尘比例间的二次关系解释。

需要根据自变量个数和样本容量计算修正判定系数 $\bar{r}^2$。在二次回归模型中，因为有两个自变量，所以 $k=2$(X_1 和 X_1^2)。根据式(3.45)得到修正判定系数为

$$\bar{r}^2 = 1 - \left[(1-r^2)\frac{(N-1)}{N-p-1}\right] = 1 - \left[(1-0.648\,5)\frac{17}{15}\right] \approx 1 - 0.398\,4 = 0.601\,6$$

说明根据修正判定系数，强度变化的约 60.16%可以由强度和飞尘比例间的二次关系解释。

3.7 JMP 软件操作

要在 JMP 软件上实现多元回归时操作方法与一元回归略有不同。首先还是创建数据表，然后单击**分析→拟合模型**，弹出如图 3.23 所示对话框。将相关变量分别放入角色变量和构造模型效应框内。单击**运行**，得到运行结果。运行结果含有预测值与实际值、因变量与各自变量关系的示意图，同时也已自动进行偏 F 检验。

视频 3-5

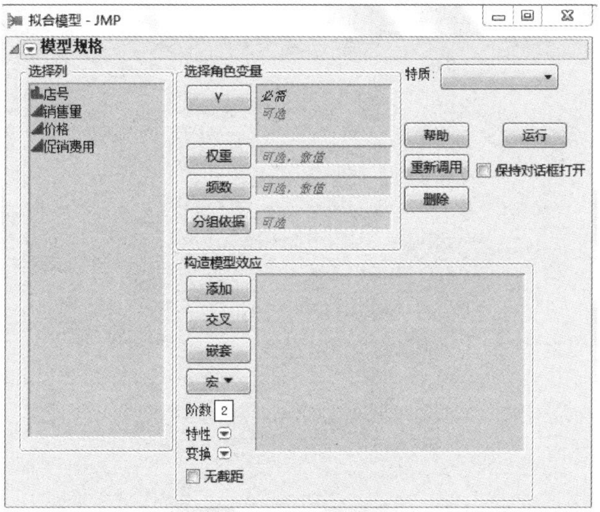

图 3.23　多元回归分析命令框

习题

用 SPSS 或 JMP 软件求解下列问题：

1. 在某种钢材的试验中，研究了延伸率 Y(%)与含碳量 X_1(单位 0.01%)及回火温度 X_2 之间的关系，表 3.12 给出了 15 批生产试验数据。

表 3.12　钢材延伸率与含碳量及回火温度试验

Y_i/%	19.25	17.50	18.25	16.25	17.00	16.75	17.00	16.75
X_{i1}/0.01%	57	64	69	58	58	58	58	58
X_{i2}/℃	535	535	535	460	460	460	490	490
Y_i/%	17.25	16.75	14.75	12.00	17.75	17.50	15.50	
X_{i1}/0.01%	58	57	64	69	59	64	69	
X_{i2}/℃	490	460	435	460	490	467	490	

(1) 求延伸率与含碳量、回火温度之间的二元线性回归方程，并分析软件运行输出结果。

(2) 要求以 99%的把握将该钢材的延伸率控制在 15%以上，问当含碳量为 60(单位 0.01%)时，应将回火温度控制在哪一范围内？

2. 一家消费者用品公司想要测试在不同广告媒体进行其产品促销的有效性。特别地，公司针对无线电广播广告和报纸广告的有效性(包括折扣优惠券成本)，挑选了 22 个人口数大致相同的城市作为在一个月内研究测试的样本。每个城市都分配了特定数额的无线电广播广告和报纸广告。测试期间的产品销售额和媒体成本都记录在表 3.13 中。

表 3.13　测试期间的产品销售额和媒体成本　　千美元

城　市	销 售 额	无线电广播广告	报 纸 广 告
1	973	0	40
2	1 119	0	40
3	875	25	25
4	625	25	25
5	910	30	30
6	971	30	30
7	931	35	35
8	1 177	35	35
9	882	40	25
10	982	40	25
11	1 628	45	45
12	1 577	45	45
13	1 044	50	0
14	914	50	0
15	1 329	55	25
16	1 330	55	25
17	1 405	60	30
18	1 436	60	30

续表

城　　市	销　售　额	无线电广播广告	报纸广告
19	1 521	65	35
20	1 741	65	35
21	1 866	70	40
22	1 717	70	40

(1) 写出多元回归方程。

(2) 解释斜率 $\hat{\beta}_1$ 和 $\hat{\beta}_2$ 的意义。

(3) 解释回归系数 β_0 的意义。

(4) 预测无线电广播广告费用为 20 000 美元、报纸广告费用为 20 000 美元的城市的平均销售额。

(5) 对无线电广播广告费用为 20 000 美元、报纸广告费用为 20 000 美元的城市的平均销售额进行 95%的置信区间估计。

(6) 对无线电广播广告费用为 20 000 美元、报纸广告费用为 20 000 美元的城市的销售额进行 95%的区间预测。

3*. 在第 2 题中,根据无线电广播广告和报纸广告来解释销售额。试计算下列问题:

(1) 当显著性水平为 0.05 时,确定销售额和两个自变量(无线电广播和报纸广告)之间是否存在显著性关系;

(2) 解释 P 值的含义;

(3) 计算多元判定系数 r^2,并解释其意义;

(4) 计算校正 r^2;

(5) 对无线电广播广告和销售额的总体斜率 $\hat{\beta}_1$ 做置信度为 95%的区间估计;

(6) 在显著性水平为 0.05 时,确定每个自变量对回归模型是否有显著贡献;

(7) 计算偏判定系数 $r^2_{Y1,2}$ 和 $r^2_{Y2,1}$,并解释其意义。

4*. 一家大型连锁超市的销售经理想要确定货架空间与产品是否置放在走道的前端或后端对宠物食品销售的影响,随机抽取了 12 家规模相同的超市,数据如表 3.14 所示。

表 3.14　题 4 数据

超　　市	货架空间/英尺	地　　点	周销售额/美元
1	5	后端	160
2	5	前端	220
3	5	后端	140
4	10	后端	190
5	10	后端	240
6	10	前端	260
7	15	后端	230
8	15	后端	270
9	15	前端	280
10	20	后端	260
11	20	后端	290
12	20	前端	310

(1) 确立多元回归模型。

(2) 某家店货架空间为 8 英尺,位于走道后端,预测该店宠物食品的平均周销售额。进行 95%的置信区间估计,并进行区间预测。

(3) 显著性水平 0.05 下,销售额与两个自变量之间是否存在显著的关系?

(4) 显著性水平 0.05 下,确定每个自变量对回归模型是否有显著贡献。指出对这组数据最适合的回归模型。

(5) 对销售额与货架空间之间的斜率和销售额与走道位置之间的斜率进行置信度 95%的区间估计。

(6) 解释多元判定系数 r^2。

(7) 计算校正 r^2。

(8) 计算偏判定系数并解释其意义。

(9) 给模型加入一个交叉作用项,显著性水平 0.05 下,确定该交叉作用项对模型是否有显著贡献。

(10) 在(4)和(9)结论的基础上,哪个模型是最适合的?进行解释。

5*. 一位农学家设计了一个研究,研究中使用六种不同量的肥料培养番茄。这六种不同的量分别为:每 1 000 平方英尺 0、20、40、60、80 和 100 磅。这些肥料分别被随机施在不同的土地里。包含番茄产量的结果如表 3.15 所示。

表 3.15　包含番茄产量的结果

	肥料使用			肥料使用	
土地	比例/%	产量/磅	土地	比例/%	产量/磅
1	0	6	7	60	46
2	0	9	8	60	50
3	20	19	9	80	48
4	20	24	10	80	54
5	40	32	11	100	52
6	40	38	12	100	58

假设肥料使用与产量之间存在二次关系。

(1) 为肥料使用和产量创建散点图。

(2) 确定二次回归方程。

(3) 每 1 000 平方英尺施肥 70 磅,预测这块土地的平均产量。

(4) 显著性水平 0.05 下,施肥量和番茄产量之间存在显著关系吗?

(5) (4)的 P 值是多少?解释其意义。

(6) 显著性水平 0.05 下,确定是否有显著的二次效应。

(7) (6)中的 P 值是多少?解释其意义。

(8) 解释多元判定系数的意义。

(9) 计算校正 r^2。

第 4 章
违背经典假设的经济计量模型

在第 3 章，我们讨论了经典线性回归模型参数 β 的**普通最小二乘估计**。我们曾经指出，在满足经典假设的条件下，普通最小二乘估计是参数 β 的一致最小方差无偏估计，因而是 β 的优良估计。然而在经济领域中，经济变量之间的回归模型经常会出现违背 5.1 节所给的经典假设条件的情况，主要包括以下三种情况。

(1) 模型中的随机误差项序列 $\varepsilon_i, i = 1,2,\cdots,N$ 不是同方差的，称为**异方差**。

(2) 随机误差项序列 ε_i 之间不独立，存在相关性，称为**自相关**。

(3) 解释变量之间存在较高程度的线性相关性，称为**多重共线性**。

一旦出现了上述违背经典假设条件的情况，回归模型的普通最小二乘估计就不再具有一致最小方差无偏估计的优良性质，这不仅会大大降低对未知参数的估计精度，而且第 5 章所介绍的对回归方程和回归系数的显著性检验方法，以及利用回归方程对被解释变量所做的预测和控制方法都将失效。由于在经济领域中违背经典假设条件的情况是普遍存在的，因此本章将在第 8 章的基础上进一步讨论各种违背经典假设的回归模型的经济背景、识别方法、可能产生的结果，以及如何采取有效的修正补救措施等一系列问题。

由于经济变量间的回归模型中存在上述以及其他方面的许多特殊性，故通常称应用于经济领域的回归模型为**经济计量模型**。

为避免问题的复杂化，以下在讨论模型违背某一经典假设条件时，总认为其他假设条件是满足的。

引导案例

案例 4.1　居民储蓄模型——异方差的检验和处理

为研究储蓄与收入之间的关系，调查了某地区 31 年来居民储蓄与居民收入的数据，见表 4.1。

表 4.1　某地区居民收入与储蓄数据　　元

年　份	收入 x	储蓄 y	年　份	收入 x	储蓄 y
1958	8 777	264	1960	9 954	90
1959	9 210	105	1961	10 508	131

续表

年　份	收入 x	储蓄 y	年　份	收入 x	储蓄 y
1962	10 979	122	1976	26 500	1 400
1963	11 912	107	1977	27 670	1 829
1964	12 747	406	1978	28 300	2 200
1965	13 499	503	1979	27 430	2 017
1966	14 269	431	1980	29 560	2 105
1967	15 522	588	1981	28 150	1 600
1968	16 730	898	1982	32 100	2 250
1969	17 663	950	1983	32 500	2 420
1970	18 575	779	1984	35 250	2 570
1971	19 535	819	1985	33 500	1 720
1972	21 163	1 222	1986	36 000	1 900
1973	22 880	1 072	1987	36 200	2 100
1974	24 127	1 578	1988	38 200	2 300
1975	25 604	1 654			

案例 4.2　地区商品出口模型——自相关的检验和处理

某地区出口的 A 类商品总值与该地区生产总值的调查数据如表 4.2 所示。现要求建立该地区 A 类商品出口总值与地区生产总值间的一元线性回归方程。

表 4.2　某地区 A 类商品出口总值与地区生产总值　　　百万元

年　度	A 类商品出口总值 y	地区生产总值 x	年　度	A 类商品出口总值 y	地区生产总值 x
1	4 010	22 418	11	5 628	29 091
2	3 711	22 308	12	5 736	29 450
3	4 004	23 319	13	5 946	30 705
4	4 151	24 180	14	6 501	32 372
5	4 569	24 893	15	6 549	33 152
6	4 582	25 310	16	6 705	33 764
7	4 697	25 799	17	7 104	34 411
8	4 753	25 886	18	7 609	35 429
9	5 062	26 868	19	8 100	36 200
10	5 669	28 134			

案例 4.3　农业产出模型——多重共线性问题

一般认为，一个地区的农业总产值与该地区的农业劳动力、灌溉面积、施用化肥量、农户固定资产以及农业机械化水平诸因素有很大关系。表 4.3 给出了 1985 年我国北方地区 12 个省区市的农业总产值与农业劳动力、灌溉面积、化肥、户均固定资产、农机动力的调查数据。

表 4.3　我国北方地区农业投入和产出数据

地区	农业总产值/亿元	农业劳动力/万人	灌溉面积/万公顷	化肥用量/万吨	户均固定资产/元	农机动力/万马力
北京	19.61	90.1	33.84	7.5	394.30	435.3
天津	14.40	95.2	34.95	3.9	567.50	450.7
河北	149.90	1 639.0	357.26	92.4	706.89	2 712.6
山西	55.07	562.6	107.90	31.4	856.37	1 118.5
内蒙古	60.85	462.9	96.49	15.4	1 282.81	641.7
辽宁	87.48	588.9	72.40	61.6	844.74	1 129.6
吉林	73.81	399.7	69.63	36.9	2 576.81	647.6
黑龙江	104.51	425.3	67.95	25.8	1 237.16	1 305.8
山东	276.55	2 365.6	456.55	152.3	5 812.02	3 127.9
河南	200.02	2 557.5	318.99	127.9	754.78	2 134.5
陕西	68.18	884.2	117.90	36.1	607.41	764.0
新疆	49.12	256.1	260.46	15.1	1 143.67	523.3

现要求建立我国北方地区的农业产出线性回归模型。

4.1　异　方　差

视频 4-1

4.1.1　异方差的概念

线性回归模型的数据结构如下：

$$y_i=\beta_0+\beta_1x_{i1}+\beta_2x_{i2}+\cdots+\beta_px_{ip}+\varepsilon_i,\quad i=1,2,\cdots,N$$

假定模型中的随机误差项序列满足

$$\varepsilon_i\sim N(0,\sigma^2),\quad \text{且相互独立},\quad i=1,2,\cdots,N$$

即要求各 ε_i 是同方差的。但在经济计量模型中经常会出现违背上述同方差假定的情况，即

$$\varepsilon_i\sim N(0,\sigma_i^2),\quad \text{且相互独立},\quad i=1,2,\cdots,N \tag{4.1}$$

其中各 σ_i^2 不完全相同，此时就称该回归模型具有**异方差性**。在异方差的情况下，σ_i^2 已不是常数，它可能随 X_i 的变化而变化，即

$$\sigma_i^2=f(X_i)$$

【例 4.1】　使用横截面资料(指同一时期)研究居民家庭的储蓄模型：

$$y_i=\beta_0+\beta_1x_i+\varepsilon_i,\quad i=1,2,\cdots,N$$

其中，y_i 为第 i 个家庭的年储蓄额；x_i 为第 i 个家庭的年可支配收入；ε_i 为除收入外影响储蓄的其他因素，如家庭人口及其构成情况，消费观念和偏好，文化背景，过去的收入水平，对将来的收入预期和支出预期，社会的经济景气状况，存款利率，股市状况，社会保险和社会福利状况等对储蓄的影响。

显然在这一模型中，关于随机误差项 ε_i 序列是同方差的假定是无法满足的。这是由于对高收入家庭而言，在满足基本生活费支出后，尚有很大剩余，因此在改善生活质量等方面

有很大的可选择余地。其中有些家庭倾向于购置高档商品住宅、购买家庭轿车、购买高档家用电器和生活用品，以及出门旅游、上餐馆、玩保龄球、上舞厅、上夜总会、听歌剧、听音乐会等文化娱乐活动，也有的热衷于证券投资等。这些高收入家庭的储蓄额占其收入的比例就相对较低，甚至通过贷款途径达到超前消费。而另一些高收入家庭则或者由于工作繁忙，或者由于文化素养较高、生活上一贯俭朴等原因，因而很少涉足高消费领域，其储蓄额就必然较高。由此可见，对收入越高的家庭，家庭储蓄之间的差异也就必然越大，反映在模型中就是 ε_i 的方差越大。而对于低收入家庭，其收入除去必要的生活费开支之外就所剩无几，为了预防或准备今后的特殊需要而参加储蓄，故储蓄较有规律，差异必然较小，也即 ε_i 的方差较小。由此可见，对上述储蓄模型，随机误差项 ε_i 的方差应当是随收入 x 的增加而不断增大，如图 4.1(a)所示。

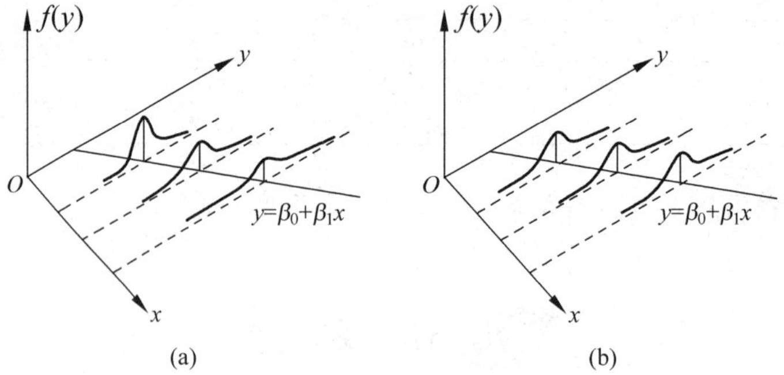

图 4.1　异方差和同方差

(a) 异方差；(b) 同方差

【例 4.2】 以某一时间截面上不同地区的数据为样本，研究某行业的产出随投入要素的变化关系，建立如下生产函数模型：

$$y_i = f(K_i, L_i) + \varepsilon_i,\quad i = 1, 2, \cdots, N$$

其中，ε_i 包含了除投资 K_i 与劳动 L_i 以外的其他因素对产出 y_i 的影响，如采用的技术水平、管理水平、创新能力、地理交通条件、市场信息、人才素质以及政府的政策因素，等等。显然，对投资规模 K_i 大的企业，在采用的工艺装备水平、R&D 的投入及管理水平、营销网络等方面都会存在较大的差异。因而其产出也就必然存在较大的差异性，反映在模型中随机误差项 ε_i 的方差通常就会随 K_i 的增大而增加，产生异方差性。

【例 4.3】 在以分组的平均值作为各组的样本数据时，如果对不同组别的抽样数 $n_i(i=1,2,\cdots,N)$不完全相同，则由样本均值方差的性质可知，数据量多的组的平均值的方差就较小。设 y_{ij} 为第 i 组中抽取的第 j 个观察值，并设各 y_{ij} 是同方差的，即 $D(y_{ij})=\sigma^2, i=1, 2, \cdots, N, j=1, 2, \cdots, n$，则

$$D(\bar{y}_i) = D\left(\frac{1}{n_i}\sum_{i=1}^{n_i} y_{ij}\right) = \frac{\sigma^2}{n_i}$$

故在以组内平均值作为样本数据时，如果各组所含观察值数量不相同，也会导致异方差性。

4.1.2　异方差产生的原因

了解异方差产生的原因，就可以在研究经济计量模型时，有针对性地对样本数据进行检

验，发现存在异方差后，采取有效措施消除模型中的异方差，使模型的参数估计更精确，显著性检验结果更具有说服力，预测和控制分析更有使用价值。

异方差产生的原因主要有以下几项。

1. 由问题的经济背景所产生的异方差

如例 4.1 和例 4.2 所举的例子，就是产生异方差最主要的原因。

2. 由于模型中忽略了某些重要的解释变量

例如，假定实际问题的回归模型应当为

$$y_{i=}\ \beta_0+\beta_1 x_{i1}+\beta_2 x_{i2}+\beta_3 x_{i3}+\beta_i,\quad i=1,2,\cdots,N$$

但在建模时忽略了对 Y 有重要影响的解释变量 x_3，所建模型为

$$y_{i=}\ \beta_0+\beta_1 x_{i1}+\beta_2 x_{i2}+\varepsilon_i,\quad i=1,2,\cdots,N$$

则随机误差项 ε_i 中就含有 x_3 的不同取值 x_{i3} 对 y_i 的影响部分，当对应于各样本数据中的 x_3 呈有规律的变化时，随机误差项 ε_i 也就会呈现相应的有规律性的变化，使 ε_i 出现异方差现象。

3. 因模型的函数形式设定不当而产生的异方差

例如，假定两个变量间正确的相关关系为指数函数形式，回归模型应设定为

$$y_i=\beta_0 e^{\beta_1 x_i}\varepsilon_i,\quad i=1,2,\cdots,N$$

但建模时错误地将其设为线性模型：

$$y_i=\beta_0+\beta_1 x_i+\varepsilon_i,\quad i=1,2,\cdots,N$$

则由图 4.2 所示的散点图可知，用线性回归方程对样本数据进行拟合时将产生系统性偏差，从而导致异方差现象。

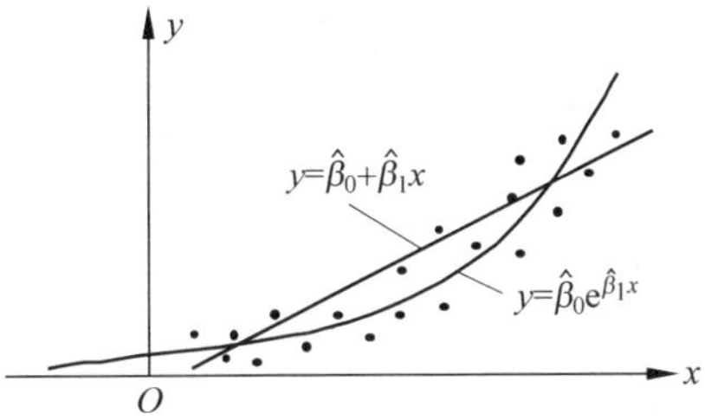

图 4.2　模型设定不当而产生的异方差

4. 经济结构的变化所引起的异方差性

由于经济结构的变化，经济变量间的关系在不同时期有较大差异。例如，设经济变量 y 和 x 在计划经济时期和市场经济时期的关系有所不同，应分别建立两个模型：

$$y_t=\beta_0^{(1)}+\beta_1^{(1)}x_t+\varepsilon_t^{(1)},\quad 1\leqslant t\leqslant t_0$$

$$y_t=\beta_0^{(2)}+\beta_1^{(2)}x_t+\varepsilon_t^{(2)},\quad t_0+1\leqslant t\leqslant T$$

即使两个模型中的随机误差项 $\varepsilon_t^{(1)}$ 和 $\varepsilon_t^{(2)}$ 是同方差的，但若将它们统一在一个模型中处理，

也会引起异方差现象，如图 4.3 所示。

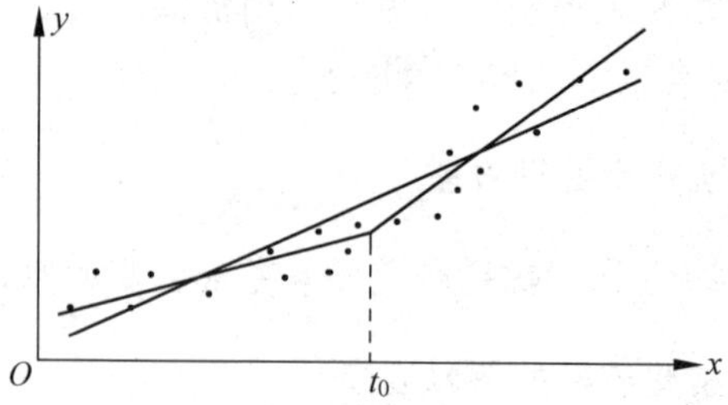

图 4.3　分段线性函数用线性函数替代的结果

4.1.3　异方差的识别和检验

由于异方差的存在会导致上述不良后果，所以对于经济计量模型，在进行参数估计之前就应当对是否存在异方差进行识别。若确实存在异方差，就需要采取措施消除数据中的异方差性。异方差的识别与检验主要有以下几类方法。

1. 根据问题的经济背景，分析是否可能存在异方差

本节例 4.1 和例 4.2，就是运用经济常识来判断模型中将会出现异方差的。这通常是判断是否存在异方差的第一个步骤，具体确认还需要进一步借助以下方法。

2. 图示法

通常可以借助以下两种图示法判断是否存在异方差。

(1) 分别对各解释变量 $x_j(j=1,2,\cdots,p)$，作出 (x_j, y) 的散点图。这一方法可以分析异方差与哪些解释变量有关，如图 4.4 所示。

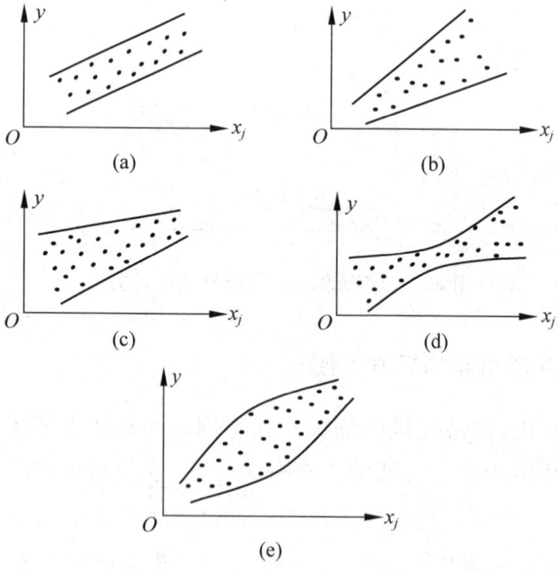

图 4.4　同方差与异方差比较

(a) 同方差；(b) 异方差 1；(c) 异方差 2；(d) 异方差 3；(e) 异方差 4

图 4.4(a)表明 y_i 的离散程度基本上不随 x_j 的取值不同而改变；图 4.4(b)～(e)的各种情况都说明 y_i 的离散程度随 x_j 的取值不同而呈现有规律性的变化，故都存在异方差。

(2) 分别作出各解释变量 x_j 与残差平方 e_i^2 的散点图。其中 $e_i^2=(y_i-\hat{y}_i)^2$ 称为残差平方项，可将残差平方项 e_i^2 视为 σ_i^2 的估计，具体步骤如下：

① 用 OLS(普通最小二乘法)对模型进行参数估计，求出回归方程，并计算各残差平方项 $e_i^2=(y_i-\hat{y}_i)^2$；

② 作 (x_{ij},e_i^2) 的散点图，如图 4.5 所示。

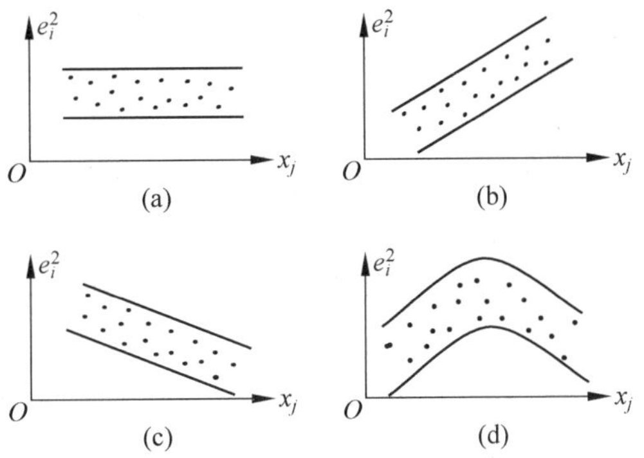

图 4.5 (x_{ij},e_i^2) 的散点图

图 4.5(a)说明残差平方项的大小基本上不随 x_j 的取值变化而变化，因此不存在异方差；而图 4.5(b)～(d)的各种情况都说明残差平方项的大小随 x_j 的增减而呈现有规律性的变化，故可以判定存在异方差。

图示法简单直观，在 SPSS 软件中可以很方便地根据要求作出各种散点图。但图示法也有其局限性，在多元回归模型中，在考察 σ_i^2 是否随某一解释变量 x_j 而变化的上述图示法中，当 x_j 取不同值时，其他解释变量的取值也会变化，因而显示的异方差性并不一定就是该 x_j 所引起的。此外图示法也难以反映由于两个或多个解释变量的共同作用所产生的异方差。

3. 统计检验方法

既然异方差性就是相对于不同的解释变量观测值，随机误差项具有不同的方差，那么，检验异方差性实际上是检验随机误差项的方差与解释变量观测值之间的相关性及其相关的“形式”。在这个思路下，计量经济学家发展起下面的检验方法。

(1) 帕克(Park)检验。

帕克认为，如果存在异方差，则 σ_i^2 应是某个解释变量的函数，因而可以假定：

$$\sigma_i^2=\sigma^2 x_{ij}^{\beta}\mathrm{e}^{v_i},\quad i=1,2,\cdots,N \tag{4.2}$$

将其线性化后，可得

$$\ln\sigma_i^2=\ln\sigma^2+\beta\ln x_{ij}+v_i,\quad i=1,2,\cdots,N \tag{4.3}$$

由于 σ_i^2 未知，可用其估计值 e_i^2 代替。具体检验步骤如下。

① 用 OLS 对原模型进行回归，并求得各 e_i^2(统计软件都有返回残差 e_i 的功能)。

② 将 e_i^2 对各解释变量分别进行如下一元回归：

$$\ln e_i^2 = \ln \sigma^2 + \beta \ln x_{ij} + v_i$$
$$= \alpha + \beta \ln x_{ij} + v_i, \quad i = 1, 2, \cdots, N \tag{4.4}$$

③ 检验假设 $H_0: \beta = 0$。若结果为显著的，则判定存在异方差；如果有多个显著的回归方程，则取临界显著性水平最高的作为 σ_i^2 与解释变量之间的相关关系，并由此得到 σ_i^2 的具体形式。

由式(4.2)可知，帕克检验所采用的函数形式可以是解释变量的任意次幂，因此适应性很广，同时还可得到 σ_i^2 的具体形式：

$$\sigma_i^2 = \sigma^2 f(x_{ij}) \tag{4.5}$$

这对消除异方差将是非常有用的。

(2) 怀特(White)检验。

这一方法是由哈尔伯特·怀特(Halbert White)在1980年提出的，其步骤为：

① 用OLS对原模型进行回归，并计算出各 e_i^2；

② 将 e_i^2 分别对各解释变量、它们的平方项及交叉乘积项进行一元线性回归，并检验各回归方程的显著性；

③ 若存在显著的回归方程，则认为存在异方差，并取临界显著性水平最高的回归方程作为 σ_i^2 与解释变量之间的相关关系。

例如，设原模型为

$$y_i = \beta_0 + \beta_1 x_{i1} + \beta_2 x_{i2} + \beta_3 x_{i3} + \varepsilon_i$$

则将 e_i^2 分别对 $x_{i1}, x_{i2}, x_{i3}, x_{i1}^2, x_{i2}^2, x_{i3}^2, x_{i1}x_{i2}, x_{i1}x_{i3}, x_{i2}x_{i3}$ 进行一元回归。White检验可适用于 σ_i^2 与两个解释变量同时相关的情况。

除了以上介绍的检验方法外，还有戈里瑟(Gleiser)检验、戈德菲尔德—匡特(Goldfeld-Quandt)检验等多种检验异方差的方法，在此就不做一一介绍了。

4.1.4 消除异方差的方法

当使用某种方法确定存在异方差后，就不能简单地采用OLS进行参数估计了，否则将产生严重的后果。

如果是由于模型设定不当而产生的异方差现象，则应根据问题的经济背景和有关的经济学理论，重新建立更为合理的回归模型，否则即使采用了以下介绍的方法进行处理，从表面上对现有的样本数据消除了异方差，但由于模型自身存在的缺陷，所得到的回归方程仍不可能正确反映经济变量间的关系，用它来进行预测和控制，仍会产生较大的误差。以下介绍的消除异方差的方法，是以模型设定正确为前提的。

1. 模型(数据)变换法

设原模型存在异方差，为

$$y_i = \beta_0 + \beta_1 x_{i1} + \beta_2 x_{i2} + \cdots + \beta_p x_{ip} + \varepsilon_i \tag{4.6}$$

式中，$\varepsilon_i \sim N(0, \sigma_i^2)$，且相互独立，$i = 1, 2, \cdots, N$。

如果经由帕克检验或其他方法，已得到 σ_i^2 随解释变量变化的基本关系：

$$\sigma_i^2=\sigma^2 f(x_{i1},x_{i2},\cdots,x_{ip})\hat{=}\sigma^2 z_i \tag{4.7}$$

其中，$z_i=f(x_{i1},x_{i2},\cdots,x_{ip})>0$，$\sigma^2$ 为常数。用 $\sqrt{z_i}$ 去除式(4.6)两边，得

$$\frac{y_i}{\sqrt{z_i}}=\beta_0\frac{1}{\sqrt{z_i}}+\beta_1\frac{x_{i1}}{\sqrt{z_i}}+\beta_2\frac{x_{i2}}{\sqrt{z_i}}+\cdots+\beta_p\frac{x_{ip}}{\sqrt{z_i}}+\frac{\varepsilon_i}{\sqrt{z_i}} \tag{4.8}$$

显然式(4.8)与式(4.6)是等价的。令

$$\begin{cases} y'_i=y_i/\sqrt{z_i}, & x'_{i0}=\dfrac{1}{\sqrt{z_i}} \\ x'_{ij}=x_{ij}/\sqrt{z_i}, & j=1,2,\cdots,p \\ v_i=\varepsilon_i/\sqrt{z_i} \end{cases} \tag{4.9}$$

则式(4.8)可以表示为

$$y'_i=\beta_0 x'_{i0}+\beta_1 x'_{i1}+\beta_2 x'_{i2}+\cdots+\beta_p x'_{ip}+v_i,\quad i=1,2,\cdots,N \tag{4.10}$$

此时

$$D(v_i)=D(\varepsilon_i/\sqrt{Z_i})=\frac{1}{Z_i}D(\varepsilon_i)$$

$$=\frac{1}{Z_i}\sigma^2 Z_i=\sigma^2,\quad i=1,2,\cdots,N \tag{4.11}$$

式(4.11)说明式(4.8)或式(4.10)已是同方差的，因此可以用普通最小二乘法进行参数估计，得到线性回归方程：

$$\hat{y}'=\hat{\beta}_0 x'_0+\hat{\beta}_1 x'_1+\hat{\beta}_2 x'_2+\cdots+\hat{\beta}_p x'_p \tag{4.12}$$

若对式(4.12)的回归方程和回归系数显著性检验结果都是显著的，就可以用来进行预测和控制。但要指出的是，在进行预测和控制时，必须将数据按式(4.9)进行变换后使用式(4.12)的回归方程，得到预测或控制结论后，再由式(4.9)的关系变换为原来的数值。

2. 加权最小二乘法

普通最小二乘法 OLS 的参数估计为

$$\hat{\boldsymbol{\beta}}=(\boldsymbol{X}^{\mathrm{T}}\boldsymbol{X})^{-1}\boldsymbol{X}^{\mathrm{T}}\boldsymbol{Y}$$

上式中对样本中的所有样本值数据都是一视同仁的，也即都赋予了相同的权数，这在同方差的情况下是合理的。但当存在异方差时，方差 σ_i^2 大的样本点中 y_i 取值的离散程度大，说明该样本点数据的精度较差；相反，σ_i^2 小的样本点数据的精度较高。因此自然会想到在运用最小二乘估计未知参数时，应当对不同精度的样本点数据区别对待，赋予不同的权数。对 σ_i^2 小的观察值应赋予较大的权数，反之则赋予较小的权数，这样可使精度较高的观察值在最小二乘法中起较大的作用，使估计结果更合理。这种对不同观察值赋予不同权数的最小二乘法，就称为**加权最小二乘法**，记为 WLS。

实际上，前面介绍的模型变换法也就是运用了加权最小二乘法。在模型变换法中，对第 i 个样本点数据所赋予的权数为

$$1/\sqrt{Z_i}=1/\sqrt{\sigma_i^2/\sigma^2}=\sigma/\sigma_i,\quad i=1,2,\cdots,N$$

一般地，设原模型为

$$\boldsymbol{Y}=\boldsymbol{X\beta}+\boldsymbol{\varepsilon} \tag{4.13}$$

满足 $E(\boldsymbol{\varepsilon})=0$；$E(\boldsymbol{\varepsilon}^{\mathrm{T}}\boldsymbol{\varepsilon})=\sigma^2\boldsymbol{W}$，

$$\boldsymbol{W}=\begin{pmatrix} w_1 & & & \\ & w_2 & & \\ & & \ddots & \\ & & & w_N \end{pmatrix}$$

其中，$w_i>0$ 且不完全相同，即模型(4.13)存在异方差，设

$$\boldsymbol{W}=\boldsymbol{D}\boldsymbol{D}^{\mathrm{T}} \tag{4.14}$$

其中，

$$\boldsymbol{D}=\begin{pmatrix} \sqrt{w_1} & & & \\ & \sqrt{w_2} & & \\ & & \ddots & \\ & & & \sqrt{w_N} \end{pmatrix}, \quad \boldsymbol{D}^{-1}=\begin{pmatrix} \frac{1}{\sqrt{w_1}} & & & \\ & \frac{1}{\sqrt{w_2}} & & \\ & & \ddots & \\ & & & \frac{1}{\sqrt{w_N}} \end{pmatrix}$$

用 $\boldsymbol{D}^{-1}$ 左乘式(4.13)两边，得

$$\boldsymbol{D}^{-1}\boldsymbol{Y}=\boldsymbol{D}^{-1}\boldsymbol{X\beta}+\boldsymbol{D}^{-1}\boldsymbol{\varepsilon}$$

令 $\boldsymbol{Y}^*=\boldsymbol{D}^{-1}\boldsymbol{Y},\boldsymbol{X}^*=\boldsymbol{D}^{-1}\boldsymbol{X},\boldsymbol{\varepsilon}^*=\boldsymbol{D}^{-1}\boldsymbol{\varepsilon}$，则上式可改写为

$$\boldsymbol{Y}^*=\boldsymbol{X}^*\boldsymbol{\beta}+\boldsymbol{\varepsilon}^* \tag{4.15}$$

由于

$$\begin{aligned} E(\boldsymbol{\varepsilon}^*\boldsymbol{\varepsilon}^{*\mathrm{T}}) &= E(\boldsymbol{D}^{-1}\boldsymbol{\varepsilon\varepsilon}^{\mathrm{T}}(\boldsymbol{D}^{-1})^{\mathrm{T}}) \\ &= \boldsymbol{D}^{-1}E(\boldsymbol{\varepsilon\varepsilon}^{\mathrm{T}})(\boldsymbol{D}^{-1})^{\mathrm{T}} \\ &= \boldsymbol{D}^{-1}\sigma^2\boldsymbol{W}(\boldsymbol{D}^{-1})^{\mathrm{T}} \\ &= \sigma^2\boldsymbol{D}^{-1}\boldsymbol{D}\boldsymbol{D}^{\mathrm{T}}(\boldsymbol{D}^{-1})^{\mathrm{T}}=\sigma^2\boldsymbol{I} \end{aligned} \tag{4.16}$$

即说明式(4.15)已是同方差的，可以使用 OLS 进行估计，其参数估计为

$$\begin{aligned} \hat{\boldsymbol{\beta}} &= (\boldsymbol{X}^{*\mathrm{T}}\boldsymbol{X}^*)^{-1}\boldsymbol{X}^{*\mathrm{T}}\boldsymbol{Y}^* \\ &= (\boldsymbol{X}^{\mathrm{T}}(\boldsymbol{D}^{-1})^{\mathrm{T}}\boldsymbol{D}^{-1}\boldsymbol{X})^{-1}\boldsymbol{X}^{\mathrm{T}}(\boldsymbol{D}^{-1})^{\mathrm{T}}\boldsymbol{D}^{-1}\boldsymbol{Y} \\ &= (\boldsymbol{X}^{\mathrm{T}}\boldsymbol{W}^{-1}\boldsymbol{X})^{-1}\boldsymbol{X}^{\mathrm{T}}\boldsymbol{W}^{-1}\boldsymbol{Y} \end{aligned} \tag{4.17}$$

称式(4.17)为式(4.13)的加权最小二乘估计，记为 **WLSE**。其中，

$$\boldsymbol{W}^{-1}=\begin{pmatrix} \frac{1}{w_1} & & & \\ & \frac{1}{w_2} & & \\ & & \ddots & \\ & & & \frac{1}{w_N} \end{pmatrix}$$

矩阵 $\boldsymbol{W}$ 可以通过以下途径确定。

(1) 若已由帕克检验或其他检验法得到 σ_i^2 与解释变量间的关系式(4.7),则可令

$$w_i = f(x_{i1}, x_{i2}, \cdots, x_{ip}), \quad i = 1, 2, \cdots, N$$

(2) 先用 OLS 求得各残差平方项 e_i^2,用 e_i^2 代替 σ_i^2,令 $w_i = e_i^2$,即得

$$\boldsymbol{W} = \begin{pmatrix} e_1^2 & & & \\ & e_2^2 & & \\ & & \ddots & \\ & & & e_N^2 \end{pmatrix} \tag{4.18}$$

【例 4.4】 案例 4.1 解答

根据所研究的问题建立如下经济计量模型:

$$y_t = \beta_0 + \beta_1 x_t + \varepsilon_t, \quad t = 1, 2, \cdots, 31 \tag{4.19}$$

由于表 4.1 中的数据取自 1958—1988 年的 31 年之间,时间跨度很大。在这期间我国居民的生活状况发生了很大改变。特别是从 20 世纪 80 年代初起由于实行了改革开放的国策,人民生活水平有了显著提高,在消费和储蓄方面也就有了较大的选择余地,因此可以预期在 20 世纪 80 年代以后模型(4.19)中随机误差项 ε_t 的方差可能较大,而在 80 年代以前,我国人民基本上生活在贫困状态,收入基本上仅够维持最基本的生活水平,因此反映在模型中 ε_t 的方差就可能很小。由此,该模型是极有可能存在异方差的。

1. 绘制散点图和帕克检验

下面介绍利用 SPSS 软件生成识别异方差的(e_t^2, x_t)的散点图(图 4.5)以及帕克检验法的应用。

(1) 绘制(e_t^2, x_t)的散点图。

首先要求出残差项序列 e_t,这可利用 SPSS 的线性回归功能实现,步骤如下。

① 按回归分析的要求建立数据文件。我们定义因变量为 Y,变量标注为"年居民储蓄总额";定义自变量为 X,变量标注为"年居民总收入",并按表 4.1 录入数据。

② 利用线性回归的保存变量功能,生成残差项数据。

选 **Analyze→Regression→Linear**,打开 **Linear Regression** 对话框,如图 4.6 所示。

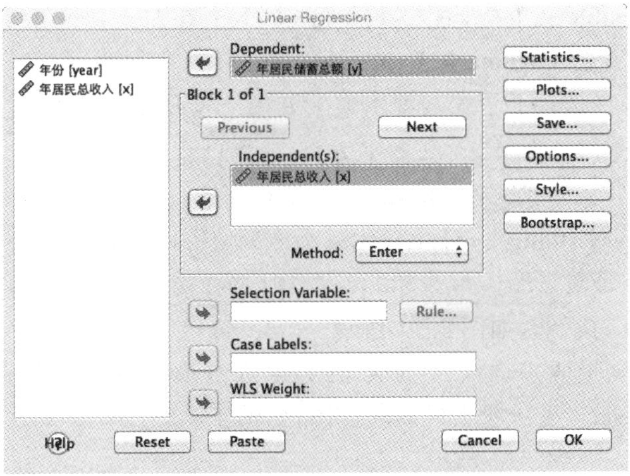

图 4.6　Linear Regression 对话框

选择 Y 为因变量，X 为自变量，再单击 **Save** 按钮，打开 **Linear Regression：Save New Variables** 对话框，如图 4.7 所示。在 **Residuals** 框中选择 **Unstandardized** 复选框(生成非标准化的残差项)，单击 **Continue** 按钮，返回图 4.6 对话框，再单击 **OK** 按钮，系统进行运算并输出运行结果。切换到数据文件窗口，可以看到在数据文件中已新增了一个名为 res-1 的变量，其中的数据就是所保存的该线性回归的残差项 e_t 序列，如图 4.8 所示。

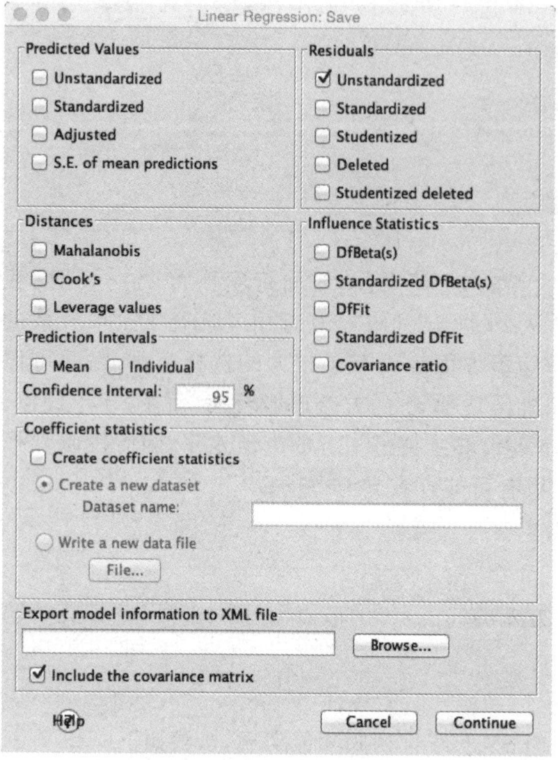

图 4.7　保存新变量对话框

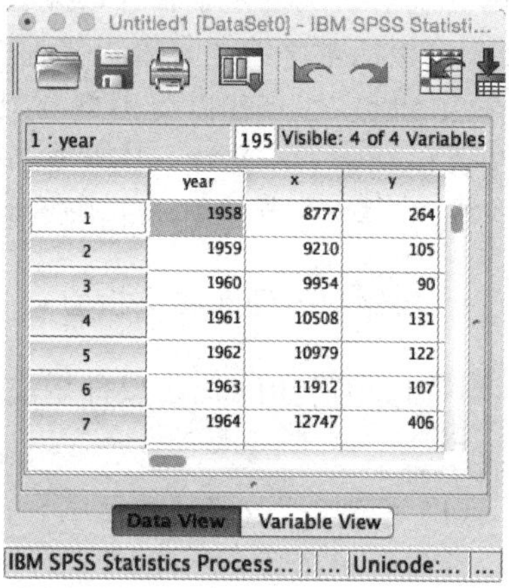

图 4.8　生成的残差序列数据

③ 利用 e_t 生成残差平方项 e_t^2 数据，我们将其变量名定义为 e_i^2，生成 e_t^2 项的步骤如下。

选 **Transform→Compute** 命令，打开 **Compute Variable** 对话框，如图 4.9 所示。

单击 **Target Variable** 文本框，输入目标变量名 e_i^2；在左下角变量名列表框中选择变量 res-1，单击▶按钮将其送入 **Numeric Expression** 框中；再在下面运算符框中依次单击【**】和【**2**】按钮(也可直接在键盘上录入)，就生成了如图 4.9 所示的计算 e_i^2 的表达式，单击 **OK** 按钮，返回数据文件窗口。变量 e_i^2(残差平方)的数据已自动生成。

④ 利用数据文件中的残差平方项和 x_t 数据绘制散点图。

选 **Graphs→Legacy Dialogs→Scatter/Dot** 命令，如图 4.10 所示。

系统共提供了四种散点图。单击 **Simple** 选项，选择简单散点图；再单击 **Define** 按钮，打开 **Simple Scatterplot** 对话框，如图 4.11 所示。

选择 e_i^2 为 **Y** 轴变量(***Y***)，选择 ***X*** 为 ***X*** 轴变量(***X***)，单击 **OK** 按钮，系统打开统计图表转盘窗口(Chart Carousel)，显示所生成的散点图，如图 4.12 所示。

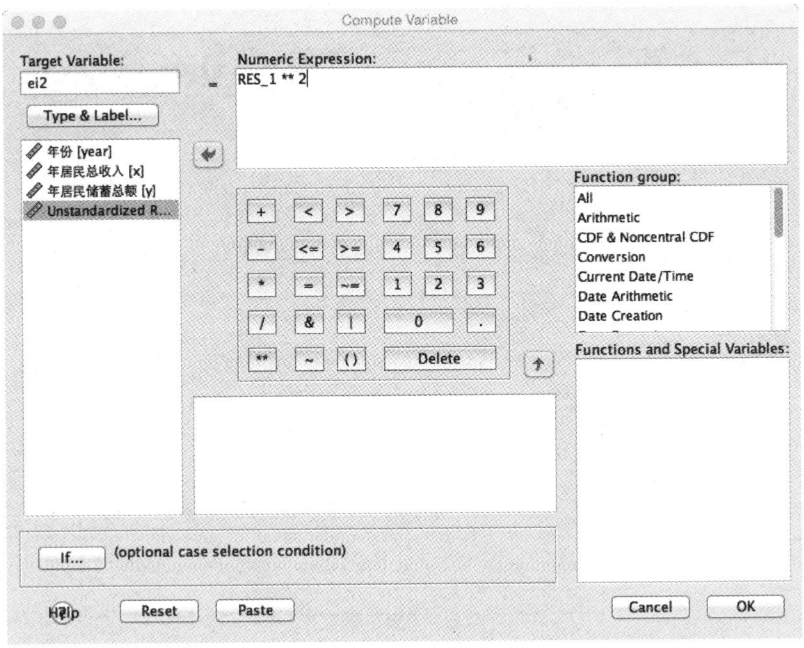

图 4.9　变量计算对话框

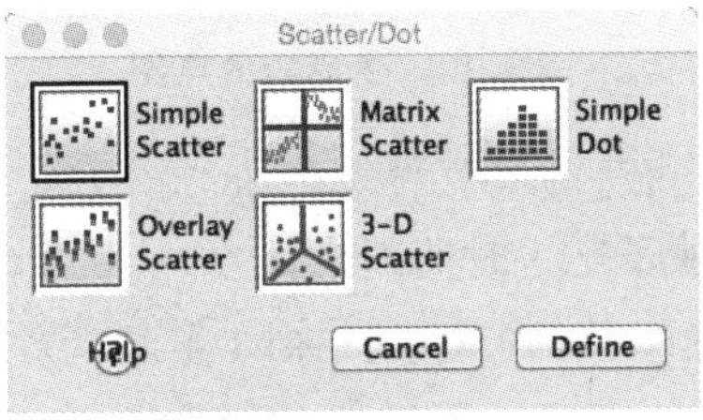

图 4.10　散点图选择对话框

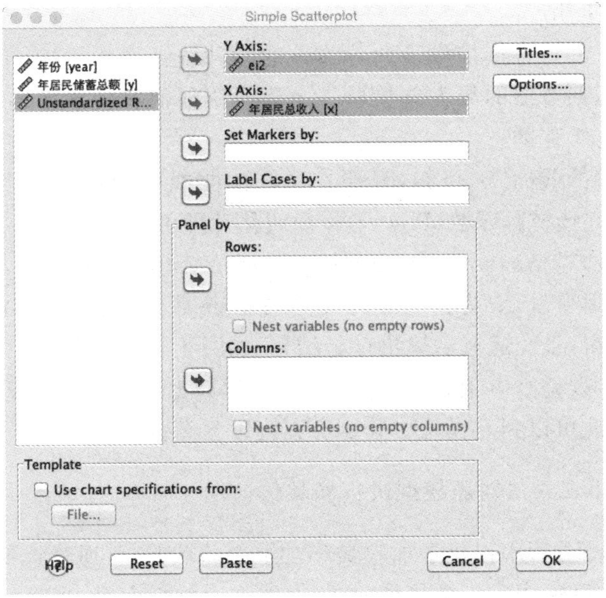

图 4.11　简单散点图对话框

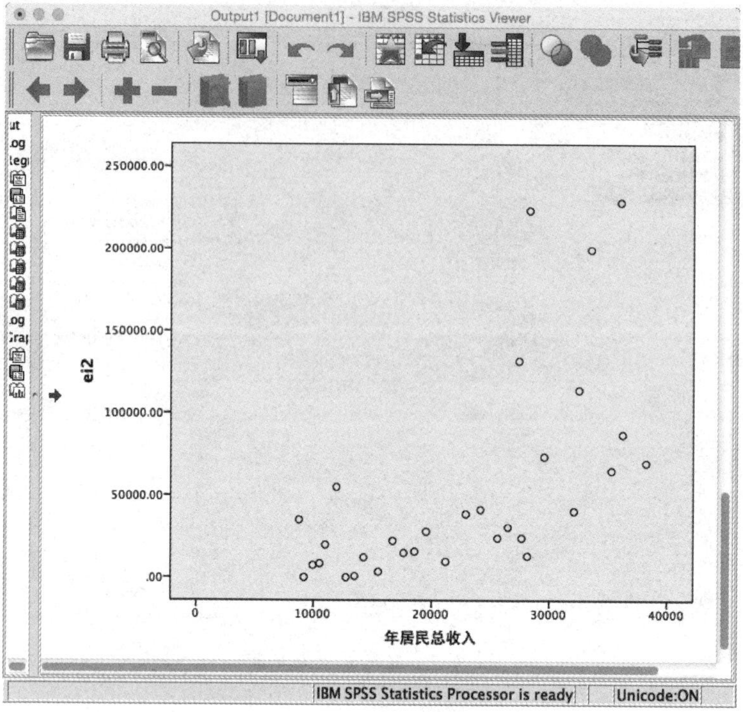

图 4.12 生成的散点图

由图 4.12 可以清楚地看出，居民年总收入在 28 000 万元以下时(对应于 1979 年以前数据)，残差平方项都比较小，反映了这一时期随机误差项 ε_t 方差都较小，而且没有显著差异；但对 x_t 在 8 000 万元以上的样本数据(对应于 1979 年之后)，残差平方项 e_t^2 显著增大，说明自改革开放以后模型中误差项的方差显著增大，因此可以断定存在异方差。这一结论与我们先前的分析是完全一致的。

(2) 帕克检验的应用。

在 SPSS 软件中没有直接提供检验异方差的各种统计检验功能，但可以利用系统的回归分析功能来实现任何方法的异方差检验。下面介绍如何实现本案例的帕克检验，其他检验方法的运用是完全类似的。

由关于帕克检验的式(4.2)可知，只要在系统的曲线估计功能中以残差平方项为因变量，以 X 为自变量，并选择幂函数(Power)作曲线估计即可。

利用原数据文件，选 **Analyze→Regression→Curve Estimation** 命令，在 **Curve Estimation** 对话框中选择 e_i^2 为因变量，$\boldsymbol{X}$ 为自变量，并选择 **Power** 曲线复选框和 **Display ANOVA table** 复选框，单击 **OK** 按钮，系统运算后输出运行结果，如图 4.13 所示。

由图 4.13 可知，残差平方项 e_i^2 对 X 的幂函数回归方程是极高度显著的，临界显著性水平高达 0.000 1。因此可以判定模型中确实存在高度显著的异方差。

2. 使用加权最小二乘法对原模型进行参数估计

SPSS 软件的回归分析中提供了加权最小二乘法的功能，可通过选择加权变量来进行加权最小二乘估计。本案例中我们选择残差平方 e_i^2 作为加权变量，步骤如下。

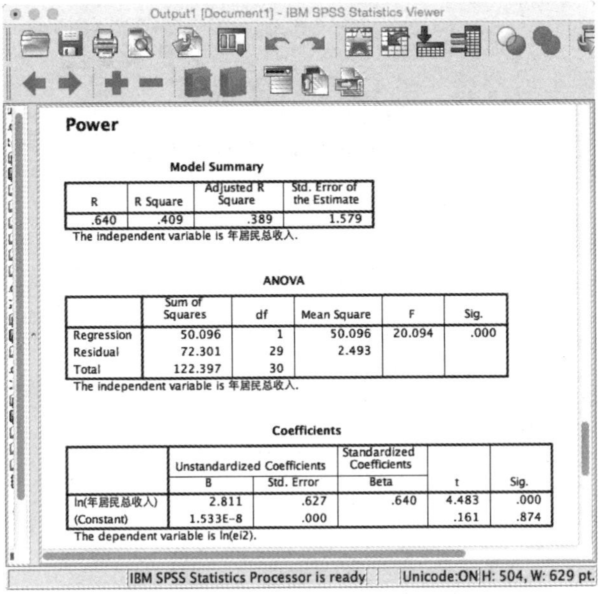

Output1 [Document1] - IBM SPSS Statistics Viewer

Power

Model Summary

R	R Square	Adjusted R Square	Std. Error of the Estimate
.640	.409	.389	1.579

The independent variable is 年居民总收入.

ANOVA

	Sum of Squares	df	Mean Square	F	Sig.
Regression	50.096	1	50.096	20.094	.000
Residual	72.301	29	2.493		
Total	122.397	30			

The independent variable is 年居民总收入.

Coefficients

	Unstandardized Coefficients		Standardized Coefficients	t	Sig.
	B	Std. Error	Beta		
ln(年居民总收入)	2.811	.627	.640	4.483	.000
(Constant)	1.533E-8	.000		.161	.874

The dependent variable is ln(ei2).

IBM SPSS Statistics Processor is ready　Unicode:ON H: 504, W: 629 pt.

图 4.13　残差平方项对 *X* 的幂函数回归结果

(1) 仍使用原数据文件，选 **Analyze→Regression→Weight Estimation** 命令，打开 **Weight Estimation** 对话框，如图 4.14 所示。

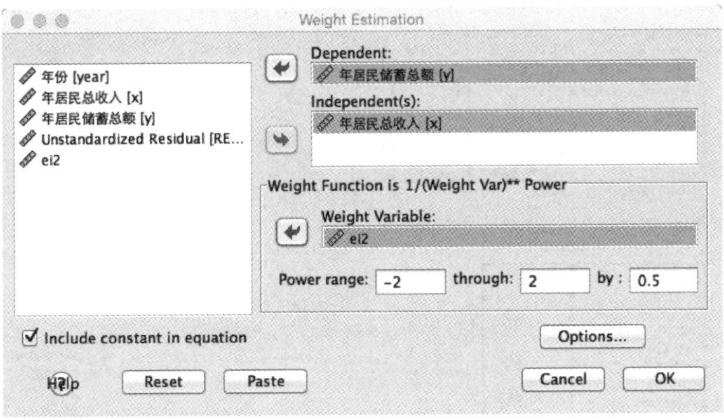

图 4.14　加权最小二乘估计对话框

(2) 选择 Y 作为因变量，X 作为自变量，并选择 e_i^2 为权重变量（将其送入 **Weight Variable** 框中）。在 **Power range** 中可选择系统计算最优权重变量幂函数过程中幂次的试算范围及其步长。系统默认的幂次范围是 $-2 \sim 2$，步长为 0.5，也即系统将以权重变量 e_i^2 的 $(1/e_i^2)^r$。其中 r 取值范围为 $-2 \sim 2$，试算的步长为 0.5。我们使用系统的这一默认设置。

(3) 单击 **OK** 按钮，系统进行运算并输出运行分析结果，如图 4.15 和图 4.16 所示（将输出结果分为两部分）。

(4) 运行结果分析。图 4.15 给出的是用 $1/e_t^2$ 的不同幂次作为加权系数进行 WLS 估计时的对数似然函数的值，由最大似然估计的原理知，该值越大越好。图 4.15 中最后一行指出权重幂次的最大似然估计值为 1.000，也即最优的权重幂次为 1。

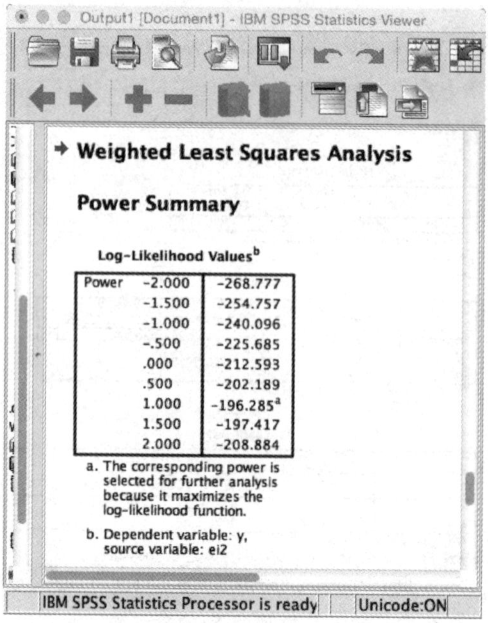

Output1 [Document1] - IBM SPSS Statistics Viewer

Weighted Least Squares Analysis

Power Summary

Log-Likelihood Values[b]

Power	-2.000	-268.777
	-1.500	-254.757
	-1.000	-240.096
	-.500	-225.685
	.000	-212.593
	.500	-202.189
	1.000	-196.285[a]
	1.500	-197.417
	2.000	-208.884

a. The corresponding power is selected for further analysis because it maximizes the log-likelihood function.

b. Dependent variable: y, source variable: ei2

IBM SPSS Statistics Processor is ready | Unicode:ON

图 4.15　不同权重幂次估计的对数似然函数值

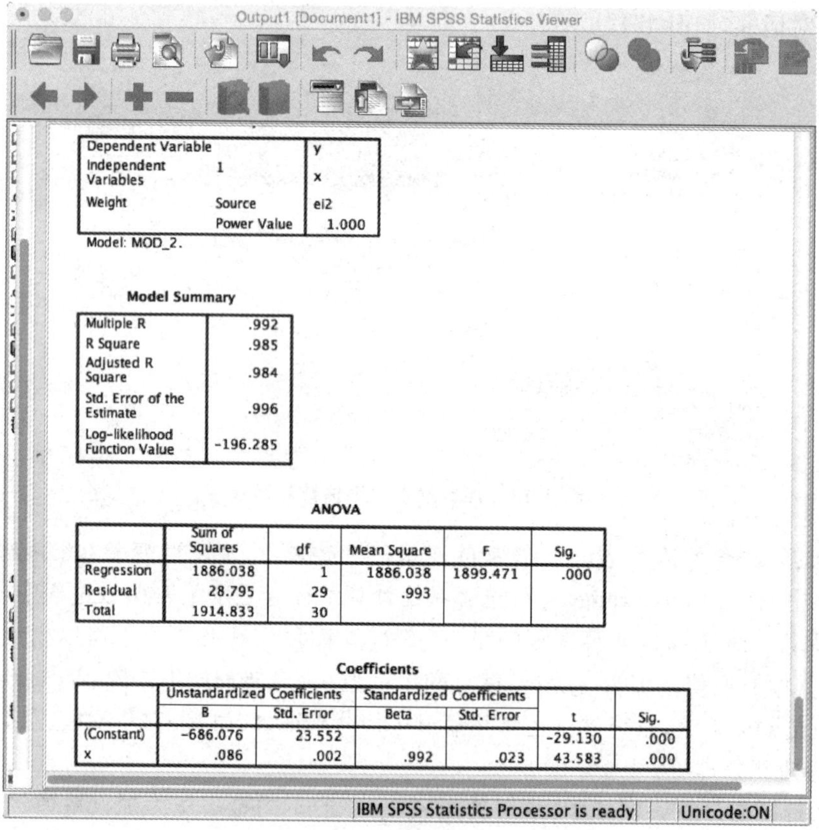

Output1 [Document1] - IBM SPSS Statistics Viewer

Dependent Variable		y
Independent Variables	1	x
Weight	Source	ei2
	Power Value	1.000

Model: MOD_2.

Model Summary

Multiple R	.992
R Square	.985
Adjusted R Square	.984
Std. Error of the Estimate	.996
Log-likelihood Function Value	-196.285

ANOVA

	Sum of Squares	df	Mean Square	F	Sig.
Regression	1886.038	1	1886.038	1899.471	.000
Residual	28.795	29	.993		
Total	1914.833	30			

Coefficients

	Unstandardized Coefficients		Standardized Coefficients		t	Sig.
	B	Std. Error	Beta	Std. Error		
(Constant)	-686.076	23.552			-29.130	.000
x	.086	.002	.992	.023	43.583	.000

IBM SPSS Statistics Processor is ready | Unicode:ON

图 4.16　最优加权最小二乘估计结果

图 4.16 给出的是按上述最优加权系数($1/e_t^2$)进行 WLS 估计的回归分析结果。由方差分析表可知，由 WLS 得到的回归方程有极高的显著性(临界显著性水平约为 0)。图 4.16 最后给出的参数估计值为

$$\hat{\beta}_0 = -686.076\,077,\quad \hat{\beta}_1 = 0.085\,747$$

各回归系数的标准差估计(见“SE B”的数据)为

$$\sqrt{D(\hat{\beta}_1)} = 0.001\,967;\quad \sqrt{D(\hat{\beta}_0)} = 23.552\,334$$

可见估计精度是较高的。所得该地区在 1958—1988 年期间居民储蓄与收入间的回归方程为

$$\hat{Y} = -686.076 + 0.085\,75X$$

注意：此回归方程不能说明 20 世纪 90 年代以后居民储蓄与收入间的关系，因为情况已发生很大变化。

作为对比，图 4.17 给出的是直接使用 OLS 对原模型进行参数估计的回归分析结果。

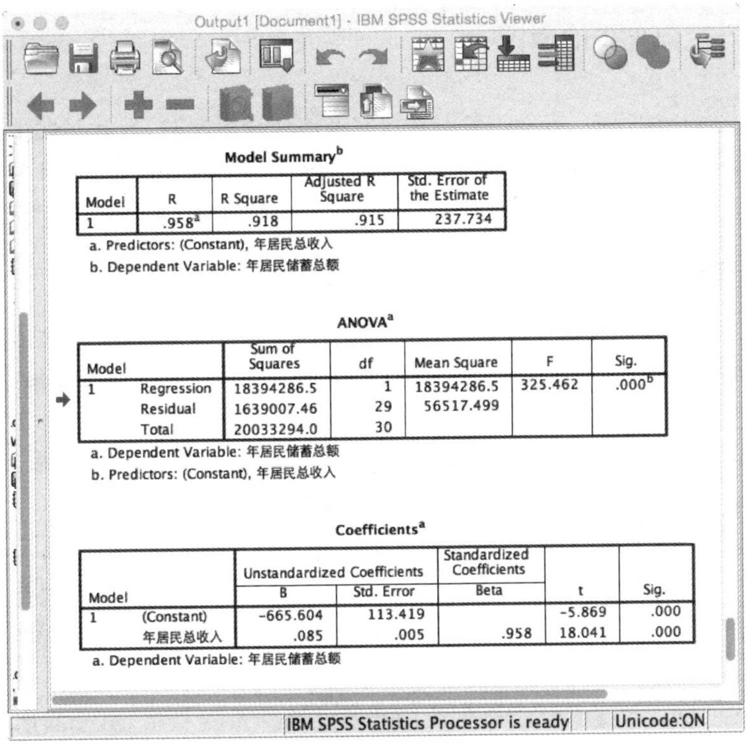

Output1 [Document1] - IBM SPSS Statistics Viewer

Model Summary[b]

Model	R	R Square	Adjusted R Square	Std. Error of the Estimate
1	.958[a]	.918	.915	237.734

a. Predictors: (Constant), 年居民总收入
b. Dependent Variable: 年居民储蓄总额

ANOVA[a]

Model		Sum of Squares	df	Mean Square	F	Sig.
1	Regression	18394286.5	1	18394286.5	325.462	.000[b]
	Residual	1639007.46	29	56517.499		
	Total	20033294.0	30			

a. Dependent Variable: 年居民储蓄总额
b. Predictors: (Constant), 年居民总收入

Coefficients[a]

Model		Unstandardized Coefficients B	Std. Error	Standardized Coefficients Beta	t	Sig.
1	(Constant)	-665.604	113.419		-5.869	.000
	年居民总收入	.085	.005	.958	18.041	.000

a. Dependent Variable: 年居民储蓄总额

IBM SPSS Statistics Processor is ready　Unicode:ON

图 4.17　普通最小二乘估计的结果

对比图 4.17 和图 4.16，虽然两种方法估计出的回归系数之间相差并不是很大，但估计的精度却悬殊。由图 4.17 知，用 OLS 估计的各回归系数的标准差为

$$\sqrt{D(\hat{\beta}_0)} = 113.418\,749;\quad \sqrt{D(\hat{\beta}_1)} = 0.004\,687$$

都要比用 WLS 估计的标准差大许多倍，此外，对比两种方法的标准误差即 $\hat{\sigma} = \sqrt{S_E/(N-2)}$ 的值可知，若直接使用 OLS 进行回归，则用于预测时的精度将非常差。

4.2 自 相 关

4.2.1 自相关的概念

视频 4-2

在经典回归模型中,我们假定随机误差项满足:

$$\varepsilon_i \sim N(0,\sigma^2), \quad \text{且相互独立}, \quad i=1,2,\cdots,N$$

但在实际问题中,若各 ε_i 之间不独立,即

$$\operatorname{cov}(\varepsilon_i,\varepsilon_j) \neq 0, \quad i \neq j, i,j=1,2,\cdots,N \tag{4.20}$$

则称随机误差项 ε_i 序列间存在**自相关**,也称**序列相关**。

在经济计量模型中,自相关现象是普遍存在的。如果模型中存在自相关,则用普通最小二乘法进行参数估计同样会产生严重的不良后果。因此在研究经济计量模型时必须对自相关现象进行有效的识别,并采用适当方法消除模型中的自相关性。

4.2.2 产生自相关的原因

了解自相关产生的原因,有助于我们在研究经济计量模型时,有针对性地对样本数据进行识别和检验,避免自相关性对分析结果的不良影响。产生自相关的原因主要有以下几个方面。

1. 经济惯性所导致的自相关

由于许多经济变量的发展变化往往在时间上存在一定的趋势性,使某些经济变量在前后期之间存在明显的相关性,因此在以时间序列数据为样本建立经济计量模型时,就很可能存在自相关性。例如:

(1) 在时间序列的消费模型中,由于居民的消费需求与以往的消费水平有很大的关系,因此本期的消费量与上期消费量之间会存在正相关性。

(2) 在以时间序列数据研究投资规模的经济计量模型时,由于大量基本建设投资是需要跨年度实施的,因此本期投资规模不仅与本期的市场需求、利率以及宏观经济景气指数等因素有关,而且与前期甚至前几期的投资规模有关,这就会导致各期投资规模间的自相关性。

(3) 在以时间序列数据研究农业生产函数的经济计量模型中,由于当期许多农产品的价格在很大程度上取决于前期这些农产品的产量,从而会影响当期该农产品的播种面积。因此当期农产品产量必然会受到前期农产品产量的负面影响,使某些农产品产量在前后期之间出现负相关性。

(4) 在宏观经济领域中,由于社会的经济发展过程不可避免地存在着周期性发展趋势,从而使国民生产总值、价格指数、就业水平等宏观经济指标也就必然存在周期性的前后相关性,因此在时间序列的许多宏观经济计量模型中会产生自相关性,如图 4.18 所示。

经济惯性是使时间序列的经济计量模型产生自相关性的最主要的原因。因此对于这类模型要特别注意识别是否存在显著的自相关性。自相关的线性回归模型通常表示为

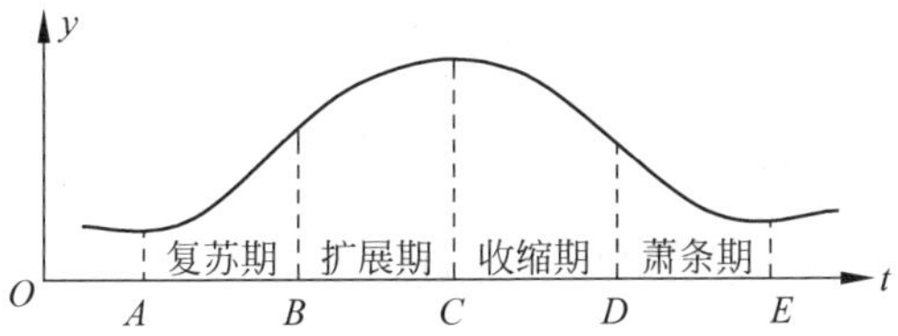

图 4.18 经济发展的周期性

$$
\begin{aligned}
& y_t = \beta_0 + \beta_1 x_{t1} + \beta_2 x_{t2} + \cdots + \beta_p x_{tp} + \varepsilon_t \\
& \operatorname{cov}(\varepsilon_t, \varepsilon_{t-s}) \neq 0, \quad t = 1,2,\cdots,N, \quad s = 1,2,\cdots,t-1
\end{aligned} \tag{4.21}
$$

2. 由于模型设定不当而产生的自相关

(1) 模型中遗漏了重要的解释变量。

例如：设实际问题的正确模型应当为

$$
\begin{aligned}
& y_t = \beta_0 + \beta_1 x_{t1} + \beta_2 x_{t2} + \varepsilon_t \\
& \operatorname{cov}(\varepsilon_t, \varepsilon_{t-s}) = 0, \quad t = 1,2,\cdots,N, \quad s = 1,2,\cdots,t-1
\end{aligned}
$$

但建模时仅考虑了一个解释变量：

$$y_t = \beta_0 + \beta_1 x_{t1} + V_t$$

这样 $V_t = \beta_2 x_{t2} + \varepsilon_t$，使解释变量 X_2 对 Y 产生的影响归入了随机误差项 V_t 中，此时如果 X_2 在不同时期之间的值是高度相关的，就会导致上述模型中的 V_t 出现自相关性。例如在时间序列的生产函数模型中，设 X_2 为劳动量的投入，则无论是对单个企业还是对多个行业或地区，劳动要素的投入量在相邻年份间是高度相关的。

(2) 模型的数学形式设定不当。

例如：设正确的模型应当为

$$
\begin{aligned}
& y_t = \beta_0 + \beta_1 x_t + \beta_2 x_t^2 + \varepsilon_t \\
& \operatorname{cov}(\varepsilon_t, \varepsilon_{t-s}) = 0, \quad t = 1,2,\cdots,N, \quad s = 1,2,\cdots,t-1
\end{aligned}
$$

但建模时却将 Y 与 X 间的相关关系表示为线性模型：

$$y_t = \beta_0 + \beta_1 x_t + V_t$$

则 $V_t = \beta_2 x_t^2 + \varepsilon_t$，$V_t$ 中含有 x_t^2 项对 y_t 产生的影响，随着 t 的变化，x_t^2 项会使 V_t 呈现某种系统性的变化趋势，导致该线性回归模型出现自相关现象。

3. 某些重大事件所引起的自相关

在建立经济计量模型时，往往将一些难以定量化的环境因素对被解释变量的影响都归入随机误差项中。但当发生重大自然灾害、战争、地区或全球性的经济金融危机，以及政府的重大经济政策调整时，这些环境因素对被解释变量的影响通常会在同一方向上延续很长时期。当以时间序列为样本数据的经济计量模型中含有发生上述重大事件年份中的数据时，就会使随机误差项产生自相关。例如20世纪90年代末的亚洲金融危机就对亚洲各国经济产生了长期影响；厄尔尼诺现象在一段相邻年份中所引起的全球性气候异常，则有可能引起相应年份农业生产方面的自相关性。

4.2.3 自相关的后果

与存在异方差的情况类似，当模型中存在自相关性时，若仍使用普通最小二乘法进行参数估计，同样会产生严重的不良后果。

(1) 参数的 OLSE 不再具有最小方差性，从而不再是参数 β 的有效估计，使估计的精度大大降低。

(2) 显著性检验方法失效。这是由于在第 3 章给出的对回归方程和回归系数的显著性检验的统计量分布时，是以各 $\varepsilon_i \sim N(0,\sigma^2)$，且相互独立为依据的。当存在自相关时，各 ε_i 间不再独立，因而原来导出的统计量的分布就不再成立。

(3) 预测和控制的精度降低。由于 OLSE 不再具有最小方差性，参数估计的误差增大，就必然导致预测和控制的精度降低，失去应用价值。

4.2.4 自相关的识别和检验

当存在自相关时，就不能再用 OLS 进行参数估计，否则会产生严重的不良后果。因此，对时间序列的经济计量模型，应特别注意模型中是否存在自相关性。识别和检验自相关主要有以下方法。

1. 图示法

由于 ε_t 是不可观察的随机误差，与检验异方差类似，可以利用残差序列 e_t 来分析 ε_t 之间是否存在自相关，方法如下。

(1) 用 OLS 对原模型进行回归，求出残差 $e_t(t=1,2,\cdots,N)$。

(2) 作关于 (e_{t-1},e_t)，$t=2,3,\cdots,N$ 或 (t,e_t)，$t=1,2,\cdots,N$ 的散点图，如图 4.19 和图 4.20 所示。

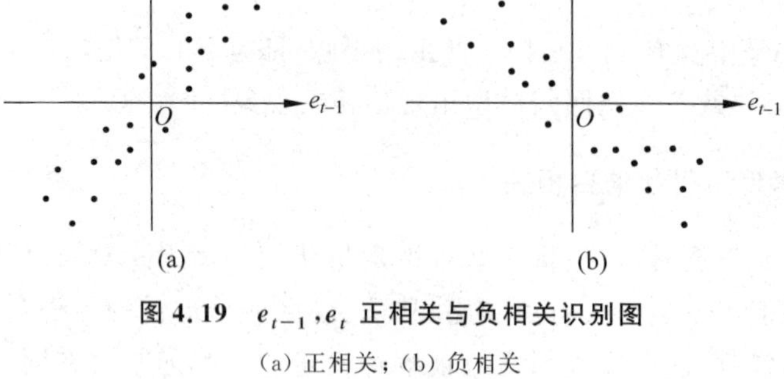

图 4.19 e_{t-1}，e_t 正相关与负相关识别图

(a) 正相关；(b) 负相关

在 (e_{t-1},e_t) 的散点图中，如果 (e_{t-1},e_t) 的大部分点落在 1、3 象限中，就说明 e_t 和 e_{t-1} 之间存在正相关性；若大部分点落在 2、4 象限中，则说明 e_t 和 e_{t-1} 间存在负相关性；若各点比较均匀地散布于 4 个象限中，则说明不存在自相关。

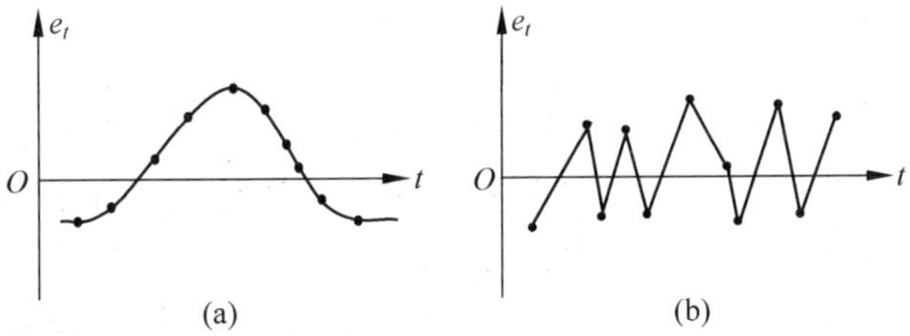

图 4.20　(t, e_t)正相关和负相关识别图

(a) 正相关；(b) 负相关

在(t, e_t)的散点图中，如果 e_t 随时期 t 呈某种周期性的变化趋势，则说明存在正相关；若呈现锯齿形的震荡变化规律，则说明存在负相关。

2. 杜宾-瓦森检验

杜宾-瓦森(Durbin-Watson)检验简称 **D-W** 检验，是最常用的检验自相关的方法。

(1) **D-W** 检验的基本原理。D-W 检验适用于检验随机误差项之间是否存在**一阶自相关**的情况。所谓一阶自相关，是指 ε_t 序列间有如下相关关系：

$$\varepsilon_t = \rho\varepsilon_{t-1} + V_t, \quad t = 2, 3, \cdots, N \tag{4.22}$$

其中，$|\rho| \leqslant 1$ 为**自相关系数**，它反映了 ε_t 与 ε_{t-1} 间的线性相关程度。$\rho > 0$ 为正相关，$\rho < 0$ 为负相关，$\rho = 0$ 则表示无自相关。V_t 是满足经典假设条件的随机误差项，即 $V_t \sim N(0, \sigma_V^2)$，且相互独立；而且 $\mathrm{cov}(\varepsilon_{t-1}, V_t) = 0$。由式(4.22)知，要检验是否存在一阶自相关，也即要检验假设

$$H_0: \rho = 0, \quad H_1: \rho \neq 0$$

杜宾和瓦森构造了检验一阶自相关的杜宾-瓦森统计量 DW：

$$\mathrm{DW} = \frac{\sum_{t=2}^{N}(e_t - e_{t-1})^2}{\sum_{t=1}^{N} e_t^2} \tag{4.23}$$

为什么式(4.23)能检验 ε_t 的一阶自相关性呢？从直观上分析，如果存在一阶正自相关，则相邻两个样本点的$(e_t - e_{t-1})^2$ 就较小，从而 DW 值也就较小；若存在一阶负相关，则$(e_t - e_{t-1})^2$ 就较大，DW 值也就较大；若无自相关，则 e_t 与 e_{t-1} 之间就呈随机关系，DW 值就应采取一个较为适中的值。可以证明

$$\mathrm{DW} \approx 2(1 - \hat{\rho}) \tag{4.24}$$

其中，

$$\hat{\rho} = \frac{\sum_{t=2}^{N} e_t e_{t-1}}{\sum_{t=1}^{N} e_t^2} \tag{4.25}$$

由式(4.24)知：

① 若存在一阶完全正自相关，即 $\hat{\rho} \approx 1$，则 $\mathrm{DW} \approx 0$；

② 若存在一阶完全负自相关，即 $\hat{\rho}\approx -1$，则 $DW\approx 4$；

③ 若不存在自相关，即 $\hat{\rho}\approx 0$，则 $DW\approx 2$。

以上分析说明，DW 值越接近 2，ε_t 序列的自相关性就越小；DW 值越接近 0，ε_t 序列就越呈正相关；DW 值越接近 4，ε_t 序列就越呈负相关。杜宾和瓦森根据不同的样本容量 N 和解释变量的个数 P（某些 D-检验表中记为 k 或 m），在给定的不同显著性水平 α 下，建立了 DW 统计量的下临界值 d_L、上临界值 d_U 的 DW 统计量临界值表，见附表 3。其使用方法如图 4.21 所示。

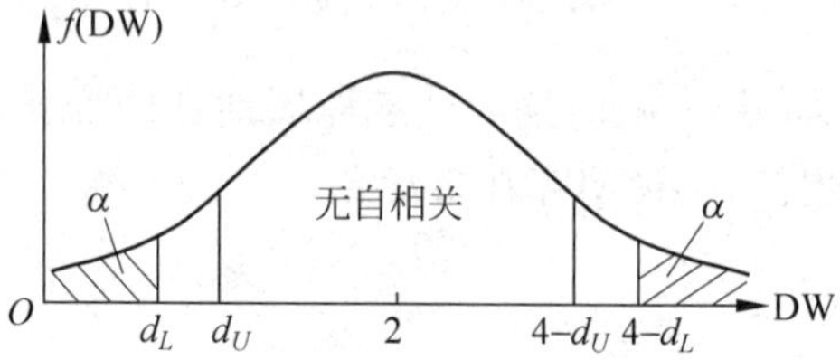

图 4.21 *D*-检验的拒绝域

检验方法如下：

① 若 $DW<d_L$，则在水平 α 下判定存在正自相关；

② 若 $DW>4-d_L$，则在水平 α 下判定存在负自相关；

③ $d_U<DW<4-d_U$，则在水平 α 下判定不存在自相关；

④ 若 $d_L<DW<d_U$ 或 $4-d_U<DW<4-d_L$，则在水平 α 下不能判定是否存在自相关。

(2) D-W 检验的局限性。D-W 检验具有计算简单的优点，因而是最常用的自相关检验方法，但在应用时存在一定的局限性。这主要是由于 DW 统计量的精确分布未知，杜宾-瓦森是用某种 β 分布加以近似的，因此运用时需要满足一定的条件。

① 只适用于一阶自相关检验，不适合具有高阶自相关的情况。

② 存在两个不能判定的区域。当样本容量 N 较小时，这两个区域就较大；反之这两个区域就较小。例如当 $p=1, N=15, \alpha=0.05$ 时，$d_L=1.08, d_U=1.36$；而当 $N=50$ 时，$d_L=1.50, d_U=1.59$；故当 DW 落在不能判定区域时，如增加样本容量，通常就可以得到解决。

③ 当模型中含有滞后被解释变量时，D-W 检验失效。例如：

$$y_t=\beta_0+\beta_1 x_t+\beta_2 y_{t-1}+\varepsilon_t$$

④ 需要较大的样本容量（$N\geqslant 15$）。

3. 回归检验法

由于自相关就是模型中的随机误差项之间存在某种相关关系，而回归分析就是用来研究变量间相关关系的方法，因此可以用回归分析方法来检验随机误差项之间是否存在自相关。虽然 ε_t 是不可观察的，但可以用残差序列 e_t 来近似代替。回归检验法的步骤如下。

(1) 用 OLS 对原模型进行参数估计，并求出各 e_t。

(2) 根据经验或通过对残差序列的分析，采用相应的回归模型对自相关的形式进行拟合。常用的模型有

$$e_t = \rho e_{t-1} + V_t$$

$$e_t = \rho e_{t-1}^2 + V_t$$

$$e_t = \rho_1 e_{t-1} + \rho_2 e_{t-2} + V_t$$

$$\cdots$$

以上第一个模型就是一阶线性自回归模型；而第三个模型则为二阶线性自回归模型。

(3) 对所得自回归方程及其回归系数进行显著性检验。若存在显著性的回归形式，则可以认为存在自相关；当有多个形式的回归均为显著时，则取最优的拟合形式(临界显著性水平最高者)作为自相关的形式。若各个回归形式都不显著，则可以判定原模型不存在自相关。

由上可知，回归检验法比 D-W 检验法的适用性要广，它适用于各种自相关的情况，而且检验方法也更具理论依据，但计算量要大些。

4.2.5　自相关的处理方法

如果是由于模型设定不当而产生的自相关现象，则应根据问题的经济背景和有关经济理论知识，重新建立更为合理的经济计量模型。以下介绍的消除自相关的方法，是以模型设定正确为前提的。

由前所述，如果模型的随机误差项间存在自相关，就不能直接使用 OLS 进行参数估计，否则将产生严重的不良后果。此时必须采用适当方法消除模型中的自相关性。

1. 广义差分法

设原模型存在一阶自相关：

$$y_t = \beta_0 + \beta_1 x_t + \varepsilon_t,\quad t = 1,2,\cdots,N \tag{4.26}$$

$$\varepsilon_t = \rho\varepsilon_{t-1} + V_t, V_t \sim N(0,\sigma_V^2)，且相互独立$$

其中相关系数 ρ 为已知[可由式(4.25)估计，或由回归检验法得到]。由式(4.26)可得

$$\rho y_{t-1} = \rho\beta_0 + \rho\beta_1 x_{t-1} + \rho\varepsilon_{t-1} \tag{4.27}$$

将式(4.26)减去式(4.27)，得

$$\begin{aligned} y_t - \rho y_{t-1} &= \beta_0(1-\rho) + \beta_1(x_t - \rho x_{t-1}) + \varepsilon_t - \rho\varepsilon_{t-1} \\ &= \beta_0(1-\rho) + \beta_1(x_t - \rho x_{t-1}) + V_t,\quad t = 2,3,\cdots,N \end{aligned} \tag{4.28}$$

做如下**广义差分变换**，令

$$\begin{cases} y_t^* = y_t - \rho y_{t-1} \\ x_t^* = x_t - \rho x_{t-1},\quad t = 2,3,\cdots,N \end{cases} \tag{4.29}$$

则式(4.28)可改写为

$$y_t^* = \beta_0(1-\rho) + \beta_1 x_t^* + V_t$$

$$V_t \sim N(0,\sigma_V^2)，且相互独立，t = 2,3,\cdots,N \tag{4.30}$$

式(4.28)或式(4.30)就称为**广义差分模型**。由于模型中的随机误差项 V_t 满足经典假设条件，不存在自相关，因此可以用 OLS 进行参数估计。上述通过对原模型进行广义差分变换

后再进行参数估计的方法，就称为**广义差分法**。

由于式(4.28)和式(4.30)中的 t 是从 2 开始的，故经过广义差分变换后将损失一个观察值，为了不减少自由度，可对 y_1 和 x_1 做如下变换，令

$$y_1^* = \sqrt{1-\rho^2}\, y_1, \quad x_1^* = \sqrt{1-\rho^2}\, x_1 \tag{4.31}$$

则式(4.30)可改写为

$$y_t^* = \beta_0(1-\rho) + \beta_1 x_t^* + V_t, \quad t = 1,2,3,\cdots,N \tag{4.32}$$

以上是以一元线性回归模型为例来讨论的。对多元线性回归模型，处理方法是完全相同的。

2. 杜宾两步法

广义差分法要求 ρ 是已知的，但实际应用中 ρ 往往是未知的。杜宾两步法的基本思想是先求出 ρ 的估计值 $\hat{\rho}$，然后再用广义差分法求解，其步骤如下。

(1) 将式(4.28)改写为

$$y_t = \beta_0(1-\rho) + \rho y_{t-1} + \beta_1 x_t - \beta_1 \rho x_{t-1} + V_t \tag{4.33}$$

令 $b_0 = \beta_0(1-\rho)$，$b_1 = \beta_1$，$b_2 = -\beta_1\rho$，则式(4.33)可改写为

$$y_t = b_0 + \rho y_{t-1} + b_1 x_t + b_2 x_{t-1} + V_t, \quad t = 2,3,\cdots,N \tag{4.34}$$

用 OLS 对式(4.34)进行参数估计，求得 ρ 的估计 $\hat{\rho}$。

(2) 用 $\hat{\rho}$ 代替 ρ 对原模型做广义差分变换，令

$$\begin{cases} y_t^* = y_t - \hat{\rho} y_{t-1} \\ x_t^* = x_t - \hat{\rho} x_{t-1}, t = 2,3,\cdots,N \\ y_1^* = \sqrt{1-\hat{\rho}^2}\, y_1, x_1^* = \sqrt{1-\hat{\rho}^2}\, x_1 \end{cases}$$

得广义差分模型：

$$y_t^* = b_0 + \beta_1 x_t^* + V_t, \quad t = 1,2,\cdots,N \tag{4.35}$$

用 OLS 求得式(4.35)的参数估计 $\hat{b}_0$ 和 $\hat{\beta}_1$，再由 $\hat{\beta}_0 = \hat{b}/(1-\hat{\rho})$ 求得 $\hat{\beta}_0$。

杜宾两步法的优点是还能应用于高阶自相关的场合，例如：

$$\varepsilon_t = \rho_1 \varepsilon_{t-1} + \rho_2 \varepsilon_{t-2} + V_t \tag{4.36}$$

完全类似地可以先求得 $\hat{\rho}_1$ 和 $\hat{\rho}_2$，然后再用广义差分法求得原模型的参数估计。

由式(4.24)，还可以得到

$$\hat{\rho} \approx 1 - \mathrm{DW}/2 \tag{4.37}$$

它也可替代杜宾两步法中的第一步作为 ρ 的估计，并应用于广义差分模型。

3. 科克兰内-奥克特法

以上介绍的各种求 $\hat{\rho}$ 的方法的缺点是精度较低，有可能无法完全消除广义差分模型中的自相关性。科克兰内-奥克特(Cochrane-Orcutt)提出的方法实际上是一种迭代的广义差分方法，它能有效地消除自相关性，其步骤如下。

(1) 用 OLS 对原模型进行参数估计，求得残差序列 $e_t^{(1)}$，$t=1,2,\cdots,N$。

(2) 对残差的一阶自回归模型：

$$e_t^{(1)} = \rho e_{t-1}^{(1)} + V_t, \quad t = 2,3,\cdots,N \tag{4.38}$$

用 OLS 进行参数估计，得到 ρ 的初次估计值 $\hat{\rho}^{(1)}$。

(3) 用 $\hat{\rho}^{(1)}$ 对原模型进行广义差分变换，得广义差分模型：

$$y_t^* = b_0 + \beta_1 x_t^* + \varepsilon_t^* \tag{4.39}$$

其中，$b_0 = \beta_0(1-\hat{\rho}^{(1)})$。

(4) 用 OLS 对式(4.39)进行参数估计，得到 $\hat{\beta}_0^{(1)}, \hat{\beta}_1^{(1)}, \hat{y}_t^{(1)}$；并计算残差序列 $e_t^{(2)}$，$e_t^{(2)} = y_t - \hat{y}_t^{(1)}, t = 1,2,\cdots,N$。

(5) 利用 $e_t^{(2)}$ 序列对模型(4.39)进行自相关检验，若无自相关，则迭代结束，已得原模型的一致最小方差无偏估计 $\hat{\beta}_0^{(1)}, \hat{\beta}_1^{(1)}$。若仍存在自相关，则进行第二次迭代，返回步骤(2)，用 $e_t^{(2)}$ 代替式(4.38)中的 $e_t^{(1)}$，求出 ρ 的第二次估计值 $\hat{\rho}^{(2)}$，再利用 $\hat{\rho}^{(2)}$ 对原模型进行广义差分变换，进而用 OLS 求得 $\hat{\beta}_0^{(2)}, \hat{\beta}_1^{(2)}$，并计算残差序列 $\hat{e}_t^{(3)}$ 后再次进行自相关检验，如仍存在自相关，则再重复上述迭代过程，直至消除自相关。

通常情况下，只需进行二次迭代即可消除模型中的自相关性，故科克兰内—奥克特法又称**二步迭代法**。该方法能有效地消除自相关性，提高原模型参数估计的精度。

【例 4.5】 案例 4.2 解答

1. 建立该问题的线性回归模型

$$y_t = \beta_0 + \beta_1 x_t + \varepsilon_t, \quad t = 1,2,\cdots,19$$

本问题是分析某类商品的出口额与国民生产总值间的关系。由于该类商品的出口额与该地区的产业结构、出口企业的外销渠道、产品的国际竞争能力等因素有关，该类商品的出口额的时间序列数据通常会呈现一种惯性趋势。故该模型中可能存在自相关，应进行自相关检验。

2. 自相关检验

下面我们用杜宾-瓦森检验法检验该模型中是否存在自相关性。SPSS 软件的回归分析功能中有计算 DW 统计量的可选项，使用方法如下。

(1) 按回归分析要求建立数据文件。定义因变量为 Y，变量标注为“出口总值”；定义自变量为 X，其标注为“国民生产总值”。

(2) 选 **Analyze→Regression→Linear** 命令，打开 **Linear Regression** 对话框。选择因变量和自变量后，单击 **Statistics** 按钮，打开 **Linear Regression：Statistics** 对话框，如图 4.22 所示。

(3) 选择 **Durbin-Watson** 复选框，单击 **Continue**，再单击 OK 按钮，系统进行计算并输出运行分析结果，如图 4.23 所示。

图 4.23 第一张表给出了 DW 统计量的值为

$$\mathrm{DW} = 0.951$$

在 $\alpha = 0.05$ 的水平下，查 $N = 19, m = 1$(即 $P = 1$)的 DW 统计量临界值表(附表 3)，得 $d_L = 1.18, d_U = 1.40$，由于

$$\mathrm{DW} = 0.951 < d_L = 1.18$$

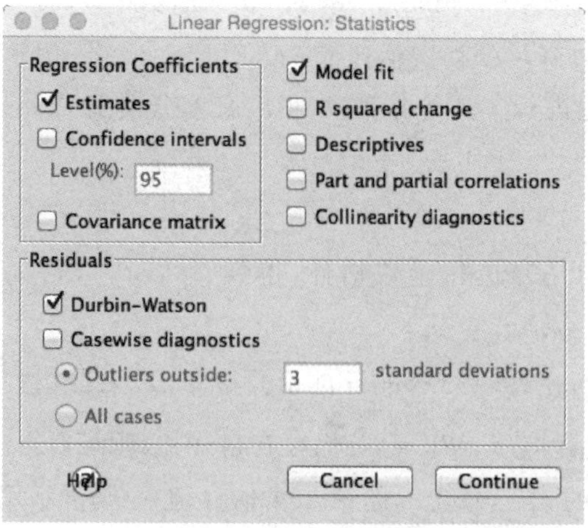

图 4.22　回归统计选项对话框

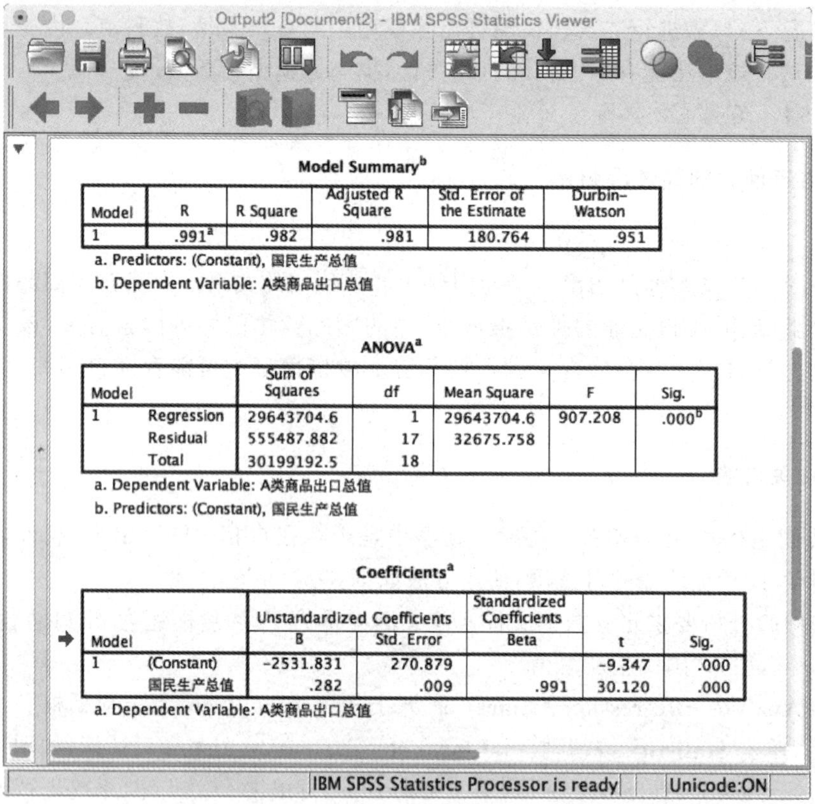

Model Summary[b]

Model	R	R Square	Adjusted R Square	Std. Error of the Estimate	Durbin-Watson
1	.991[a]	.982	.981	180.764	.951

a. Predictors: (Constant), 国民生产总值

b. Dependent Variable: A类商品出口总值

ANOVA[a]

Model		Sum of Squares	df	Mean Square	F	Sig.
1	Regression	29643704.6	1	29643704.6	907.208	.000[b]
	Residual	555487.882	17	32675.758		
	Total	30199192.5	18			

a. Dependent Variable: A类商品出口总值

b. Predictors: (Constant), 国民生产总值

Coefficients[a]

Model		Unstandardized Coefficients		Standardized Coefficients	t	Sig.
		B	Std. Error	Beta		
1	(Constant)	-2531.831	270.879		-9.347	.000
	国民生产总值	.282	.009	.991	30.120	.000

a. Dependent Variable: A类商品出口总值

图 4.23　运行输出结果

故可以判定存在一阶正自相关。

3. 用广义差分法消除自相关

SPSS 软件中并没有直接提供广义差分法、杜宾二步法等消除自相关的功能，但我们可以通过数据转换功能来实现上述方法。首先由 DW 值计算 $\hat{\rho}$。

$$\hat{\rho} \approx 1-\frac{\mathrm{DW}}{2}=1-\frac{0.95054}{2}=0.52473$$

对原模型做如下广义差分变换，令

$$y_t^*=y_t-0.52473 y_{t-1}, \quad x_t^*=x_t-0.52473 x_{t-1}$$

(1) 在原数据文件中再定义两个变量，变量名分别为“y1”和“x1”，分别代表 y_t^* 和 x_t^*。

(2) 选 **Transform→Compute** 命令，打开 **Compute Variable** 对话框，如图 4.24 所示。

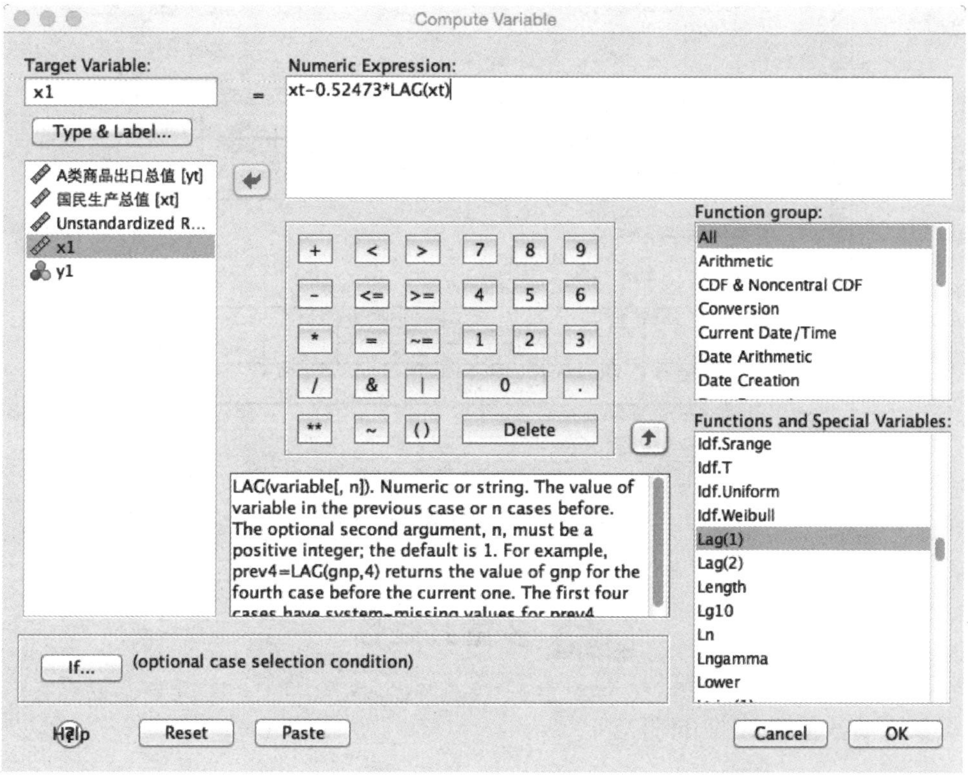

图 4.24　进行广义差分变换

分别录入计算“x1”和“y1”的表达式(方法参见案例 4.1)。其中函数 LAG(<变量>)返回数据文件中<变量>的前一个观察值。即 LAG(x_t)的值为 x_{t-1}，$t=2,3,\cdots,N$。对第一个值返回缺失值。函数可以直接输入，也可在右边函数列表框中选择。由此可知，数据文件中的数据是不能输错顺序的。单击 **OK** 按钮后即生成了“x1”和“y1”的数据。

(3) 以“y1”为因变量、“x1”为自变量调用线性回归命令，同样在 **Linear Regression** 对话框中单击 **Statistics** 按钮，并选择 **Durbin-Watson** 复选框，运行结果如图 4.25 所示。

由图 4.25 可知，DW=1.556，查 $\alpha=0.05$，$n=18$(因少了一个数据)，$m=1$ 的 DW 检验值表，得 $d_L=1.03$，$d_U=1.26$，$4-d_U=2.74$，因 $d_U=1.26<\mathrm{DW}=1.556<4-d_U=2.74$，故可以判定不存在自相关，说明经广义差分变换后已消除了自相关。由图 4.25，可得到经广义差分变换后的回归方程为

$$\hat{Y}_t^*=-1504.98+0.303X_t^*$$

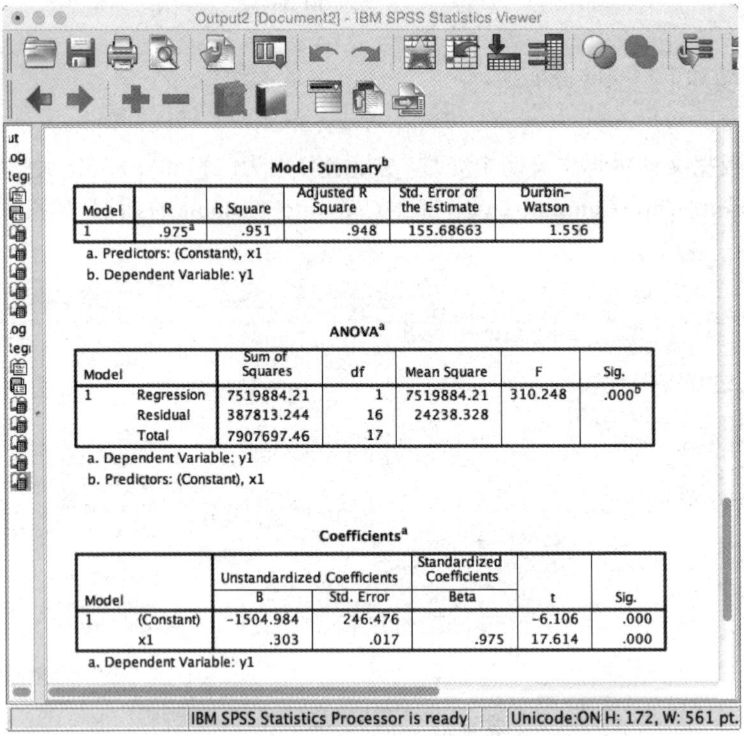

Output2 [Document2] - IBM SPSS Statistics Viewer

Model Summary[b]

Model	R	R Square	Adjusted R Square	Std. Error of the Estimate	Durbin-Watson
1	.975[a]	.951	.948	155.68663	1.556

a. Predictors: (Constant), x1

b. Dependent Variable: y1

ANOVA[a]

Model		Sum of Squares	df	Mean Square	F	Sig.
1	Regression	7519884.21	1	7519884.21	310.248	.000[b]
	Residual	387813.244	16	24238.328		
	Total	7907697.46	17			

a. Dependent Variable: y1

b. Predictors: (Constant), x1

Coefficients[a]

Model		Unstandardized Coefficients		Standardized Coefficients	t	Sig.
		B	Std. Error	Beta		
1	(Constant)	-1504.984	246.476		-6.106	.000
	x1	.303	.017	.975	17.614	.000

a. Dependent Variable: y1

IBM SPSS Statistics Processor is ready | Unicode:ON | H: 172, W: 561 pt.

图 4.25　广义差分法运行结果

4.3 多重共线性

4.3.1 多重共线性的概念

视频 4-3

对多元线性回归模型：

$$y_i=\beta_0+\beta_1 x_{i1}+\beta_2 x_{i2}+\cdots+\beta_p x_{ip}+\varepsilon_i,\quad i=1,2,\cdots,N$$

即

$$\boldsymbol{Y}=\boldsymbol{X\beta}+\boldsymbol{\varepsilon}$$

其参数$\boldsymbol{\beta}$的最小二乘估计为

$$\hat{\boldsymbol{\beta}}=(\boldsymbol{X}^{\mathrm{T}}\boldsymbol{X})^{-1}\boldsymbol{X}^{\mathrm{T}}\boldsymbol{Y} \tag{4.40}$$

式(4.40)要求解释变量的观察值矩阵

$$\boldsymbol{X}=\begin{pmatrix} 1 & x_{11} & x_{12} & \cdots & x_{1p} \\ 1 & x_{21} & x_{22} & \cdots & x_{2p} \\ \vdots & \vdots & \vdots & \vdots & \vdots \\ 1 & x_{N1} & x_{N2} & \cdots & x_{Np} \end{pmatrix},\quad 其中\ N\geqslant p+1$$

必须是满秩的，即要求

$$\mathrm{rank}(\boldsymbol{X})=p+1 \tag{4.41}$$

也即要求 $\boldsymbol{X}$ 的 $p+1$ 个列向量是线性无关的。

1. 完全多重共线性

若 $\mathrm{rank}(\boldsymbol{X})<p+1$，即 p 个解释变量的观察值数据间存在线性关系，就称为**完全多重共线性**。此时 $\mathrm{rank}(\boldsymbol{X}^{\mathrm{T}}\boldsymbol{X})<p+1$，$\boldsymbol{X}^{\mathrm{T}}\boldsymbol{X}$ 是奇异矩阵，不存在逆矩阵 $(\boldsymbol{X}^{\mathrm{T}}\boldsymbol{X})^{-1}$，也就无法由式(4.40)求得 $\boldsymbol{\beta}$ 的最小二乘估计 $\hat{\boldsymbol{\beta}}$。完全多重共线性的情况在实际样本中是极为罕见的，因此不是本节讨论的重点。

2. 不完全多重共线性

在经济计量模型中，比较常见的是各解释变量存在近似的线性关系，即存在一组不全为零的常数 $\lambda_j, j=0,1,2,\cdots,p$，使

$$\lambda_0+\lambda_1 x_{i1}+\lambda_2 x_{i2}+\cdots+\lambda_p x_{ip}\approx 0, i=1,2,\cdots,N \tag{4.42}$$

这种情况就称为**不完全多重共线性**。

完全多重共线性和不完全多重共线性统称为**多重共线性**。本节主要讨论不完全多重共线性。

4.3.2　多重共线性的后果

由式(4.40)知，当存在完全多重共线性时，是无法得到模型的参数估计的，自然也就无法得到所要的回归方程，但除非在建模时错误地将两个本质上完全相同的经济指标（如价格不变条件下的销售量和销售额）同时引入模型，否则是不大可能出现完全多重共线性情况的。故以下仅讨论不完全多重共线性问题。当样本中的解释变量间存在较高程度的线性相关时，就会产生如下严重后果。

(1) 参数 $\boldsymbol{\beta}$ 虽然是可估计的，但它们的方差随各 x_j 间线性相关程度的提高而迅速增大，使估计的精度大大降低。

(2) 参数的估计值 $\hat{\boldsymbol{\beta}}$ 对样本数据非常敏感，所用的样本数据稍有变化，就可能引起 $\hat{\boldsymbol{\beta}}$ 值的较大变化，使得到的回归方程处于不稳定状态，也就失去了应用价值。

(3) 当解释变量间存在较高程度的线性相关时，必然导致存在不显著的回归系数，这就必须从模型中剔除某个或若干个解释变量。由于经济计量模型中的数据都是被动取得的，人们无法通过不同的试验条件加以控制，被剔除的变量很可能是某个较重要的经济变量，由此会引起模型的设定不当。

(4) 参数估计量的方差增大，使预测和控制的精度大大降低，失去应用价值。

(5) 参数估计量的经济含义不合理。如果模型中两个解释变量具有线性相关性，例如 X_1 和 X_2，那么它们中的一个变量可以由另一个变量表征。这时，X_1 和 X_2 前的参数并不反映各自与被解释变量之间的结构关系，而是反映它们对被解释变量的共同影响。所以，各自的参数已经失去了应有的经济含义，于是经常表现出似乎反常的现象，例如本来应该是正的，结果却是负的。

4.3.3 产生多重共线性的原因

多重共线性是经济计量模型中比较普遍存在的问题，其产生的原因主要有以下几个方面。

1. 各经济变量之间存在着相关性

在经济领域中，许多经济变量之间普遍存在着相关性，当同时以某些高度相关的经济变量作为模型中的解释变量时，就会产生多重共线性问题。

例如，在研究企业生产函数模型时，资本投入量和劳动投入量是两个解释变量。通常在相同时期的同一行业中，规模大的企业其资本和劳动的投入都会较多，反之亦然，因此所取得的资本和劳动投入的样本数据就可能是高度线性相关的。特别是当样本数据所取自地区的经济发展水平大致相当时，这种情况就更为明显，由此可能产生较严重的多重共线性。

又如，在研究农业生产函数时，建立了如下模型：

$$Y=\beta_0+\beta_1X_1+\beta_2X_2+\beta_3X_3+\beta_4X_4+\varepsilon$$

式中，Y 为产量；X_1 为种植面积；X_2 为肥料用量；X_3 为劳动力投入；X_4 为水利投入。

通常种植面积和肥料、劳动力之间存在较高的线性相关性。

2. 某些经济变量存在着相同的变动趋势

在时间序列的经济计量模型中，作为解释变量的多个经济变量往往会存在同步增长或同步下降的趋势。例如，在经济繁荣时，各种基本的经济变量，如收入、消费、储蓄、投资、物价、就业、对外贸易等都会呈现同步增长趋势；而在经济衰退期则又会几乎一致地放慢增长速度，于是这些变量在时间序列的样本数据中就会存在近似的比例关系。当模型中含有多个有相同变化趋势的解释变量时，就会产生多重共线性问题。

3. 模型中引入了滞后解释变量

在不少经济计量模型中，都需要引入滞后解释变量。例如，居民本期的消费不仅与本期的收入有关，而且和以前各期的收入有很大关系；又如经济的发展速度不仅与本期的投资有关，而且和前期的投资有很大关系。而同一经济变量前后期的数据之间往往是高度相关的，这也会使模型产生多重共线性问题。

4.3.4 多重共线性的识别和检验

对样本数据是否存在显著的多重共线性，通常可采用以下方法进行识别或检验。

1. 使用简单相关系数进行判别

当模型中仅含有两个解释变量 X_1 和 X_2 时，可计算它们的简单相关系数，记为 r_{12}。

$$r_{12}=\frac{\sum(x_{i1}-\bar{x}_1)(x_{i2}-\bar{x}_2)}{\sqrt{\sum(x_{i1}-\bar{x}_1)^2}\sqrt{\sum(x_{i2}-\bar{x}_2)^2}} \tag{4.43}$$

其中，N 为样本容量，$\bar{x}_1$，$\bar{x}_2$ 分别为 X_1 和 X_2 的样本均值。简单相关系数 $|r|$，反映了两个变量之间的线性相关程度。$|r|$ 越接近 1，说明两个变量间的线性相关程度越高，因此可以用来判别是否存在多重共线性。但这一方法有很大的局限性，原因如下。

(1) 很难根据 r 的大小来判定两个变量间的线性相关程度到底有多高。因为它还和样本容量 N 有关。不难验证，当 $N=2$ 时，总有 $|r|=1$，但这并不能说明两个变量是完全线性相关的。这也就是我们在第 3 章关于回归方程的检验中不讨论相关性检验的主要原因。

(2) 当模型中有多个解释变量时，即使所有两两解释变量之间的简单相关系数 $|r|$ 都不大，也不能说明解释变量间不存在多重共线性。这是因为多重共线性并不仅仅表现为解释变量两两间的线性相关性，还包括多个解释变量之间的线性相关，见式(4.42)。

2. 回归检验法

我们知道，线性回归模型是用来描述变量间的线性相关关系的，因此可以通过分别以某一解释变量 X_k 对其他解释变量进行线性回归，来检验解释变量之间是否存在多重共线性，也即可以建立如下 p 个 $p-1$ 元的线性回归模型：

$$X_k=b_{0k}+\sum_{j\neq k}b_{ik}X_j+\varepsilon_k,\quad k=1,2,\cdots,p \tag{4.44}$$

并分别对这 p 个回归模型进行逐步回归。若存在显著的回归方程，则说明存在多重共线性。如果有多个显著的回归方程，则取临界显著性水平最高的回归方程，该回归方程就反映了解释变量之间线性相关的具体形式。如果所有回归方程都不显著，则说明不存在多重共线性。

由此可知，如果存在多重共线性，回归检验法还可以确定究竟是哪些变量引起了多重共线性，这对消除多重共线性的影响是有用的。

3. 通过对原模型回归系数的检验来判定

其实，最简单的方法是通过对原模型回归系数的检验结果来判定是否存在多重共线性。如果回归方程检验是高度显著的，但各回归系数检验时 t 统计量的值都偏小，且存在不显著的变量，而且当剔除了某个或若干不显著变量后其他回归系数的 t 统计量的值有很大提高，就可以判定存在多重共线性。这是由于当某些解释变量之间高度线性相关时，其中某个解释变量就可以由其他解释变量近似线性表示。剔除该变量后，该变量在回归中的作用就转移到与它线性相关的其他解释变量上，因此会使其他解释变量的显著性水平明显提高。但如果在剔除不显著的变量后对其余解释变量回归系数的 t 统计量并无明显影响，则并不能说明原模型中存在多重共线性问题。此时仅说明被剔除的解释变量与被解释变量之间并无线性关系。

如果经检验所有回归系数都是显著的，则可以判定不存在多重共线性问题。

4.3.5 消除多重共线性的方法

通常可以采用以下方法消除多重共线性问题。

1. 剔除引起多重共线性的解释变量

由前述判定是否存在多重共线性的第三种方法可知，当存在多重共线性时，最简单的方法就是从模型中剔除不显著的变量。具体步骤见第 5 章所述，也可采用逐步回归方法直接得到无多重共线性的回归方程。但采用此方法时应注意结合有关经济理论知识和分析问题的实际经济背景慎重进行，因为有时产生多重共线性的原因是样本数据的来源存在一定问题，而在许多经济计量模型中，人们往往只能被动地获得已有的样本数据。如果处理不当，就有可能从模型中剔除了对被解释变量有重要影响的经济变量，从而引起更为严重的模型设定错误。故应注意从模型中剔除的应当是意义相对次要的经济变量。

2. 利用解释变量之间存在的某种关系

有时候，根据经济理论、统计资料或经验，已掌握了解释变量间的某种关系，这些关系如能在模型中加以利用就有可能消除多重共线性的影响。

例如，对生产函数模型：

$$Y = AK^{\alpha}L^{\beta}e^{\varepsilon} \tag{4.45}$$

式中，Y 为产量；K 为资金；L 为劳动。

将其线性化后为

$$\ln Y = \ln A + \alpha \ln K + \beta \ln L + \varepsilon \tag{4.46}$$

前面已分析过，通常资金和劳动之间是高度线性相关的，因此 $\ln K$ 和 $\ln L$ 也会存在线性相关性，模型(4.46)就可能存在多重共线性。为解决这一问题，可利用经济学中关于规模报酬不变的假定，即

$$\alpha + \beta = 1 \tag{4.47}$$

将它代入式(4.46)，得

$$\ln Y = \ln A + \alpha \ln K + (1 - \alpha)\ln L + \varepsilon$$

经整理后，可得

$$\ln \frac{Y}{L} = \ln A + \alpha \ln \frac{K}{L} + \varepsilon \tag{4.48}$$

令 $Y^* = \ln \frac{Y}{L}$，$X^* = \ln \frac{K}{L}$，$\alpha_0 = \ln A$，则可得到无多重共线性的一元线性回归模型：

$$Y^* = \alpha_0 + \alpha X^* + \varepsilon \tag{4.49}$$

显然，以上变换后并没有丢失 K 和 L 的信息。利用 OLS 估计出 $\hat{\alpha}_0$ 和 $\hat{\alpha}$ 后，可由 $\hat{\beta} = 1 - \hat{\alpha}$ 得到原模型的 $\hat{\beta}$。

3. 改变模型的形式

当回归方程主要是用于预测和控制，而并不侧重于分析每一解释变量对被解释变量的

影响程度时，可通过适当改变模型的分析方式，以消除多重共线性。

例如，设某商品的需求模型为

$$Y=\beta_0+\beta_1X_1+\alpha_1Z_1+\alpha_2Z_2+\varepsilon \tag{4.50}$$

式中，Y 为需求量；X_1 为居民家庭收入水平；Z_1 为该商品价格；Z_2 为替代商品价格。

则在 Z_1 和 Z_2 具有大约相同变化比例的条件下，模型(4.50)就可能存在多重共线性。但实际应用中人们显然更重视两种商品的价格比，因此可令

$$X_2=Z_1/Z_2 \tag{4.51}$$

从而将上述需求模型改变为

$$Y=\beta_0+\beta_1X_1+\beta_2X_2+\varepsilon \tag{4.52}$$

这就避免了原模型中的多重共线性。

又如，设有如下消费模型：

$$y_t=\beta_0+\beta_1x_t+\beta_2x_{t-1}+\varepsilon_t \tag{4.53}$$

式中，y_t 为 t 期的消费支出；x_t 为 t 期的收入；x_{t-1} 为 $t-1$ 期的收入。

显然前后期的收入之间是高度相关的，因此模型(4.53)可能存在多重共线性。但如果我们关心的主要不是前期收入对本期消费支出的影响，而主要是研究收入的增减变化对消费支出的影响，则可令 $\Delta x_t=x_t-x_{t-1}$，原模型就变为如下形式：

$$y_t=b_0+b_1x_t+b_2\Delta x_t+\varepsilon_t \tag{4.54}$$

通常情况下，x_t 与 Δx_t 之间的相关程度要远低于 x_t 与 x_{t-1} 之间的相关程度。因此模型(4.54)可基本上消除多重共线性问题。此外，模型(4.53)与模型(4.54)的参数之间还有如下简单关系：

$$\beta_1=b_1+b_2;\quad \beta_2=-b_2,\quad \beta_0=b_0$$

因此求得式(4.54)的参数估计后，也就得到模型(4.53)的参数估计。

再如，设时间序列的经济计量模型为

$$y_t=\beta_0+\beta_1x_{t1}+\beta_2x_{t2}+\varepsilon_t \tag{4.55}$$

设 X_1 和 X_2 是高度线性相关的，由式(4.55)，有

$$y_{t-1}=\beta_0+\beta_1x_{t-1,1}+\beta_2x_{t-1,2}+\varepsilon_{t-1} \tag{4.56}$$

将式(4.55)减去式(4.56)，得

$$y_t-y_{t-1}=\beta_1(x_{t1}-x_{t-1,1})+\beta_2(x_{t2}-x_{t-1,2})+\varepsilon_t-\varepsilon_{t-1}$$

做如下差分变换，令

$$\begin{cases} y_t^*=y_t-y_{t-1} \\ x_{t1}^*=x_{t1}-x_{t-1,1} \\ x_{t2}^*=x_{t2}-x_{t-1,2} \\ V_t=\varepsilon_t-\varepsilon_{t-1} \end{cases} \tag{4.57}$$

则可得原模型的差分模型：

$$y_t^*=\beta_1x_{t1}^*+\beta_2x_{t2}^*+V_t,\quad t=2,3,\cdots,N \tag{4.58}$$

通常，经差分变换后数据的相关程度较低，有可能消除多重共线性。需要指出的是，经上述差分变换后，式(4.58)中的随机误差项序列 V_t 可能会产生自相关性。然而，当 ε_t 本身是一阶高度正相关时，即

$$\varepsilon_t = \rho\varepsilon_{t-1} + V_t$$

且 $\rho \approx 1$，则

$$\varepsilon_t - \varepsilon_{t-1} \approx V_t \tag{4.59}$$

反而较好地消除了自相关性。

4. 增加样本容量

我们在前面的分析中已经指出，经济计量模型中存在的共线性现象有可能是因样本数据来源存在一定的局限性，如果增加样本容量，则就有可能降低甚至消除多重共线性问题。样本容量越大，则参数估计的方差就越小。再由 4.4.2 节的分析可知，多重共线性的不良后果都是因参数估计的方差增大所致。因此可以说增加样本容量是解决多重共线性问题的最佳途径。但很可惜，由于经济计量模型中的许多数据的来源受到很大限制，因此要增加样本容量是有一定难度的。

【例 4.6】 案例 4.3 解答

设 Y 为农业总产值，X_1, X_2, X_3, X_4, X_5 分别为农业劳动力、灌溉面积、化肥用量、产均固定资产和农机动力，建立如下农业产出模型：

$$Y = \beta_0 + \beta_1 X_1 + \beta_2 X_2 + \beta_3 X_3 + \beta_4 X_4 + \beta_5 X_5 + \varepsilon$$

通常情况下，农业的上述投入要素之间很有可能是高度线性相关的。这是由于灌溉面积、化肥用量、产均固定资产和农机动力这几个因素都和经济发展水平密切相关，因而它们之间很可能存在同方向的变动趋势，该模型很可能存在多重共线性问题。

1. 多重共线性的检验

我们已介绍了多种检验多重共线性的方法。对于本案例，我们采用对原模型回归系数的检验来分析是否存在多重共线性。

按要求建立数据文件。因变量和各自变量就分别取名为 $Y, X_1, X_2, X_3, X_4, X_5$，调用线性回归命令并选择系统默认的 **Enter** 分析方法(全部解释变量都进入回归方程)，系统运行后的输出结果如图 4.26 所示。

由图 4.26 可知，该回归方程是高度显著的，但回归系数的 t 检验结果，除了 X_4(户均固定资产)外，其他 4 个变量都不显著(临界显著性水平都远大于 0.05)，因此可以判定存在着严重的多重共线性。

2. 逐步回归分析

接下来我们再使用逐步回归分析方法来建立该农业产出的最优回归方程。同样使用原数据文件调用线性回归命令，在对话框中选择因变量和所有 5 个自变量后，打开 **Method** 下拉列表框，选择 **Stepwise** 方法(即逐步回归方法)，单击 **OK** 按钮后系统输出的运行结果如图 4.27 所示。

由图 4.27 的分析结果，只有 X_3(化肥用量)进入了回归方程。该回归方程是极高度显著的，F 比为 135.043，比原 5 个解释变量回归方程检验结果的 F 比要大得多。图中最下部分 **Variables not in the Equation** 给出了对不在回归方程中的各自变量的分析结果，其中 T 和 Sig T 给出的是如果将该变量引入回归方程，则回归系数的检验结果的临界显著性水平

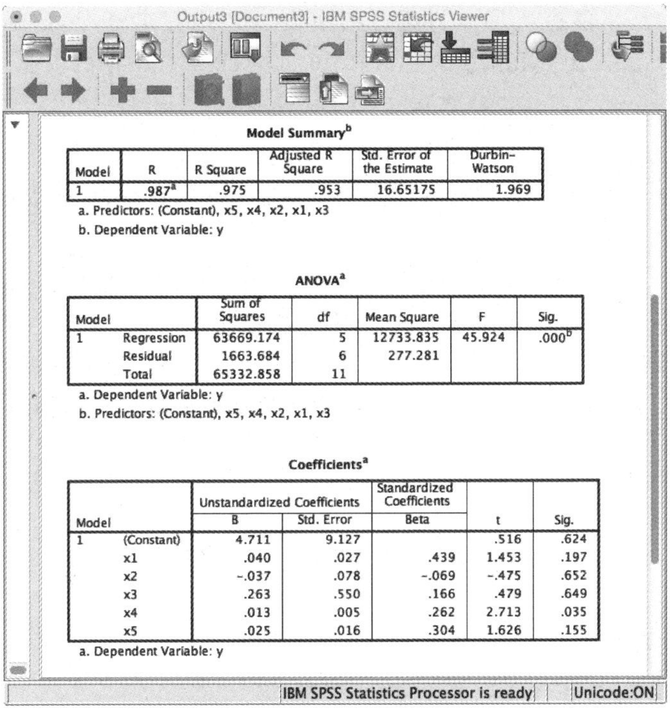

Model Summary[b]

Model	R	R Square	Adjusted R Square	Std. Error of the Estimate	Durbin-Watson
1	.987[a]	.975	.953	16.65175	1.969

a. Predictors: (Constant), x5, x4, x2, x1, x3
b. Dependent Variable: y

ANOVA[a]

Model		Sum of Squares	df	Mean Square	F	Sig.
1	Regression	63669.174	5	12733.835	45.924	.000[b]
	Residual	1663.684	6	277.281		
	Total	65332.858	11			

a. Dependent Variable: y
b. Predictors: (Constant), x5, x4, x2, x1, x3

Coefficients[a]

Model		Unstandardized Coefficients		Standardized Coefficients	t	Sig.
		B	Std. Error	Beta		
1	(Constant)	4.711	9.127		.516	.624
	x1	.040	.027	.439	1.453	.197
	x2	-.037	.078	-.069	-.475	.652
	x3	.263	.550	.166	.479	.649
	x4	.013	.005	.262	2.713	.035
	x5	.025	.016	.304	1.626	.155

a. Dependent Variable: y

图 4.26　线性回归输出结果

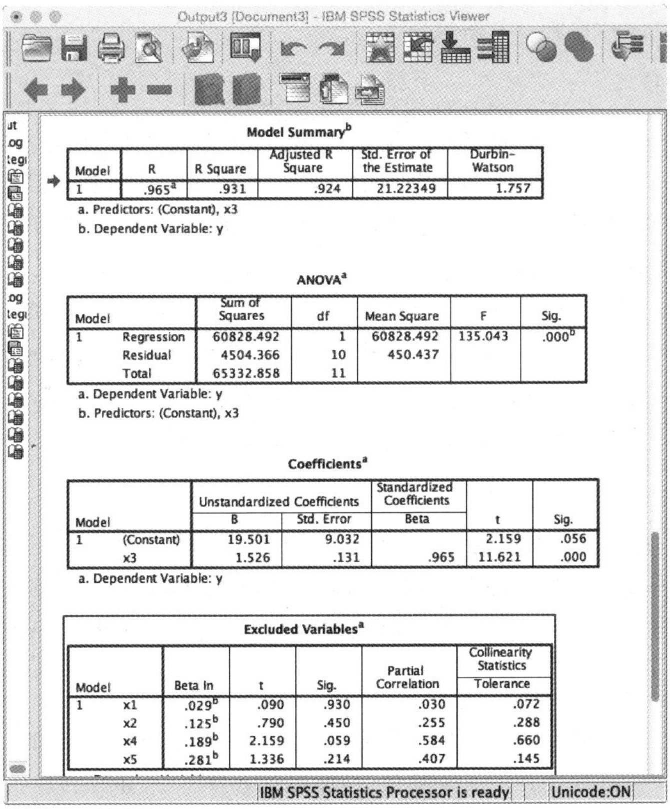

Model Summary[b]

Model	R	R Square	Adjusted R Square	Std. Error of the Estimate	Durbin-Watson
1	.965[a]	.931	.924	21.22349	1.757

a. Predictors: (Constant), x3
b. Dependent Variable: y

ANOVA[a]

Model		Sum of Squares	df	Mean Square	F	Sig.
1	Regression	60828.492	1	60828.492	135.043	.000[b]
	Residual	4504.366	10	450.437		
	Total	65332.858	11			

a. Dependent Variable: y
b. Predictors: (Constant), x3

Coefficients[a]

Model		Unstandardized Coefficients		Standardized Coefficients	t	Sig.
		B	Std. Error	Beta		
1	(Constant)	19.501	9.032		2.159	.056
	x3	1.526	.131	.965	11.621	.000

a. Dependent Variable: y

Excluded Variables[a]

Model		Beta In	t	Sig.	Partial Correlation	Collinearity Statistics
						Tolerance
1	x1	.029[b]	.090	.930	.030	.072
	x2	.125[b]	.790	.450	.255	.288
	x4	.189[b]	2.159	.059	.584	.660
	x5	.281[b]	1.336	.214	.407	.145

图 4.27　逐步回归结果

都大于0.05，因此都不能进入回归方程。其中 X_4（产均固定资产）的临界显著性水平为0.059，比较接近0.05。因此我国北方地区在20世纪80年代中期的农业产出最优回归方程为

$$\hat{Y}=19.50+1.526X_3$$

即农业总产值基本上与化肥用量呈线性关系，每增加1万吨化肥，可使农业总产值平均提高1.526亿元。

出现上述分析结果，和我国北方地区在20世纪80年代中期的状况有关。当时我国农业发展水平还很低，农业机械化水平很低，因而还不是决定农业产出的主要因素；此外灌溉面积这一因素也未进入回归方程，说明北方地区的农业还处于靠天吃饭的状况；至于农业劳动力未进入回归方程，则说明我国北方地区农业劳动力大量过剩，因此它不是决定农业产出的主要因素。

4.4 其他软件操作

4.4.1 EViews软件操作

EViews作为专业的计量经济学分析软件，具有操作简单易行及结果简洁明晰等特点，且窗口化与命令化并存。下面介绍利用EViews来进行异方差检验及解决、自相关检验及其解决以及多重共线性检验及其解决。

1. 异方差检验

EViews中的异方差检验大致分六种，分别是相关图分析、残差分布图分析、戈德菲尔德—匡特检验、怀特检验、帕克检验和戈里瑟检验。其中相关图分析与残差分布图分析均属于图示法，只能初步判断模型是否具有异方差，当异方差不太明显时，仍需借助其他方法进行精确检验。下面将依次进行介绍。

（1）相关图分析。方差表示的是随机变量取值的离散程度。因此通过观察被解释变量 Y 与解释变量 X 之间的相关图，可以初步判定 Y 的离散程度与 X 是否具有相关关系。若 Y 的离散程度随着 X 的增大而逐渐增大或减小，则说明模型存在递增型或递减型的异方差。EViews中的有关命令如下：

```
SCAT X Y
```

（2）残差分布图分析。回归模型建立后，在模型窗口中单击Resids按钮便可得到模型的残差分布图。若残差的离散程度有较为明显的扩大趋势，则可初步判定模型存在异方差性。值得注意的是，在观察之前需要将数据关于解释变量 X 进行排序，命令如下：

```
SORT X
```

（3）戈德菲尔德—匡特检验。戈德菲尔德—匡特检验简称G-Q检验。该方法对样本按照解释变量 X 排序后，将其分成两个部分，即样本1和样本2，并分别建立回归模型，得到两个残差平方和 RSS_1 和 RSS_2，再利用 F 统计量来判断 RSS_1 和 RSS_2 之间是否存在显著差

异，若 RSS_1 和 RSS_2 之间存在显著差异，则模型有异方差性。值得注意的是，为了适当“夸大”差异性，通常在分割样本前需先剔除 c 个数据。

$$F=\frac{RSS_2}{RSS_1}\sim F\left(\frac{n-c}{2}-k-1,\frac{n-c}{2}-k-1\right)$$

其中，n 表示样本个数，k 表示解释变量个数。对于给定的显著性水平 α，若 $F>F_\alpha$，则表明模型存在异方差性。有关命令如下：

```
SORT X
SMPL 1 a
LS Y C X
SMPL a+1 n
LS Y C X
```

(4) 怀特检验。怀特检验的原理在 4.2.4 节已经有较为详细的介绍，此处主要阐述其在 EViews 中的实现过程。首先需要建立回归模型，命令为 LS Y C X，然后在模型窗口中依次选择 **View→Residual Test→White Heteroskedasticity**，可以根据具体的回归模型选择是否包含交叉乘积项(cross terms)。输出结果包含 F 统计值及对应的 p 值，在实际应用中，一般是观察 p 值的大小，若 p 值小于给定的显著性水平 α，则拒绝不存在异方差的原假设，认为模型存在异方差性。

(5) 帕克检验。帕克检验的原理在 4.2.4 节中也有较为详细的介绍，此处主要是介绍其在 EViews 中的实现过程。命令如下：

```
LS Y C X
GENR LNE2 = log(RESID^2)
GENR LNX = log(X)
LS LNE2 C LNX
```

(6) 戈里瑟检验。戈里瑟检验的原理与帕克检验相同，都是通过建立残差序列对解释变量的回归模型，来判断随机误差项的平方与解释变量之间是否有着较强的相关关系。戈里瑟检验的 EViews 命令如下：

```
LS Y C X
GENR E = abs(RESID)
```

然后通过 GENR 命令依次生成 $1/x$，x^2，$1/x^2$ 等序列，再分别建立 $|e_i|$ 与这些序列的回归方程，以此判断原模型是否存在异方差性。

2. 异方差的解决方法

4.2.5 节介绍了解决异方差的主要方法，即模型变换法和加权最小二乘法，下面主要介绍加权最小二乘法的 EViews 实现方法，包括命令与窗口方式。

(1) 命令方式：

```
LS(W = 权数变量) Y C X
```

(2) 窗口方式。

① 在模型窗口中单击 **Estimate**；

② 在弹出的对话框中单击 **Options**，进入参数设置对话框；

③ 在参数设置对话框中选定 **Weighted LS** 方法，并输入相应的权数变量，然后单击 **OK** 按钮返回方程说明对话框；

④ 单击 **OK** 按钮，则设置成功；

⑤ 对估计后的模型，再利用怀特检验判断是否消除了异方差性。

其中权数变量可取 1/SOR(X)、1/ABS(RESID)、1/RESID^2 等。

3. 自相关检验

EViews 中的自相关检验大致分为三种，分别是残差图检验、杜宾-瓦森检验以及高阶自相关检验，其中高阶自相关检验又分为偏相关系数检验以及布罗斯-戈弗雷(Breusch-Godfrey)检验。本书对残差图检验及杜宾-瓦森检验的原理进行了详细论述，故本处对此不再赘述。

(1) 残差图检验。在方程窗口中单击 Resids 按钮，或单击 **View→Actual, Fitted, Residual→Residual Graph**，均可得到残差分布图。

(2) 杜宾-瓦森检验。杜宾-瓦森检验值一般在方程窗口中直接给出，据此可判断方程的自相关性。

(3) 偏相关系数检验。

① 命令方式：IDENT RESID

② 菜单方式：**View→Residual Test→Correlogram-Q-statistics**

输出结果是残差 e_t 与 $e_{t-1}, e_{t-2}, \cdots, e_{t-p}$($p$ 是事先指定的滞后期长度)的相关系数和偏相关系数，为了排除相关关系的相互影响，应该使用偏相关系数。

(4) 布罗斯-戈弗雷检验。在方程窗口中单击 **View→Residual Test→Serial Correlation LM Test**，结果为辅助回归模型的有关信息，包括 nR^2 及其临界概率值。然而 BG 检验需要人为确定滞后期的长度。在实际应用中，一般是从低阶的 $p(p=1)$开始，直到 $p=10$ 左右，如果检验结果均不显著，则可认为不存在自相关性。

4. 自相关性的解决方法

在 EViews 中，可以直接使用广义差分法估计自相关性模型。具体步骤如下。

(1) 利用 OLS 法估计模型，系统将同时计算残差序列 RESID，命令为

```
LS Y C X
```

(2) 判断自相关性的类型。根据偏相关系数检验和 BG 检验，初步确定自相关类型。

(3) 利用广义差分法进行模型估计。在 LS 命令中加上 AR 项，系统将自动使用广义差分法来估计模型。如自相关类型为一阶自回归形式，则命令格式为

```
LS Y C X AR(1)
```

EViews 将使用迭代估计法估计模型，并输出 ρ(含义同 4.3.5 节)的估计值及其标准差、t 统计量值等，根据 AR 项的 t 检验值是否显著，可以进一步确定自相关性的具体形式。

5. 多重共线性检验与解决方法

对于多重共线性的解决方法，EViews 中还可采用逐步回归的方法加以解决，具体步骤如下。

(1) 用相关系数从所有解释变量中选取相关性最强的变量建立一元回归模型。

(2) 在一元回归模型中分别引入第二个变量，共建立 $k-1$ 个二元回归模型(设共有 k 个解释变量)，从这些模型中再选取一个较优的模型。择取标准：模型中每个解释变量影响显著，参数符号正确，$\bar{R}^2$ 值有所提高。

(3) 在选取的二元回归模型中以同样方式引入第三个变量，以此下去，直至无法引入新的变量。

4.4.2 JMP 软件操作

JMP 软件强调以统计方法的实际应用为导向，交互性及可视化能力强，使用方便，在统计分析及建模方面也具有较大作用。JMP 中含时间序列分析模块，其中包含偏自相关、自回归系数、ARIMA 及平滑模型等。因本章主要描述违背经典假设的计量经济模型，所以此处只介绍与其相关的 JMP 模块，具体如下。

在打开或编辑数据表后，单击**分析→建模→时间序列**后弹出交互窗口，此时将被解释变量选入 ***Y* 时间序列**，将解释变量选入 ***X*** 时间 **ID**，并单击确定按钮，便可得到结果窗口。在结果窗口中，自相关图及偏自相关图将会默认输出，因此可根据输出的偏自相关图对模型的自相关性进行检验。同时，结果窗口中的**时间序列**可以下拉列表，其中，"方差变化图"可以对模型的异方差性进行检验，同时，通过设定其 **ARIMA** 模型中的自回归阶数、差分阶数及移动平均值阶数就可以解决模型的自相关性等问题。

习题

1. 表 4.4 是对某地区 1998 年 30 个家庭的人均收入 X 与人均服装费支出 Y 的调查数据。

表 4.4　人均收入与人均服装费支出数据　　元

人均收入	人均服装费	人均收入	人均服装费	人均收入	人均服装费
3 280	418	6 500	860	18 600	1 260
3 300	522	7 900	910	20 000	880
3 480	480	8 950	850	22 300	1 580
3 890	640	9 700	760	25 000	1 120
4 050	590	11 500	1 320	26 750	1 800
4 189	760	12 300	915	28 000	1 200
4 560	720	14 800	735	29 000	1 050
5 260	886	15 400	876	30 000	860
5 890	890	16 500	1 100	35 500	2 200
6 250	820	17 200	930	38 000	3 450

现建立该地区人均服装费支出 y_i 与人均年收入 x_i 间的线性回归模型如下：

$$y_i=\beta_0+\beta_1 x_i+\varepsilon_i,\quad i=1,2,\cdots,30$$

(1) 用图示法判断该模型是否存在异方差；

(2) 用帕克检验法检验该模型是否存在异方差；

(3) 若存在异方差，以残差序列 e_i^2 项作为加权变量，采用加权最小二乘法对原模型进行参数估计；

(4) 比较 WLS 与 OLS 两种方法的参数估计精度(即比较两种方法的$\sqrt{D(\hat{\beta}_0)}$ 和$\sqrt{D(\hat{\beta}_1)}$ 的大小)。

2. 表 4.5 给出了我国 1953—1985 年的工业总产值 y_t 和固定资产投资总额 x_t 的统计资料。

表 4.5　工业总产值和固定资产投资　　亿元

年　份	固定资产投资	工业总产值	年　份	固定资产投资	工业总产值
1953	91.59	450	1970	368.08	2 080
1954	102.68	515	1971	417.31	2 375
1955	105.24	534	1972	412.81	2 517
1956	160.84	642	1973	438.12	2 741
1957	151.23	704	1974	436.19	2 730
1958	279.06	1 083	1975	544.94	3 124
1959	368.02	1 483	1976	523.94	3 158
1960	416.58	1 637	1977	548.30	3 578
1961	156.06	1 067	1978	668.72	4 067
1962	87.28	920	1979	699.36	4 483
1963	116.66	993	1980	745.90	4 897
1964	165.89	1 164	1981	667.51	5 120
1965	216.90	1 402	1982	845.31	5 506
1966	254.80	1 624	1983	951.96	6 088
1967	187.72	1 382	1984	1 185.18	7 042
1968	151.57	1 285	1985	1 680.51	8 756
1969	246.92	1 665			

对我国工业总产值 Y 和固定资产投资 X 间的如下线性回归模型：

$$y_t=\beta_0+\beta_1 x_t+\varepsilon_t$$

(1)用杜宾-瓦森检验法检验该模型是否存在自相关；

(2) 若存在自相关，用公式 $\hat{\rho}\approx 1-\mathrm{DW}/2$ 求出相关系数的估计值 $\hat{\rho}$，用广义差分法对原模型进行广义差分变换并进行参数估计和 D-W 检验，是否能消除自相关性？

广义差分变换回归估计结果的 DW=0.669 146，所以不能消除自相关。

(3) 若对原模型做如下变换，令

$$x_t^*=x_t/x_{t-1}\quad（固定资产投资指数）$$

$$y_t^*=y_t/y_{t-1}\quad（工业总产值指数）$$

得新模型：

$$y_t^* = b_0 + b_1 x_t^* + V_t, \quad t = 2, 3, \cdots, 33$$

试用回归分析法对该模型进行参数估计并检验是否存在自相关。

3. 据分析，我国在计划经济年代的钢材产量 Y 主要与以下各因素有关：原油产量 X_1，生铁产量 X_2，原煤产量 X_3，电力产量 X_4，固定资产投资 X_5，国民收入消费额 X_6，铁路运输量 X_7。按表 4.6 所给资料，用 SPSS 软件对以下钢材产量的回归模型进行分析：

$$Y = \beta_0 + \beta_1 X_1 + \beta_2 X_2 + \beta_3 X_3 + \beta_4 X_4 + \beta_5 X_5 + \beta_6 X_6 + \beta_7 X_7 + \varepsilon$$

表 4.6　我国计划经济年代钢材产量与相关变量数据

年份	钢材/万吨	原油/万吨	生铁/万吨	原煤/亿吨	电力/(亿千瓦·时)	固定资产投资/亿元	国民收入消费/亿元	铁路运输/亿吨公里
1975	1 622	7 706	2 449	4.82	1 958	544.94	2 541	88 955
1976	1 466	8 716	2 233	4.83	2 031	523.94	2 424	84 066
1977	1 633	9 364	2 505	5.50	2 234	548.30	2 573	95 309
1978	2 208	10 405	3 479	6.18	2 566	668.72	2 975	110 119
1979	2 497	10 615	3 673	6.35	2 820	699.36	3 356	111 893
1980	2 716	10 595	3 802	6.20	3 006	745.90	3 696	111 279
1981	2 670	10 122	3 417	6.22	3 093	667.51	3 905	107 673
1982	2 920	10 212	3 551	6.66	3 277	945.31	4 290	113 532
1983	3 072	10 607	3 738	7.15	3 514	951.96	4 779	118 784
1984	3 372	11 461	4 001	7.89	3 770	1 185.18	5 701	124 074
1985	3 693	12 490	4 384	8.72	4 107	1 680.51	7 498	130 708
1986	4 058	13 069	5 064	8.94	4 495	1 978.50	8 312	135 636

①使用系统默认的 Enter 方法对原模型进行参数估计，并由运行输出结果判断是否存在多重共线性；②采用逐步回归方法，求出关于钢材产量的最优回归方程。

第 5 章

主成分分析

在实证数据分析研究中，人们为了尽可能完整地收集信息，对于每个样本往往要观测它的很多项指标，少则四五项，多则几十项，这些指标之间通常不是相互独立而是相关的。因此，从统计分析或推断的角度来说，人们总是希望能把大量的原始指标组合成较少的几个综合指标，从而使分析简化。

主成分分析(principal components analysis)也称主分量分析，是由哈罗德·霍特林(Harold Hotelling)于 1933 年首先提出的。主成分分析是利用降维的思想，在损失很少信息的前提下把多个指标转化为几个综合指标的多元统计方法。通常把转化生成的综合指标称为主成分，其中每个主成分都是原始变量的线性组合，且各个主成分之间互不相关，这就使得主成分比原始变量具有某些更优越的性能。这样在研究复杂问题时就可以只考虑少数几个主成分而不至于损失太多信息，从而更容易抓住主要矛盾，揭示事物内部变量之间的规律，同时使问题得到简化，提高分析效率。本章主要介绍主成分分析的基本理论和方法、主成分分析的计算步骤及主成分分析的软件操作。

引导案例

在制定服装标准的过程中，商家对 128 名成年男子的身材进行了测量，每人测得的指标中含有这样 6 项：身高(X_1)、坐高(X_2)、胸围(X_3)、手臂长(X_4)、肋围(X_5)和腰围(X_6)。男子身材 6 项指标的相关矩阵如表 5.1 所示。

表 5.1　男子身材 6 项指标的相关矩阵

	X_1	X_2	X_3	X_4	X_5	X_6
X_1	1.00					
X_2	0.79	1.00				
X_3	0.36	0.31	1.00			
X_4	0.76	0.55	0.35	1.00		
X_5	0.25	0.17	0.64	0.16	1.00	
X_6	0.51	0.35	0.58	0.38	0.63	1.00

一个人的身材需要用好多项指标才能完整地描述，诸如身高、臂长、腿长、肩宽、胸围、腰围、臀围等，但人们购买衣服时一般只用长度和肥瘦两个指标就够了，这里长度和肥瘦就是描述人体形状的多项指标组合而成的两个综合指标。主成分分析法能够将上述 6 项指标综合，以较少的指标简化问题分析。

5.1 主成分基本思想与理论

在对某一事物进行实证研究中，为了更全面、准确地反映出事物的特征及其发展规律，人们往往要考虑与其有关系的多个指标，这些指标在多元统计中也称为变量。这样就产生了如下问题：一方面，人们为了避免遗漏重要的信息而考虑尽可能多的指标；另一方面，随着考虑指标的增多，问题的复杂性增强，同时由于各指标均是对同一事物的反映，不可避免地造成信息的大量重叠，这种信息的重叠有时甚至会抹杀事物的真正特征与内在规律。基于上述问题，人们就希望在定量研究中涉及的变量较少，而得到的信息量又较多。主成分分析正是研究如何通过原来变量的少数几个线性组合来解释原来变量绝大多数信息的一种多元统计方法。

既然研究某一问题涉及的众多变量之间有一定的相关性，就必然存在着起支配作用的共同因素，根据这一点，通过对原始变量相关矩阵或协方差矩阵内部结构关系的研究，利用原始变量的线性组合形成几个综合指标（主成分），在保留原始变量主要信息的前提下起到降维与简化问题的作用，使得在研究复杂问题时更容易抓住主要矛盾。一般地说，利用主成分分析得到的主成分与原始变量之间有如下基本关系。

（1）每一个主成分都是各原始变量的线性组合。

（2）主成分的数目远小于原始变量的数目。

（3）主成分保留了原始变量绝大多数信息。

（4）各主成分之间互不相关。

通过主成分分析，可以从事物之间错综复杂的关系中找出一些主要成分，从而有效利用大量统计数据进行定量分析，揭示变量之间的内在关系，得到对事物特征及其发展规律的一些深层次的启发，把研究工作引向深入。

假设观测指标共有 p 个，分别用 $x_1, x_2, \cdots, x_p$，表示，将这些指标综合为一个指标的方法显然有很多，但最简单的方法是将这些指标用线性组合的方法将它们组合起来。因此，可设定其综合指标的形式为这些指标的线性组合，即

$$y = \boldsymbol{a}^{\mathrm{T}}\boldsymbol{x} = a_1x_1 + a_2x_2 + \cdots + a_px_p$$

显然，各指标组合的系数不同，就得到不同的综合指标。我们希望构造少数几个这样的综合指标，并且这几个综合指标之间是不相关的。这少数几个综合指标应该在一定程度上反映原始观测指标的变动。其中反映原始观测指标的变动程度最大的综合指标最重要，我们称其为原始观测指标的第一主成分；而反映原始观测指标变动程度次大的综合指标，称为原始观测指标的第二主成分；反映原始观测指标变动程度第三大的综合指标，称为第三主成分……即以反映原始观测指标变动的大小顺序排列，第 k 个综合指标称为原始观测指标的第 k 个主成分。

5.2 主成分分析的几何意义

设有 N 个样品，每个样品有两个观测变量 X_1, X_2，这样，在由变量 X_1, X_2 组成的坐标空间中，N 个样品点散布的情况呈带状，如图 5.1 所示。

由图 5.1 可以看出这 N 个样品无论是沿 X_1 轴方向还是沿 X_2 轴方向均有较大的离散性，其离散程度可以分别用观测变量 X_1 的方差和 X_2 的方差定量地表示，显然，若只考虑 X_1 和 X_2 中的任何一个，原始数据中的信息均会有较大的损失。我们的目的是考虑 X_1 和 X_2 的线性组合，使原始样品数据可以由新的变量 Y_1 和 Y_2 来刻画。在几何上表示就是将坐标轴按逆时针方向旋转 θ 角度，得到新坐标轴 Y_1 和 Y_2，坐标旋转公式如下：

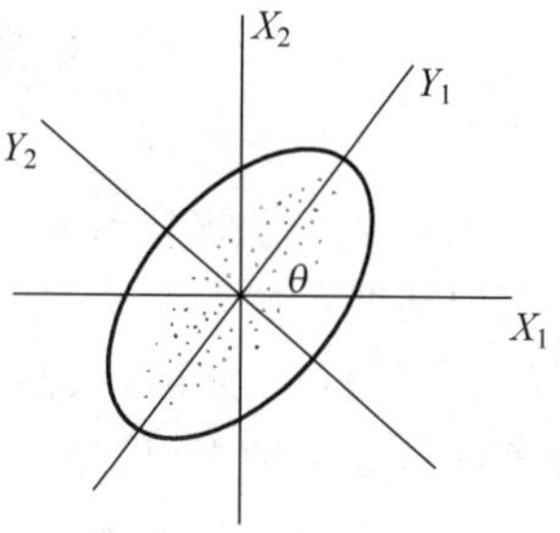

图 5.1　样品点散布情况

$$\begin{cases} Y_1 = X_1 \cos\theta + X_2 \sin\theta \\ Y_2 = -X_1 \sin\theta + X_2 \cos\theta \end{cases}$$

易见，N 个点在新坐标下的 Y_1 和 Y_2 几乎不相关。它们在 Y_1 轴上的方差达到最大，即在此方向上所含的有关 N 个样品间差异的信息是最多的。因此，若将二维空间的点投影到某个一维方向，则选择 Y_1 轴方向能使信息的损失降到最小，我们称 Y_1 为第一主成分。而在与 Y_1 轴正交的 Y_2 轴上，有着较小的方差，称 Y_2 为第二主成分。图 5.1 中，第一主成分的效果与椭圆的形状有很大的关系，椭圆越是扁平，N 个点在 Y_1 轴上的方差就相对越大，在 Y_2 轴上的方差就相对越小，用第一主成分代替二维空间所造成的信息损失也就越小。考虑这样两种极端的情形：一种是椭圆的长轴与短轴的长度相等，即椭圆变成圆，第一主成分只含有二维空间约一半的信息，若仅用这个主成分，则将损失约 50%的信息。这显然是不可取的。造成它的原因是，原始变量 X_1 和 X_2 的相关程度几乎为零，也就是说 X_1 和 X_2 所包含的信息几乎不重叠，因此无法用一个一维的综合变量来代替它们。另一种是椭圆扁平到极限，变成了 Y_1 轴上的一条线段，第一主成分包含了二维空间点的 100%信息，仅用这一个主成分代替原始的二维变量不会有任何信息的损失，此时的主成分是非常理想的。其原因是，原始变量 X_1 和 X_2 可以相互确定，它们所包含的信息完全相同，因此使用一个主成分也就完全够了。

5.3　总体主成分

设 p 个指标(随机变量)$\boldsymbol{X}=(X_1,X_2,\cdots,X_p)^{\mathrm{T}}$ 是 p 维随机变量，其协方差矩阵为

$$\boldsymbol{\Sigma}_{p\times p} = \operatorname{cov}(\boldsymbol{X}) = \begin{bmatrix} \sigma_{11} & \sigma_{12} & \cdots & \sigma_{1p} \\ \sigma_{21} & \sigma_{22} & \cdots & \sigma_{2p} \\ \vdots & \vdots & & \vdots \\ \sigma_{p1} & \sigma_{p2} & \cdots & \sigma_{pp} \end{bmatrix}$$

式中，协方差 $\sigma_{ij}=E\{[\boldsymbol{X}_i-E(\boldsymbol{X}_i)][\boldsymbol{X}_j-E(\boldsymbol{X}_j)]\}$。现求 $\boldsymbol{X}$ 的线性函数 $\boldsymbol{a}^{(1)\mathrm{T}}\boldsymbol{X}$ 使得 $\boldsymbol{a}^{(1)\mathrm{T}}\boldsymbol{X}$ 的方差尽可能地大。由于 $\operatorname{cov}(\boldsymbol{a}^{(1)\mathrm{T}}\boldsymbol{X})=\boldsymbol{a}^{(1)\mathrm{T}}\operatorname{cov}(\boldsymbol{X})\boldsymbol{a}^{(1)}$，对任给的常数 c，$\operatorname{cov}(c\boldsymbol{a}^{(1)\mathrm{T}}\boldsymbol{X})=c^2\boldsymbol{a}^{(1)\mathrm{T}}\operatorname{cov}(\boldsymbol{X})\boldsymbol{a}^{(1)}$，因此对 $\boldsymbol{a}^{(1)}$ 不加限制时，问题变成没有什么意义了。于是限制 $\boldsymbol{a}^{(1)\mathrm{T}}\boldsymbol{a}^{(1)}=1$，求 $\operatorname{cov}(\boldsymbol{a}^{(1)\mathrm{T}}\boldsymbol{X})$ 的最大值。实际上，这就是求 $\max\limits_{a\neq 0}\dfrac{\boldsymbol{a}^{(1)\mathrm{T}}\boldsymbol{\Sigma}\boldsymbol{a}^{(1)}}{\boldsymbol{a}^{(1)\mathrm{T}}\boldsymbol{a}^{(1)}}$ 的值。

根据线性代数的理论,我们知道这就是矩阵$\boldsymbol{\Sigma}$的最大特征根λ_1,并且$\boldsymbol{a}^{(1)}$就是λ_1相应的特征向量。$\boldsymbol{a}^{(1)^{\mathrm{T}}}\boldsymbol{X}$就为随机向量$\boldsymbol{X}$的第一主成分。第一主成分可能只说明了$p$个指标的一大部分变动,如果只用第一主成分可能丧失的信息太多,则往往还要计算$\boldsymbol{X}$的第二主成分$\boldsymbol{a}^{(2)^{\mathrm{T}}}\boldsymbol{X}$。$\boldsymbol{X}$的第二主成分不应该再重复反映第一主成分已经反映的内容,所以求第二主成分时,除了有类似于第一主成分的约束条件外,还必须加上第二主成分与第一主成分不相关这一条件,即

$$\operatorname{cov}(\boldsymbol{a}^{(2)^{\mathrm{T}}}\boldsymbol{X},\boldsymbol{a}^{(1)^{\mathrm{T}}}\boldsymbol{X})=\boldsymbol{a}^{(2)^{\mathrm{T}}}\boldsymbol{\Sigma}\boldsymbol{a}^{(1)}=0$$

因为$\boldsymbol{\Sigma}\boldsymbol{a}^{(1)}=\lambda_1\boldsymbol{a}^{(1)}$,所以有

$$\boldsymbol{a}^{(2)^{\mathrm{T}}}\boldsymbol{\Sigma}\boldsymbol{a}^{(1)}=\lambda_1\boldsymbol{a}^{(2)^{\mathrm{T}}}\boldsymbol{a}^{(1)}$$

要使$\operatorname{cov}(\boldsymbol{a}^{(2)^{\mathrm{T}}}\boldsymbol{X},\boldsymbol{a}^{(1)^{\mathrm{T}}}\boldsymbol{X})=0$,也就是要使

$$\boldsymbol{a}^{(2)^{\mathrm{T}}}\boldsymbol{a}^{(1)^{\mathrm{T}}}=0$$

即第二主成分的特征向量必须与第一主成分的特征向量正交。加上标准化的约束条件,求$\boldsymbol{X}$的第二主成分问题也就是在约束条件$\boldsymbol{a}^{(2)^{\mathrm{T}}}\boldsymbol{a}^{(2)}=1$和$\boldsymbol{a}^{(2)^{\mathrm{T}}}\boldsymbol{a}^{(1)}=0$之下,求使得$\boldsymbol{a}^{(2)^{\mathrm{T}}}\boldsymbol{X}$的方差$\operatorname{cov}(\boldsymbol{a}^{(2)^{\mathrm{T}}}\boldsymbol{X},\boldsymbol{a}^{(2)^{\mathrm{T}}}\boldsymbol{X})=\boldsymbol{a}^{(2)^{\mathrm{T}}}\boldsymbol{\Sigma}\boldsymbol{a}^{(2)}$最大的向量$\boldsymbol{a}^{(2)}$的值。经过代数计算,$\boldsymbol{a}^{(2)}$为协方差矩阵$\boldsymbol{\Sigma}$的第二大特征根$\lambda_2$所对应的特征向量。类似地,我们可以求出第三主成分,…,第p主成分。

事实上,由于协方差矩阵$\boldsymbol{\Sigma}$为非负定矩阵,故有p个非负特征根,$\lambda_1\geqslant\lambda_2\geqslant\cdots\geqslant\lambda_p\geqslant0$,从而求出$p$个特征向量$\boldsymbol{a}^{(1)},\boldsymbol{a}^{(2)},\cdots,\boldsymbol{a}^{(p)}$。将每一个特征向量作为一个主成分的系数向量,就可得出p个主成分。若记p个主成分组成的主成分向量为$\boldsymbol{Y}=(Y_1,Y_2,\cdots,Y_p)^{\mathrm{T}}$,特征向量$\boldsymbol{a}^{(1)},\boldsymbol{a}^{(2)},\cdots,\boldsymbol{a}^{(p)}$组成的矩阵为$\boldsymbol{A}$,即

$$\boldsymbol{A}=(\boldsymbol{a}^{(1)},\boldsymbol{a}^{(2)},\cdots,\boldsymbol{a}^{(p)})$$

则可写成主成分向量的表达形式为

$$\boldsymbol{Y}=\boldsymbol{A}^{\mathrm{T}}\boldsymbol{X}$$

我们有$\operatorname{cov}(\boldsymbol{Y})=\boldsymbol{A}^{\mathrm{T}}\operatorname{cov}(\boldsymbol{X})\boldsymbol{A}=\begin{bmatrix}\lambda_1 & & 0\\ & \ddots & \\ 0 & & \lambda_p\end{bmatrix}$,即$Y_1,\cdots,Y_p$不相关,各自的方差为$\lambda_1,\cdots,\lambda_p$,总的方差是$\sum\lambda_i=\operatorname{tr}\boldsymbol{\Sigma}$。我们从$Y_1,\cdots,Y_p$中选出对方差贡献最大的部分指标,就达到了主成分分析的目的。

【例5.1】 假设市场上肉类、鸡蛋、水果三种商品价格的月份资料的协方差矩阵为

$$\boldsymbol{\Sigma}=\begin{bmatrix}2 & 2 & -2\\ 2 & 5 & -4\\ -2 & -4 & 5\end{bmatrix}$$

试求这三种价格的主成分。

解 根据上述协方差矩阵,可写出其特征多项式为

$$|\lambda \boldsymbol{I}-\boldsymbol{\Sigma}|=\begin{vmatrix}\lambda-2 & -2 & 2 \\ -2 & \lambda-5 & 4 \\ 2 & 4 & \lambda-5\end{vmatrix}=(\lambda-1)^2(\lambda-10)$$

令此特征多项式为 0,则得特征方程,解此特征方程,从而得$\boldsymbol{\Sigma}$ 的特征值为

$$\lambda_1=10,\quad \lambda_2=\lambda_3=1$$

将这些特征根分别代入特征方程,然后求解就可得到相应的各个特征向量,将这些特征向量单位化,就得到相应于上述 3 个特征根的 3 个单位特征向量分别为

$$\boldsymbol{a}^{(1)}=\left(\frac{1}{3} \quad \frac{2}{3} \quad -\frac{2}{3}\right)^{\mathrm{T}}$$

$$\boldsymbol{a}^{(2)}=\left(0 \quad \frac{\sqrt{2}}{2} \quad \frac{\sqrt{2}}{2}\right)^{\mathrm{T}}$$

$$\boldsymbol{a}^{(3)}=\left(\frac{2\sqrt{2}}{3} \quad -\frac{\sqrt{2}}{6} \quad \frac{\sqrt{2}}{6}\right)^{\mathrm{T}}$$

于是,三种商品价格的 3 个主成分分别为

$$\boldsymbol{Y}_1=\boldsymbol{a}^{(1)\mathrm{T}}\boldsymbol{X}=\frac{1}{3}X_1+\frac{2}{3}X_2-\frac{2}{3}X_3$$

$$\boldsymbol{Y}_2=\boldsymbol{a}^{(2)\mathrm{T}}\boldsymbol{X}=\frac{\sqrt{2}}{2}X_2+\frac{\sqrt{2}}{2}X_3$$

$$\boldsymbol{Y}_3=\boldsymbol{a}^{(3)\mathrm{T}}\boldsymbol{X}=\frac{2\sqrt{2}}{3}X_1-\frac{\sqrt{2}}{6}X_2+\frac{\sqrt{2}}{6}X_3$$

3 个主成分的方差分别为

$$D(\boldsymbol{Y}_1)=\lambda_1=10,\quad D(\boldsymbol{Y}_2)=\lambda_2=1,\quad D(\boldsymbol{Y}_3)=\lambda_3=1$$

第一个主成分占了原始变量的总方差的绝大部分,所以第一主成分综合反映了三种商品的绝大部分变动。

在解决实际问题时,不同的变量往往具有不同的量纲,或者不同的变量数据相差较大,利用协方差矩阵$\boldsymbol{\Sigma}$ 计算主成分显然不妥。为了消除由于量纲的不同可能带来的一些不合理的影响,常采用变量标准化的办法,即令

$$\boldsymbol{X}_i^*=\frac{X_i-E(X_i)}{\sqrt{D(X_i)}},\quad i=1,2,\cdots,p$$

这时,$\boldsymbol{X}^*=(\boldsymbol{X}_1^*,\boldsymbol{X}_2^*,\cdots,\boldsymbol{X}_p^*)$的协方差阵就是 X 的相关矩阵$\boldsymbol{R}=(r_{ij})$,从 $\boldsymbol{R}$ 出发求得主成分的方法与从$\boldsymbol{\Sigma}$ 出发是完全类似的,这里不再赘述。

【例 5.2】 由例 5.1 市场上肉类、鸡蛋、水果三种商品的月份资料的协方差矩阵可求得相关矩阵为

$$\boldsymbol{R}=\begin{bmatrix}1 & \frac{2}{\sqrt{10}} & -\frac{2}{\sqrt{10}} \\ \frac{2}{\sqrt{10}} & 1 & -\frac{4}{5} \\ -\frac{2}{\sqrt{10}} & -\frac{4}{5} & 1\end{bmatrix}$$

试由此相关矩阵求三种商品价格的所有主成分。

解　由上述相关矩阵，可写出其特征多项式为

$$|\lambda \boldsymbol{I}-\boldsymbol{R}|=\begin{bmatrix}\lambda-1 & -\frac{2}{\sqrt{10}} & \frac{2}{\sqrt{10}}\\ -\frac{2}{\sqrt{10}} & \lambda-1 & \frac{4}{5}\\ \frac{2}{\sqrt{10}} & \frac{4}{5} & \lambda-1\end{bmatrix}=\left(\lambda-\frac{1}{5}\right)\left(\lambda^2-\frac{14}{5}\lambda+1\right)$$

令此特征多项式等于 0，得到特征方程，由此特征方程可解得 3 个特征根分别为

$$\lambda_1=\frac{7+2\sqrt{6}}{5}=2.38$$

$$\lambda_2=\frac{7-2\sqrt{6}}{5}=0.42$$

$$\lambda_3=\frac{1}{5}=0.20$$

将这些特征根分别代入特征方程，然后求解各个相应的线性齐次方程，就得到了 3 个相应的特征向量，将这些特征向量单位化，得到相应于上述 3 个特征根的 3 个单位特征向量分别为

$$\boldsymbol{a}^{(1)}=(0.54\quad 0.59\quad -0.59)^{\mathrm{T}}$$

$$\boldsymbol{a}^{(2)}=(0.84\quad -0.39\quad 0.39)^{\mathrm{T}}$$

$$\boldsymbol{a}^{(3)}=(0\quad 0.71\quad 0.71)^{\mathrm{T}}$$

于是，三种商品价格的 3 个主成分分别为

$$\boldsymbol{Y}_1^*=0.54X_1^*+0.59X_2^*-0.59X_3^*$$

$$\boldsymbol{Y}_2^*=0.84X_1^*-0.39X_2^*+0.39X_3^*$$

$$\boldsymbol{Y}_3^*=0.71X_2^*+0.71X_3^*$$

3 个主成分的方差分别为

$$D(\boldsymbol{Y}_1^*)=\lambda_1=2.38$$

$$D(\boldsymbol{Y}_2^*)=\lambda_2=0.42$$

$$D(\boldsymbol{Y}_3^*)=\lambda_3=0.2$$

第一个主成分的方差约占了标准化的原始变量方差的 80%，所以第一主成分综合了原始变量的绝大部分变动。

比较例 5.1 和例 5.2，可以看出，根据相关矩阵计算出的各个主成分与根据协方差矩阵计算出的各个主成分并不相同。这说明标准化不是无关紧要的。一般而言，对于度量单位不同的指标或是取值范围差异非常大的指标，我们不直接由其协方差矩阵出发进行主成分分析，而应该考虑将数据标准化。比如，在对上市公司的财务状况进行分析时，常常会涉及利润总额、市盈率、每股净利率等指标，其中利润总额取值常常从几十万到上百万，市盈率一般在 15～30 之间，而每股净利率在 1 以下，不同指标取值范围相差很大，这时若是直接从协方差矩阵入手进行主成分分析，明显利润总额的作用将起到重要支配作用，而其他两个指标的作用很难在主成分中体现出来，此时应该考虑对数据进行标准化处理。

但是，对原始数据进行标准化处理后倾向于各个指标的作用在主成分的构成中相等。

对于取值范围相差不大或是度量相同的指标进行标准化处理后，其主成分分析的结果仍与由协方差阵出发求得的结果有较大区别。其原因是对数据进行标准化的过程实际上也就是抹杀原始变量离散程度差异的过程，标准化后的各变量方差相等，均为1，而实际上方差也是对数据信息的重要概括形式，也就是说，对原始数据进行标准化后抹杀了一部分重要信息，因此才使得标准化后各变量在对主成分构成中的作用趋于相等。由此看来，对同度量或是取值范围在同量级的数据，还是直接从协方差矩阵求解主成分为宜。

5.4 样本主成分

在解决实际问题时，总体的协方差和相关阵往往都是未知的，需要通过样本来进行估计。设样本数据矩阵为

$$\boldsymbol{X}=(x_1,x_2,\cdots,x_p)=\begin{bmatrix} x_{11} & x_{12} & \cdots & x_{1p} \\ x_{21} & x_{22} & \cdots & x_{2p} \\ \vdots & \vdots & & \vdots \\ x_{n1} & x_{n2} & \cdots & x_{np} \end{bmatrix}$$

则样本协方差矩阵为

$$\boldsymbol{S}=\frac{1}{n-1}\sum_{i=1}^{n}(x_i-\bar{x})(x_i-\bar{x})^{\mathrm{T}}=(s_{ij})$$

用标准化变换后的数据矩阵 $\boldsymbol{X}^*=\left(\dfrac{x_{ij}-\bar{x}_j}{s_j}\right)$可计算出样本相关矩阵为

$$\boldsymbol{R}=(r_{ij})=\frac{1}{n-1}\boldsymbol{X}^{*\mathrm{T}}\boldsymbol{X}^*$$

其中，$\bar{x}=\dfrac{1}{n}\sum_{i=1}^{n}x_i$ 为样本均值。可以用 $\boldsymbol{S}$ 代替$\boldsymbol{\Sigma}$，用 $\hat{\boldsymbol{R}}$ 代替 $\boldsymbol{R}$，然后从 $\boldsymbol{S}$ 或 $\hat{\boldsymbol{R}}$ 出发按类似于5.2节的方法求得样本主成分。

5.5 主成分的选取

由主成分分析的基本思想和计算过程可以看出，主成分分析是把 p 个随机变量的总方差 $\mathrm{tr}(\boldsymbol{\Sigma})$分解为 p 个不相关的随机变量的方差之和$\lambda_1+\lambda_2+\cdots+\lambda_p$。各个主成分的方差即相应的特征根 λ_i 表明了该主成分 $\boldsymbol{Y}_i$ 的方差，方差 λ_i 的值越大，表明主成分 $\boldsymbol{Y}_i=\boldsymbol{a}^{(i)\mathrm{T}}\boldsymbol{X}$ 综合原始变量 $X_1,X_2,\cdots,X_p$ 的能力越强。

在实际应用中，通常第一主成分并不足以代表原始变量，所以要选取几个方差最大的主成分。按照方差从大到小的顺序排列，前几个主成分的方差之和与总方差的比值

$$\omega_m=\frac{\sum_{i=1}^{m}\lambda_i}{\sum_{i=1}^{p}\lambda_i}$$

称为主成分 $Y_1, Y_2, \cdots, Y_m$ 的累计贡献率。在研究实际问题时，一般要求累计贡献率不小于85%。由于主成分的方差 λ_i 一般下降较快，所以只要取为数不多的主成分就足以反映 p 个原始变量的变化情况。当用它进行预测时，就可使预测因子减少，起到降维的作用。

虽然主成分的贡献率这一指标给出了选取主成分的一个准则，但是累计贡献率只是表达了前 m 个主成分提取了 $X_1, X_2, \cdots, X_p$ 的多少信息，它并没有表达某个变量被提取了多少信息，仅仅使用累计贡献率这一准则，并不能保证每个变量都被提取了足够的信息。因此，有时还往往需要另一个辅助的准则。

由于任一原始变量 X_i 可用主成分表示为 $X_i = a_i^{(1)} Y_1 + a_i^{(2)} Y_2 + \cdots + a_i^{(p)} Y_p$，其中各个主成分之间互不相关，所以原始变量 X_i 的方差可以表示为

$$D(X_i) = a_i^{(1)^2} \lambda_1 + a_i^{(2)^2} \lambda_2 + \cdots + a_i^{(p)^2} \lambda_p = \sigma_{ii}$$

显然 $\lambda_j a_i^{(j)^2}$ 是第 j 个主成分所能说明的第 i 个原始变量的方差，即第 j 个主成分从第 i 个原始变量中所提取的信息。由于原始变量的方差为 σ_{ii}，所以比率 $\lambda_j a_i^{(j)^2} / \sigma_{ii}$ 就反映了第 j 个主成分从第 i 个原始变量中所提取的信息的大小。如果研究中只选取了前 m 个主成分，则这 m 个主成分从原始变量中提取的总信息量就表示为

$$\frac{\sum_{j=1}^{m} \lambda_j a_i^{(j)^2}}{\sigma_{ii}}$$

即这 m 个主成分能够解释第 i 个原始变量的变动程度，所以定义比率

$$\boldsymbol{\Omega}_i = \frac{\sum_{j=1}^{m} \lambda_j a_i^{(j)^2}}{\sigma_{ii}}$$

为原始变量 X_i 的**信息提取率**。我们选取主成分时，不仅要使前 m 个主成分的累计贡献率达到一定的程度，而且要使每个原始变量的信息提取率也达到一定的程度。

【例 5.3】 假设某商场运动鞋、凉鞋、皮鞋三种消费量的协方差矩阵为

$$\boldsymbol{\Sigma} = \begin{bmatrix} 1 & -2 & 0 \\ -2 & 5 & 0 \\ 0 & 0 & 2 \end{bmatrix}$$

试求各主成分，并对各主成分的贡献率及各个原始观测变量的信息提取率进行讨论。

解 由上述协方差矩阵，写出其特征多项式为

$$|\lambda \boldsymbol{I} - \boldsymbol{\Sigma}| = \begin{vmatrix} \lambda - 1 & 2 & 0 \\ 2 & \lambda - 5 & 0 \\ 0 & 0 & \lambda - 2 \end{vmatrix}$$

令此特征多项式为0，得特征方程。求解特征方程，得3个特征根分别为

$$\lambda_1 = 3 + 2\sqrt{2} \approx 5.83, \quad \lambda_2 = 2.00, \quad \lambda_3 = 3 - 2\sqrt{2} \approx 0.17$$

将各个特征根代入特征方程，求解相应的齐次线性方程，得到各个特征向量，经过单位化处理，就得到相应的3个单位化特征向量分别为

$$\boldsymbol{a}^{(1)} = (0.383 \quad -0.924 \quad 0)^{\mathrm{T}}$$

$$\boldsymbol{a}^{(2)} = (0 \quad 0 \quad 1)^{\mathrm{T}}$$

$$a^{(3)}=(0.924 \quad 0.383 \quad 0)^{\mathrm{T}}$$

于是,3 个主成分依次为

第一主成分:$\boldsymbol{Y}_1=0.383X_1-0.924X_2$

第二主成分:$\boldsymbol{Y}_2=X_3$

第三主成分:$\boldsymbol{Y}_3=0.924X_1+0.383$

如果我们只取一个主成分,则累计贡献率为

$$\frac{\lambda_1}{\sum_{i=1}^{3}\lambda_i}=\frac{5.83}{5.83+2.00+0.17}=0.728\,75=72.875\%$$

效果似乎已经很理想。但是,如果我们进一步计算每个变量的信息提取率,则

$$\Omega_1=\lambda_1 a_1^{(1)^2}/\sigma_{11}=\frac{5.83\times(0.383)^2}{1}\approx 0.855$$

$$\Omega_2=\lambda_1 a_2^{(1)^2}/\sigma_{22}=\frac{5.83\times(-0.924)^2}{5}\approx 0.996$$

$$\Omega_3=\lambda_1 a_3^{(1)^2}/\sigma_{33}=\frac{5.83\times 0^2}{2}=0$$

我们看到,第 3 个原始变量的信息提取率为 0,这是因为 X_3 与 X_1 和 X_2 都不相关,在 $\boldsymbol{Y}_1$ 中一点没包含 X_3 的信息,这时仅取一个主成分就不够了,故需再取第 2 个主成分 $\boldsymbol{Y}_2$,此时累计贡献率为

$$\frac{\lambda_1+\lambda_2}{\sum_{i=1}^{3}\lambda_i}=\frac{5.83+2.00}{8}=97.875\%$$

各个变量的信息提取率分别为

$$\Omega_1=\sum_{j=1}^{2}\lambda_j a_1^{(j)^2}/\sigma_{11}=\frac{5.83\times(0.383)^2+2.00\times 0}{1}\approx 0.855$$

$$\Omega_2=\sum_{j=1}^{2}\lambda_j a_2^{(j)^2}/\sigma_{22}=\frac{5.83\times(-0.924)^2+2.00\times 0}{5}\approx 0.966$$

$$\Omega_3=\sum_{j=1}^{2}\lambda_j a_3^{(j)^2}/\sigma_{33}=\frac{5.83\times 0^2+2\times 1^2}{2}=1.000$$

3 个变量的信息提取率都比较高。可见,应该选取前两个主成分来代表 3 个原始变量进行分析。

5.6 引导案例解答

我们利用前面所学的知识点来解答引导案例。

经计算,相关矩阵 $\hat{\boldsymbol{R}}$ 的前 3 个特征值、相应的特征向量以及累计贡献率列于表 5.2。前 3 个主成分分别为

$$\boldsymbol{Y}_1=0.469X_1^*+0.404X_2^*+0.394X_3^*+0.408X_4^*+0.337X_5^*+0.427X_6^*$$

$$Y_2 = -0.365X_1^* - 0.397X_2^* + 0.397X_3^* - 0.365X_4^* + 0.569X_5^* + 0.308X_6^*$$

$$Y_3 = 0.092X_1^* + 0.613X_2^* - 0.279X_3^* - 0.705X_4^* + 0.164X_5^* + 0.119X_6^*$$

表 5.2　$\hat{R}$ 的前 3 个特征值、特征向量以及贡献率

指　　标	特 征 向 量		
	$\hat{a}^{(1)}$	$\hat{a}^{(2)}$	$\hat{a}^{(3)}$
X_1^* 身高	0.469	−0.365	0.092
X_2^* 坐高	0.404	−0.397	0.613
X_3^* 胸围	0.394	0.397	−0.279
X_4^* 手臂长	0.408	−0.365	−0.705
X_5^* 肋围	0.337	0.569	0.164
X_6^* 腰围	0.427	0.308	0.119
特征值	3.287	1.406	0.459
贡献率	0.548	0.234	0.077
累计贡献率	0.548	0.782	0.859

从表 5.2 可以看到，前两个主成分的累计贡献率已达到 78.2%，前 3 个主成分的累计贡献率达 85.9%，因此可以考虑只取前面两个或 3 个主成分。

利用特征向量各分量的值可以对各主成分作出符合实际意义的解释。第一主成分 Y_1 对所有标准化原始变量都有近似相等的正载荷。大的 Y_1 值意味着各变量都倾向于有大的值，即表示身材魁梧；小的 Y_1 值意味着各变量都倾向于有小的值，即表示身材矮小。因此，我们称第一主成分为身材大小成分。第二主成分 Y_2 在 X_3^*，X_5^* 和 X_6^* 上有中等程度的正载荷，而在 X_1^*，X_2^* 和 X_4^* 上有中等程度的负载荷。大的 Y_2 值意味着变量 X_3^*，X_5^* 和 X_6^* 上倾向于有大的值，而小的 Y_2 情形相反，变量 X_1^*，X_2^* 和 X_4^* 倾向于有小的值。因此，称第二主成分为形状成分（或胖瘦成分）。第三主成分 Y_3 在 X_2^* 上有大的正载荷，在 X_4^* 有大的负载荷，而在其余变量的载荷都较小。这个主成分基本上是坐高（X_2^*）与手臂长（X_4^*）的对比，反映手臂相对于坐高的长短，这对制作长袖上衣时制定袖子的长短有参考价值。因此可称第三主成分为臂长成分。

5.7　主成分分析的 SPSS 软件操作

视频 5-1

SPSS 软件 FACTOR 模块提供了主成分分析的功能。我们采用 SPSS. 22 版本。下面，我们以 SPSS 软件包自带的数据 Employee data 为例，介绍主成分分析的上机实现方法，在 SPSS 软件的安装目录下可以找到该数据集。

数据 Employee data 为 Midwestern 银行雇员情况的数据，共包括 474 条观测及以下 10 个变量：id（观测号）、gender（性别）、bdate（出生日期）、educ（受教育程度）、jobcat（工作种类）、salary（目前年薪）、salbegin（开始受聘时年薪）、jobtime（受雇时间（月））、prevexp（受雇以前的工作时间(月))、minority(是否少数民族)。下面我们用主成分分析方法处理该数据，以期用少量的变量来描述该地区居民的雇用情况。

进入 SPSS 软件，打开数据集 Employeedata 后，依次执行 **Analyze→Dimension Reduction→Factor** 命令，系统弹出选择变量和分析内容的主窗口，如图 5.2 所示。

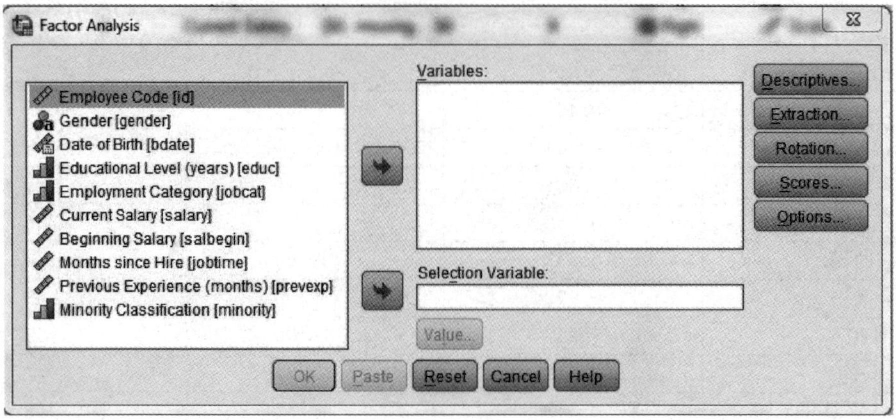

图 5.2 主成分分析的对话框

依次选中变量 educ，salary，salbegin，jobtime，prevexp 并单击向右的箭头按钮，这 5 个变量便进入了图 5.2 中 Variables 窗口。单击左侧的 **OK** 按钮，即可得到表 5.3～表 5.5。

表 5.3 Communalities

	Initial	Extraction
Educational Level(years)	1.000	0.754
Current Salary	1.000	0.896
Beginning Salary	1.000	0.916
Months since Hire	1.000	0.999
Previous Experience (months)	1.000	0.968

Extraction Method：Principal Component Analysis.

表 5.4 Component Matrix[a]

	Component		
	1	2	3
Educational Level(years)	0.846	−0.194	−0.014
Current Salary	0.940	0.104	0.029
Beginning Salary	0.917	0.264	−0.077
Months since Hire	0.068	−0.052	0.996
Previous Experience (months)	−0.178	0.965	0.069

Extraction Method：Principal Component Analysis.

a. 3 components extracted.

表 5.5 Total Variance Explained

Component	Initial Eigenvalues			Extraction Sums of Squared Loadings		
	Total	% 0f Variance	Cumulative %	Total	% of Variance	Cumulative %
1	2.477	49.541	49.541	2.477	49.541	49.541
2	1.052	21.046	70.587	1.052	21.046	70.587
3	1.003	20.070	90.656	1.003	20.070	90.656
4	0.365	7.299	97.955			
5	0.102	2.045	100.000			

Extraction Method：Principal Component Analysis.

其中，表 5.3 给出了从每个原始变量中提取的信息，其下面的注释表明该次分析是用 Factor analysis 模块默认的信息提取方法即主成分分析。可以看出从原始变量中提取的信息都占 75%以上。表 5.4 给出了标准化原始变量用 3 个主成分的线性表示的近似表达式。表 5.5 则显示了各主成分解释原始变量总方差的情况，SPSS 默认保留特征根大于 1 的主成分，在本例中保留了 3 个主成分，这 3 个主成分集中了原始 5 个变量信息的 90.656%，可见效果是比较好的。

在上面的主成分分析中，SPSS 默认是从相关阵出发求解主成分，且默认保留特征根大于 1 的主成分，实际上，我们还可以自己选择，方法是：进入 **Factor Analysis** 对话框并选择好变量之后，单击 **Extraction** 按钮，系统弹出"提取"对话框，如图 5.3 所示。

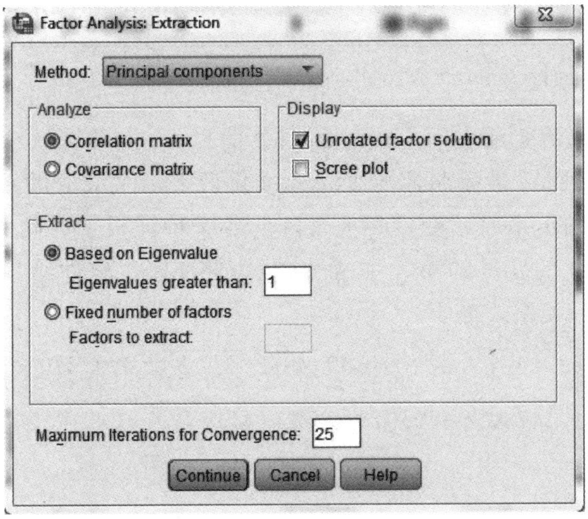

图 5.3 因子提取对话框

该窗口下部的 Extract 小框内，有两项选择，要求决定提取因子的个数：系统默认选择是 Eigenvalues greater than 1(特征根大于 1)。一般接受系统的这个默认值。另外一个选项是 Fixed number of factors，要求用户直接确定主成分的个数。

由 SPSS 软件默认选项输出的结果，我们还不能得到用原始变量表示出主成分的表达式，要得到这个结果，就需要对 Factor Analysis 模块中的设置做一些调整，方法如下：

进入 **Factor Analysis** 对话框并选择好变量之后，单击对话框下部的 **Scores** 按钮进入 **Factor Scores** 对话框，如图 5.4 所示。

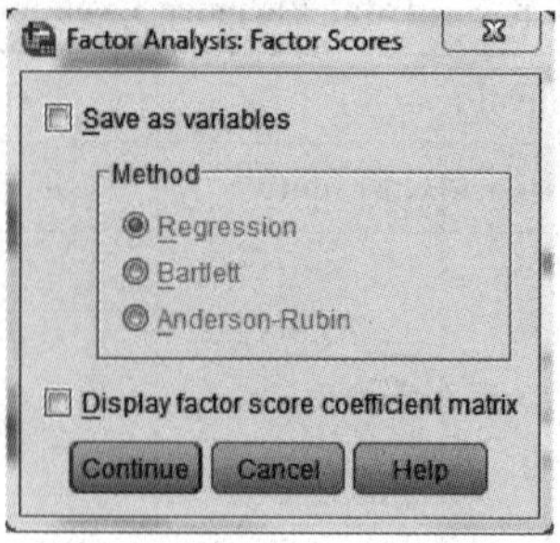

图 5.4　输出主成分得分

选择 **Display factor score coefficient matrix** 命令并单击 **Continue** 按钮，该命令是让系统输出主成分得分系数矩阵。单击 **OK** 按钮运行，则除了默认结果，还得到表 5.6。

表 5.6　Component Score Coefficient Matrix

	Component		
	1	2	3
Educational Level(years)	0.342	−0.184	−0.014
Current Salary	0.380	0.099	0.028
Beginning Salary	0.370	0.250	−0.077
Months since Hire	0.027	−0.050	0.992
Previous Experience (months)	−0.072	0.917	0.069

Extraction Method：Pnincipal Component Analysis.

表 5.6 给出了用原始变量表示主成分的系数信息，因为系统默认是从相关矩阵出发进行分析，所以，表 5.6 中的系数是将原始变量标准化后表示主成分的系数。这样求得的每个主成分的方差等于 1，而不是原始变量相关矩阵的各个特征根了。此例中第一主成分的方差为 2.477，要得出标准化的变量的第一主成分，只需将 SPSS 软件给出的系数前面乘以主成分方差的平方根即可。关系式如下：

$$\boldsymbol{Y}_1^* = 0.342 \times \sqrt{2.477}\,X_1^* + 0.380 \times \sqrt{2.447}\,X_2^* + 0.370 \times \sqrt{2.447}\,X_3^* + 0.027\sqrt{2.447}\,X_4^* - 0.072 \times \sqrt{2.447}\,X_5^*$$

5.8　JMP 软件操作

在 SAS JMP 软件当中，在一个打开的特定数据表内，选择主菜单中**分析→多元方法→主成分**即可打开主成分分析的子窗口。将希望进行主成分分析的变量选定到“Y，列”中，单击确定按钮，即可输出默认的主成分分析结果。输出窗口中默认显示汇总图，包含特征值及其二维绘图等信息，单击展开左上角的红字箭头可以获得更多的分析结果，如 Barlett 检验统计量、特征向量、载荷矩阵、陡坡图等，同时也可以对主成分分析结果进行保存。而在主成分分析窗口下，则可以调整分析方法等。

习题

1. 主成分的基本思想是什么?

2. 根据协方差矩阵进行主成分分析和根据相关矩阵进行主成分分析有什么不同?

3. 设有4个样品,每个样品观测3个指标,原始数据矩阵为

$$\boldsymbol{X}=\begin{pmatrix} 1 & 1 & 1 \\ 0 & 0 & -1 \\ 1 & -1 & 1 \\ -1 & 1 & 0 \end{pmatrix}$$

试求各主成分,并对各主成分的贡献率及各个原始观测变量的信息提取率进行讨论。

4. 找一个实际问题的数据,应用SPSS软件试做主成分分析。

第6章

因子分析

因子分析是一种主要用于数据简化和降维的多元统计分析方法。在面对诸多具有内在相关性的变量时,因子分析试图使用少数几个随机变量来描述许多变量所体现的一种基本结构。

因子分析是由英国心理学家查尔斯·爱德华·斯皮尔曼(Charles Edward Spearman)提出的。1904年,他在美国心理学刊物上,发表了第一篇有关因子分析的文章。此后,因子分析逐渐扩展到社会学、气象学、政治学、医学、地理学及管理学等领域。

因子分析的用途很广,主要有两个方面:一是寻求基本结构,简化观测系统;二是用于数据简化,通过因子分析,可以用所找出的少数几个因子代替原来的变量做回归分析、聚类分析、判别分析等。

因子分析和主成分分析有很大的不同,主成分分析不能作为一个模型来描述,它只能作为一般的变量变换,主成分分析是可观测变量的线性组合;而因子分析需要构造一个因子模型,公共因子一般不能表示为原始变量的线性组合。因子分析中的因子一般能够找到实际意义,而主成分分析的主成分综合性太强,一般找不出实际意义。

引导案例

陕西位于我国版图的中心位置,从西部大开发战略到“一带一路”倡议,陕西都承载着举足轻重的作用,为西北地区和我国经济的持续发展注入了长久动力。陕西从南到北跨越10个地市。由于各个市地处的地理位置和环境不同,各市经济发展不平衡,有些地区依靠地理位置可以自给自足,有些地区因地处环境受限,发展缓慢。各个市经济综合实力也有较大的差异。本案例选取了来自国家统计局的16项经济指标,分别为:地区性生产总值X_1、人均第一产业总产值X_2、人均第二产业总产值X_3、人均第三产业总产值X_4、人均国内生产总值X_5、工业增加值X_6、农林牧渔业总产值X_7、固定资产投资总额X_8、地方财政一般预算收入X_9、地方财政一般预算支出X_{10}、对外贸易X_{11}、社会消费品零售总额X_{12}、居民消费价格指数X_{13}、城镇居民人均可支配收入X_{14}、城镇居民人均消费性支出X_{15}、货运总量X_{16}。能否使用一种方法,简化数据与指标,对陕西省10个地级市的经济状况进行评价?

6.1 因子分析模型

6.1.1 数学模型

为了对因子分析的基本理论有一个完整的认识，我们先给出斯皮尔曼 1904 年用到的例子。在该例中，斯皮尔曼研究了 33 名学生在古典语(C)、法语(F)、英语(E)、数学(M)、判别(D)和音乐(Mu)六门考试成绩之间的相关性，并得到如下相关阵：

$$\begin{array}{c} \\ C \\ F \\ E \\ M \\ D \\ Mu \end{array}\begin{array}{c} \begin{array}{cccccc} C & F & E & M & D & Mu \end{array} \\ \begin{bmatrix} 1.00 & 0.83 & 0.78 & 0.70 & 0.66 & 0.63 \\ 0.83 & 1.00 & 0.67 & 0.67 & 0.65 & 0.57 \\ 0.78 & 0.67 & 1.00 & 0.64 & 0.54 & 0.51 \\ 0.78 & 0.67 & 0.64 & 1.00 & 0.45 & 0.51 \\ 0.66 & 0.65 & 0.54 & 0.45 & 1.00 & 0.40 \\ 0.63 & 0.57 & 0.51 & 0.51 & 0.40 & 1.00 \end{bmatrix}\end{array}$$

斯皮尔曼注意到上面相关阵中一个有趣的规律，若不考虑对角元素，任意两列的元素大致成比例，例如，对 C 列和 E 列有

$$\frac{0.83}{0.67} \approx \frac{0.78}{0.64} \approx \frac{0.66}{0.54} \approx \frac{0.63}{0.51} \approx 1.2$$

于是斯皮尔曼指出每一科目的考试成绩都遵从以下形式：学生 p 门功课的成绩 x_i 是由一个起公共作用的智力因子 f 和起特殊作用的因子 e_i 决定的。

$$x_i = \mu_i + a_i f + e_i, \quad i = 1, 2, \cdots, p$$

其中，μ_i 是各门功课的平均成绩。后来，美国心理学家路易斯・列昂・瑟斯顿(Louis Leon Thurstone)认为智力因子多于一个，所以模型扩展为

$$x_i = \mu_i + a_{i1} f_1 + a_{i2} f_2 + \cdots + a_{im} f_m + e_i, \quad i = 1, 2, \cdots, p$$

如果用大写的字母表示相应的总体的随机变量，则因子分析的一般模型可以表示为

$$\begin{cases} X_1 = \mu_1 + a_{11} F_1 + a_{12} F_2 + \cdots + a_{1m} F_m + \varepsilon_1 \\ X_2 = \mu_2 + a_{21} F_1 + a_{22} F_2 + \cdots + a_{2m} F_m + \varepsilon_2 \\ \quad \vdots \\ X_p = \mu_p + a_{p1} F_1 + a_{p2} F_2 + \cdots + a_{pm} F_m + \varepsilon_p \end{cases} \tag{6.1}$$

式中，$\boldsymbol{\mu} = (\mu_1, \mu_2, \cdots, \mu_p)^{\mathrm{T}}$ 为均值，$F_1, F_2, \cdots, F_m$ 为公共因子，$\varepsilon_1, \varepsilon_2, \cdots, \varepsilon_p$ 为特殊因子，它们都是不可观测的随机变量。式(6.1)可用矩阵表示为

$$\boldsymbol{X} = \boldsymbol{\mu} + \boldsymbol{AF} + \boldsymbol{\varepsilon} \tag{6.2}$$

式中，$\boldsymbol{F} = (F_1, F_2, \cdots, F_m)^{\mathrm{T}}$ 为公共因子向量，$\boldsymbol{\varepsilon} = (\varepsilon_1, \varepsilon_2, \cdots, \varepsilon_p)^{\mathrm{T}}$ 为特殊因子向量，$\boldsymbol{A} = (a_{ij})$：$p \times m$ 称为因子载荷矩阵(component matrix)。我们通常假定 $E(\boldsymbol{F}) = 0, E(\boldsymbol{\varepsilon}) = 0$，$\mathrm{cov}(\boldsymbol{F}, \boldsymbol{F}) = \boldsymbol{I}$，$\varepsilon_1, \varepsilon_2, \cdots, \varepsilon_p$ 与 $\boldsymbol{F}$ 相互独立。

$$\mathrm{cov}(\boldsymbol{\varepsilon}, \boldsymbol{\varepsilon}) = \boldsymbol{D} = \begin{bmatrix} \sigma_1^2 & \cdots & 0 \\ \vdots & & \vdots \\ 0 & \cdots & \sigma_p^2 \end{bmatrix}$$

6.1.2 因子模型的性质

$\boldsymbol{X}$ 的协方差矩$\boldsymbol{\Sigma}$ 可以进行如下分解：

$$\begin{aligned}\operatorname{cov}(\boldsymbol{X},\boldsymbol{X}) &= \operatorname{cov}(\boldsymbol{AF}+\boldsymbol{\varepsilon},\boldsymbol{AF}+\boldsymbol{\varepsilon}) = E(\boldsymbol{AF}+\boldsymbol{\varepsilon})(\boldsymbol{AF}+\boldsymbol{\varepsilon})^{\mathrm{T}} \\ &= \boldsymbol{A}E(\boldsymbol{FF}^{\mathrm{T}})\boldsymbol{A}^{\mathrm{T}} + \boldsymbol{A}E(\boldsymbol{F\varepsilon}^{\mathrm{T}}) + E(\boldsymbol{\varepsilon F}^{\mathrm{T}})\boldsymbol{A}^{\mathrm{T}} + E(\boldsymbol{\varepsilon\varepsilon}^{\mathrm{T}}) \\ &= \boldsymbol{AA}^{\mathrm{T}} + \boldsymbol{D}\end{aligned}$$

即可得

$$\boldsymbol{\Sigma} = \boldsymbol{AA}^{\mathrm{T}} + \boldsymbol{D} \tag{6.3}$$

这就是 $\boldsymbol{X}$ 的协方差的一个分解。如果 $\boldsymbol{X}$ 为各分量已标准化了的随机变量，则$\boldsymbol{\Sigma}$ 就是相关矩阵 $\boldsymbol{R}$，既有

$$\boldsymbol{R} = \boldsymbol{AA}^{\mathrm{T}} + \boldsymbol{D} \tag{6.4}$$

当 $m=p$ 时，任何协方差矩阵$\boldsymbol{\Sigma}$ 均可按式(6.3)进行分解，如可取 $\boldsymbol{A}=\boldsymbol{\Sigma}^{\frac{1}{2}}$，$\boldsymbol{D}=0$；而当 $m<p$ 时，$\boldsymbol{\Sigma}$ 未必能做式(6.3)的分解。

因子模型具有以下两个重要的性质。

1. 模型不受变量量纲的影响

若将变量 $\boldsymbol{X}$ 的量纲变化，实际上就等价于做一线性变化 $\boldsymbol{Y}=\boldsymbol{CX}$，其中 $\boldsymbol{C}$ 为对角矩阵 $\operatorname{diag}(c_1,\cdots,c_p)$，于是：

$$\boldsymbol{Y} = \boldsymbol{C\mu} + \boldsymbol{CAF} + \boldsymbol{C\varepsilon}$$

令$\boldsymbol{\mu}^* = \boldsymbol{C\mu}$，$\boldsymbol{A}^* = \boldsymbol{CA}$，$\boldsymbol{F}^* = \boldsymbol{F}$，$\boldsymbol{\varepsilon}^* = \boldsymbol{\varepsilon}$，则有

$$\boldsymbol{Y} = \boldsymbol{\mu}^* + \boldsymbol{A}^*\boldsymbol{F}^* + \boldsymbol{\varepsilon}^*$$

这个模型完全满足因子模型的假设条件。

2. 因子载荷不是唯一的

设 $\boldsymbol{T}$ 为任一 $m\times m$ 的正交矩阵，令 $\boldsymbol{A}^* = \boldsymbol{AT}$，$\boldsymbol{F}^* = \boldsymbol{T}^{\mathrm{T}}\boldsymbol{F}$，则模型(6.2)能表示为

$$\boldsymbol{X} = \boldsymbol{\mu} + \boldsymbol{A}^*\boldsymbol{F}^* + \boldsymbol{\varepsilon}$$

因此，因子载荷矩阵 $\boldsymbol{A}$ 不是唯一的，在实际应用中常常利用这一点，通过因子旋转，使新的因子有更好的实际意义。

6.2 模型参数的统计意义

6.2.1 A 的元素 a_{ij} 的统计意义

由式(6.1)知：

$$\operatorname{cov}(X_i,F_j) = \sum_{k=1}^{m} a_{ik}\operatorname{cov}(F_k,F_j) + \operatorname{cov}(\varepsilon_i,F_j) = a_{ij} \tag{6.5}$$

即 a_{ij} 是 X_i 与 F_j 之间的协方差。若 $\boldsymbol{X}$ 为各分量已标准化了的随机变量，则 a_{ij} 为 X_i 与 F_j 之间的相关系数，事实上：

$$\rho(X_i,F_j)=\frac{\operatorname{cov}(X_i,F_j)}{V(X_i)^{1/2}V(F_j)^{1/2}}=\operatorname{cov}(X_i,F_j)=a_{ij}$$

6.2.2　A的行元素平方和的统计意义

对式(6.1)两边取方差：

$$\begin{aligned}V(X_i)&=a_{i1}^2V(F_1)+a_{i2}^2V(F_2)+\cdots+a_{im}^2V(F_m)+V(\varepsilon_i)\\&=a_{i1}^2+a_{i2}^2+\cdots+a_{im}^2+\sigma_i^2,i=1,2,\cdots,p\end{aligned}\tag{6.6}$$

令 $h_i^2=\sum_{j=1}^{m}a_{ij}^2$，$i=1,2,\cdots,p$，于是：

$$\sigma_{ii}=h_i^2+\sigma_i^2,\quad i=1,2,\cdots,p$$

式中，h_i^2 反映了公共因子对 X_i 的影响，可以看成是公共因子对 X_i 的方差贡献，称为共性方差(communality variance)；而 σ_i^2 是特殊因子 ε_i 对 X_i 的方差贡献，称为特殊方差(specific variance)。当 $\boldsymbol{X}$ 为各分量已标准化了的随机向量时，$\sigma_{ii}=1$，此时有

$$h_i^2+\sigma_i^2=1,\quad i=1,2,\cdots,p$$

6.2.3　A的列元素平方和的统计意义

由式(6.5)可知：

$$\sum_{i=1}^{p}V(X_i)=\sum_{i=1}^{p}a_{i1}^2V(F_1)+\sum_{i=1}^{p}a_{i2}^2V(F_2)+\cdots+\sum_{i=1}^{p}a_{im}^2V(F_m)+\sum_{i=1}^{p}V(\varepsilon_i)$$

令 $g_j^2=\sum_{i=1}^{p}a_{ij}^2$，于是有

$$\sum_{i=1}^{p}V(X_i)=g_1^2+g_2^2+\cdots+g_m^2+\sum_{i=1}^{p}\sigma_i^2\tag{6.7}$$

式中，g_j^2 反映了公共因子 F_j 对 $X_1,X_2,\cdots,X_p$ 的影响，是衡量公共因子 F_j 重要性的一个尺度，可视为公共因子 F_j 对 $X_1,X_2,\cdots,X_p$ 的总方差贡献。

6.3　变量之间的相关性检验

因子分析的前提是变量 $X_1,X_2,\cdots,X_p$ 之间的相关性。如果 $X_1,X_2,\cdots,X_p$ 正交了，它们之间就不会存在公共因子，进行因子分析就没什么意义了。所以进行因子分析之前，要检验 $X_1,X_2,\cdots,X_p$ 之间的相关性。只有相关性较高，才适合于进行因子分析。变量 X_1，$X_2,\cdots,X_p$ 之间的相关性检验的方法，主要有以下两种。

(1) KMO 样本测度(Kaiser-Meyer-Olkin Measure of Sampling Adequacy)。

它是所有变量 $X_1, X_2, \cdots, X_p$ 的简单相关系数的平方和与这些变量之间偏相关系数的平方和之差。

相关系数实际上反映的是公共因子起作用的空间。偏相关系数反映的是特殊因子起作用的空间。KMO 越接近 1,越适合做公共因子分析。KMO 过小,不适合做因子分析。数据是否适合做因子分析,一般采用如下主观判断:KMO 在 0.9 以上,非常适合;0.8~0.9,很适合;0.7~0.8,适合;0.6~0.7,不太适合;0.5~0.6,很勉强;0.5 以下,不适合。

(2) 巴特莱特球体检验(Barlett's test of sphericity)。

这个统计量从整个相关系数矩阵来考虑问题,其零假设 H_0 是相关系数矩阵为单位矩阵,可以用常规的假设检验判断相关系数矩阵是否显著异于零。

6.4 模型的参数估计方法

估计因子载荷矩阵 $\boldsymbol{A}$ 和特性方差矩阵 $\boldsymbol{D}$ 的方法有主成分法、主因子法和极大似然法。

6.4.1 主成分法

由主成分分析可知,对于随机观测向量 $\boldsymbol{X}=(X_1, X_2, \cdots, X_p)^{\mathrm{T}}$,若其相关阵的特征根为 $\lambda_1 \geqslant \lambda_2 \geqslant \cdots \geqslant \lambda_p > 0$,对应的特征向量矩阵为 $\boldsymbol{A}=(a^{(1)}, \cdots, a^{(p)})$,且 $\boldsymbol{A}^{\mathrm{T}}\boldsymbol{A}=\boldsymbol{I}$,则主成分向量为

$$\boldsymbol{Y}=\boldsymbol{A}^{\mathrm{T}}\boldsymbol{X}$$

且 $V(\boldsymbol{Y})=\mathrm{diag}(\lambda_1, \lambda_2, \cdots, \lambda_p)$。由于 $\boldsymbol{A}$ 是一个正交矩阵,所以若用主成分向量来表示原始观测向量,则有

$$\boldsymbol{X}=\boldsymbol{A}\boldsymbol{Y}$$

且

$$V(\boldsymbol{X})=\boldsymbol{A}\begin{bmatrix}\lambda_1 & & 0\\ & \ddots & \\ 0 & & \lambda_2\end{bmatrix}\boldsymbol{A}^{\mathrm{T}}$$

令 $\widetilde{\boldsymbol{A}}=\boldsymbol{A}\begin{bmatrix}\sqrt{\lambda_1} & & 0\\ & \ddots & \\ 0 & & \sqrt{\lambda_p}\end{bmatrix}$,并令 $\boldsymbol{F}=\begin{bmatrix}1/\sqrt{\lambda_1} & & 0\\ & \ddots & \\ 0 & & 1/\sqrt{\lambda_p}\end{bmatrix}\boldsymbol{Y}$

则有

$$\boldsymbol{X}=\boldsymbol{A}\boldsymbol{Y}=\widetilde{\boldsymbol{A}}\boldsymbol{F}$$

$$\boldsymbol{V}(\boldsymbol{X})=\widetilde{\boldsymbol{A}}\widetilde{\boldsymbol{A}}^{\mathrm{T}}$$

并且有 $\boldsymbol{V}(\boldsymbol{F})=\boldsymbol{I}$。显然,这就形成了一个不包含任何特殊因子的因子分析模型。

由于有约束条件 $\boldsymbol{A}^{\mathrm{T}}\boldsymbol{A}=\boldsymbol{I}$,所以这时公共因子数目 m 可达 p 个。因子载荷矩阵为

$$\widetilde{\boldsymbol{A}}=(\boldsymbol{a}^{(1)}\sqrt{\lambda_1},\boldsymbol{a}^{(2)}\sqrt{\lambda_2},\cdots,\boldsymbol{a}^{(p)}\sqrt{\lambda_p})$$

其中，$\boldsymbol{a}^{(i)}(i=1,\cdots,p)$是对应于特征根 λ_i 的单位特征向量，即原始观测变量的第 i 个主成分的系数向量。可见，用主成分法得到的各个公共因子的载荷与相应的主成分的系数仅相差一个常数$\sqrt{\lambda_j}(j=1,2,\cdots,p)$倍。

当然，假定原始观测变量完全由公共因子决定，不存在特殊因子，可能是不合适，因此我们给定公共因子数目 $m<p$，只取 $\widetilde{\boldsymbol{A}}$ 的前 m 列为因子载荷矩阵，而将 $p-m$ 列留给特殊因子，这时共性方差 $h_i^2=\sum_{j=1}^{m}(a_{ij}\sqrt{\lambda_j})^2$。一般地，取：

$$\frac{\sum_{i=1}^{p}h_i^2}{\sum_{i=1}^{p}\lambda_i}=\frac{\sum_{i=1}^{p}\sum_{j=1}^{m}a_{ij}^2\lambda_j}{\sum_{i=1}^{p}\lambda_i}=\frac{\sum_{i=1}^{m}\lambda_i}{\sum_{i=1}^{p}\lambda_i}\geqslant 85\%$$

这种解法称为因子模型的主成分分解。

【例 6.1】 由第 5 章的例 5.2，市场上肉类、鸡蛋、水果三种商品的月份资料的相关矩阵为

$$\boldsymbol{R}=\begin{bmatrix}1 & \frac{2}{\sqrt{10}} & -\frac{2}{\sqrt{10}}\\ \frac{2}{\sqrt{10}} & 1 & -\frac{4}{5}\\ -\frac{2}{\sqrt{10}} & -\frac{4}{5} & 1\end{bmatrix}$$

试用主成分法求解因子分析模型。

解 根据第 5 章例 5.2 可得 3 个特征向量如下：

$$\boldsymbol{a}^{(1)}=(0.54\quad 0.59\quad -0.59)^{\mathrm{T}}$$
$$\boldsymbol{a}^{(2)}=(0.84\quad -0.39\quad 0.39)^{\mathrm{T}}$$
$$\boldsymbol{a}^{(3)}=(0\quad 0.71\quad 0.71)^{\mathrm{T}}$$

因子载荷矩阵为

$$\widetilde{\boldsymbol{A}}=(a^{(1)}\sqrt{\lambda_1},a^{(2)}\sqrt{\lambda_2},a^{(3)}\sqrt{\lambda_3})$$
$$=\begin{pmatrix}0.54\times\sqrt{2.38} & 0.84\times\sqrt{0.42} & 0\\ 0.59\times\sqrt{2.38} & -0.39\times\sqrt{0.42} & 0.71\times\sqrt{0.20}\\ -0.59\times\sqrt{2.38} & 0.39\times\sqrt{0.42} & 0.71\times\sqrt{0.20}\end{pmatrix}$$
$$=\begin{pmatrix}0.833 & 0.544 & 0\\ 0.91 & -0.253 & 0.3175\\ -0.91 & 0.253 & 0.3175\end{pmatrix}$$

因子分析模型为

$$X_1=0.833F_1+0.544F_2$$
$$X_2=0.91F_1-0.253F_2+0.3175F_3$$
$$X_3=-0.91F_1+0.253F_2+0.3175F_3$$

可取前两个因子 F_1, F_2 为公共因子，第一个因子对 $\boldsymbol{X}$ 的贡献为 2.38，第二个因子对 $\boldsymbol{X}$ 的贡献为 0.42。

6.4.2 主因子法

主因子法是对主成分的修正，我们这里假定原始向量 $\boldsymbol{X}$ 的各分量已做标准化变化。如果随机变量 $\boldsymbol{X}$ 满足因子模型(6.2)，则有

$$\boldsymbol{R} = \boldsymbol{A}\boldsymbol{A}^{\mathrm{T}} + \boldsymbol{D}$$

其中，$\boldsymbol{R}$ 为 $\boldsymbol{X}$ 的相关矩阵，令

$$\boldsymbol{R}^* = \boldsymbol{R} - \boldsymbol{D} = \boldsymbol{A}\boldsymbol{A}^{\mathrm{T}} \tag{6.8}$$

则称 $\boldsymbol{R}^*$ 为 $\boldsymbol{X}$ 的约相关矩阵(reduced correlation matrix)。易见，$\boldsymbol{R}^*$ 的对角线元素是 h_i^2，而不是 1，非对角线元素和 $\boldsymbol{R}$ 中是完全一样的，并且 $\boldsymbol{R}^*$ 也是一个非负定矩阵。

设 $\hat{\sigma}_i^2$ 是特殊方差 σ_i^2 的一个合适的初始估计，则约相关矩阵可估计为

$$\hat{\boldsymbol{R}}^* = \hat{\boldsymbol{R}} - \hat{\boldsymbol{D}} = \begin{bmatrix} \hat{h}_1^2 & r_{12} & \cdots & r_{1p} \\ r_{21} & \hat{h}_2^2 & \cdots & r_{2p} \\ \vdots & \vdots & & \vdots \\ r_{p1} & r_{p2} & \cdots & \hat{h}_p^2 \end{bmatrix}$$

其中，$\hat{\boldsymbol{R}} = (r_{ij})$，$\hat{\boldsymbol{D}} = \mathrm{diag}(\hat{\sigma}_1^2, \hat{\sigma}_2^2, \cdots, \hat{\sigma}_p^2)$，$\hat{h}_i^2 = 1 - \hat{\sigma}_i^2$ 是 h_i^2 的初始估计。设 $\hat{\boldsymbol{R}}^*$ 的前 m 个特征值依次为 $\hat{\lambda}_1^* \geqslant \hat{\lambda}_2^* \geqslant \cdots \geqslant \hat{\lambda}_m^* > 0$，相应的正交单位特征向量为 $\hat{\boldsymbol{t}}_1^*, \hat{\boldsymbol{t}}_2^*, \cdots, \hat{\boldsymbol{t}}_m^*$，则 $\boldsymbol{A}$ 的主因子解为

$$\hat{\boldsymbol{A}} = \left(\sqrt{\hat{\lambda}_1^*}\,\hat{\boldsymbol{t}}_1^*, \sqrt{\hat{\lambda}_2^*}\,\hat{\boldsymbol{t}}_2^*, \cdots, \sqrt{\hat{\lambda}_m^*}\,\hat{\boldsymbol{t}}_m^*\right)$$

6.4.3 极大似然法

如果假定公共因子 $\boldsymbol{F}$ 和特殊因子 $\boldsymbol{\varepsilon}$ 服从正态分布，则我们能够得到因子载荷和特殊因子方差的极大似然估计。设 $X_1, X_2, \cdots, X_n$ 为来自正态总体 $\boldsymbol{N}(\boldsymbol{\mu}, \boldsymbol{\Sigma})$ 的随机变量，其中 $\boldsymbol{\Sigma} = \boldsymbol{A}\boldsymbol{A}^{\mathrm{T}} + \boldsymbol{D}$，那么似然函数为

$$L(\boldsymbol{\mu}, \boldsymbol{\Sigma}) = \frac{1}{(2\pi)^{np/2} \mid \boldsymbol{\Sigma} \mid^{n/2}} \exp\left(-1/2\mathrm{tr}\left[\boldsymbol{\Sigma}^{-1} \sum_{j=1}^{n} (x_j - \bar{x})(x_j - \bar{x})^{\mathrm{T}} + n(\bar{x} - \mu)(\bar{x} - \mu)^{\mathrm{T}}\right]\right) \tag{6.9}$$

但式(6.9)并不能唯一确定 $\boldsymbol{A}$，为此，添加如下条件：

$$\boldsymbol{A}^{\mathrm{T}}\boldsymbol{D}^{-1}\boldsymbol{A} = \boldsymbol{\Lambda}$$

这里，$\boldsymbol{\Lambda}$ 是一个对角矩阵，用数值极大化的方法可以得到极大似然估计。

6.4.4 正交旋转

因子分析的最大困难之一是对公共因子的解释。由于公共因子是非观测变量，所以对

于一个因子模型的解，很难确定各个因子的实际含义是什么。目前，对公共因子的解释，一般都是根据因子载荷矩阵来进行。由于因子载荷矩阵不是唯一的，所以给出一个载荷矩阵后，若难以对其因子进行解释，则往往可对载荷矩阵进行正交变换，即对因子轴进行旋转，以期找到一个容易解释公共因子的载荷矩阵。

因子旋转有正交旋转和斜交旋转两类。正交旋转主要包括以下三种。

(1) 方差最大旋转法(varimax)：它使每个因子上具有的最高载荷的变量数最小，因此可以简化对因子的解释。

(2) 四次最大正交旋转(quartimax)：该旋转方法使每个变量中需要解释的因子数最少，可以简化对变量的解释。

(3) 平均正交旋转(equamax)：上述两种方法的结合。

斜交旋转的因子之间不一定正交，但因子的实际意义更容易解释。极端情况是回到原来的变量。

6.5 因子得分

现在再看因子模型(6.2)，即

$$\boldsymbol{X}=\boldsymbol{\mu}+\boldsymbol{A}\boldsymbol{F}+\boldsymbol{\varepsilon}$$

设 $x_1,x_2,\cdots,x_n$ 为一组样本。我们根据这一组样本估计出了公共因子个数 m、因子载荷矩阵 $\boldsymbol{A}$ 和特殊方差阵 $\boldsymbol{D}$，并试图对公共因子 $F_1,F_2,\cdots,F_m$ 进行合理的解释。如果反过来求出各个样本在各个公共因子上的取值，那么我们就可以根据各个样本在各个因子上的取值将其分类，或者进一步研究各个样本差异的原因，等等。所以，我们还应当反过来考查每一个样本在各个公共因子上的得分。目前，用来求因子得分值的常用方法有汤姆生(Thompson)法和巴特莱特(Bartlett)法两种。我们主要介绍汤姆生因子得分。

汤姆生因子得分是基于最小二乘法的思想而得出的计算因子得分的方法。我们假设因子分析模型是由标准化的样本数据所求得的。由因子分析模型可知，样本的原始变量是公共因子的线性函数。反过来，公共因子也是原始变量的线性函数。设公共因子向量 $\boldsymbol{F}=(F_1,F_2,\cdots,F_m)$关于 p 个变量 $\boldsymbol{X}=(X_1,X_2,\cdots,X_p)$的线性模型为

$$\begin{bmatrix}F_1\\F_2\\\vdots\\F_m\end{bmatrix}=\begin{bmatrix}\beta_{11}&\beta_{21}&\cdots&\beta_{p1}\\\beta_{12}&\beta_{22}&\cdots&\beta_{p2}\\\vdots&\vdots&&\vdots\\\beta_{1m}&\beta_{2m}&\cdots&\beta_{pm}\end{bmatrix}\begin{bmatrix}X_1\\X_2\\\vdots\\X_p\end{bmatrix}+\begin{bmatrix}u_1\\u_2\\\vdots\\u_p\end{bmatrix}$$

对于容量为 n 的样本，记

$$\underset{n\times p}{\boldsymbol{X}}=\begin{bmatrix}x_{11}&x_{12}&\cdots&x_{1p}\\x_{21}&x_{22}&\cdots&x_{2p}\\\vdots&\vdots&&\vdots\\x_{n1}&x_{n2}&\cdots&x_{np}\end{bmatrix},\quad \underset{n\times m}{\boldsymbol{f}^{\mathrm{T}}}=\begin{bmatrix}f_{11}&f_{12}&\cdots&f_{1m}\\f_{21}&f_{22}&\cdots&f_{2m}\\\vdots&\vdots&&\vdots\\f_{n1}&f_{n2}&\cdots&f_{nm}\end{bmatrix}$$

$$\underset{p\times m}{\boldsymbol{\beta}}=\begin{bmatrix}\beta_{11} & \beta_{12} & \cdots & \beta_{1m}\\ \beta_{21} & \beta_{22} & \cdots & \beta_{2m}\\ \vdots & \vdots & & \vdots\\ \beta_{p1} & \beta_{p2} & \cdots & \beta_{pm}\end{bmatrix}$$

则上述模型可写成

$$\boldsymbol{f}^{\mathrm{T}}=\boldsymbol{X\beta}+\boldsymbol{u}$$

由多元回归的最小二乘估计，有

$$\hat{\boldsymbol{\beta}}=(\boldsymbol{X}^{\mathrm{T}}\boldsymbol{X})^{-1}\boldsymbol{X}^{\mathrm{T}}\boldsymbol{f}^{\mathrm{T}}$$

因为样本变量和公共因子均已标准化，所以$\frac{1}{n-1}\boldsymbol{X}^{\mathrm{T}}\boldsymbol{X}$ 即为变量的样本相关矩阵 $\boldsymbol{R}$，$\frac{1}{n-1}\boldsymbol{X}^{\mathrm{T}}\boldsymbol{f}^{\mathrm{T}}$ 即为变量与公共因子的样本相关矩阵，由因子载荷的统计意义知，因子载荷即为原始变量与公共因子的相关阵，因此有

$$\frac{1}{n-1}\boldsymbol{X}^{\mathrm{T}}\boldsymbol{X}=\boldsymbol{R},\quad \frac{1}{n-1}\boldsymbol{X}^{\mathrm{T}}\boldsymbol{f}^{\mathrm{T}}=\boldsymbol{A}$$

从而求得因子得分的估计值矩阵为

$$\hat{\boldsymbol{f}}^{\mathrm{T}}=\boldsymbol{X}\hat{\boldsymbol{\beta}}=\boldsymbol{XR}^{-1}\boldsymbol{A}=\boldsymbol{X}(\boldsymbol{A}^{\mathrm{T}}\boldsymbol{A}+\boldsymbol{D})^{-1}\boldsymbol{A}$$

巴特莱特法是基于极大似然法的思想而给出的计算因子得分的方法，用此方法而得到的因子得分的估计值为

$$\hat{\boldsymbol{f}}=(\boldsymbol{A}^{\mathrm{T}}\boldsymbol{D}^{-1}\boldsymbol{A})^{-1}\boldsymbol{A}^{\mathrm{T}}\boldsymbol{D}^{-1}\boldsymbol{X}$$

汤姆生因子得分和巴特莱特因子得分各有其优点和缺点，巴特莱特因子得分估计是无偏的，汤姆生因子得分估计虽然有偏，但方差较小。

6.6 因子分析的 SPSS 软件操作

在第 5 章，我们用 SPSS 的 Factor Analysis 模块实现了主成分分析，实际上，Factor Analysis 主要是 SPSS 软件进行因子分析的模块。为了与主成分分析进行比较，我们仍沿用 SPSS 自带的 Employee data 数据集。数据集的解释说明见第 5 章。

视频 6-1

打开 Employee data 数据集并依次单击 **Analyze→Dimension Reduction→Factor** 进入 **Factor Analysis** 对话框，依次选中变量 educ，salary，salbegin，jobtime，prevexp 进入 Variables 窗口。

单击对话框下侧的 **Extraction** 进入 **Extraction** 对话框，如图 5.3 所示。

在 **Method** 选项中我们看到 SPSS 默认的是主成分法提取因子，在 **Analysis** 框架中看到是从相关矩阵的结构出发求解公共因子。单击 **Continue** 按钮继续。若如此设置，将得到与第 5 章的表 5.3～表 5.5 相同的结果，其中包括公共因子解释方差的比例、因子载荷矩阵等。选中 **Display factor score coefficient matrix** 复选框，SPSS 就可以输出因子得分矩阵。单击

Continue 按钮，单击 **OK** 按钮运行，可以得到表 5.3～表 5.6 所示结果。

实际上用主成分法求解公共因子个载荷矩阵，是求主成分的逆运算。其中 Component Matrix 是因子载荷矩阵，是用标准化后的主成分（公共因子）近似表示标准化原始变量的系数矩阵。

在进行因子分析之前，我们往往先要了解变量之间的相关性来判断进行因子分析是否合适，即进行变量之间的相关性检验，本章 6.3 节我们介绍了两种相关性检验的方法，SPSS 软件可以实现这两种检验方法。进入 **Factor Analysis** 对话框后，单击下方的 **Descriptives** 按钮，进入 **Descriptives** 对话框，如图 6.1 所示。

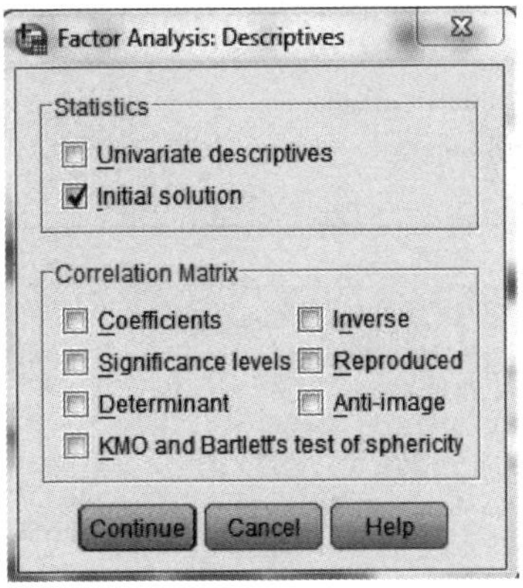

图 6.1　有关初步描述的统计量的选择

在 **Statistics** 框架中选择 Univariate descriptives 会给出每个变量的均值、方差等统计量的值，在下部 **Correlation Matrix** 框架中，选中 Coefficients 选项可以输出原始变量的相关矩阵。本例我们选择此项。选中 Significance levels 以输出原始变量各相关系数的显著性水平，选中 Determinant 可以输出相关系数矩阵的行列式，选中 Inverse 可以输出相关系数矩阵的逆矩阵，选中 Reproduced 可以输出由因子模型估计出的相关系数及残差，选中 Anti-image 可以输出反映相关矩阵。选中 KMO and Bartlett's test of sphericity，可以输出这两种相关性检验方法的结果，本例选择此项，单击 **Continue** 按钮返回主窗口，单击 **OK** 按钮运行。可以得到表 6.1 和表 6.2。

表 6.1　Correlation Matrix

		Educational Level(years)	Current Salary	Beginning Salary	Months since Hire	Previous Exper-ience(months)
Correlation	Educational Level (years)	1.000	0.661	0.633	0.047	−0.252
	Current Salary	0.661	1.000	0.880	0.084	−0.097
	Beginning Salary	0.633	0.880	1.000	−0.020	0.045
	Months since Hire	0.047	0.084	−0.020	1.000	0.003
	Previous Experience (months)	−0.252	−0.097	0.045	0.003	1.000
Sig. (1−tailed)	Educational Level (years)		0.000	0.000	0.152	0.000
	Current Salary	0.000		0.000	0.034	0.017
	Beginning Salary	0.000	0.000		0.334	0.163
	Months since Hire	0.152	0.034	0.334		0.474
	Previous Experience (months)	0.000	0.017	0.163	0.474	

表 6.2　KMO and Bartlett's Test

Kaiser-Meyer-Olkin Measure of Sampling Adequacy.		0.606
Bartlett's Test of Sphericity	Approx. Chi-Square	1094.808
	df	10
	Sig.	0.000

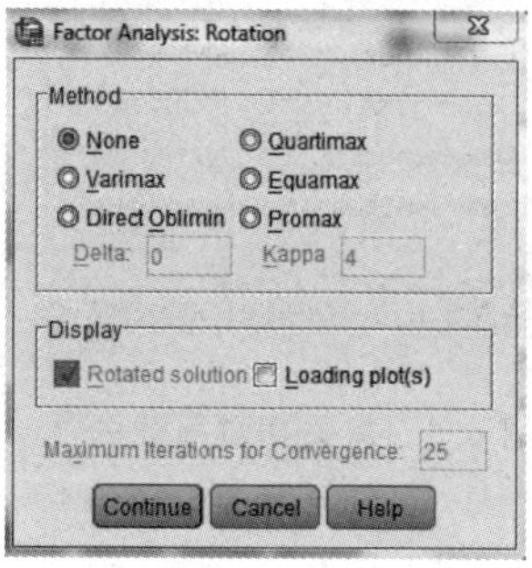

图 6.2　旋转选择对话框

从表 6.1 和表 6.2 可以看到，除了 KMO 检验不太显著外，其他的方法都表明了原始变量间有较强的相关性，因而进行因子分析是合适的。

得到初始载荷矩阵和公共因子后，为了解释方便往往需要对因子进行旋转，设置好其他选项后单击 **Factor Analysis** 对话框中的 **Rotation** 按钮，系统弹出旋转对话框，如图 6.2 所示。

在上述对话框中，我们可以看到 SPSS 给出了多种进行旋转的方法，系统默认不旋转。可以选择的旋转方法有 Varimax（方差最大正交旋转）、Direct Oblimin（直接斜交旋转）、Quartimax（四次方最大正交旋转）、Equamax（平均正交旋转）及 Promax（斜交旋转），选中 Varimax 选项，此时，Display 框架中 Rotated solution 选项被激活，选中该项可以输出旋转结果。单击 **Continue** 按钮返回主窗口，单击 **OK** 按钮运行，除上面的结果外还可以得到表 6.3～表 6.6。

表 6.3　Total Variance Explained

Component	Initial Eigenvalues			Extraction Sums of Squared Loadings			Rotation Sums of Squared Loadings		
	Total	% of Variance	Cumulative %	Total	% of Variance	Cumulative %	Total	% of Variance	Cumulative %
1	2.477	49.541	49.541	2.477	49.541	49.541	2.448	48.967	48.967
2	1.052	21.046	70.587	1.052	21.046	70.587	1.078	21.554	70.521
3	1.003	20.070	90.656	1.003	20.070	90.656	1.007	20.135	90.656
4	0.365	7.299	97.955						
5	0.102	2.045	100.000						

Extraction Method: Principal Component Analysis.

表 6.4　Rotated Component Matrix[a]

	Component		
	1	2	3
Educational Level(years)	0.812	−0.306	0.036
Current Salary	0.944	−0.021	0.066
Beginning Salary	0.946	0.133	−0.050
Months since Hire	0.023	0.003	0.999
Previous Experience (months)	−0.047	0.983	0.004

Extraction Method: Principal Component Analysis.

Rotation Method: Varimax with Kaiser Normalization.

a. Rotation converged in 4 iterations.

表 6.5　Component Transformation Matrix

Component	1	2	3
1	0.990	−0.134	0.046
2	0.137	0.989	−0.058
3	−0.038	0.064	0.997

Extraction Method：Principal Component Analysis.

Rotation Method：Varimax with Kaiser Normalization.

表 6.6　Component Score Coefficient Matrix

	Component		
	1	2	3
Educational Level(years)	0.314	−0.229	0.013
Current Salary	0.388	0.049	0.040
Beginning Salary	0.403	0.193	−0.074
Months since Hire	−0.017	0.011	0.994
Previous Experience (months)	0.051	0.921	0.012

Extraction Method：Principal Component Analysis.

Rotation Method：Varimax with Kaiser Normalization.

由结果可以看到，旋转后公共因子解释原始数据的能力没有提高，但因子载荷矩阵及因子得分系数矩阵都发生了变化，因子载荷矩阵中的元素更倾向于 0 或者正负 1。从上述的输出结果我们可以看到第一个因子表示了雇员的受教育水平和工资级别的一个综合指标，第二个因子是雇员工作经历的指标，第三个因子是雇员在该公司工作时间的指标。

为了得到因子得分值，进行如下操作：在 **Factor Analysis** 对话框中，单击下方的 **Score** 按钮，进入 **Factor Scores**（因子得分）对话框，如图 6.3 所示。

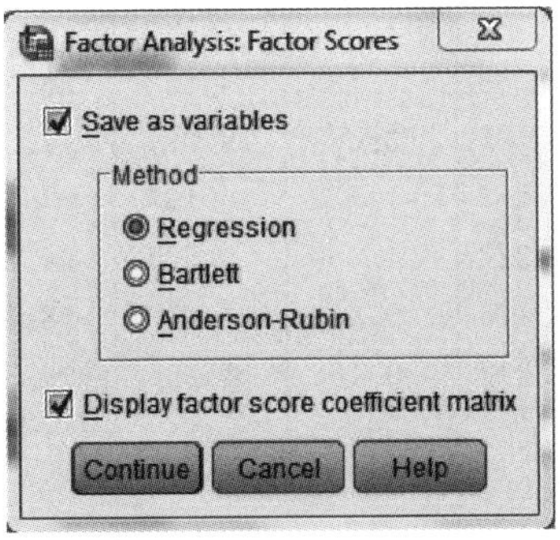

图 6.3　因子得分对话框

选中 **Save as variables** 复选框，即把原始数据各样本点的因子得分值存为变量，可以看到系统默认用回归方法，即汤姆生因子得分法求因子得分系数，保留此设置。运行后，在数据窗口我们可以看到在原始变量后面出现了 3 个新的变量，变量名分别为 FAC1_1，FAC2_1，FAC3_1，如图 6.4 所示。

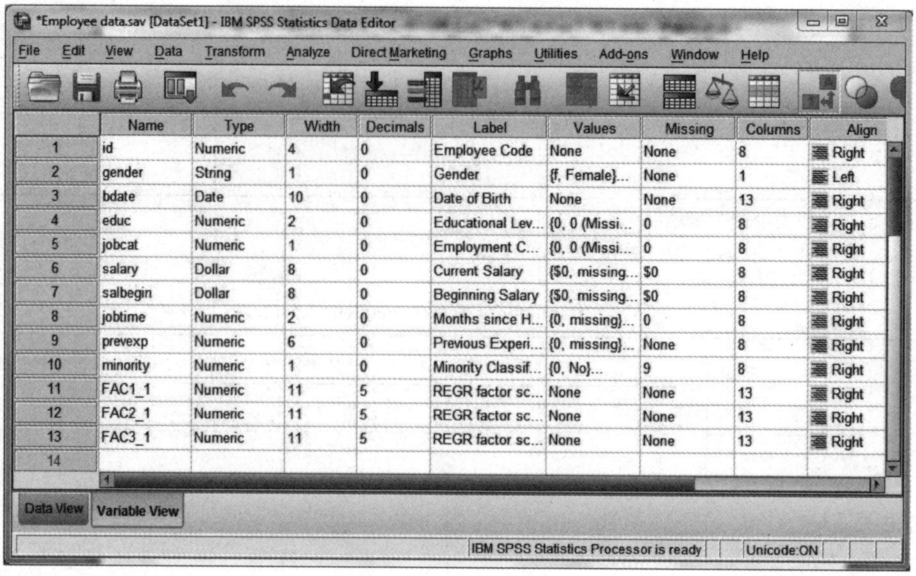

图 6.4　增加了三个因子变量后的变量窗口

6.7　引导案例解答

根据《陕西统计年鉴 2020》的数据，对数据做因子分析，可得表 6.7。

表 6.7　因子方差解释

成分	初始特征值			提取载荷平方和			旋转载荷平方和		
	总计	方差百分比	累积%	总计	方差百分比	累积%	总计	方差百分比	累积%
1	9.326	58.288	58.288	9.326	58.288	58.288	6.862	42.888	42.888
2	3.084	19.277	77.565	3.084	19.277	77.565	3.969	24.804	67.692
3	1.622	10.137	87.702	1.622	10.137	87.702	2.029	12.680	80.372
4	1.060	6.624	94.327	1.060	6.624	94.327	1.889	11.808	92.180
5	0.616	3.850	98.176	0.616	3.850	98.176	0.902	5.635	97.815
6	0.186	1.165	99.342	0.186	1.165	99.342	0.244	1.527	99.342
7	0.074	0.460	99.801						
8	0.020	0.124	99.926						
9	0.012	0.074	100.00						
10	7.28E-16	4.55E-15	100.00						
11	5.13E-16	3.27E-15	100.00						
12	2.73E-16	1.77E-15	100.00						
13	1.19E-16	7.47E-16	100.00						
14	−2.78E-17	−1.74E-16	100.00						
15	−5.29E-16	−3.39E-15	100.00						
16	−9.84E-16	−6.15E-15	100.00						

从表 6.7 中可见，可以提取 4 个公因子，此时的累积贡献率达到 92.180%，说明原始数据中已经有 92.180%的数据量被提取，能够反映出数据的基本特征，所以可以从 16 个因子里面提取出 4 个公因子。通过“碎石图”可知前 4 个公共因子的特征值都在 1 上下浮动，说明了提取 4 个公因子符合分析要求。但分析“因子载荷矩阵”的值发现该矩阵并不能对公因子作出很好的解释，所以需要把该公因子进一步旋转。得到旋转后的因子载荷矩阵如表 6.8 所示。

表 6.8　因子载荷矩阵[a]

经济指标	成分			
	1	2	3	4
地区性生产总值(亿元)	0.949	0.304	−0.053	0.052
人均第一产业总产值(亿元)	0.574	0.014	0.515	−0.604
人均第二产业总产值(亿元)	0.988	−0.042	−0.082	0.028
人均第三产业总产值(亿元)	0.862	0.490	−0.065	0.100
人均国内生产总值(元)	0.725	−0.602	−0.153	0.191
工业增加值(亿元)	0.723	−0.640	−0.152	−0.056
农林牧渔业总产值(亿元)	0.786	0.000	0.074	−0.587
固定资产投资总额(亿元)	0.479	−0.791	−0.260	−0.008
地方财政一般预算收入(亿元)	0.956	0.117	−0.216	0.103
地方财政一般预算支出(亿元)	0.946	0.280	−0.114	−0.072
对外贸易(亿元)	0.780	0.589	−0.095	0.171
社会消费品零售总额(亿元)	0.833	0.541	−0.014	0.101
居民消费价格指数(以上年为 100)	−0.448	0.603	0.405	0.145
城镇居民人均可支配收入(元)	0.479	−0.271	0.745	0.074
城镇居民人均消费性支出(元)	0.417	−0.404	0.641	0.429
货运总量(万吨)	0.874	−0.135	0.155	0.177

提取方法：主成分分析法。a. 提取了 4 个成分。

根据表 6.8 可以对公因子进行命名和解释，第一个公因子 F_1 可以用地区性生产总值 X_1，人均第二产业总产值 X_3，人均第三产业总产值 X_4，地方财政一般预算收入 X_9、地方财政一般预算支出 X_{10}、对外贸易 X_{11}、社会消费品零售总额 X_{12}、货运总量 X_{16} 来解释，主要反映了经济的发展水平，可以称之为“经济水平因子”。第二个公因子 F_2 可以通过人均国内生产总值 X_5、工业增加值 X_6、固定资产投资总额 X_8 来解释，主要反映了工业的发展程度，可以称之为“工业水平因子”。第三个公因子 F_3 可以由居民消费价格指数 X_{13}、城镇居民人均可支配收入 X_{14}、城镇居民人均消费性支出 X_{15} 来说明，主要反映了居民的消费水平，可以称之为“生活日常因子”。第四个公因子 F_4 可以通过人均第一产业总产值 X_2、农林牧渔业总产值 X_7 来解释，主要反映了农业的发展水平，可以称之为“农业发展因子”。

由提取的 4 个公因子旋转后的贡献率，结合公因子所包含的经济指标得到经济发展状况的因子分析模型为

$$F = 42.897F_1 + 25.714F_2 + 13.866F_3 + 11.849F_4$$

利用因子模型计算得到各个城市的综合得分以及总排名。按公因子 F_1 排名，得分最高

的是西安，得分为2.826 55，接下来依次为榆林、安康、宝鸡、商洛、铜川、渭南、咸阳、延安，最后是汉中，得分为－0.486 55。按公因子 F_2 排名，得分最高的是榆林，得分为2.683 13，接下来依次为延安、西安、安康、商洛、宝鸡、汉中、咸阳、铜川，渭南得分－0.764 95排最后。按公因子 F_3 排名，得分最高的是咸阳，得分为1.550 41，接下来依次为铜川、宝鸡、榆林、渭南、西安、汉中、延安、安康，商洛得分－1.748 75排最后。按公因子 F_4 排名，得分最高的是渭南，得分为1.316 22，接下来依次为汉中、咸阳、西安、榆林、宝鸡、延安、安康、商洛，最后为铜川－2.258 08。综合得分最高为西安，得分119.16，接下来依次为榆林、咸阳、宝鸡、延安、渭南、汉中、安康、铜川，排名最后为商洛，得分－49.09。

首先从“经济水平因子”得分与排名的情况可以看出，西安、榆林、安康、宝鸡的整体经济水平较强；而商洛、铜川、渭南、咸阳、延安、汉中的整体经济实力偏弱。其中，西安的得分大于0，说明西安的经济实力处于陕西省上游，其他地区处于下游。

其次从“工业水平因子”的得分与排名的情况可以看出，榆林、延安的工业发展水平较高；而汉中、咸阳、铜川、渭南的工业发展水平较低。其中，榆林和延安的得分均大于0，说明该地区工业发展水平较强，其他地区均小于0。

再次从“生活日常因子”的得分与排名的情况可以看出，咸阳、铜川、宝鸡、榆林、渭南、西安的得分均大于0，说明这些地区的生活水平都处于陕西省的平均水平之上，而其他地区小于0，说明这些地区生活水平低于陕西省平均水平。

最后从“农业发展因子”的得分与排名的情况可以看出，渭南、汉中、咸阳、西安、榆林、宝鸡、延安得分均大于0，说明其农业生产水平高于其余区域。

6.8 JMP 软件操作

在JMP软件当中，因子分析和主成分分析位于同一个模块下，想要进行因子分析必须先进行主成分分析，其流程命令即**分析→多元方法→主成分**。在主成分分析的输出窗口中，单击展开左上角的红字箭头，可以看到菜单下方有**因子分析**命令，单击后即弹出因子分析子窗口。因子分解方法有主成分和最大似然两种可供选择，而先验因子方差有主成分(对角线＝1)和公因子分析(对角线＝SMC)两种可供选择。另外，还可选择因子个数与旋转方法。因子分析的输出结果与主成分分析的输出结果在同一个窗口下，根据选择方法的不同，可能显示未旋转的因子载荷、旋转矩阵、最终公因子方差估计值、标准得分系数、每个因子解释的方差、旋转的因子载荷、因子载荷图等内容。

习题

1. 比较因子分析方法和主成分分析方法，找出二者之间的区别和联系。

2. 因子载荷 a_{ij} 的统计定义是什么？它在实际问题分析中的作用是什么？

3. 表6.9给出的数据是在洛杉矶12个标准大都市居民的统计资料。调查了5个经济变量，它们分别是人口总数(X_1)，居民的教育程度(X_2)、佣人总数(X_3)、各种服务行业的人数(X_4)和中等的房价(X_5)。

表 6.9　统计资料

编　号	X_1	X_2	X_3	X_4	X_5
1	5 700	12.8	2 500	270	25 000
2	1 000	10.9	600	10	10 000
3	3 400	8.8	1 000	10	9 000
4	3 800	13.6	1 700	140	25 000
5	4 000	12.8	1 600	140	25 000
6	8 200	8.3	2 600	60	12 000
7	1 200	11.4	400	10	16 000
8	9 100	11.5	3 300	60	14 000
9	9 900	12.5	3 400	180	18 000
10	9 600	13.7	3 600	390	25 000
11	9 600	9.6	3 300	80	12 000
12	9 400	11.4	4 000	100	13 000

试做因子分析。

第7章

聚类分析

聚类分析是人们用多元统计分析的技术进行分类的一种方法。随着生产技术和科学实验的发展，分类已成为人们认识世界不可缺少的手段，从而聚类分析的应用日益广泛。它已被引入生物、地址、电子工程、图像识别、信息论等许多领域，而目前越来越多地被引入经济管理中，比如市场细分问题、全国各地区经济实力划分问题等。

聚类分析的职能是建立一种分类方法，它是将一批样品或变量，按照它们在性质上的亲疏程度进行分类。根据分类对象的不同，聚类分析可分为Q型聚类分析和R型聚类分析两大类。Q型是综合利用多个变量对样本进行分类处理，R型是对变量进行分类处理。

引导案例

我国地域广阔。由于地理位置、自然条件和产业结构等的差异，我国各地区的经济发展水平不同。目前，各地区(不含港澳台)经济发展已经呈现出一定的不均衡局面，不利于国民经济的协调发展和和谐社会建设。为了推动我国经济取得新进步，相关部门有必要清晰地了解各地区经济发展状况，同时针对不同发展水平的地区分类制订政策措施，以促进我国经济协同、均衡发展，提高经济综合水平。

经济发展水平涉及经济产出、居民消费水平、社会保障能力等多个方面，遵循全面性、可获得性、代表性的基本原则，通过一系列资料收集与调查研究，最终选取经济发展水平的5个评价指标如下：人均地区生产总值(X_1，单位：元/人)、居民消费水平(X_2，单位：元)、资本形成总额(X_3，单位：亿元)、社会保障和就业支出(X_4，单位：亿元)、固定资产投资增长率(X_5，单位：%)。分类样本为2017年全国(不含港澳台)31个省、自治区、直辖市，各地区的5个指标值如表7.1所示，数据来源于国家统计局网站。

表7.1　2017年各地区经济发展状况数据

地　　区	X_1	X_2	X_3	X_4	X_5
北京市	136 172	52 912	10 946.3	795.38	4.7
天津市	87 280	38 975	10 467.2	459.58	0.5
河北省	41 451	15 893	19 083.2	976.88	1.6
山西省	41 242	18 132	7 154.7	646.63	6.3
内蒙古	61 196	23 909	10 298.3	704.14	−7.3
辽宁省	50 221	24 866	10 127.5	1 340.54	0.1
吉林省	42 890	15 083	9 980.1	550.8	0.2

续表

地　　区	X_1	X_2	X_3	X_4	X_5
黑龙江省	35 887	18 859	9 735	928.55	1.3
上海市	133 489	53 617	12 193.1	1 061.03	7.2
江苏省	102 202	39 796	37 353.4	1 043.4	4.5
浙江省	85 612	33 851	22 764.5	801.78	5.6
安徽省	49 092	17 141	13 723.4	862.53	6.6
福建省	83 758	25 969	18 509.3	394.56	8.6
江西省	44 878	17 290	10 025.1	663.93	9.8
山东省	62 993	28 353	36 412.6	1 131.96	3.2
河南省	45 723	17 842	31 047.7	1 160.23	9
湖北省	63 169	21 642	20 853.6	1 092.3	11
湖南省	51 030	19 418	17 585.4	1 017.9	9.6
广东省	76 218	30 762	39 657.5	1 423.33	10
广西	36 441	16 064	9 364.5	678.65	5
海南省	46 631	20 939	2 815.7	183.08	7.8
重庆市	64 171	22 927	10 380.7	702.82	8.1
四川省	45 835	17 920	18 021.2	1 501.35	7.2
贵州省	35 988	16 349	9 356.5	498.74	16.3
云南省	39 458	15 831	15 487	750.33	14.5
西藏	39 158	10 990	1 376.1	155.86	18.5
陕西省	55 216	18 485	14 414.8	718.22	13
甘肃省	29 103	14 203	3 804.6	468.16	−36.8
青海省	42 211	18 020	3 897	209.57	5.8
宁夏	45 718	21 058	3 806.9	162.32	0.2
新疆	45 476	16 736	10 852.1	526	16.5

如前所述，衡量地区的经济发展水平包括人均地区生产总值、居民消费水平等 5 个指标，并且不同地区在每个指标上的数值不同，而我们必须根据这些不同的指标对 31 个地区进行分类。分为哪几个类？划分的标准是什么？各个类中包含哪些地区？这些都是需要解决的问题。本章将给出这些问题的解决方法。

7.1 距离和相似性度量

聚类分析是通过各变量的数据进行分类的，变量按其测量的尺度可分为以下三种。

(1) 间隔尺度变量：连续变化的实值变量，如长度、重量、压力等。

(2) 有序尺度变量：这种变量没有明确的数量表示，但其所取的各种状态间有次序关系。如评价卷烟可分为甲、乙、丙三级。

(3) 名义尺度变量：这种变量没有数量表示，其状态间也没有次序关系。如性别可为男和女，医疗诊断中的阴性和阳性，天气的阴和晴，眼睛的颜色等。

当我们对事物进行分类时，总是要选定一种度量，用以衡量两个事物间的接近程度，以便把相互接近的放在一起形成一类，而把疏远的分别放在不同的类别之中。这种度量当然要根据具体问题来决定。一般可选用的度量分为两大类，即距离和相似系数，下面分别介绍。

7.1.1 距离

下面主要考虑间隔尺度变量的情形。设有 n 个样品，每个样品有 p 个指标(变量)，设 x_{ij} 为第 i 个样品的第 j 个指标，得到原始数据矩阵(表 7.2)。

表 7.2 数据矩阵

样品	变量			
	x_1	x_2	…	x_p
1	x_{11}	x_{12}	…	x_{1p}
2	x_{21}	x_{22}	…	x_{2p}
⋮	⋮	⋮		⋮
n	x_{n1}	x_{n2}	…	x_{np}

为了消除各个变量所用量纲的影响，以保证各变量在分析中处于同等地位，常事先对数据进行标准化，这里仅介绍两种最常用的方法。

1. 标准差标准化

先对每个变量求其样本均值和样本方差：

$$\bar{x}_j = \frac{1}{n}\sum_{i=1}^{n} x_{ij}, \quad j = 1,2,\cdots,p$$

$$s_j^2 = \frac{1}{n-1}\sum_{i=1}^{n}(x_{ij} - \bar{x}_j)^2, \quad j = 1,2,\cdots,p$$

所谓标准差变换就做下述变化：

$$x'_{ij} = \frac{x_{ij} - \bar{x}_j}{s_j}, \quad i = 1,2,\cdots,n, \quad j = 1,2,\cdots,p \tag{7.1}$$

这样标准化后的数据 $\{x'_{ij}\}$ 中，每个变量的标准差都是 1，因而可认为与变量的量纲无关了。

2. 极差标准化

对于变量 x_j 称

$$R_j = \max_i\{x_{ij}\} - \min_i\{x_{ij}\}, j = 1,2,\cdots,p \tag{7.2}$$

为其样本极差。所谓极差标准化即做下述变换：

$$x'_{ij} = \frac{x_{ij} - \bar{x}_j}{R_j}, \quad i = 1,2,\cdots,n, \quad j = 1,2,\cdots,p \tag{7.3}$$

这样标准化后的数据每个变量的极差都化为 1。也可认为消除了量纲的影响，还有时代替式(7.3)而取变换

$$x'_{ij}=\frac{x_{ij}-\min_i\{x_{ij}\}}{R_j},\quad i=1,2,\cdots,n,\quad j=1,2,\cdots,p \tag{7.4}$$

这样标准化后的数据都落在[0,1]上。

距离多用于衡量样品间的接近程度,下面仅限于考虑样品间的距离。用 d_{ij} 表示样品 i 和样品 j 之间的距离。按一般要求,距离 d_{ij} 应满足以下 4 条准则。

(1) $d_{ij}\geqslant 0$,对一切 i,j。

(2) $d_{ij}=0\Leftrightarrow i$ 样品与 j 样品恒等。

(3) $d_{ij}=d_{ji}$,对一切 i,j。

(4) $d_{ij}\leqslant d_{ik}+d_{kj}$,对一切 i,j,k。

如果所定义的距离只满足准则(1)、(2)、(3),而不满足(4),则称此距离为广义距离。

最常用的距离是

$$d_{ij}(1)=\sum_{k=1}^{p}|x_{ik}-x_{jk}| \tag{7.5}$$

$$d_{ij}(2)=\sqrt{\sum_{k=1}^{p}(x_{ik}-x_{jk})^2} \tag{7.6}$$

前者称为**绝对距离**,后者称为**欧氏距离**。这两种距离是下述**闵可夫斯基**(Minkowski)**距离**的特例。

$$d_{ij}(q)=\left[\sum_{k=1}^{p}|x_{ik}-x_{jk}|^q\right]^{1/q} \tag{7.7}$$

当 $q=1$ 时,式(7.7)就是绝对距离;当 $q=2$ 时,式(7.7)为欧氏距离。当令 $q\to\infty$ 时,得到

$$d_{ij}(\infty)=\max_{1\leqslant k\leqslant p}|x_{ik}-x_{jk}| \tag{7.8}$$

这种距离称为**切比雪夫距离或超距离**。

$d_{ij}(q)$在实际中用得很多,但是有一些缺点,例如距离的大小与各指标的量纲有关,它具有一定的人为性;另外,它又没有考虑指标之间的相关性。为了消除量纲的影响,通常的改进办法有两种。

当各指标的量纲悬殊时,先对数据标准化,然后用标准化的数据计算距离。

当 $x_{ij}>0(i=1,2,\cdots,n,j=1,2,\cdots,p)$时,有人采用:

$$d_{ij}(LW)=\frac{1}{p}\sum_{k=1}^{p}\frac{|x_{ik}-x_{jk}|}{x_{ik}+x_{jk}}$$

它是由兰斯(Lance)和威廉姆斯(Williams)提出的,称为**兰氏距离**。这个距离克服了闵氏距离的第一个缺点,但没有考虑指标的相关性。

印度著名统计学家马哈拉诺比斯所定义的一种距离称为**马氏距离**,其计算公式如下:

$$d_{ij}^2(M)=(\boldsymbol{x}(i)-\boldsymbol{x}(j))^{\mathrm{T}}\boldsymbol{\Sigma}^{-1}(\boldsymbol{x}(i)-\boldsymbol{x}(j))$$

式中,$\boldsymbol{x}(i)$和 $\boldsymbol{x}(j)$分别表示第 i 个样品和第 j 个样品的 p 个指标观测值所组成的列向量,即样本数据矩阵中第 i 个和第 j 个行向量的转置,$\boldsymbol{\Sigma}$ 表示观测变量之间的协方差矩阵。这距离不但消除了量纲的影响,也对相关性做了考虑。

【例 7.1】 已知一个二维正态总体 $\boldsymbol{G}$ 的分布为

$$N_2\left(\begin{pmatrix}0\\0\end{pmatrix}\begin{pmatrix}1 & 0.8\\0.8 & 1\end{pmatrix}\right)$$

求点 $\boldsymbol{A}=(2,1)^{\mathrm{T}}$ 和 $\boldsymbol{B}=(2,-1)^{\mathrm{T}}$ 至点 $\boldsymbol{C}(1,0)^{\mathrm{T}}$ 的距离。

解 由假设可得

$$\boldsymbol{\Sigma}^{-1}=\frac{1}{0.36}\begin{bmatrix}1 & -0.8\\-0.8 & 1\end{bmatrix}$$

从而

$$d_{A\mu}^2(M)=(1,1)\,\boldsymbol{\Sigma}^{-1}(1,1)^{\mathrm{T}}=10/9$$

$$d_{B\mu}^2(M)=(1,-1)\,\boldsymbol{\Sigma}^{-1}(1,-1)^{\mathrm{T}}=10$$

如果用欧氏距离,则有

$$d_{A\mu}^2(2)=2,\quad d_{B\mu}^2(2)=2$$

两者相等,而按马氏距离两者差 9 倍之多。

我们知道本例的分布密度是

$$f(y_1,y_2)=\frac{1}{2\pi\sqrt{0.36}}\exp\left\{-\frac{1}{0.72}\left[y_1^2-1.6y_1y_2+y_2^2\right]\right\}$$

$\boldsymbol{A}$ 和 $\boldsymbol{B}$ 两点的密度分别是

$$f(1,1)=0.021\,8,\quad f(1,-1)=0.000\,003\,003$$

说明前者应当离点 $\boldsymbol{C}$ 近,后者离点 $\boldsymbol{C}$ 远,马氏距离正确地反映了这一情况,而欧氏距离则不然。这个例子告诉我们,正确地选择距离是非常重要的。

以上几种距离的定义均要求变量是间隔尺度的,如果使用的变量是有序尺度或名义尺度,则应有相应的一些定义距离的方法。下面两个例子是对名义尺度变量的一种距离定义。

【例 7.2】 某高校举办一个培训班,从学员的资料中得到这样 5 个变量:性别,取值男和女;专业,取值为统计、会计和金融;职业,取值为教师和非教师;居住,取值为校内和校外;学历,取值为硕士和博士。

现有两名学员:

$$\boldsymbol{x}_1=(\text{男},\text{统计},\text{非教师},\text{校外},\text{博士})^{\mathrm{T}}$$

$$\boldsymbol{x}_2=(\text{女},\text{统计},\text{教师},\text{校外},\text{硕士})^{\mathrm{T}}$$

这两个学员的第二个变量都取值"统计",称为配合的,第一个变量一个取值为"男",另一个取值为"女",称为不配合的。一般地,若记配合的变量数为 m_1,不配合的变量数为 m_2,则它们之间的距离可定义为

$$d_{12}=\frac{m_2}{m_1+m_2}$$

故按此定义本例中 x_1 和 x_2 之间的距离为 3/5。

【例 7.3】 欧洲各国的语言有许多相似之处,有的十分相似。为了研究这些语言的历史关系,也许通过比较它们数字的表达比较恰当。表 7.3 列举了英语、挪威语、丹麦语、荷兰语、德语、法语、西班牙语、意大利语、波兰语、匈牙利语和芬兰语的 1,2,…,10 的拼法,希望计算这 11 种语言之间的距离。

表 7.3 11 种语言中的数词

英语(E)	挪威语(N)	丹麦语(Da)	荷兰语(Du)	德语(G)	法语(Fr)	西班牙语(Sp)	意大利语(I)	波兰语(P)	匈牙利语(H)	芬兰语(FI)
one	en	en	een	eins	un	uno	uno	jeden	egy	yksi
two	to	to	twee	zwei	deux	dos	due	dwa	ketto	kaksi
three	tre	tre	drie	drei	trois	tres	tre	trzy	harom	kolme
four	fire	fire	vier	vier	quatre	cuatro	quattro	cztery	negy	nelja
five	fem	fem	vijf	funf	cinq	cinco	cinque	piec	ot	viisi
six	seks	seks	zes	sechs	six	seis	sei	szesc	hat	kuusi
seven	sju	syv	zeven	sieben	sept	siete	sette	siedem	het	seitseman
eight	atte	otte	acht	acht	huit	ocho	otto	osiem	nyolc	kahdeksan
nine	ni	ni	negen	neun	neuf	nueve	nove	dziewiec	kilenc	yhdeksan
ten	ti	ti	tien	zehn	dix	diez	dieci	dziesiec	tiz	kymmenen

显然，此例无法直接用上述公式来计算距离，仔细观察表 7.3，发现前三种文字(英语、挪威语、丹麦语)很相似，尤其每个单词的第一个字母，于是产生一种定义距离的办法：用两种语言的 10 个数词中的第一个字母不相同的个数来定义两种语言之间的距离，例如英语和挪威语中只有 1 和 8 的第一个字母不同，故它们之间的距离为 2。11 种语言之间两两的距离列于表 7.4 中。

表 7.4 11 种语言之间的距离

	E	N	Da	Du	G	Fr	Sp	I	P	H	FI
E	0										
N	2	0									
Da	2	1	0								
Du	7	5	6	0							
G	6	4	5	5	0						
Fr	6	6	6	9	7	0					
Sp	6	6	5	9	7	2	0				
I	6	6	5	9	7	1	1	0			
P	7	7	6	10	8	5	3	4	0		
H	9	8	8	8	9	10	10	10	10	0	
FI	9	9	9	9	9	9	9	9	9	8	0

7.1.2 相似系数

聚类分析方法不仅用来对样品进行分类，而且可用来对变量进行分类，在对变量进行分类时，常常采用相似系数来度量变量之间的相似性。变量之间的这种相似性度量，在一些应用中要看相似系数的大小，而在另一些应用中要看相似系数绝对值的大小。相似系数(或其绝对值)越大，认为变量之间的相似性程度就越高；反之，则越低。聚类时，比较相似的变量倾向于归为一类，不大相似的变量归属不同的类。变量 x_i 与 x_j 的相似系数用 c_{ij} 来表示，它一般应满足下三个条件：

(1) $c_{ij}=\pm 1$，当且仅当 $x_i=ax_j+b$，$a(\neq 0)$ 和 b 是常数；

(2) $|c_{ij}|\leqslant 1$，对一切 i,j；

(3) $c_{ij}=c_{ji}$，对一切 i,j。

最常用的相似系数有如下两种。

1. 夹角余弦

变量 x_i 与 x_j 的夹角余弦定义为

$$c_{ij}(1)=\frac{\sum_{k=1}^{n}x_{ki}x_{kj}}{\left[\left(\sum_{k=1}^{n}x_{ki}^2\right)\left(\sum_{k=1}^{n}x_{kj}^2\right)\right]^{1/2}} \tag{7.9}$$

它的几何意义是向量 $\boldsymbol{x}_i=(x_{1i},x_{2i},\cdots,x_{ni})^T$ 与向量 $\boldsymbol{x}_j=(x_{j1},x_{j2},\cdots,x_{jn})^{\mathrm{T}}$ 的夹角的余弦。

2. 相关系数

变量 $\boldsymbol{x}_i$ 与 $\boldsymbol{x}_j$ 的相关系数为

$$c_{ij}(2)=\frac{\sum_{k=1}^{n}(x_{ki}-\bar{x}_i)(x_{kj}-\bar{x}_j)}{\left\{\left[\sum_{k=1}^{n}(x_{ki}-\bar{x}_i)^2\right]\left[\sum_{k=1}^{n}(x_{kj}-\bar{x}_j)^2\right]\right\}^{1/2}} \tag{7.10}$$

常常可以借助相似性度量 c_{ij} 来定义距离，如可令

$$d_{ij}^2=1-c_{ij}^2$$

7.2 系统聚类法

系统聚类法(Hierarchical Clustering Method)是使用最多的一种聚类方法。它的基本思想是：先将每个样品(或变量)作为一类，选定样品(或变量)间的一种距离和类与类之间的距离，然后将距离最近的两类合并成一个新类，计算新类与其他类之间的距离，再重复上述并类过程，直到最后全都并成一类。

以下我们用 d_{ij} 表示第 i 个样品与第 j 个样品的距离，$G_1,G_2,\cdots$ 表示类，D_{KL} 表示 G_K 与 G_L 的距离。本节介绍的系数聚类法中，类与类之间的距离与样品之间的距离相同，即 $D_{KL}=d_{kl}$。

7.2.1 最短距离法

定义类与类之间的距离为两类最近样品间的距离，即

$$D_{KL}=\min_{i\in G_K,j\in G_L} d_{ij}$$

称这种系统聚类法为最短距离法(Single Linkage Method)。聚类的步骤如下。

(1) 规定样品之间的距离，计算 n 个样品的距离矩阵 $\boldsymbol{D}_{(0)}$，它是一个对称矩阵。

(2) 选择 $\boldsymbol{D}_{(0)}$ 中的最小元素，设为 D_{KL}，则将 G_K 和 G_L 合并成一个新类，记为 G_M，即 $G_M=\{G_K,G_L\}$。

(3) 计算新类 G_M 与任一类 G_J 之间距离的递推公式为

$$\begin{aligned}D_{MJ}&=\min_{i\in G_M,j\in G_J} d_{ij}\\&=\min\{\min_{i\in G_K,j\in G_J} d_{ij},\min_{i\in G_L,j\in G_J} d_{ij}\}\\&=\min\{D_{KJ},D_{LJ}\}\end{aligned}\tag{7.11}$$

在 $\boldsymbol{D}_{(0)}$ 中，G_K 和 G_L 所在的行和列合并成一个新行新列，对应 G_M，该行列上的新距离值由式(7.11)求得，其余行列上的值不变，这样就得到新的距离矩阵，记作 $\boldsymbol{D}_{(1)}$。

(4) 对 $\boldsymbol{D}_{(1)}$ 重复上述对 $\boldsymbol{D}_{(0)}$ 的两步得 $\boldsymbol{D}_{(2)}$，如此下去直至所有元素合并成一类。

【例 7.4】 设有 5 个样品，每个样品只测量了一个指标，分别是 1,2,5,7,10.5，试用最短距离法将它们分类。

(1) 样品间采用绝对值距离，计算样品间的距离矩阵 $\boldsymbol{D}_{(0)}$，列于表 7.5。

表 7.5　距离矩阵 $\boldsymbol{D}_{(0)}$

	G_1	G_2	G_3	G_4	G_5
G_1	0				
G_2	1	0			
G_3	4	3	0		
G_4	6	5	2	0	
G_5	9.5	8.5	5.5	3.5	0

(2) $\boldsymbol{D}_{(0)}$ 中最小的元素是 $\boldsymbol{D}_{12}=1$，于是将 G_1 和 G_2 合并成 G_6，并利用式(7.11)计算 G_6 与其他类的距离，列于表 7.6。

表 7.6　距离矩阵 $\boldsymbol{D}_{(1)}$

	G_6	G_3	G_4	G_5
G_6	0			
G_3	3	0		
G_4	5	2	0	
G_5	8.5	5.5	3.5	0

(3) $\boldsymbol{D}_{(1)}$ 中的最小元素是 $\boldsymbol{D}_{34}=2$，合并 G_3 和 G_4 成 G_7，G_7 与其他类间的距离列于表 7.7。

表 7.7　距离矩阵 $\boldsymbol{D}_{(2)}$

	G_6	G_7	G_5
G_6	0		
G_7	3	0	
G_5	8.5	3.5	0

(4) $\boldsymbol{D}_{(2)}$ 中的最小元素是 $\boldsymbol{D}_{67}=3$，将 G_6 和 G_7 并成为 G_8，新的距离矩阵列于表 7.8。

表 7.8 距离矩阵 $\boldsymbol{D}_{(3)}$

	G_8	G_5
G_8	0	
G_5	3.5	0

(5) 将 G_5 和 G_8 合并为 G_9，这时所有 5 个样品聚为一类，过程终止。

7.2.2 最长距离法

类间距离是用两类样品间最远距离来定义的，即

$$D_{KL}=\max_{i\in G_K,j\in G_L} d_{ij}$$

称这种系统聚类法为最长距离法(Complete Linkage Methode)。最长距离法与最短距离法的并类步骤完全相同，只是类间距离的递推公式有所不同。设某步将类 G_K 和 G_L 合并成新类 G_M，则 G_M 与任一类 G_J 的距离为

$$D_{MJ}=\max\{D_{KJ},D_{LJ}\}$$

7.2.3 中间距离法

类与类之间的距离既不取两类最近样品的距离，也不取两类最远样品的距离，而是取介于两者中间的距离，称为中间距离法(Median Method)。

设某一步将 G_K 和 G_L 合并为 G_M，对于任一类 G_J，考虑由 D_{KJ}，D_{LJ} 和 D_{KL} 为边长的组成的三角形(图 7.1)，取 D_{KL} 边的中线作为 D_{MJ}。

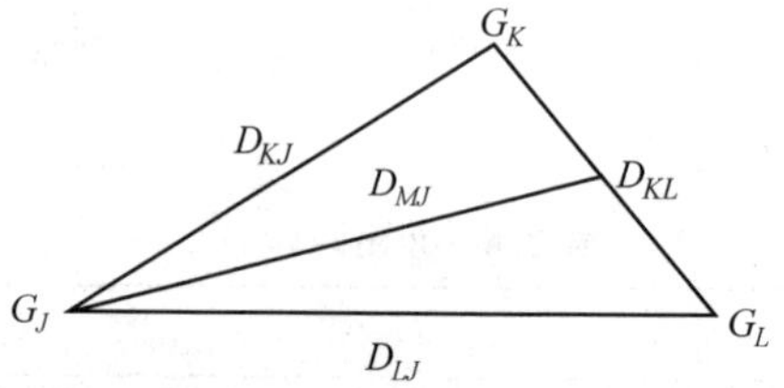

图 7.1 中间距离法的几何表示

由初等平面几何可知，D_{MJ} 的计算公式为

$$D_{MJ}^2=\frac{1}{2}D_{KJ}^2+\frac{1}{2}D_{LJ}^2-\frac{1}{4}D_{KL}^2 \tag{7.12}$$

这就是中间距离法的递推公式。

中间距离法可推广为更一般的情形，将式(7.12)三项系数依赖于某个参数 β，即

$$D_{MJ}^2=\frac{1-\beta}{2}(D_{KJ}^2+D_{LJ}^2)+\beta D_{KL}^2$$

这里 $\beta<1$，这种方法称为可变法。

7.2.4 类平均法

类平均法(Average Linkage Method)有两种定义方法：一种定义方法是把类与类之间的距离定义为所有样品对之间的平均距离，即定义 G_K 和 G_L 之间的距离为

$$D_{KL}=\frac{1}{n_K n_L}\sum_{i\in G_K,j\in G_L} d_{ij} \tag{7.13}$$

其中，n_K 和 n_L 分别为类 G_K 和 G_L 的样品个数，d_{ij} 为 G_K 中的样品 i 与 G_L 中的样品 j 之间的距离。容易得到它的一个递推公式：

$$\begin{aligned}D_{MJ}&=\frac{1}{n_M n_J}\sum_{i\in G_K,j\in G_J} d_{ij}\\&=\frac{1}{n_M n_J}\Big(\sum_{i\in G_K,j\in G_J} d_{ij}+\sum_{i\in G_L,j\in G_J} d_{ij}\Big)\\&=\frac{n_K}{n_M}D_{KJ}+\frac{n_L}{n_M}D_{LJ}\end{aligned} \tag{7.14}$$

另一种定义方法是定义类与类之间的平方距离为样品之间平方距离的平均值，即

$$D_{KL}^2=\frac{1}{n_K n_L}\sum_{i\in G_K,j\in G_L} d_{ij}^2 \tag{7.15}$$

它的递推公式类似于式(7.14)，即

$$D_{MJ}^2=\frac{n_K}{n_M}D_{KJ}^2+\frac{n_L}{n_M}D_{LJ}^2 \tag{7.16}$$

类平均法较好地利用了所有样品之间的信息，在很多情况下它被认为是一种比较好的系统聚类法。

在递推公式(7.16)中，D_{KL} 的影响没有被反映出来，为此可将该递推公式进一步推广为

$$D_{MJ}^2=(1-\beta)\left(\frac{n_K}{n_M}D_{KJ}^2+\frac{n_L}{n_M}D_{LJ}^2\right)+\beta D_{KL}^2$$

其中 $\beta<1$，称这种系统聚类法为可变类平均法。

7.2.5 重心法

类与类之间的距离定义为它们的重心(均值)之间的欧氏距离。设 G_K 和 G_L 的重心分别为 $\bar{X}_K$ 和 $\bar{X}_L$，则 G_K 与 G_L 之间的平方距离为

$$D_{KL}^2=d_{\bar{X}_K\bar{X}_L}^2=(\bar{X}_K-\bar{X}_L)^T(\bar{X}_K-\bar{X}_L) \tag{7.17}$$

这种系统聚类法称为重心法(Centroid Hierarchical Method)。它的递推公式为

$$D_{MJ}^2=\frac{n_K}{n_M}D_{KJ}^2+\frac{n_L}{n_M}-\frac{n_K n_L}{n_M^2}D_{KL}^2$$

重心法在处理异常值方面比其他系统聚类法更稳健，但是在别的方面一般不如类平均

法或离差平方和法的效果好。

7.2.6 离差平方和法

离差平方和法是由沃德(Ward)提出来的,许多文献称作 Ward 法。他的思想来自方差分析,如果类分得正确,同类样品的离差平方和应当较小,类与类之间的离差平方和应当较大。设类 G_K 与 G_L 合并成新类 G_M,则 G_K、G_L 和 G_M 的离差平方和分别是

$$W_K = \sum_{i \in G_K} (x_i - \bar{x}_K)^T (x_i - \bar{x}_K)$$

$$W_L = \sum_{i \in G_L} (x_i - \bar{x}_L)^T (x_i - \bar{x}_L)$$

$$W_M = \sum_{i \in G_M} (x_i - \bar{x}_M)^T (x_i - \bar{x}_M)$$

它们反映了各自类内样品的分散程度。如果 G_K 与 G_L 这两类相距较近,则合并后所增加的离差平方和 $W_M - W_K - W_L$ 应较小;否则,应较大。于是我们定义 G_K 和 G_L 之间的平方距离为

$$D_{KL}^2 = W_M - W_K - W_L \tag{7.18}$$

可以验证,该定义满足通常定义距离所需的 4 个条件。

D_{KL}^2 也可以表达为

$$D_{KL}^2 = \frac{n_L n_K}{n_M} (\bar{x}_K - \bar{x}_L)^T (\bar{x}_K - \bar{x}_L) \tag{7.19}$$

可见,这个距离与由式(7.17)给出的重心法的距离只差一个常数倍。重心法的类间距离与两类的样品数无关,而离差平方和法的类间距离与两类的样品数有较大的关系,两个大的类倾向于有较大的距离,因而不易合并,这往往符合我们对聚类的实际要求。离差平方和法在许多场合下优于重心法,是比较好的一种系统聚类法,但它对异常值很敏感。

离差平方和法的平方距离递推公式为

$$D_{MJ}^2 = \frac{n_J + n_K}{n_J + n_M} D_{KJ}^2 + \frac{n_J + n_L}{n_J + n_M} D_{IJ}^2 - \frac{n_J}{n_J + n_M} D_{KL}^2$$

7.2.7 系统聚类法的统一

兰斯和威廉姆斯于 1967 年将上述八种方法的类间距离递推公式统一起来,即

$$D_{MJ}^2 = \alpha_K D_{KJ}^2 + \alpha_L D_{IJ}^2 + \beta D_{KL}^2 + \gamma \mid D_{KJ}^2 - D_{IJ}^2 \mid$$

其中,α_K,α_L,β 和 γ 是参数,不同的系统聚类法,它们有不同的取值。表 7.9 列出了上述八种方法 4 个参数的取值。

表 7.9 系统聚类法参数

方　法	α_K	α_L	β	γ
最短距离法	1/2	1/2	0	−1/2
最长距离法	1/2	1/2	0	1/2

续表

方　法	α_K	α_L	β	γ
中间距离法	1/2	1/2	$-1/4$	0
可变法	$(1-\beta)/2$	$(1-\beta)/2$	$\beta(<1)$	0
类平均法	n_K/n_M	n_L/n_M	0	0
可变类平均法	$(1-\beta)n_K/n_M$	$(1-\beta)n_L/n_M$	$\beta(<1)$	0
重心法	n_K/n_M	n_L/n_M	$-\alpha_K\alpha_L$	0
离差平方和法	$(n_J+n_K)/(n_J+n_M)$	$(n_J+n_L)/(n_J+n_M)$	$n_J/(n_J+n_M)$	0

各种系统聚类方法都有其适用的场合，选用哪种方法需视实际情况和对聚类结果的要求而定。

7.3 动态聚类法

当样品的个数 n 很大（如 $n\geqslant 100$）时，系统聚类法的计算量非常大，占据大量的计算机内存空间和较多的计算时间，甚至会因计算机内存或计算时间的限制而无法运行。为了克服这些不足之处，一个自然的想法是先粗略地分类，然后按某种最优原则进行修正，直到将类分得比较合理。基于这种思想就产生了动态聚类法，也称逐步聚类法。

动态聚类法有许多种方法，我们主要介绍一种比较流行的动态聚类法——K-均值法。麦克奎因(MacQueen)于 1967 年提出了 K-均值法。这种聚类方法的思想是把每个样品聚集到其最近形心（均值）类中去。其基本步骤如下。

(1) 选择 k 个样品作为初始凝聚点，或者将所有样品分成 k 个初始类，然后将这 k 个类的重心作为初始凝聚点。

(2) 对除凝聚点之外的所有样品逐个归类，将每个样品归入凝聚点离它最近的那个类（通常采用欧氏距离），该类的凝聚点更新为这一类目前的均值，直至所有样品都归了类。

(3) 重复步骤(2)，直至所有的样品都不能再分配。

7.4 有序样品的聚类

前面讨论的问题中样品均是相互独立的，即地位彼此平等。但在实际问题中，要研究的现象与时间的顺序密切相关。例如我们想要研究，1949—2003 年国民收入可划分为几个阶段。阶段的划分必须以年份顺序为依据，总的想法是将国民收入接近的年份划分到一个段内，要完成类似这样的问题的研究，用 7.3 节分类的方法显然是不行的。

设有序样品 $\boldsymbol{x}_1,\boldsymbol{x}_2,\cdots,\boldsymbol{x}_n$，其中每个均为 p 维向量，拟将其分为 k 类，一切可能的分法有 C_{n-1}^{k-1} 种，在 n 不是十分大的情况下，可用费歇(Fisher)于 1958 年提出的利用穷举的办法求精确最优解。下面我们就介绍这种最优分割的方法，假设某种分法是

$$P(n,k):\{x_{i_1},x_{i_1+1},\cdots,x_{i_2-1}\},\quad \{x_{i_2},x_{i_2+1},\cdots,x_{i_3-1}\}\cdots\{x_{i_k},x_{i_k+1},\cdots,x_n\}$$

其中 $1=i_1<i_2<\cdots<i_k\leqslant n$。用 $D(i,j)$ 表示类 $\{x_i,x_{i+1},\cdots,x_j\}(i<j)$ 的直径，目前采用

的直径为

$$D(i,j)=\sum_{k=i}^{j}(x_k-\bar{x}_{ij})^{\mathrm{T}}(x_k-\bar{x}_{ij})$$

其中，$\bar{x}_{ij}=\sum_{k=i}^{j}x_k/(j-i+1)$。

对分类 $P(n,k)$ 定义误差函数

$$e[p(n,k)]=\sum_{l=1}^{k}D(i_l,i_{l+1}-1) \tag{7.20}$$

用以衡量分类的好坏，因为当 n,k 固定时，$e[P(n,k)]$ 越小，表示各类的离差平方和越小，分类就比较合理。Fisher 提出的这一方法就是选择 $P(n,k)$ 使 e 达极小，从而给出精确最优解。以下 $P(i,j)$ 均表示使 $e[p(i,j)]$ 达极小的分类（$1\leqslant i\leqslant n,1\leqslant j\leqslant k$），由定义出发，不难验证下面两个关于误差函数的递推公式：

$$e[P(n,2)]=\min_{2\leqslant j\leqslant n}\{D(1,j-1)+D(j,n)\} \tag{7.21}$$

$$e[P(n,k)]=\min_{k\leqslant j\leqslant n}\{e[P(j-1,k-1)]+D(j,n)\} \tag{7.22}$$

应用式(7.21)和式(7.22)，可逐步求得使 e 达极小的分类 $P(i,j)$，具体做法是：由递推公式(7.22)找 j_k，使 e 达极小，即

$$e[P(n,k)]=e[P(j_{k-1},k-1)]+D(j_k,n)$$

于是 $G_K=\{x_{j_k},x_{j_{k+1}},\cdots,x_n\}$，然后再找 j_k-1 使它满足

$$e[P(j_k-1,k-1)]=e[P(j_k-1,k-2)]+D(j_{k-1},j_k-1)$$

得到类 $G_{k-1}=\{x_{j_{k-1}},x_{j_{k-1}+1}\cdots x_{j_k-1}\}$。如此类推，就可得到所有的类 $G_1,G_2,\cdots,G_k$，这就是用最优分割法求出的精确最优解。

7.5 引导案例解答

7.5.1 系统聚类法

这里我们以引导案例为例，详细介绍如何运用 SPSS 软件的系统聚类进行分类。以下是通过 SPSS 软件的系统聚类实现分类的主要步骤。

视频 7-1

(1) 将表 7.1 的数据录入 SPSS，如图 7.2 所示。

(2) 在菜单的选项中依次选择 **Analyze→Classify→Hierachical Cluster**（图 7.3），打开“系统聚类法”主对话框，如图 7.4 所示。

(3) 本案例旨在通过人均地区生产总值(X_1)、居民消费水平(X_2)、……、固定资产投资增长率(X_5)5 个变量对各地区经济发展水平进行分类，“地区”是区分样本的标签变量，“X1”，“X2”，…，“X5”是用于聚类的变量，因此将“地区”选入“Label Cases by”，将“X1”，“X2”，…，“X5”选入“Variables(s)”，如图 7.4 所示。

在“Cluster”选项中选择聚类类型。如果进行 R 型聚类（变量聚类），选择“Variables”；如果进行 Q 型聚类（样品聚类），则选择“Cases”。系统默认做 Q 型聚类。本例对地区进行分类，是样品聚类，因此选择“Cases”。

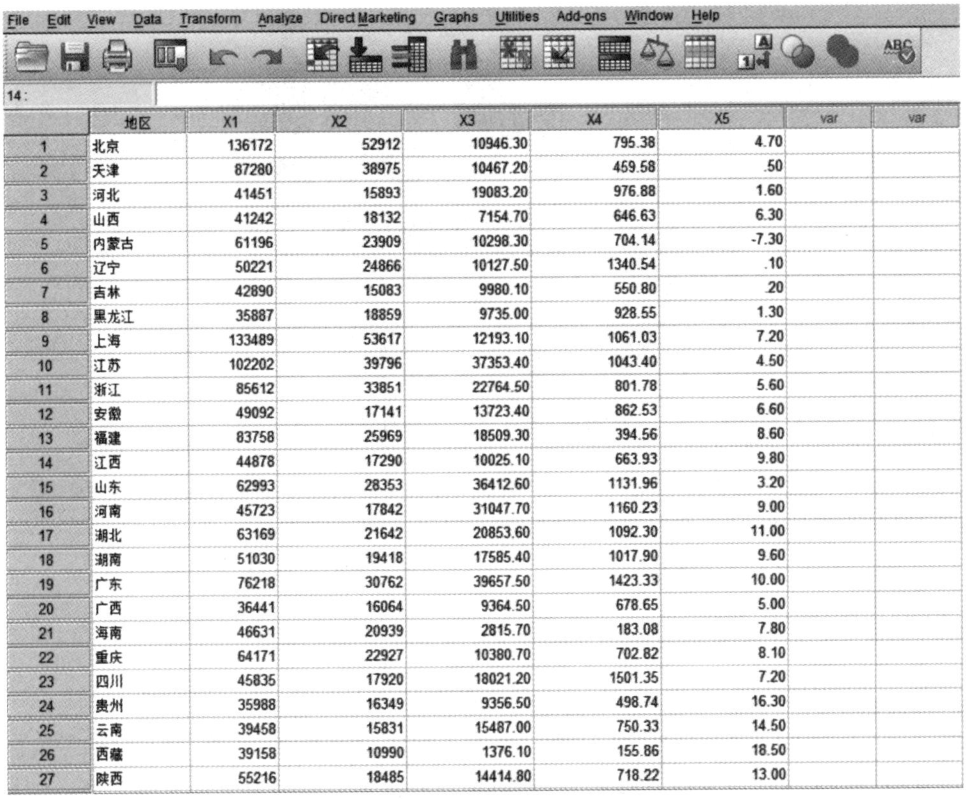

	地区	X1	X2	X3	X4	X5	var	var
1	北京	136172	52912	10946.30	795.38	4.70		
2	天津	87280	38975	10467.20	459.58	.50		
3	河北	41451	15893	19083.20	976.88	1.60		
4	山西	41242	18132	7154.70	646.63	6.30		
5	内蒙古	61196	23909	10298.30	704.14	-7.30		
6	辽宁	50221	24866	10127.50	1340.54	.10		
7	吉林	42890	15083	9980.10	550.80	.20		
8	黑龙江	35887	18859	9735.00	928.55	1.30		
9	上海	133489	53617	12193.10	1061.03	7.20		
10	江苏	102202	39796	37353.40	1043.40	4.50		
11	浙江	85612	33851	22764.50	801.78	5.60		
12	安徽	49092	17141	13723.40	862.53	6.60		
13	福建	83758	25969	18509.30	394.56	8.60		
14	江西	44878	17290	10025.10	663.93	9.80		
15	山东	62993	28353	36412.60	1131.96	3.20		
16	河南	45723	17842	31047.70	1160.23	9.00		
17	湖北	63169	21642	20853.60	1092.30	11.00		
18	湖南	51030	19418	17585.40	1017.90	9.60		
19	广东	76218	30762	39657.50	1423.33	10.00		
20	广西	36441	16064	9364.50	678.65	5.00		
21	海南	46631	20939	2815.70	183.08	7.80		
22	重庆	64171	22927	10380.70	702.82	8.10		
23	四川	45835	17920	18021.20	1501.35	7.20		
24	贵州	35988	16349	9356.50	498.74	16.30		
25	云南	39458	15831	15487.00	750.33	14.50		
26	西藏	39158	10990	1376.10	155.86	18.50		
27	陕西	55216	18485	14414.80	718.22	13.00		

图 7.2　录入数据

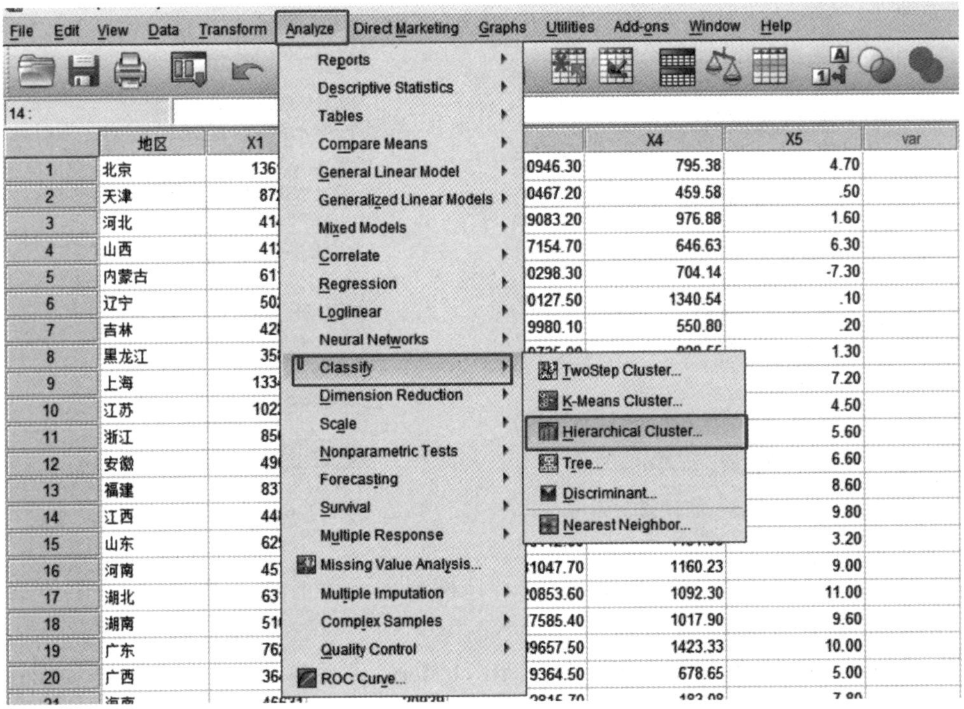

图 7.3　打开系统聚类主对话框

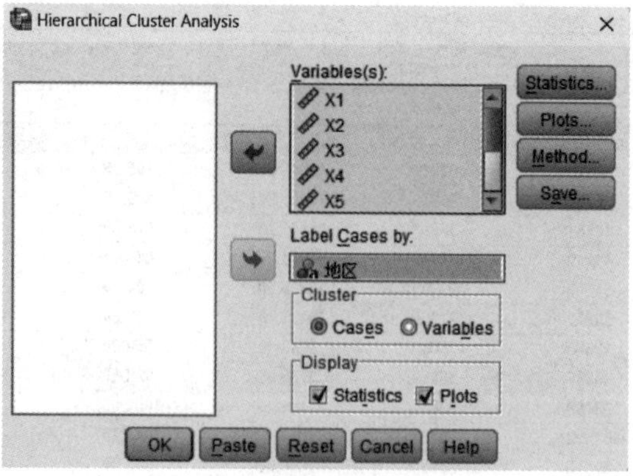

图 7.4　系统聚类法主对话框

在“Display”选项中选择展示方式。展示方式包括“统计量”(Statistics)和“统计图”(Plots),系统默认同时展示统计量和统计图。

单击 **Statistics** 按钮,弹出统计量对话框,如图 7.5 所示。在这个对话框中,每个按钮的含义如下。

① Agglomeration schedule 复选项,输出聚类过程中每一步结果。

② Proximity matrix 复选项,输出各类之间的距离的矩阵。

③ 在 Cluster Membership 栏中选择 **Single solution** 命令,输出用户所指定的聚类类数和聚类结果;选 **Range of solutions** 命令,输出用户所指定的聚类类数的范围和聚类结果。

单击主对话框中的 **plot** 按钮,系统弹出其对话框,如图 7.6 所示。我们可以选择输出的统计图表。

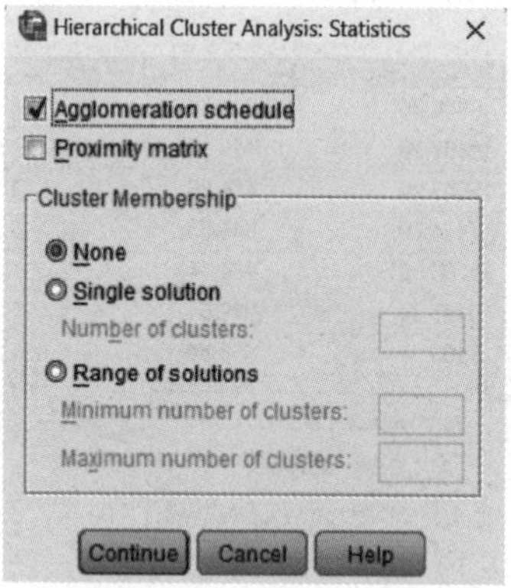

图 7.5　统计量对话框

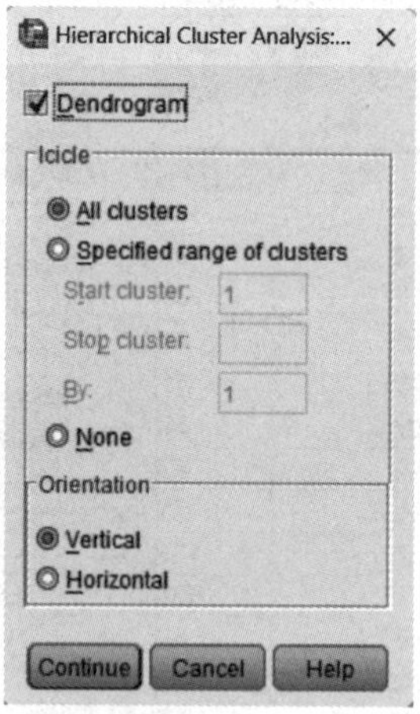

图 7.6　plot 对话框

① 单击 **Dendrogram** 命令,输出树形图,该图显示了在什么尺度上,哪些个体被聚为一类。

② 要输出冰柱图,有两项选择:选择 **All clusters**,显示整个聚类过程的冰柱图;选择 Specified range of clusters,显示指定范围(聚为几类)的冰柱图。

③ 冰柱图有水平(Horizontal)和垂直(Vertical)两个方向,可以在 Orientation 选项进行选择。

单击主对话框中的 **Method** 按钮,系统弹出 **Method** 子对话框,如图 7.7 所示。

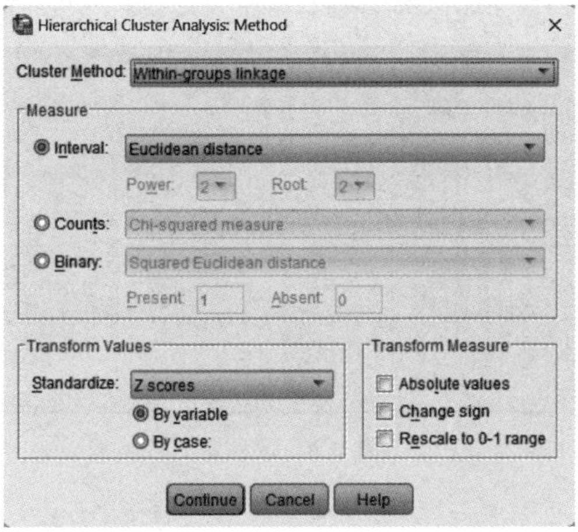

图 7.7　系统聚类方法选择对话框

① 在 **Clusrer Method** 框中可以选择聚类方法。SPSS 提供了七种聚类方法：组间连接法(Between-groups Linkage)、组内连接法(Within-groups Linkage)、最短距离法(Nearest Neighbor)、最长距离法(Futhest Neighbor)、中位数聚类法(Median Clustering)、重心法(Centroid Clustering)和最小方差法(Ward's Method)。本例中我们选择组内连接法。

② 在 **Measure** 子对话框中选择相似性测度,对于间距测度变量在 **Interval** 对话框中选择,一般选择欧氏距离(Euclidean distance),本例中我们选择此项。如果要处理的变量是分类变量,在该框中的 **Counts** 中选择方法。如果处理的变量是二值变量,在该框中的 **Binary** 中选择方法。

③ 当原始数据不是同一数量级别时,在 **Transform values** 选项下,选择标准化数据的方法,本例选择"Z-score"。可通过"By variable"和"By case"两种方式进行标准化,前者表示通过变量进行标准化,适用于 Q 型聚类;后者表示通过样本进行标准化,适用于 R 型聚类。本例选择"By variable"。其余选项保持默认,单击 **Continue** 按钮,返回主对话框。

在主对话框中,单击 **Save** 按钮,弹出保存对话框。该对话框中"None"表示不保存任何新变量;"Single solution"表示生成一个分类变量,在矩形框中输入分类数;"Range of solutions"表示生成多个分类变量。本例保持系统默认状态,不做任何操作。到主对话框,单击 **OK** 按钮,得到输出结果。输出结果见图 7.8、图 7.9 和表 7.10。

图 7.8 是冰柱图,也是反映样品聚类情况的图。图中每个样本对应一根矩形长条,所有样本的长条长度一样。两个样本之间还有一根矩形长条代表两个样本的相似度。该图的最下端,集群数为 30,表示 31 个样本被分为 30 类,其中广西和山西为一类,其他省份各成一类。类与类之间由白色间隔划分。继续聚类,将 31 个样本分为 29 类,新疆和贵州也被聚成一类,其他省份各成一类。依次类推,直到将所有样本聚为一类,样本之间没有白色间隙,聚类停止。当知晓分类数时,可在相应集群数数值上画一条横线。白色间隔的左边为一类,右边为一类。

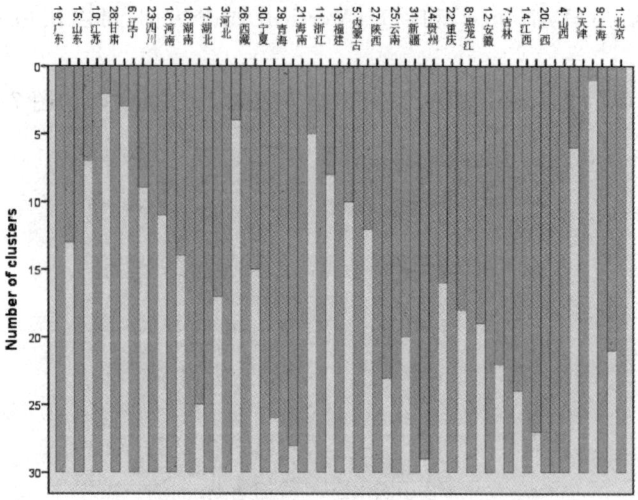

图 7.8 冰柱图

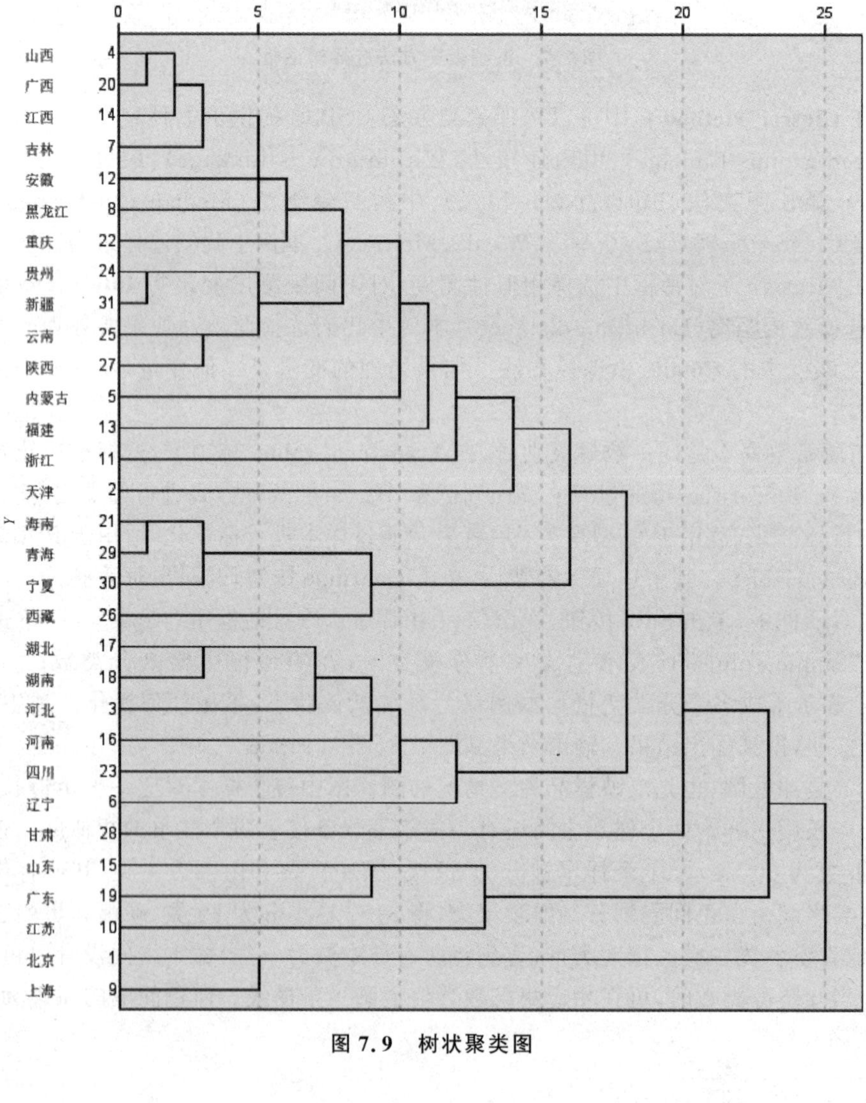

图 7.9 树状聚类图

表 7.10 聚类过程的结果

Agglomeration Schedule

Stage	Cluster Combined		Coefficients	Stage Cluster First Appears		Next Stage
	Cluster 1	Cluster 2		Cluster 1	Cluster 2	
1	4	20	0.381	0	0	4
2	24	31	0.394	0	0	11
3	21	29	0.405	0	0	5
4	4	14	0.493	1	0	7
5	21	30	0.627	3	0	16
6	17	18	0.648	0	0	14
7	4	7	0.669	4	0	9
8	25	27	0.673	0	0	11
9	4	12	0.774	7	0	12
10	1	9	0.797	0	0	30
11	24	25	0.806	2	8	15
12	4	8	0.853	9	0	13
13	4	22	0.948	12	0	15
14	3	17	1.020	0	6	17
15	4	24	1.119	13	11	19
16	21	26	1.174	5	0	26
17	3	16	1.218	14	0	20
18	15	19	1.244	0	0	24
19	4	5	1.265	15	0	21
20	3	23	1.333	17	0	22
21	4	13	1.399	19	0	23
22	3	6	1.477	20	0	27
23	4	11	1.556	21	0	25
24	10	15	1.622	0	18	29
25	2	4	1.703	0	23	26
26	2	21	1.851	25	16	27
27	2	3	2.063	26	22	28
28	2	28	2.288	27	0	29
29	2	10	2.567	28	24	30
30	1	2	2.829	10	29	0

表 7.10 是反映每一阶段聚类的结果，Coefficients 表示聚合系数，第 2 列和第 3 列表示聚合的类。第 5 列和第 6 列标识第 2 列和第 3 列参与聚类的是样品还是小类，“0”表示样品，数值 k 表示由第 k 步聚类生成的小类参与本步聚类；“Next Stage”表示本步聚类结果将在未来第几步使用。例如，第一阶段时(Stage=1)样本 4(山西)与样本 20(广西)聚为一类，都是样品参与聚类，本次聚类结果将参与第四步的聚类。

图 7.9 是树状聚类图，从图中可以由分类个数得到分类后情况。如果我们选择三类，就从距离为 20 多一点的地方往下切，得到分类结果如下：{1：北京，上海}；{2：山东，广东，江苏}；{3：山西，广西，……，辽宁，甘肃}。第一类是我国经济发展最好的两个直辖市。北京

作为我国的政治文化中心，汇聚众多资源，造就了北京强大的经济实力；上海市是我国的金融中心，服务业高度发达，为上海市的经济发展提供了有力支撑。第二类是我国经济较发达的地区，而第三类是我国经济稍弱的地区。

7.5.2 K-均值法

视频 7-2

同样我们以 7.1 节所示案例为例，介绍如何运用 SPSS 软件的进行 K-均值聚类，以下是主要操作步骤。

（1）录入数据后，在 SPSS 软件中选择 **Analyze→Classify→K-Means Cluster**（图 7.10），弹出 K-均值聚类对话框，如图 7.11 所示。

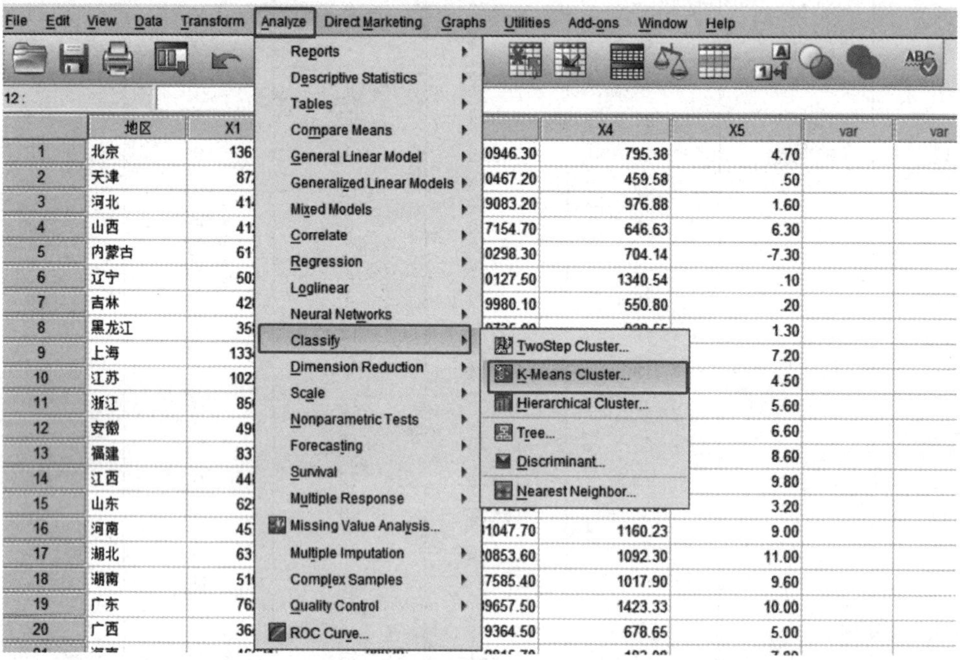

图 7.10　打开 K-均值聚类法对话框

（2）将“地区”选入“Label Cases by”，将“X1”，“X2”，…，“X5”选入“Variables(s)”，如图 7.11 所示。通过“Number of Clusters”选项指定分类数量，本例将分类数定为 3。“Cluster Centers”菜单下提供设置初始聚类中心（Read initial）和写入最终聚类中心（Write final）两种功能选项。本例不提供初始聚类重心，因此保持系统默认状态。

单击主对话框中的 **Iterate** 按钮，弹出迭代子对话框，可设置最大迭代次数（Maximum Iterations）和收敛性标准（Convergence Criterion），如图 7.12 所示。单击 **Continue** 按钮，返回主对话框。

单击主对话框中的 **Option** 按钮，弹出对应子对话框。我们可以在 **Option** 选项中选择 Initial cluster center（最初分类重心），ANOVA table（方差分析表），Cluster information for each case（每个样品的分类信息），如图 7.13 所示。单击 **Continue** 按钮，返回主对话框。单击 **OK** 按钮，得到聚类结果，如表 7.11 至表 7.14 所示。

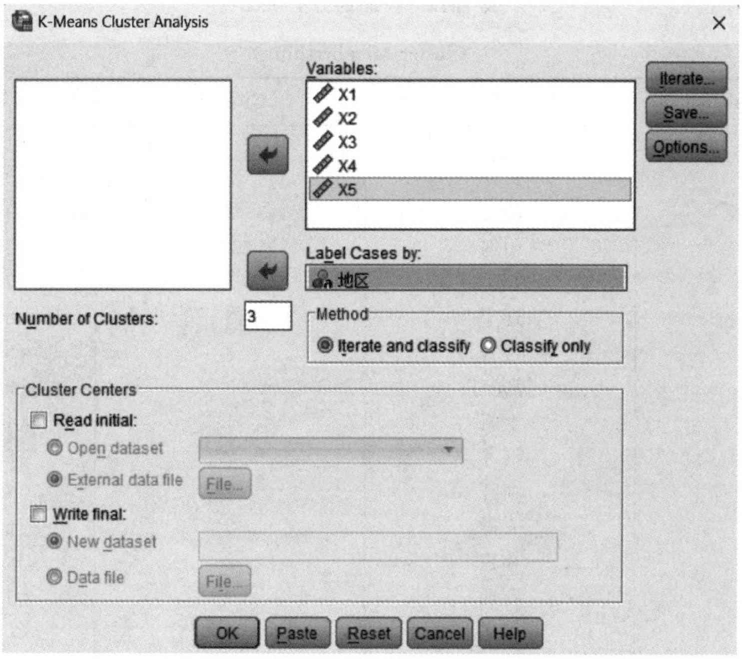

图 7.11　*K*-均值聚类法对话框

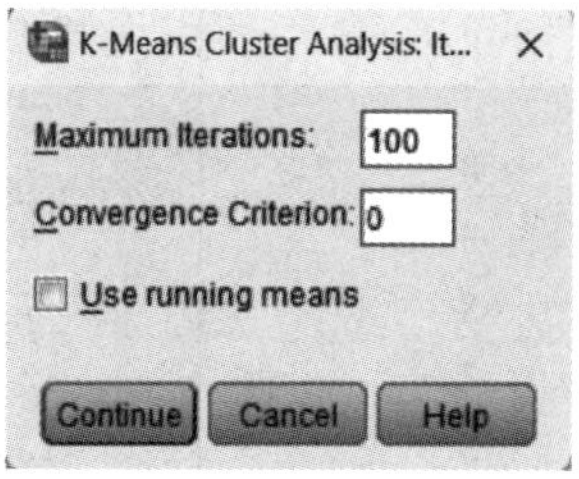

图 7.12　Iterate 对话框

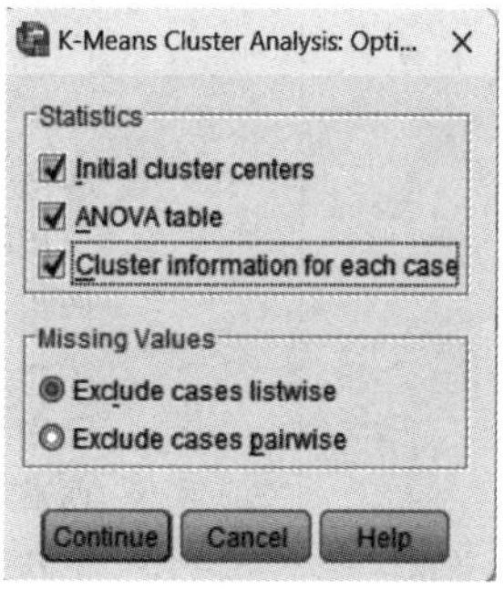

图 7.13　Options 对话框

表 7.11　最初各类的重心

Initial Cluster Centers

	Cluster		
	1	2	3
X1	136 172	85 612	29 103
X2	52 912	33 851	14 203
X3	10 946.30	22 764.50	3 804.60
X4	795.38	801.78	468.16
X5	4.70	5.60	−36.80

表 7.12 样品的分类情况

Cluster Membership

Case Number	地区	Cluster	Distance
1	北京	1	1 526.483
2	天津	2	19 195.293
3	河北	3	9 070.203
4	山西	3	5 357.022
5	内蒙古	3	17 267.007
6	辽宁	3	8 651.914
7	吉林	3	3 794.031
8	黑龙江	3	9 193.370
9	上海	1	1 526.483
10	江苏	2	25 941.083
11	浙江	2	7 099.409
12	安徽	3	5 036.949
13	福建	2	10 340.754
14	江西	3	1 275.178
15	山东	2	20 024.957
16	河南	3	20 053.860
17	湖北	2	20 395.054
18	湖南	3	9 051.821
19	广东	2	13 690.840
20	广西	3	8 906.102
21	海南	3	8 856.241
22	重庆	3	19 825.603
23	四川	3	7 108.174
24	贵州	3	9 286.098
25	云南	3	7 437.491
26	西藏	3	13 312.168
27	陕西	3	10 816.476
28	甘肃	3	17 845.025
29	青海	3	7 645.090
30	宁夏	3	7 851.664
31	新疆	3	1 469.205

表 7.13 最后各类的重心

Final Cluster Centers

	Cluster		
	1	2	3
X1	134 831	80 176	44 955
X2	53 265	31 335	18 089
X3	11 569.70	26 574.01	11 015.34
X4	928.20	906.70	700.33
X5	5.95	6.20	5.15

表 7.14　方差分析表

ANOVA

	Cluster		Error		F	Sig.
	Mean Square	df	Mean Square	df		
X1	9 488 210 147.536	2	92 676 349.317	28	102.380	0.000
X2	1 422 537 162.372	2	17 364 695.314	28	81.921	0.000
X3	652 330 176.318	2	60 526 884.847	28	10.778	0.000
X4	142 743.677	2	130 254.277	28	1.096	0.348
X5	3.207	2	98.868	28	0.032	0.968

The F tests should be used only for descriptive purposes because the clusters have been chosen to maximize the differences among cases in different clusters. The observed significance levels are not corrected for this and thus cannot be interpreted as tests of the hypothesis that the cluster means are equal.

输出结果中，表 7.11 表示最初各类的重心，也就是种子点。表 7.12 是样品的分类情况。这里我们看到 K-均值聚类法将地区分为这样三类：{1.北京、上海}；{2.天津、江苏、浙江、福建、山东、湖北、广东、}；{3.河北、山西、内蒙古、辽宁、吉林、黑龙江、安徽、江西、河南、湖南、广西、海南、重庆、四川、贵州、云南、西藏、陕西、甘肃、青海、宁夏、新疆}。第一类是我国经济最发达的两个直辖市，与系统聚类法的结果一样。第二类是我国经济较发达的地区，聚类结果与系统聚类法的结果部分相似。

表 7.14 是方差分析表，根据 Sig 值可以看到前 3 个变量，即人均地区生产总值、居民消费水平、资本形成总额对分类的贡献是显著的。进一步，根据 F 值可以发现各变量对聚类结果的重要程度排序为：人均地区生产总值＞居民消费水平＞资本形成总额。

7.6　JMP 软件操作

在 JMP 软件当中，在一个打开的特定数据表内，选择主菜单中**分析→多元方法→聚类**即可打开聚类分析的子窗口。将希望进行聚类分析的变量选定到“Y，列”中，在下方选项中选择聚类方法与距离计算方法，单击上方的确定按钮，即可输出默认的聚类分析结果。例如选择系统（JMP 中为层次）聚类，距离计算方法为 Ward 法，并勾选**标准化数据**。输出窗口中默认系统树图、距离图和聚类历史记录。单击展开左上角的红字箭头可以进行更多的分析和处理，如对聚类进行标记着色、改变聚类个数与尺度等，同时也可以对聚类分析结果进行保存。而在聚类分析窗口下，则可以选择 K-均值等其他方法。

习题

1. 试述系统聚类法的原理和具体步骤。
2. 试述 K-均值聚类的基本步骤。
3. 已知一个二维正态总体 $\boldsymbol{G}$ 的分布为

$$N_2\left(\begin{pmatrix}0\\0\end{pmatrix}\begin{pmatrix}1 & 0.7\\0.7 & 1\end{pmatrix}\right)$$

求点 $\boldsymbol{A}=(1,0)^{\mathrm{T}}$ 和 $\boldsymbol{B}=(1,-1)^{\mathrm{T}}$ 至均值 $\boldsymbol{\mu}=(0,0)^{\mathrm{T}}$ 的距离。

4. 设有 5 个样品，已知这些样品之间的距离矩阵为

$$\boldsymbol{D}_{(0)}=\begin{bmatrix}0 & & & & \\ 5 & 0 & & & \\ 3.5 & 1.5 & 0 & & \\ 1 & 4 & 2.5 & 0 & \\ 7 & 2 & 3.5 & 5 & 0\end{bmatrix}$$

请用最短距离法将它们分类。

5. 表 7.15 列出了 1999 年全国(不含港澳台)31 个省、自治区和直辖市的城镇居民家庭平均每人全年消费支出的 8 个主要变量数据。这 8 个变量是：

X_1——食品；　　X_5——交通工具；

X_2——衣着；　　X_6——娱乐教育文化服务；

X_3——家庭设备用品及服务；　　X_7——居住；

X_4——医疗保健；　　X_8——杂项商品和服务。

表 7.15　习题 5 数据

地　区	消费支出数据							
	X_1	X_2	X_3	X_4	X_5	X_6	X_7	X_8
北京	1 959.19	730.79	749.41	513.34	467.87	1 141.82	478.42	457.64
天津	2 459.77	495.47	697.33	302.87	284.19	735.97	570.84	305.08
河北	1 495.63	515.90	362.37	285.32	272.95	540.58	364.91	188.63
山西	1 406.33	477.77	290.15	208.57	201.50	414.72	281.84	212.10
内蒙古	1 303.97	524.29	254.83	192.17	248.81	463.09	287.87	192.92
辽宁	1 730.84	553.90	246.91	279.81	239.18	445.20	330.24	163.86
吉林	1 561.86	492.42	200.49	218.36	220.69	459.62	360.48	147.76
黑龙江	1 410.11	510.71	211.88	277.11	224.65	376.82	317.61	152.85
上海	3 712.31	550.74	893.37	346.93	527.00	1 034.98	720.33	462.03
江苏	2 207.58	449.37	572.40	211.92	302.09	585.23	429.77	252.54
浙江	2 629.16	557.32	689.73	435.69	514.66	795.87	575.76	323.36
安徽	1 844.78	430.29	271.28	126.33	250.56	513.18	314.00	151.39
福建	2 709.46	428.11	334.12	160.77	405.14	461.67	535.13	232.29
江西	1 563.78	303.65	233.81	107.90	209.70	393.99	509.39	160.12
山东	1 675.75	613.32	550.71	219.79	272.59	599.43	371.62	211.84
河南	1 427.65	431.79	288.55	208.14	217.00	337.76	421.31	165.32
湖北	1 783.43	511.88	282.84	201.01	237.60	617.74	523.52	182.52
湖南	1 942.23	512.27	401.39	206.06	321.29	607.22	492.60	226.45
广东	3 055.17	353.23	564.56	356.27	811.88	873.06	1 082.82	420.81
广西	2 033.87	300.82	338.65	157.78	329.06	621.74	587.02	218.27
海南	2 057.86	186.44	202.72	171.79	329.06	477.17	312.93	279.19
重庆	2 303.29	589.99	516.21	236.55	403.92	730.05	438.41	225.80
四川	1 974.28	507.76	344.79	203.21	240.24	575.10	430.36	223.46
贵州	1 673.82	437.75	461.61	153.32	254.66	445.59	346.11	191.48

续表

地　区	消费支出数据							
	X_1	X_2	X_3	X_4	X_5	X_6	X_7	X_8
云南	2 194.25	537.01	369.07	249.54	280.84	561.91	407.70	330.95
西藏	1 646.61	839.70	204.44	209.11	379.30	371.04	269.59	389.33
陕西	1 472.95	390.89	447.95	259.51	230.61	490.90	469.10	191.34
甘肃	1 525.57	472.98	328.90	219.86	206.65	449.69	249.66	228.19
青海	1 654.69	437.77	258.78	303.00	244.93	497.53	288.56	236.51
宁夏	1 375.46	480.89	273.78	317.32	251.08	424.75	228.73	195.93
新疆	1 608.82	536.05	432.46	235.82	250.28	541.30	344.85	214.40

请用系统聚类法和 K-均值法对上述31个省、区、市进行聚类分析。

第8章

判别分析

在实际问题中,常会遇到需要根据事物若干性质的差别来判断事物的类别,例如根据人的身长、坐长、鼻骨的高度等特征判别人的种族;气象上根据前几天的气象要素预报未来几天的天气是晴、阴还是雨;根据各国的人均国民收入、人均工农业产值和人均消费水平等多项指标来判别一个国家经济发展程度的所属类型;在市场预测中,根据以往多项指标的资料,判断下季度(或下个月)产品是畅销、正常还是滞销;在环境科学中,根据某地区的气象条件和大气污染元素浓度等来判别该地区是属严重污染、一般污染还是无污染。所有这些问题的一个重要解决途径是多元统计分析中的判别分析方法。判别分析是多元统计分析中的一种常用方法,对不同的问题,可以选择不同的判别准则。

回归模型普及性的基础在于用它去预测和解释度量(metric)变量。但是对于非度量(nonmetric)变量,多元回归不适合解决此类问题。本章介绍的判别分析用来解决被解释变量是非度量变量的情形。事实上,人们对一个对象是属于哪种类别感兴趣,比如为什么某人是或者不是消费者、一家公司成功还是破产等。

判别分析主要目的是判别个体所属的类别。判别分析的应用非常广泛,例如预测新产品的成功或失败、决定一个学生是否被录取、按职业兴趣对学生分组、确定某人信用风险的种类以及预测一个公司是否成功等。在每种情况下,首先将对象分组,然后通过选择的解释变量来预测每个对象的所属类别。

引导案例

某商城销售的电视机有多种品牌。现有一家新电视机厂商在该商场试销一段时间其产品后,希望与商场正式合作,长期销售其产品。而商场管理决策者希望新产品能够带来更多利润,至少不能带来损失,但是目前并不知道该厂商的产品的销售前景如何。商场管理决策者为了解决这个问题,组织团队成员一起交流探讨。经过讨论后,管理决策者认为可以通过现有品牌的销售情况来预测新产品的销售情况。于是,其带领团队成员从市场上随机抽取了20种品牌的电视机进行调查。调查结果显示,5种品牌畅销,8种平销,7种滞销,同时收集了电视机的销售价格(P,单位:百元)和消费者对每种产品的质量评分(Q)与功能评分(C),具体数据如表8.1所示。表中"销售情况"一列中的"1"表示畅销、"2"表示平销、"3"表示滞销。同时对新厂商的品牌进行了调查。新品牌的销售价格为65(单位:百元),质量评分为8.0,功能评分为7.5。但是,新的问题又随之而来。虽然有了数据,但是商场管理决

视频 8-1

策者并不知道如何根据这些数据资料归纳出判别准则，来判别新产品的销售情况。

表 8.1 20 种品牌的电视机的各项评分

编 号	销售价格 P	质量评分 Q	功能评分 C	销售情况 G
1	29	8.3	4	1
2	68	9.5	7	1
3	39	8	5	1
4	50	7.4	7	1
5	55	8.8	6.5	1
6	58	9	7.5	2
7	75	7	6	2
8	82	9.2	8	2
9	67	8	7	2
10	90	7.6	9	2
11	86	7.2	8.5	2
12	53	6.4	7	2
13	48	7.3	5	2
14	20	6	2	3
15	39	6.4	4	3
16	48	6.8	5	3
17	29	5.2	3	3
18	32	5.8	3.5	3
19	34	5.5	4	3
20	36	6	4.5	3

如前所述，我们已经知道一些个体的特征观察值，并且已知其所属的类型。但是对于某些个体，我们知道其特征观察值，但是不清楚其所属的类型。那么，如何根据已知类型的个体来对未知个体的类型进行判定？进行判定的依据是什么？这些都是需要解决的问题。本章将给出这些问题的解决方法。

8.1 距离判别

8.1.1 两总体情况

首先考虑两个总体的情形。假设有两个 p 维正态总体 G_1, G_2，它们分别服从具有相同协方差矩阵 $\boldsymbol{\Sigma}$ 的正态分布 $N_p(\boldsymbol{\mu}_1, \boldsymbol{\Sigma})$ 和 $N_p(\boldsymbol{\mu}_2, \boldsymbol{\Sigma})$，其中 $\boldsymbol{\mu}_1, \boldsymbol{\mu}_2$ 为 p 维列向量，$\boldsymbol{\Sigma}$ 为 $p \times p$ 阶的正定矩阵。现给定一个个体 $\boldsymbol{x}=(x_1, \cdots, x_p)^{\mathrm{T}}$，问它来自哪个总体。

由于从两个总体中抽取的个体是相互独立并分别与两个总体同分布，而两个总体有相同的协方差矩阵，因此来自两个总体的个体之间差别只受它们分布中的均值向量 $\boldsymbol{\mu}_1$ 和 $\boldsymbol{\mu}_2$ 之间差异的影响。由此比较直观的想法是根据个体 $\boldsymbol{x}$ 与各总体的距离远近来判别它的类属，具体地说，要定义一种个体 $\boldsymbol{x}$ 与各总体的距离，然后根据这种定义把 $\boldsymbol{x}$ 判别为与之距离近的总体，即按距离最近的规则判定给定个体的类别，这种判别方法称为**距离判别**。

通常我们采用的距离为马氏距离，定义如下。

设总体 $G \sim N_p(\boldsymbol{\mu}, \boldsymbol{\Sigma})$，其中$\boldsymbol{\Sigma}$为 $p \times p$ 阶的正定矩阵，$\boldsymbol{x}, \boldsymbol{y}$ 是取自总体G 的任意两个个体，定义 $\boldsymbol{x}$ 与 $\boldsymbol{y}$ 的马氏距离为

$$d_m(\boldsymbol{x}, \boldsymbol{y}) = [(\boldsymbol{x} - \boldsymbol{y})^{\mathrm{T}} \boldsymbol{\Sigma}^{-1} (\boldsymbol{x} - \boldsymbol{y})]^{\frac{1}{2}}$$

定义个体 $\boldsymbol{x}$ 与总体G 的马氏距离为 $\boldsymbol{x}$ 与总体G 的均值向量$\boldsymbol{\mu}$ 的马氏距离，即

$$d_m(\boldsymbol{x}, \boldsymbol{A}) = [(\boldsymbol{x} - \boldsymbol{\mu})^{\mathrm{T}} \boldsymbol{\Sigma}^{-1} (\boldsymbol{x} - \boldsymbol{\mu})]^{\frac{1}{2}}$$

对两个具有相同协方差矩阵$\boldsymbol{\Sigma}$ 的总体情形，按以下准则判别：

$$\begin{cases} \text{若 } d_m(\boldsymbol{x}, G_1) \leqslant d_m(\boldsymbol{x}, G_2)\text{，判断 } \boldsymbol{x} \in G_1 \\ \text{若 } d_m(\boldsymbol{x}, G_1) > d_m(\boldsymbol{x}, G_2)\text{，判断 } \boldsymbol{x} \in G_2 \end{cases} \tag{8.1}$$

其中，

$$d_m^2(\boldsymbol{x}, G_1) = (\boldsymbol{x} - \boldsymbol{\mu}_1)^{\mathrm{T}} \boldsymbol{\Sigma}^{-1} (\boldsymbol{x} - \boldsymbol{\mu}_1)$$

$$d_m^2(\boldsymbol{x}, G_2) = (\boldsymbol{x} - \boldsymbol{\mu}_2)^{\mathrm{T}} \boldsymbol{\Sigma}^{-1} (\boldsymbol{x} - \boldsymbol{\mu}_2)$$

取上述距离之差

$$\begin{aligned} & d_m^2(\boldsymbol{x}, G_1) - d_m^2(\boldsymbol{x}, G_2) \\ & = \boldsymbol{x}^{\mathrm{T}} \boldsymbol{\Sigma}^{-1} \boldsymbol{x} - 2\boldsymbol{x}^{\mathrm{T}} \boldsymbol{\Sigma}^{-1} \boldsymbol{\mu}_1 + \boldsymbol{\mu}_1^{\mathrm{T}} \boldsymbol{\Sigma}^{-1} \boldsymbol{\mu}_1 - (\boldsymbol{x}' \boldsymbol{\Sigma}^{-1} \boldsymbol{x} - 2\boldsymbol{x}^{\mathrm{T}} \boldsymbol{\Sigma}^{-1} \boldsymbol{\mu}_2 + \boldsymbol{\mu}_2^{\mathrm{T}} \boldsymbol{\Sigma}^{-1} \boldsymbol{\mu}_2) \\ & = 2\boldsymbol{x}^{\mathrm{T}} \boldsymbol{\Sigma}^{-1} (\boldsymbol{\mu}_2 - \boldsymbol{\mu}_1) + \boldsymbol{\mu}_1^{\mathrm{T}} \boldsymbol{\Sigma}^{-1} \boldsymbol{\mu}_1 - \boldsymbol{\mu}_2^{\mathrm{T}} \boldsymbol{\Sigma}^{-1} \boldsymbol{\mu}_2 \\ & = 2\boldsymbol{x}^{\mathrm{T}} \boldsymbol{\Sigma}^{-1} (\boldsymbol{\mu}_2 - \boldsymbol{\mu}_1) + (\boldsymbol{\mu}_1 + \boldsymbol{\mu}_2)^{\mathrm{T}} \boldsymbol{\Sigma}^{-1} (\boldsymbol{\mu}_1 - \boldsymbol{\mu}_2) \\ & = -2\left(\boldsymbol{x} - \frac{\boldsymbol{\mu}_1 + \boldsymbol{\mu}_2}{2}\right)^{\mathrm{T}} \boldsymbol{\Sigma}^{-1} (\boldsymbol{\mu}_1 - \boldsymbol{\mu}_2) \end{aligned}$$

其中，$\bar{\boldsymbol{\mu}} = \frac{1}{2}(\boldsymbol{\mu}_1 + \boldsymbol{\mu}_2)$，

$$y(\boldsymbol{x}) = (\boldsymbol{x} - \bar{\boldsymbol{\mu}})^{\mathrm{T}} \boldsymbol{\Sigma}^{-1} (\boldsymbol{\mu}_1 - \boldsymbol{\mu}_2)$$

则判别准则(8.1)可以写成

$$\begin{cases} \boldsymbol{x} \in G_1\text{，若 } y(\boldsymbol{x}) > 0 \\ \boldsymbol{x} \in G_2\text{，若 } y(\boldsymbol{x}) < 0 \\ \text{待判，若 } y(\boldsymbol{x}) = 0 \end{cases} \tag{8.2}$$

这里 $y(\boldsymbol{x})$是 $\boldsymbol{x}$ 的函数，称为判别函数。当两类均值向量$\boldsymbol{\mu}_1$ 和$\boldsymbol{\mu}_2$ 及其共同的协方差矩阵$\boldsymbol{\Sigma}$ 已知时，令

$$\boldsymbol{a} = \boldsymbol{\Sigma}^{-1} (\boldsymbol{\mu}_1 - \boldsymbol{\mu}_2)$$

则 $\boldsymbol{a}$ 为一个已知的 p 维向量，这时

$$y(\boldsymbol{x}) = \boldsymbol{a}^{\mathrm{T}} (\boldsymbol{x} - \bar{\boldsymbol{\mu}})$$

显然，$y(\boldsymbol{x})$是 $\boldsymbol{x}$ 的一个线性函数，称为线性判别函数，而系数向量 $\boldsymbol{a}$ 中的各个元素则称为判别系数。

使用判别函数进行判别，会发生误判现象，即将来自 G_1 的个体 $\boldsymbol{x}$ 判属于G_2，或将来自 G_2 的个体 $\boldsymbol{x}$ 判属于G_1，当$\boldsymbol{\mu}_1$ 和$\boldsymbol{\mu}_2$ 的距离很大时，误判的可能性不大，而当$\boldsymbol{\mu}_1$ 和$\boldsymbol{\mu}_2$ 的距离很小时，误判的概率就会较大。

8.1.2 多总体情况

对于多总体的情况，可以两两总体进行组合分别建立判别函数，然后再按最短距离原则建立判别规则，所以多总体的距离判别是两总体情况的自然推广。

1. 协方差阵相同

设有 k 个总体 $G_1,\cdots,G_k$，它们的均值向量分别是 $\boldsymbol{\mu}_1,\cdots,\boldsymbol{\mu}_k$，协方差阵均为 $\boldsymbol{\Sigma}$。类似于两总体的讨论，判别函数为

$$y_{ij}(\boldsymbol{x})=(\boldsymbol{x}-(\boldsymbol{\mu}_i+\boldsymbol{\mu}_j)/2)^{\mathrm{T}}\boldsymbol{\Sigma}^{-1}(\boldsymbol{\mu}_i-\boldsymbol{\mu}_j),\quad i,j=1,\cdots,k$$

其判别规则为

$$\begin{cases}\boldsymbol{x}\in G_i, \text{若 } y_{ij}(\boldsymbol{x})>0, \text{对一切 } j\neq i\\ \text{均成立待判, 若某个 } y_{ij}(x)=0\end{cases}$$

如果各总体的均值向量和共同的协方差矩阵均未知，则可分别从各总体中抽取一个样本，用各个样本的估计值来代替。设从 G_i 中抽取的样本为 $\boldsymbol{x}_1^{(i)},\cdots,\boldsymbol{x}_{n_i}^{(i)}(i=1,\cdots,k)$，则它们的估计为

$$\hat{\boldsymbol{\mu}}_i=\bar{\boldsymbol{x}}^{(i)}=\frac{1}{n_i}\sum_{j=1}^{n_i}\boldsymbol{x}_j^{(i)},\quad i=1,\cdots,k, \hat{\boldsymbol{\Sigma}}=\frac{1}{n-k}\sum_{i=1}^{k}\boldsymbol{A}_i$$

其中，$n=n_1+\cdots+n_k$，

$$\boldsymbol{A}_i=\sum_{j=1}^{n_i}(\boldsymbol{x}_j^{(i)}-\bar{\boldsymbol{x}}^{(i)})(\boldsymbol{x}_j^{(i)}-\bar{\boldsymbol{x}}^{(i)})^{\mathrm{T}} \tag{8.3}$$

2. 协方差阵不同

当各总体的协方差阵不相同时，判别函数为

$$y_{ij}(\boldsymbol{x})=(\boldsymbol{x}-\boldsymbol{\mu}_i)^{\mathrm{T}}\boldsymbol{\Sigma}_i^{-1}(\boldsymbol{x}-\boldsymbol{\mu}_i)-(\boldsymbol{x}-\boldsymbol{\mu}_j)^{\mathrm{T}}\boldsymbol{\Sigma}_j^{-1}(\boldsymbol{x}-\boldsymbol{\mu}_j)$$

这时的判别规则为

$$\begin{cases}\boldsymbol{x}\in G_i, \text{若 } y_{ij}(\boldsymbol{x})<0, \forall j\neq i\\ \text{待判, 若某个 } y_{ij}(\boldsymbol{x})=0\end{cases}$$

当 $\boldsymbol{\mu}_1,\cdots,\boldsymbol{\mu}_k$；$\boldsymbol{\Sigma}_1,\cdots,\boldsymbol{\Sigma}_k$ 未知时，$\boldsymbol{\mu}_i$ 的估计与协方差阵相同时的估计一样，而

$$\hat{\boldsymbol{\Sigma}}_t=\frac{1}{n_i-1}\boldsymbol{A}_i,\quad i=1,\cdots,k$$

式中，$\boldsymbol{A}_i$ 与式(8.3)相同。

8.2 Bayes 判别

8.2.1 贝叶斯判别准则

贝叶斯(Bayes)判别是在各总体的分布密度和先验概率已知的情形下常用的判别方法。

设有 k 个总体 $G_1,\cdots,G_k$，分别具有 p 维密度函数 $f_1(\boldsymbol{x}),\cdots,f_k(\boldsymbol{x})$，已知出现这 k 个总体的先验概率为 $q_1,\cdots,q_k$，我们将要建立相应的判别函数和判别规则。

设已给定 $\boldsymbol{R}^p$ 的一个划分 $\boldsymbol{R}_1,\cdots,\boldsymbol{R}_k$，即 $\boldsymbol{R}_1,\cdots,\boldsymbol{R}_k$ 互不相交，且 $\boldsymbol{R}_1\cup\cdots\cup\boldsymbol{R}_k=\boldsymbol{R}^p$。如果这个划分取得适当，正好对应 k 个总体，这时判别规则可以采用如下方法：

$$x\in G_i，若\ x\ 落入\ \boldsymbol{R}_i,\ i=1,\cdots,k$$

问题是如何获得这个划分。用 $L(j/i)$ 表示样本来自 G_i 而误判为 G_j 的损失，这一误判的概率为

$$p(j/i)=\int_{R_j}f_i(x)\mathrm{d}x$$

定义 $\boldsymbol{R}^p$ 的划分 $\boldsymbol{R}_1,\cdots,\boldsymbol{R}_k$ 的错判平均损失(expected cost of misclassification)为

$$\begin{aligned}L(\boldsymbol{R}_1,\cdots,\boldsymbol{R}_k)&=\sum_{i=1}^{k}q_i\sum_{j=1}^{k}L(j/i)p(j/i)\\&=\sum_{i=1}^{k}q_i\sum_{j=1}^{k}L(j/i)\int_{R_j}f_i(x)\mathrm{d}\boldsymbol{x}\\&=\sum_{j=1}^{k}\int_{R_j}\sum_{i=1}^{k}q_if_i(x)L(j/i)\mathrm{d}\boldsymbol{x}\end{aligned}\tag{8.4}$$

我们总是规定 $L(i/i)=0$。

若记

$$h_j(\boldsymbol{x})=\sum_{i=1}^{k}q_if_i(\boldsymbol{x})L(j/i),\quad j=1,2,\cdots,k$$

为某个样品被错判为 G_j 总体的损失，则式(8.4)可写为

$$L(\boldsymbol{R}_1,\boldsymbol{R}_2,\cdots,\boldsymbol{R}_k)=\sum_{j=1}^{k}\int_{R_j}h_j(\boldsymbol{x})\mathrm{d}\boldsymbol{x}$$

显然，要使平均损失最小，必须使每个 $\int_{R_j}h_j(\boldsymbol{x})$ 最小，而要使 $\int_{R_j}h_j(\boldsymbol{x})$ 最小，则 $\boldsymbol{R}_j$ 的选择就应该是在所有的划分中取 $h_j(\boldsymbol{x})$ 最小的划分。因此，可得出贝叶斯判别的解为

$$R_j=\{\boldsymbol{x}:\boldsymbol{h}_j(\boldsymbol{x})=\min h_l,l=1,2,\cdots,k\}\quad j=1,2,\cdots,k$$

在实践中，由于 $L(j/i)$ 不易精确计算，故往往假设

$$L(j/i)=\begin{cases}1, & 若\ i\neq j\\0, & 若\ i=j\end{cases}$$

由此，$h_j(\boldsymbol{x})$ 就可简写成为

$$h_j(\boldsymbol{x})=\sum_{\substack{i=1\\i\neq j}}q_if_i(\boldsymbol{x})=\sum_{i=1}^{k}q_if_i(\boldsymbol{x})-q_jf_j=C(\boldsymbol{x})-q_jf_j$$

式中，$C(\boldsymbol{x})$ 是各个总体的先验概率与其分布密度乘积之和，与样品的分类无关。因此，要选择使 $h_j(\boldsymbol{x})$ 最小的划分，也就是等价于选择使 $q_jf_j(\boldsymbol{x})$ 最大的划分。这时，贝叶斯判别的解又可写成为

$$R_j=\{\boldsymbol{x}:q_jf_j(\boldsymbol{x})=\max q_lf_l(\boldsymbol{x}),l=1,2,\cdots,k\},\quad j=1,2,\cdots,k$$

这种判别方法实际上就是根据后验概率最大的贝叶斯准则进行的判别，第 l 类出现的

后验概率可记为

$$P(G_l/\boldsymbol{x})=\frac{q_l f_l(\boldsymbol{x})}{\sum_{j=1}^{k} q_j f_j(\boldsymbol{x})}$$

这时,判别规则即贝叶斯判别的解为

$$\boldsymbol{R}_j=\{\boldsymbol{x}:P(G_j/\boldsymbol{x})=\max P(G_l/\boldsymbol{x}),l=1,2,\cdots,k\},\quad j=1,2,\cdots,k$$

由以上讨论可知,贝叶斯判别需要首先知道各类即各个总体的分布密度,但各个总体的分布密度往往都是未知的,所以实践中一般假设总体的分布密度为正态密度。

8.2.2　正态总体的贝叶斯判别

假设总体 $G_1,\cdots,G_k$ 均服从正态分布,且具有相等的协差阵$\boldsymbol{\Sigma}$,则各个总体的分布密度函数为

$$f_j(\boldsymbol{x})=\frac{1}{(2\pi)^{p/2}\mid\boldsymbol{\Sigma}\mid^{1/2}}\exp\left\{-\frac{1}{2}(\boldsymbol{x}-\boldsymbol{\mu}_j)^{\mathrm{T}}\boldsymbol{\Sigma}^{-1}(\boldsymbol{x}-\boldsymbol{\mu}_j)\right\},\quad j=1,2,\cdots,k$$

为了进行判别,需要在所有的 $q_l f_l(\boldsymbol{x})$ 中找出最大的,为了使判别函数具有简单的形式,取对数得

$$\ln[q_l f_l(\boldsymbol{x})]=\ln q_l-\frac{1}{2}\ln(2\pi)^p\mid\boldsymbol{\Sigma}\mid-\frac{1}{2}\boldsymbol{x}^{\mathrm{T}}\boldsymbol{\Sigma}^{-1}\boldsymbol{x}+\boldsymbol{\mu}_l\boldsymbol{\Sigma}^{-1}\boldsymbol{x}-\frac{1}{2}\boldsymbol{\mu}_l^{\mathrm{T}}\boldsymbol{\Sigma}^{-1}\boldsymbol{\mu}_l$$

略去等式右边与 l 无关的项,并记

$$\varphi_l(\boldsymbol{x})=\ln q_l+\boldsymbol{\mu}_l\boldsymbol{\Sigma}^{-1}\boldsymbol{x}-\frac{1}{2}\boldsymbol{\mu}_l^{\mathrm{T}}\boldsymbol{\Sigma}^{-1}\boldsymbol{\mu}_l$$

显然该判别函数也是一个线性判别函数。应用该判别函数得贝叶斯解为

$$\boldsymbol{R}_j=\{\boldsymbol{x}:\varphi_j(\boldsymbol{x})=\max\varphi_l(\boldsymbol{x})\},\quad j=1,\cdots,k$$

特别地,当 $k=2$ 时,可以给出更简单的判别函数,则贝叶斯解为

$$\boldsymbol{R}_1=\{\boldsymbol{x}:q_1 f_1(\boldsymbol{x})>q_2 f_2(\boldsymbol{x})\}$$

$$\boldsymbol{R}_2=\{\boldsymbol{x}:q_2 f_2(\boldsymbol{x})>q_1 f_1(\boldsymbol{x})\}$$

该式可写为

$$\boldsymbol{R}_1=\left\{\boldsymbol{x}:\frac{f_1(\boldsymbol{x})}{f_2(\boldsymbol{x})}>\frac{q_2}{q_1}\right\}$$

$$\boldsymbol{R}_2=\left\{\boldsymbol{x}:\frac{f_1(\boldsymbol{x})}{f_2(\boldsymbol{x})}<\frac{q_2}{q_1}\right\}$$

两个总体密度函数的比率为

$$\frac{f_1(x)}{f_2(x)}=\frac{\exp\left\{-\frac{1}{2}(\boldsymbol{x}-\boldsymbol{\mu}_1)^{\mathrm{T}}\boldsymbol{\Sigma}^{-1}(\boldsymbol{x}-\boldsymbol{\mu}_1)\right\}}{\exp\left\{-\frac{1}{2}(\boldsymbol{x}-\boldsymbol{\mu}_2)^{\mathrm{T}}\boldsymbol{\Sigma}^{-1}(\boldsymbol{x}-\boldsymbol{\mu}_2)\right\}}$$

取对数,则有

$$\ln\left[\frac{f_1(\boldsymbol{x})}{f_2(\boldsymbol{x})}\right]=-\frac{1}{2}\{(\boldsymbol{x}-\boldsymbol{\mu}_1)^{\mathrm{T}}\boldsymbol{\Sigma}^{-1}(\boldsymbol{x}-\boldsymbol{\mu}_1)-(\boldsymbol{x}-\boldsymbol{\mu}_2)^{\mathrm{T}}\boldsymbol{\Sigma}^{-1}(\boldsymbol{x}-\boldsymbol{\mu}_2)\}$$

$$=\left(\boldsymbol{x}-\frac{\boldsymbol{\mu}_1+\boldsymbol{\mu}_2}{2}\right)^{\mathrm{T}}\boldsymbol{\Sigma}^{-1}(\boldsymbol{\mu}_1-\boldsymbol{\mu}_2)$$

$$=(\boldsymbol{x}-\bar{\boldsymbol{\mu}})^{\mathrm{T}}\boldsymbol{\Sigma}^{-1}(\boldsymbol{\mu}_1-\boldsymbol{\mu}_2)$$

即判别函数可写为

$$\varphi(\boldsymbol{x})=(\boldsymbol{x}-\bar{\boldsymbol{\mu}})^{\mathrm{T}}\boldsymbol{\Sigma}^{-1}(\boldsymbol{\mu}_1-\boldsymbol{\mu}_2)$$

即判别规则为

$$\begin{cases}\boldsymbol{R}_1=\{\boldsymbol{x}:(\boldsymbol{x}-\bar{\boldsymbol{\mu}})^{\mathrm{T}}\boldsymbol{\Sigma}^{-1}(\boldsymbol{\mu}_1-\boldsymbol{\mu}_2)>\ln(q_2/q_1)\}\\ \boldsymbol{R}_2=\{\boldsymbol{x}:(\boldsymbol{x}-\bar{\boldsymbol{\mu}})^{\mathrm{T}}\boldsymbol{\Sigma}^{-1}(\boldsymbol{\mu}_1-\boldsymbol{\mu}_2)<\ln(q_2/q_1)\}\\ \text{待判},(\boldsymbol{x}-\bar{\boldsymbol{\mu}})^{\mathrm{T}}\boldsymbol{\Sigma}^{-1}(\boldsymbol{\mu}_1-\boldsymbol{\mu}_2)\end{cases}$$

当 $q_1=q_2$ 时,则有 $\ln(q_2/q_1)=0$,贝叶斯判别的解与距离判别完全相同。这说明,当两总体的先验概率相等时,距离判别与贝叶斯判别是等价的。

8.3 Fisher 判别

Fisher 判别是借助方差分析的思想,来导出判别函数和建立判别规则的一种判别方法。由于线性函数计算简便,使用起来也方便,所以 Fisher 判别中通常也都使用线性判别函数。

设从 k 个总体分别取得 k 组 p 维观察值如下:

$$G_1:\boldsymbol{x}_1^{(1)},\cdots,\boldsymbol{x}_{n_1}^{(1)}$$
$$\cdots$$
$$G_k:\boldsymbol{x}_1^{(k)},\cdots,\boldsymbol{x}_{n_k}^{(k)}$$

令 $\boldsymbol{a}$ 为 $\boldsymbol{R}^p$ 中的任一向量,这时,上述数据以 $\boldsymbol{a}$ 为法线的投影为

$$G_1:\boldsymbol{a}^{\mathrm{T}}\boldsymbol{x}_1^{(1)},\cdots,\boldsymbol{a}^{\mathrm{T}}\boldsymbol{x}_{n_1}^{(1)}$$
$$\cdots$$
$$G_k:\boldsymbol{a}^{\mathrm{T}}\boldsymbol{x}_1^{(k)},\cdots,\boldsymbol{a}^{\mathrm{T}}\boldsymbol{x}_{n_k}^{(k)}$$

它正好组成一元方差分析的数据,其组间平方和为

$$\mathrm{SSG}=\sum_{i=1}^{k}n_i(\boldsymbol{a}^{\mathrm{T}}\bar{\boldsymbol{x}}^{(i)}-\boldsymbol{a}^{\mathrm{T}}\bar{\boldsymbol{x}})^2$$

$$=\boldsymbol{a}^{\mathrm{T}}\left[\sum_{i=1}^{k}n_i(\bar{\boldsymbol{x}}^{(i)}-\bar{\boldsymbol{x}})(\bar{\boldsymbol{x}}^{(i)}-\bar{\boldsymbol{x}})^{\mathrm{T}}\right]\boldsymbol{a}$$

令 $\boldsymbol{B}=\sum_{i=1}^{k}n_i(\bar{\boldsymbol{x}}^{(i)}-\bar{\boldsymbol{x}})(\bar{\boldsymbol{x}}^{(i)}-\bar{\boldsymbol{x}})^{\mathrm{T}}$,$\bar{\boldsymbol{x}}^{(i)}$ 和 $\bar{\boldsymbol{x}}$ 分别为 i 组均值和总均值向量。组内平方和为

$$\mathrm{SSE}=\sum_{i=1}^{k}\sum_{j=1}^{n_i}(\boldsymbol{a}^{\mathrm{T}}\boldsymbol{x}_j^{(i)}-\boldsymbol{a}^{\mathrm{T}}\bar{\boldsymbol{x}}^{(i)})^2$$

$$=\boldsymbol{a}^{\mathrm{T}}\left[\sum_{i=1}^{k}\sum_{j=1}^{n_i}(\boldsymbol{x}_j^{(i)}-\bar{\boldsymbol{x}}^{(i)})(\boldsymbol{x}_j^{(i)}-\bar{\boldsymbol{x}}^{(i)})^{\mathrm{T}}\right]\boldsymbol{a}$$

$$=\boldsymbol{a}^{\mathrm{T}}\boldsymbol{E}\boldsymbol{a}$$

式中，$\boldsymbol{E}=\sum_{i=1}^{k}\sum_{j=1}^{n_i}(\boldsymbol{x}_j^{(i)}-\bar{\boldsymbol{x}}^{(i)})(\boldsymbol{x}_j^{(i)}-\bar{\boldsymbol{x}}^{(i)})^{\mathrm{T}}$。如果 k 组均值有显著差异，则

$$\boldsymbol{F}=\frac{\mathrm{SSG}/(k-1)}{\mathrm{SSE}/(n-k)}=\frac{n-k}{k-1}\frac{\boldsymbol{a}^{\mathrm{T}}\boldsymbol{B}\boldsymbol{a}}{\boldsymbol{a}^{\mathrm{T}}\boldsymbol{E}\boldsymbol{a}}$$

应充分地大，或者

$$\Delta(\boldsymbol{a})=\frac{\boldsymbol{a}^{\mathrm{T}}\boldsymbol{B}\boldsymbol{a}}{\boldsymbol{a}^{\mathrm{T}}\boldsymbol{E}\boldsymbol{a}}$$

应充分地大。由矩阵知识，我们知道 $\Delta(\cdot)$的极大值为 λ_1，它是$|\boldsymbol{B}-\lambda\boldsymbol{E}|=0$ 的最大特征根，$\boldsymbol{l}_1$ 为相应的特征向量，当 $\boldsymbol{a}=\boldsymbol{l}_1$ 时，可使 $\Delta(\cdot)$达到最大。判别函数 $\varphi(\boldsymbol{x})=\boldsymbol{l}_1\boldsymbol{x}$。Fisher 判别的规则可根据距离判别的思想给出。对于给定的一个样品，该样品的判别函数离哪一个总体的距离近，就将该样品判归哪一类。如此，就有下列判别规则：

$$\begin{cases}\boldsymbol{x}\in G_i，\text{若}\ |\varphi(\boldsymbol{x})-\varphi(\bar{\boldsymbol{x}}^{(i)})|=\min\limits_{1\leqslant j\leqslant k}|\varphi(\boldsymbol{x})-\varphi(\bar{\boldsymbol{x}}^{(j)})| \\ \text{待判，若}\ |\varphi(\boldsymbol{x})-\varphi(\bar{\boldsymbol{x}}^{(i)})|=|\varphi(\boldsymbol{x})-\varphi(\bar{\boldsymbol{x}}^{(j)})|\end{cases}$$

8.4 逐步判别

在现实世界中，对于某个判别问题来说，可以用来构造判别函数的变量往往有很多个，这些指标的判别能力有大有小。如果使用多自变量建立判别函数，一方面计算量很大；另一方面由于变量间的不独立，会导致求解逆矩阵的计算精度下降，建立的判别函数不稳定。因此，适当筛选变量的问题就成为一个很重要的事情。凡具有筛选变量能力的判别方法都统称为逐步判别法。和通常的判别分析一样，逐步判别也有很多不同的原则，从而产生各种方法。

目前使用最多的逐步判别法筛选变量的过程类似于逐步回归法，变量的选取是步进式的，每步选一个变量。第一步是在全体可供筛选的变量中选出具有最大判别能力的一个，第二步是在剩下来的变量中选出与前步已选变量配合后具有最大判别能力的一个，……，第 s 步是在剩余的变量中选出与前 $s-1$ 步已选变量配合后具有最大判别能力的一个。当然，在每一步中，不论剩下来的变量的判别能力多么微弱，也总能从中选出相对最强的一个。因此在逐步判别中，还应对每步将要选入的具有最大判别能力的变量进行必要的统计检验，仅当它的作用确实显著时才真正引入判别函数。另外，逐步判别法还包括对已选入的变量做再次鉴别检验。这是因为早先选入判别函数的变量，随着其后另一些变量的相继引入，其重要性可能会发生变化，例如其作用被其后引入的某几个变量的组合所取代，因此每一步都应该从已选入判别函数的变量中找出判别能力最低的一个，并对它进行统计检验，如果它的作用果真变得不再显著，就应该及时地将其从判别函数中剔除，当剩余变量中没有重要的变量可引入判别函数时，逐步选变量的过程便告完成。

由于逐步判别比较复杂，具体的过程我们这里不介绍，重要的是掌握 SPSS 软件的应用。

8.5 SPSS 中判别分析方法和概念的介绍

8.5.1 建立判别函数的方法

建立判别函数的方法一般有四种，即全模型法、向前选择法、向后选择法和逐步选择法。

1. 全模型法

全模型法是把用户指定的全部变量放入判别函数中，不管变量对判别函数是否起作用，作用的大小如何。当对反映研究对象特征的变量认识比较全面时可以选择此种方法，这种方法是 SPSS 默认的方法。

2. 向前选择法

向前选择法是从判别模型中没有变量开始，每一步把一个对判别模型的判断能力贡献最大的变量引入模型，直到所有未被引入模型的变量都不符合进入模型的条件时，变量引入过程结束。

3. 向后选择法

向后选择法与向前选择法完全相反，它先把用户指定的所有变量建立一个全模型，然后每一步把一个对模型的判断能力贡献最小的变量剔除，直到模型中的所有变量都符合留在模型中的判据时，剔除变量工作结束。

4. 逐步选择法

逐步选择法是从模型中没有变量开始，每一步都要对模型进行检验。每一步把模型外对模型的判别能力贡献最大的变量加入模型中的同时，也考虑把已经在模型中但又不符合留在模型的条件的变量剔除。这是因为新变量的引入有可能使原来已经在模型中的变量对模型的贡献变得不显著了。直到模型中所有的变量都是显著的，而模型外的变量都不显著时，逐步选择变量的过程停止。

8.5.2 典则判别函数

该方法是建立典则变量，用少数的变量来代替用户指定的变量。假设有 p 个变量，我们可以在 p 维空间中做恰当的旋转，可以找到一个维度，最大限度地反映不同类的个体之间的差异，在这个维度上，可以产生第一个典则变量，也就是第一个典则判别函数。同样通过旋转可以找到第二个维度，建立第二个典则变量，即第二个典则判别函数。直到找到 t 个。$t \leqslant \min(k-1, p)$。k 是总体的个数。

SPSS 给出两类典则判别函数：一类是用原始数据来判别的，另一类是用标准化以后的数据来判别的。使用典则判别函数的基本方法如下。

(1) 把所有类的各个指标的均值(非标准化数据的均值)，代入典则判别函数，得出典则函数的值，SPSS 可以直接输出这个值，称为“Functions at group centroids”。

(2) 把需要判别的点 x 的 p 个指标的值，代入典则判别函数，得出这个点的典则函数值，与哪个类的典则函数值最近，就判别这个点属于这个类。

在实际应用时，手工计算是不必要的。在原始数据表中，写入新个体的数据，SPSS 在结果一览表中将给出分类的结果。

8.6 二元变量的判别分析(SPSS 软件操作)

我们通过一个两组判别的例子，来说明如何在 SPSS 软件中实现二元变量的判别分析。

【例 8.1】 某种产品的生产商有很多个，有些厂商的产品在市场上比较受欢迎，而有些厂商的产品在市场上不大受欢迎，批发商店现有 12 家厂商的产品，其中 7 家是属于受欢迎的，5 家属于不太受欢迎的。该商店对这 12 家厂商的产品就其式样、包装和耐久性进行了评估，评分采用 10 分制，评估结果如表 8.2 所示。

视频 8-2

表 8.2　12 家厂商某种产品的各项评分

畅销的产品				滞销的产品			
厂家	产品的特性			厂家	产品的特性		
	式样	包装	耐久性		式样	包装	耐久性
1	9	8	7	8	4	4	4
2	7	6	6	9	3	6	6
3	8	7	8	10	6	3	3
4	8	5	5	11	2	4	5
5	9	9	3	12	1	2	2
6	8	9	7				
7	7	5	6				
合计	56	49	42	合计	16	19	20

以上述例子为例，我们用 SPSS 软件中的 Discriminant 模块来实现判别分析，主要步骤如下。

(1) 将厂家、式样、包装、耐久性的原数据录入表格。然后建立一个新列“销售”代表销售情况，并将畅销产品记为 1，滞销产品记为 0，如图 8.1 所示。

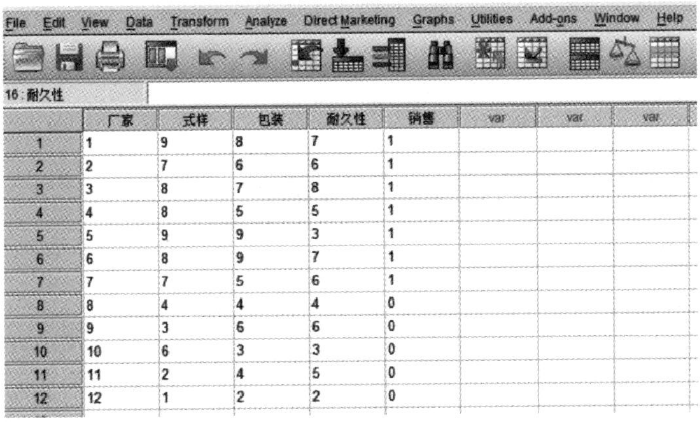

图 8.1　录入数据

（2）在菜单的选项中依次选择 **Analyze→Classify→Discriminant**，就进入了判别分析的对话框。将销售选入分组变量(Grouping variable)的框中，然后定义它的区域，最小值是 0，最大值是 1。然后再把式样、包装、耐久性这三个变量选入解释变量的框(Independents)中，如图 8.2 所示。单击 OK 按钮，输出基本的判别分析结果。

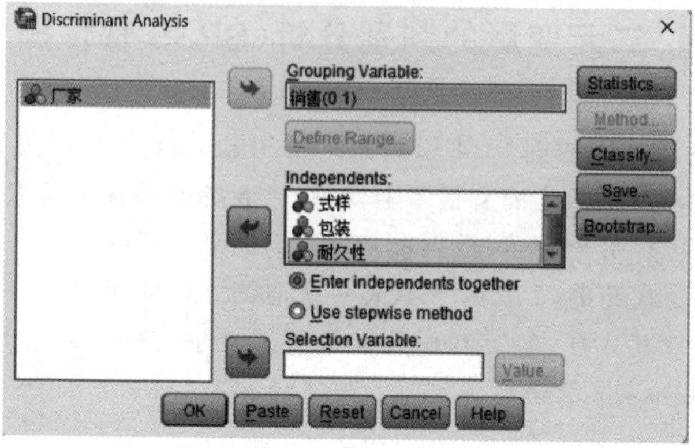

图 8.2　判别分析的主对话框

表 8.3 反映的是有效样本量及变量缺失的情况。本例中，有效样本共计 12 个，无缺失变量。表 8.4 进一步详细展示了不同组别下不同变量的有效样本量。滞销组的样本量为 5，畅销组的样本量为 7。

表 8.3　有效样本及样本变量的缺失情况

Analysis Case Processing Summary

Unweighted Cases		N	Percent
Valid		12	100.0
Excluded	Missing or out-of-range group codes	0	0.0
	At least one missing discriminating variable	0	0.0
	Both missing or out-of-range group codes and at least one missing discriminating variable	0	0.0
	Total	0	0.0
Total		12	100.0

表 8.4　各组变量的描述统计

Group Statistics

销售		Valid N(listwise)	
		Unweighted	Weighted
滞销	式样	5	5.000
	包装	5	5.000
	耐久性	5	5.000
畅销	式样	7	7.000
	包装	7	7.000
	耐久性	7	7.000

续表

销售		Valid N(listwise)	
		Unweighted	Weighted
Total	式样	12	12.000
	包装	12	12.000
	耐久性	12	12.000

表 8.5 和表 8.6 分析的是典则判别函数，表 8.5 反映判别函数的特征值、解释方差的比例和典型相关系数(因为我们仅选取了两个解释变量，所以判别了函数全部的方差)。表 8.6 是对第一个判别函数的威尔克 lambda 检验。统计值 χ^2 的显著性概率为 $0.003<0.05$，表明这两类有显著的差异。

表 8.5　典则判别函数总结

特征值

函　　数	特　征　值	方差百分比	累积百分比	典型相关性
1	4.323[a]	100	100	0.901

注：a 在分析中使用了前 1 个典则判别函数。

表 8.6　威尔克 Lambda

函 数 检 验	威尔克 Lambda	卡　　方	自　由　度	显　著　性
1	0.188	14.213	3	0.003

表 8.7 至表 8.9 显示的是判别函数、判别载荷和各组的重心。表 8.7 是标准化的判别函数，表示为：$\boldsymbol{y}=0.910\boldsymbol{x}_1^*+0.103\boldsymbol{x}_2^*+0.373\boldsymbol{x}_3^*$，这里 $\boldsymbol{x}_1^*$，$\boldsymbol{x}_2^*$ 表示 $\boldsymbol{x}_1$，$\boldsymbol{x}_2$ 的标准化变量。表 8.8 是结构矩阵，即判别载荷。表 8.9 是各组的重心。(简明起见，删去了部分表格注释)

表 8.7　标准化典则判别函数系数

判别系数

标　　签	函数 1
式样	0.91
包装	0.103
耐用性	0.373

表 8.8　结 构 矩 阵

标　　签	函数 1
式样	0.909
包装	0.508
耐用性	0.322

注：判别变量与标准化典则判别函数之间的汇聚组内相关性变量按函数内相关性的绝对大小排序。

表 8.9　组质心处的函数

销　　量	函数 1
0	−2.246
1	1.604

注：按组平均值进行求值的未标准化典则判别函数。

如果需要更深入地分析，可以选择其他项。在主对话窗的 Independents 框下，有两项选择："Enter independent"和"Use stepwise method"，前一个是系统默认值（全模型分析）。如果选择"Use stepwise method"，则它下面的 **Method** 按钮变黑。单击 **Method** 按钮，弹出一个新的子对话框，如图 8.3 所示。对话框的左侧，可以选择进入自变量的准则。这个对话框的下面是 **Display** 子框。Summary of steps 是复选项，表示在每一步选择变量之后，显示每个变量的统计量的值。F for pairwise distances 也是复选项，表示显示两两 ***F*** 值矩阵。

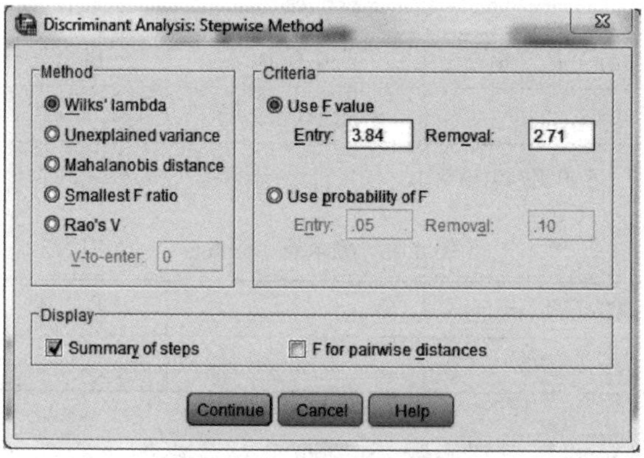

图 8.3　Method 子对话框

在主对话框中，单击 **Statistics** 按钮，弹出新的子对话框，如图 8.4 所示。在该对话框中有三个子框：在 **Descriptives** 子框中可以选择 Means，Univariate ANOVAs，Box's M 统计量；在 **Matrices** 子框中，可以指定自变量的有关矩阵，如相关系数矩阵、各类的协方差系数矩阵等。在 **Function Coefficients** 子框中，可以指定判别函数的表达形式。

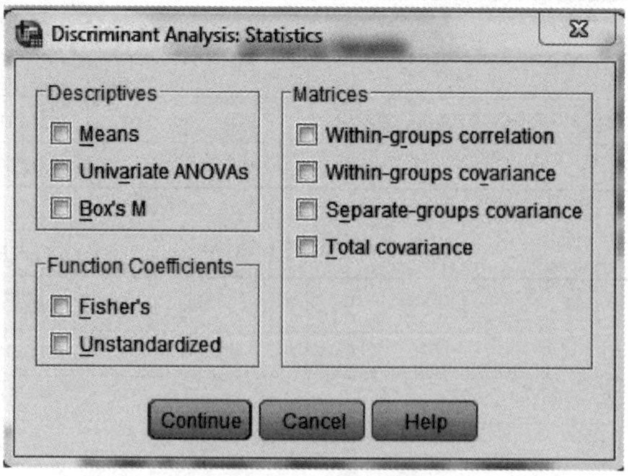

图 8.4　统计量子对话框

在主对话框中，单击 **Classify** 按钮，弹出新的子对话框，如图 8.5 所示。在该窗口的左上角，是 **Prior Probabilities** 框，要求选择先验概率的设定方式，有两个选项：All groups equal（所有组相等）和 Compute from group sizes（根据组的大小计算概率）。在 **Display** 对话框中可以选择 Casewise results（每个个体的结果），Summery table（综合表）和 Leave-one-out classification（留一个在外）的验证原则。在该窗口的左侧下方，是对缺失值的处理方式的选择，即 Replace missing value with mean 选项，是要求用均值代替缺失值。在该窗口右上角，是 Use Covariance Matrix 框，要求选择在判别计算中使用的协方差矩阵，是使用联合类别的协方差矩阵，还是使用各类别数据的协方差阵进行计算。在该窗口右下角，是 **Plots** 框，要求选择输出的图形，如散点图、直方图等。

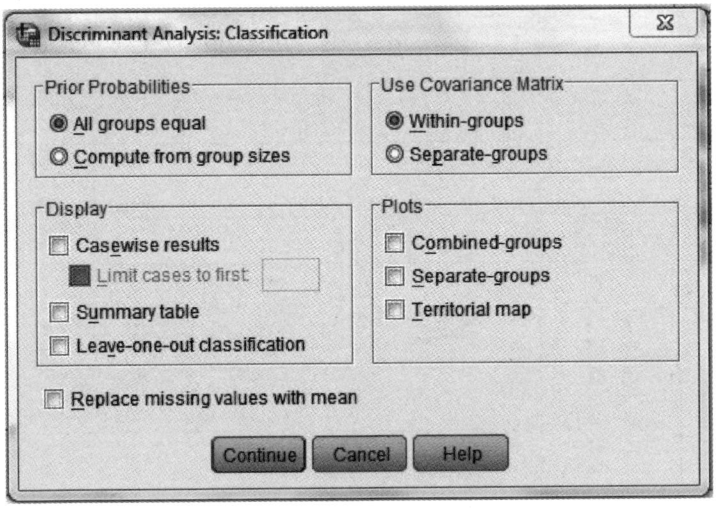

图 8.5 分类子对话框

如果在 **Classify** 窗口下选择 Casewise results，SPSS 就会输出每个个体的判别结果，如表 8.10 所示。表 8.10 中的 Case Number 列，是所有个体的编号。表 8.10 中的 Actual Group 列是每个个体实际上所在的类。表 8.10 中 Highest Group（具有最大分辨率）下的 Predicted Group 列，是按照计算结果的类别。可以看到编号 10 经过判别分析后被判到了畅销的类别中。表 8.10 中的 Highest Group 下的 P(G=g/D=d) 列是判别 x 属于相应类别，而 x 确实是相应类别的后验概率。从表 8.10 中可以看到后验概率是比较大的。表 8.10 中的 Highest Group 下的 Squared Mahalanobis Distance to Centroid 列，是相应个体距至类别重心的马氏距离的平方。表 8.10 中的 Second Highest Group（具有第二大分辨率）下的 Group 列，是 x 对应的类别。表 8.10 中的 Second Highest Group 下的 $P(G=g|D=d)$ 是判别 x 属于相应类别，而 x 确实是相应类别的后验概率。表 8.10 中 Second Highest Group 下的 Squared Mahalanobis Distance to Centroid 列，与表 8.10 中 Highest Group 下的定义相同。表 8.10 中最后一列是典则判别函数之值。

表 8.10　每个个体的判别结果

Casewise Statistics

Case Number		Actual Group	Highest Group					Second Highest Group			Discriminant Scores
			Predicted Group	P(D>d|G=g)		P(G=g |D=d)	Squared Mahalanobis Distance to Centroid	Group	P(G=g |D=d)	Squared Mahalanobis Distance to Centroid	Function 1
				p	df						
Original	1	1	1	0.466	1	1.000	0.532	0	0.000	17.894	2.188
	2	1	1	0.466	1	0.973	0.532	0	0.027	7.681	0.729
	3	1	1	1.000	1	0.998	0.000	0	0.002	12.255	1.459
	4	1	1	1.000	1	0.998	0.000	0	0.002	12.255	1.459
	5	1	1	0.466	1	1.000	0.532	0	0.000	17.894	2.188
	6	1	1	1.000	1	0.998	0.000	0	0.002	12.255	1.459
	7	1	1	0.466	1	0.973	0.532	0	0.027	7.681	0.729
	8	0	0	0.560	1	0.983	0.340	1	0.017	8.511	−1.459
	9	0	0	0.884	1	0.999	0.021	1	0.001	13.298	−2.188
	10	0	1**	0.145	1	0.735	2.128	0	0.265	4.170	0.000
	11	0	0	0.381	1	1.000	0.766	1	0.000	19.149	−2.917
	12	0	0	0.109	1	1.000	2.574	1	0.000	26.064	−3.647

**. Misclassified case

8.7 引导案例解答(多总体判别的情况)

这里通过本章的引导案例来说明如何使用 SPSS 软件中的 Discriminant 模块实现多总体情况下的判别分析,主要步骤如下。

视频 8-3

(1) 录入表 8.1 的数据,如图 8.6 所示。

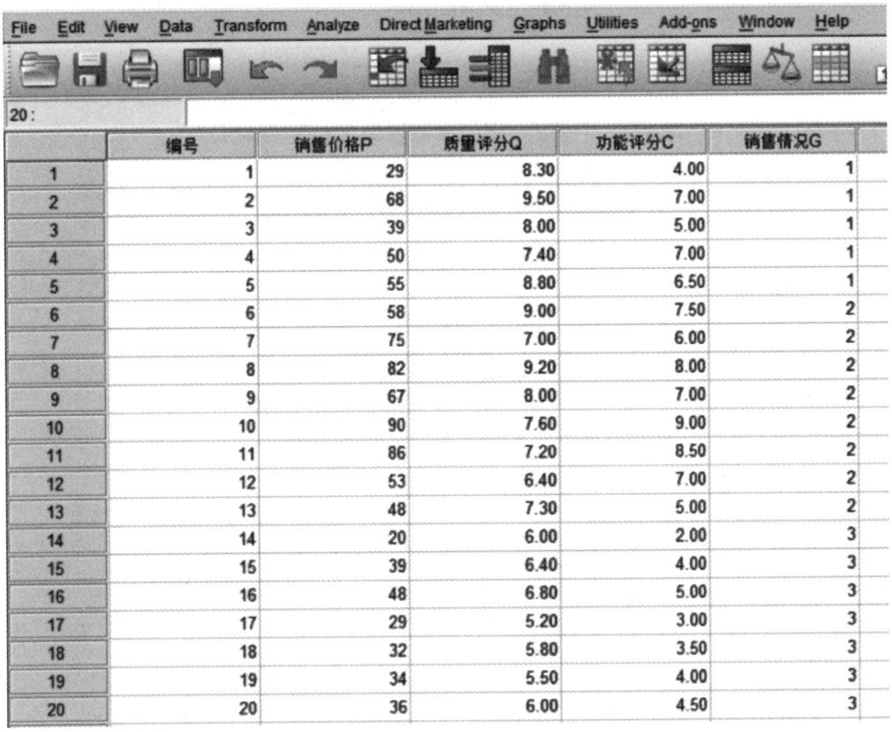

	编号	销售价格P	质量评分Q	功能评分C	销售情况G
1	1	29	8.30	4.00	1
2	2	68	9.50	7.00	1
3	3	39	8.00	5.00	1
4	4	50	7.40	7.00	1
5	5	55	8.80	6.50	1
6	6	58	9.00	7.50	2
7	7	75	7.00	6.00	2
8	8	82	9.20	8.00	2
9	9	67	8.00	7.00	2
10	10	90	7.60	9.00	2
11	11	86	7.20	8.50	2
12	12	53	6.40	7.00	2
13	13	48	7.30	5.00	2
14	14	20	6.00	2.00	3
15	15	39	6.40	4.00	3
16	16	48	6.80	5.00	3
17	17	29	5.20	3.00	3
18	18	32	5.80	3.50	3
19	19	34	5.50	4.00	3
20	20	36	6.00	4.50	3

图 8.6　录入数据

(2) 在菜单的选项中依次选择 **Analyze→Classify→Discriminant**,进入判别分析对话框。将销售情况选入分组变量(Grouping Variable)的框中,然后定义其取值范围,最小值是 1,最大值是 3。然后把销售价格、质量评分、功能评分三个变量选入解释变量的框(Independents)中,如图 8.7 所示。在 Statistics 子对话框中选择 Function Coefficients 中的 Fisher's 和 Unstandardized。本例使用逐步判别分析,在 Method 子对话框中选择马氏距离。在 **Classify** 子对话框 Prior Probabilities 下选择 Compute from group sizes,在 Display 下选择 Leave-one-out classification 的验证原则,在 **Plots** 下选择 Combined-groups。其他选项为系统默认,回到主对话框单击 **OK** 按钮,得到输出结果,如表 8.11～表 8.14 所示。

首先,输出结果表 8.11～表 8.14 是逐步回归的结果。表 8.11 和表 8.12 说明了进入判别函数的情况。表 8.13 展示了不在判别函数的变量,结果反映销售价格对判别函数的贡献不显著,因而选择了其他两个变量。表 8.14 反映了判别函数的显著性,由表 8.14 的结果说明判别函数是显著的,模型拟合很好。

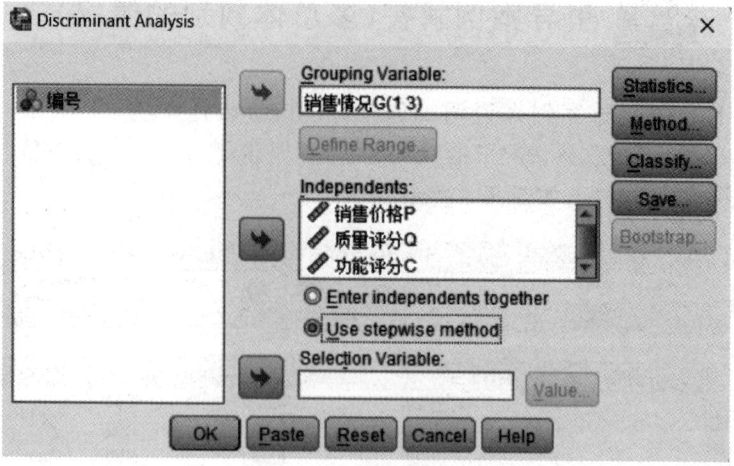

图 8.7　判别分析主对话框

表 8.11　Stepwise Statistics

Variables Entered/Removed[a,b,c,d]

Step	Entered	Min. D Squared					
		Statistic	Between Groups	Exact F			
				Statistic	df1	df2	Sig.
1	功能评分 C	1.233	1 and 2	3.794	1	17.000	0.068
2	质量评分 Q	2.850	1 and 2	4.127	2	16.000	0.036

At each step, the variable that maximizes the Mahalanobis distance between the two closest groups is entered.

a. Maximum number of steps is 6.

b. Minimum partial F to enter is 3.84.

c. Maximum partial F to remove is 2.71.

d. F level, tolerance, or VIN insufficient for further computation.

表 8.12　Variables in the Analysis

Step		Tolerance	F to Remove	Min. D Squared	Between Groups
1	功能评分 C	1.000	15.901		
2	功能评分 C	0.902	7.151	0.738	1 and 2
	质量评分 Q	0.902	6.982	1.233	1 and 2

表 8.13　Variables Not in the Analysis

Step		Tolerance	Min. Tolerance	F to Enter	Min. D Squared	Between Groups
	销售价格 P	1.000	1.000	21.029	0.003	1 and 2
0	质量评分 Q	1.000	1.000	15.629	0.738	1 and 2
	功能评分 C	1.000	1.000	15.901	1.233	1 and 2
1	销售价格 P	0.404	0.404	6.656	2.832	1 and 2
	质量评分 Q	0.902	0.902	6.982	2.850	1 and 2
2	销售价格 P	0.404	0.388	3.288	4.428	1 and 2

表 8.14　Wilks' Lambda

Step	Number of Variables	Lambda	df1	df2	df3	Exact F			
						Statistic	df1	df2	Sig.
1	1	0.348	1	2	17	15.901	2	17.000	0.000
2	2	0.186	2	2	17	10.549	4	32.000	0.000

其次，输出结果表 8.15～表 8.20 是关于典型判别函数的总结。表 8.15 给出了两个判别函数(因为只有三个组)的特征根和解释方差的比例，第一判别函数解释了 83.3%，第二判别函数解释了 16.7%，两个判别函数解释了全部方差。表 8.16 是对两个判别函数的 Wilks' Lambda 检验，检验结果说明两个判别函数在 0.05 的显著性水平上是显著的。表 8.17 是标准化判别函数，表 8.18 是结构矩阵(即判别函数载荷矩阵)。表 8.19 是非标准化判别函数。由这几张表可以说明，第一判别函数中质量评分和功能评分重要性几乎相当，第二判别函数中质量评分比较重要。表 8.20 反映各组的重心。

表 8.15　Summary of Canonical Discriminant Functions

Eigenvalues

Function	Eigenvalue	% of Variance	Cumulative %	Canonical Correlation
1	2.556[a]	83.3	83.3	0.848
2	0.512[a]	16.7	100.0	0.582

a. First 2 canonical discriminant functions were used in the analysis.

表 8.16　Wilks' Lambda

Test of Function(s)	Wilks' Lambda	Chi-square	df	Sig.
1 through 2	0.186	27.753	4	0.000
2	0.661	6.819	1	0.009

表 8.17　Standardized Canonical Discriminant Function Coefficients

	Function	
	1	2
质量评分 Q	0.610	0.859
功能评分 C	0.624	−0.848

表 8.18　Structure Matrix

	Function	
	1	2
功能评分 C	0.815*	−0.579
质量评分 Q	0.806*	0.592
销售价格 P[b]	0.632*	−0.444

Pooled within-groups correlations between discriminating variables and standardized canonical discriminant functions

Variables ordered by absolute size of correlation within function.

*. Largest absolute correlation between each variable and any discriminant function

b. This variable not used in the analysis.

表 8.19　Canonical Discriminant Function Coefficients

	Function	
	1	2
质量评分 Q	0.762	1.073
功能评分 C	0.513	−0.698
(Constant)	−8.453	−3.840

Unstandardized coefficients

表 8.20　Functions at Group Centroids

销售情况 G	Function	
	1	2
1	0.977	1.055
2	1.146	−0.624
3	−2.007	−0.040

Unstandardized canonical discriminant functions evaluated at group means

再次，表 8.21 是对样本分类的总概括。从表 8.21 中可以看到，不存在变量缺失。表 8.22 是各组的先验概率，由于我们先验概率是按各组大小计算，所以各组的先验概率与各组大小成比例。表 8.23 展示了各组的分类函数系数，也就是费歇线性判别函数系数。我们可以根据这三组系数计算每个样本在各组的分类得分，然后将该样本归到得分最高的组中。表 8.24 是分类结果矩阵，这里我们使用了"留一个在外"的原则进行交叉验证。在原始分类中，第一组 5 个样本中有 4 个被判对，1 个被判成第二组；第二组 8 个样本中有 5 个被判对，3 个被判成第一组；第三组 7 个样本都被判对。这说明第一组和第三组的个体被误判概率很小，而第二组的个体被误判概率很大。交叉验证下的结果和原始结果一样。这是因为滞销产品在质量评分和功能评分上显著低于平销产品和畅销产品的得分，因此能够很好地区分开来。而平销产品和畅销产品在质量评分和功能评分上的得分没有明显区别，导致不易判断个体所属类别。

表 8.21　Classification Statistics

Classification Processing Summary

Processed		20
Excluded	Missing or out-of-range group codes	0
	At least one missing discriminating variable	0
Used in Output		20

表 8.22　Prior Probabilities for Groups

销售情况 G	Prior	Cases Used in Analysis	
		Unweighted	Weighted
1	0.250	5	5.000
2	0.400	8	8.000
3	0.350	7	7.000
Total	1.000	20	20.000

表 8.23　**Classification Function Coefficients**

	销售情况 G		
	1	2	3
质量评分 Q	12.440	10.766	8.990
功能评分 C	1.423	2.681	0.656
(Constant)	−57.542	−52.335	−29.095

Fisher's linear discriminant functions

表 8.24　**Classification Results**[a,c]

销售情况 G			Predicted Group Membership			Total
			1	2	3	
Original	Count	1	4	1	0	5
		2	3	5	0	8
		3	0	0	7	7
	%	1	80.0	20.0	0.0	100.0
		2	37.5	62.5	0.0	100.0
		3	0.0	0.0	100.0	100.0
Cross-validated[b]	Count	1	4	1	0	5
		2	3	5	0	8
		3	0	0	7	7
	%	1	80.0	20.0	0.0	100.0
		2	37.5	62.5	0.0	100.0
		3	0.0	0.0	100.0	100.0

a. 80.0% of original grouped cases correctly classified.

b. Cross validation is done only for those cases in the analysis. In cross validation, each case is classified by the functions derived from all cases other than that case.

c. 80.0% of cross-validated grouped cases correctly classified.

根据典型判别函数，将 20 个样本的判别函数得分做成散点图，如图 8.8 所示。从图 8.8 中可以清晰地看到各组样本的分类情况和各组的重心。

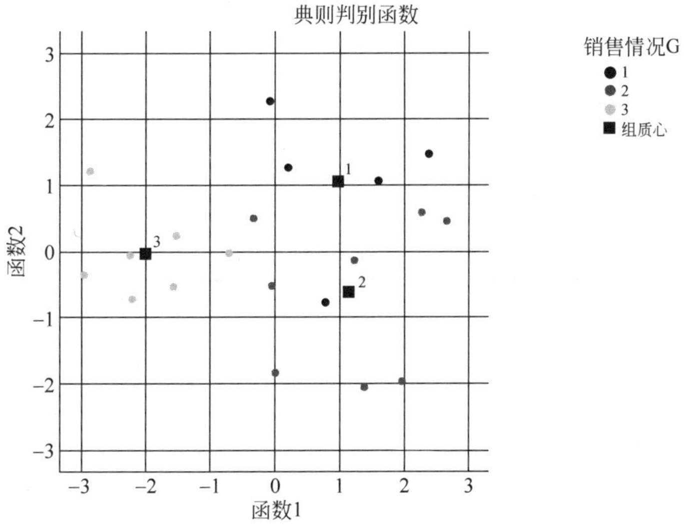

图 8.8　散点图

8.8 JMP 软件操作

在 JMP 软件当中,在一个打开的特定数据表内,选择主菜单中**分析→多元方法→判别**即可打开聚类分析的子窗口。将希望进行判别分析的变量选定到"Y,协变量"中,将现有的类别变量选定到"X,类别"中,在左下方选择判别方法,单击确定按钮,即可输出默认的判别分析结果。输出窗口中默认包含典型图、判别得分和组计数。从判别得分中我们可以了解到每一个样本的实际和预测值及相应概率,分析结果也会显示是否存在误判。单击展开左上角的红字箭头可以进行更多的操作,如显示更细致的得分项、改变判别方法等,同时也可以对判别分析结果进行保存。

习题

1. 判别分析和聚类分析有何区别和联系。试给出简要的评述。

2. 试述贝叶斯判别方法的思路。

3. 什么是逐步判别分析?

4. 大专杯啦啦队竞赛评审根据组织、气氛、领导三要素,将 15 个参赛学校的啦啦队的效能分为高、中、低三类。表 8.25 是所得数据,用判别分析法分析此数据。

表 8.25 大专杯啦啦队竞赛评审表

组别	组织	凝聚力	领导
1	21	49	70
1	25	65	77
1	33	77	59
1	15	49	79
2	35	46	88
2	17	58	68
2	45	78	54
2	68	66	69
2	49	79	67
2	37	53	20
3	87	87	45
3	56	74	39
3	39	56	76
3	82	25	89
3	36	33	55

第9章
分类神经网络

人工神经网络是模拟人的思维方式的一个非线性动力学系统，其特色在于信息的分布式存储和并行协同处理。虽然单个神经元的结构极其简单，功能有限，但大量神经元构成的网络系统所能实现的行为却是极其丰富多彩的，本章将介绍分类神经网络的基础知识及其应用，以丰富与提升同学解决实际问题的方法与能力。

引导案例

在金融世界中，风险无处不在。它们如同无形的杀手，时刻潜伏在我们的身边。对银行业而言，信用风险通常是借款人因各种原因未能及时、足额偿还债务或银行贷款而违约的可能性。当借款人发生信用违约时，银行必将因为未能得到预期的收益而承担财务上的损失。而信用风险评估就是对借款人的违约可能性和可能承受到的损失进行评估。

我们现有 SPSS 自带的 tree_credit 数据集记录了可维护银行贷款客户的历史信息，包括客户是正常还贷(信用评价 = 优良)还是在拖欠贷款(信用评价 = 不良)。银行希望使用现有的数据 tree_credit. sav 建立一个分类模型，允许其预测未来贷款申请人拖欠贷款的可能性。我们如何使用有效的分类模型，分析客户的特征，并预测不良客户拖欠贷款的可能性？

数据特征分别如下。

(1) Credit_rating：表示客户的信用评价：0＝不良，1＝优良，9＝丢失值。

(2) 年龄：表示客户年龄。

(3) 收入：表示客户的收入水平：1＝低，2＝中，3＝高。

(4) Credit_cards：表示客户持有的信用卡数量：1＝少于五张，2＝五张或更多。

(5) 教育：表示客户的受教育程度：1＝高中，2＝大学。

(6) Car_loans：表示贷款的汽车数量：1＝没有或一辆，2＝超过两辆。

9.1 分类的基本原理

分类任务是通过学习得到一个目标函数(Target Function)，把每个属性集 x 映射到一个预先定义的类标号 y。分类首先要对一个新的客观事物特征进行描述，然后将客观事物的观察值分配到事先确定的类别之中。从某种意义上说，分类的过程是按照每类的编码将记录分在某一类中，这个过程本身就是对记录的更新。也就是说，任务是要建立一个模型并应用这一模型对未分类数据进行分类。在我们研究中，要分类的客观事物通常表现为数据库中的记录。在经济管理领域常见的分类问题包括以下几方面。

(1) 将网上每篇文章按关键词分在不同类别中。

(2) 将信用卡申请者按低、中、高风险分类。

(3) 将按时限确定的顾客类型分组。

(4) 根据电子邮件的标题和内容分拣出垃圾邮件。

(5) 划分出交易是合法或欺诈。

注意，分类和回归都有预测的功能，但是：分类预测的输出为离散或标称的属性；回归预测的输出为连续属性值，例如预测未来某银行客户会流失或不流失，这是分类任务；预测某商场未来一年的总营业额，这是回归任务。

分类模型的学习方法大体上有以下几种。

(1) 基于决策树的分类方法。

(2) 贝叶斯分类方法。

(3) K-最近邻分类方法。

(4) 神经网络方法。

(5) 支持向量机方法。

(6) 集成学习方法。

9.2 机器学习的基本原理

机器学习(Machine Learning)是一门多领域交叉学科，涉及概率论、统计学、逼近论、凸分析、算法复杂度理论等多门学科，专门研究计算机怎样模拟或实现人类的学习行为，以获取新的知识或技能，重新组织已有的知识结构使之不断改善自身的性能。它是人工智能的核心，是使计算机具有智能的根本途径，其应用遍及人工智能的各个领域，它主要使用归纳、综合而不是演绎，**本章的分类神经网络便是典型的机器学习算法**。

9.2.1 机器学习分类

机器学习通常可分为两种类型：一种是自上而下的方法，我们称之为有监督的机器学习，当我们明确知道要搜索的目标时，可以使用这种方法。很多情况下，有监督的机器学习会以预测的形式表现出来，因为我们明确知道我们想要预测的目标是什么，比如：分类与回归。另一种是无监督的机器学习方法，它是从下而上的方法，这种方法实际上就是让数据自己解释自己，无监督的机器学习方法是在数据中寻找模式，然后把产生的结果留给使用者去判断其中哪些模式是重要的，比如：聚类。

今天，很多门外汉也尝试使用很多机器学习软件建立预测模型，但是不幸的是，构建错误的模型比构建预测模型要容易得多。预测的根本在于学习过去，学习的方法是使产生的知识可以用于未来的需要。本章需要读者清楚的重要一点是：最好的模型并非开始构造时，就产生最高的增益(fit)。最好的模型是对那些看不见的、未来的数据作用时效果最好的模型。尽管在建立完美模型方面无章可循，但本章将介绍构建有效模型的基础知识以及软件实现，并采用一定方法对模型进行选择与完善。

9.2.2 交叉验证

交叉验证(Cross Validation)，有时亦称循环估计，是一种统计学上将数据样本切割成较小子集的实用方法，即可以先在一个子集上做分析，而其他子集则用来做后续对此分析的确认及验证。一开始的子集被称为训练集(Training Set)。而其他的子集则被称为验证集(Validation Set)或测试集(Test Set)。交叉验证是一种评估统计分析、机器学习算法对独立于训练数据的数据集的泛化能力(generalize)。交叉验证一般要尽量满足：①训练集的比例足够多，一般大于一半；②训练集和测试集均匀抽样，具体考查方法将在JMP软件实现过程中讲解。

常见的交叉验证形式有以下几种。

1. Holdout 验证

常识来说，Holdout 验证并非一种交叉验证，因为数据并没有交叉使用。随机从最初的样本中选出部分，形成交叉验证数据，而剩余的就当作训练数据。一般来说，少于原本样本1/3的数据被选作验证数据。

2. *K* 折交叉验证

K 折交叉验证(*K*-Fold Cross-Validation)，初始采样分割成 *K* 个子样本，一个单独的子样本被保留作为验证模型的数据，其他 $K-1$ 个样本用来训练。交叉验证重复 *K* 次，每个子样本验证一次，平均 *K* 次的结果或者使用其他结合方式，最终得到一个单一估测。这种方法的优势在于，同时重复运用随机产生的子样本进行训练和验证，每次的结果验证一次，其中，**十折交叉验证(10-Fold Cross-Validation)**是最常用的。

3. 留一验证

正如名称所言，留一验证(LOOCV)意指只使用原本样本中的一项来当作验证资料，而剩余的则留下来当作训练资料。这个步骤一直持续到每个样本都被当作一次验证资料。事实上，这等同于 *K* 折交叉验证，其中 *K* 为原本样本个数。这个方法的优势在于，每一回合中几乎所有的样本皆用于训练 Model，因此最接近母体样本的分布，估测所得的 Generalization Error 比较可靠；实验过程中没有随机因素会影响实验数据，确保实验过程是可以被复制的。但是需要注意的是：LOOCV 的计算成本高，为需要建立的 Models 数量与总样本数量相同，当总样本数量相当多时，LOOCV 在实作上便有困难，除非每次训练 Model 的速度很快，或是可以用并行计算减少计算所需的时间。

9.3 分类神经网络结构

人工神经网络(Artificial Neural Networks,ANNs)也简称为神经网络(NNs),或称作连接模型(Connection Model),它是一种模仿生物神经网络行为特征,进行分布式并行信息处理的算法数学模型。这种网络依靠系统的复杂程度,通过调整内部大量节点之间连接的关系,从而达到处理信息的目的。神经网络常用于模式识别、信号处理、知识工程、专家系统、优化组合、机器人控制等。随着神经网络理论本身以及相关理论、相关技术的不断发展,神经网络的应用定将更加深入。

本章仅介绍分类神经网络,在SPSS软件中,神经网络的实现采用的是多层前馈神经网络,其网络主要特点是信号前向传递、误差反向传播。在前向传递中,输入信号从输入层经隐含层逐层处理,直至输出层。每一层的神经元状态只影响下一层神经元状态。如果输出层得不到期望输出,则转入反向传播,根据预测误差调整网络权值和阈值,从而使神经网络预测输出不断逼近期望输出。多层前馈神经网络拓扑结构如图9.1所示。

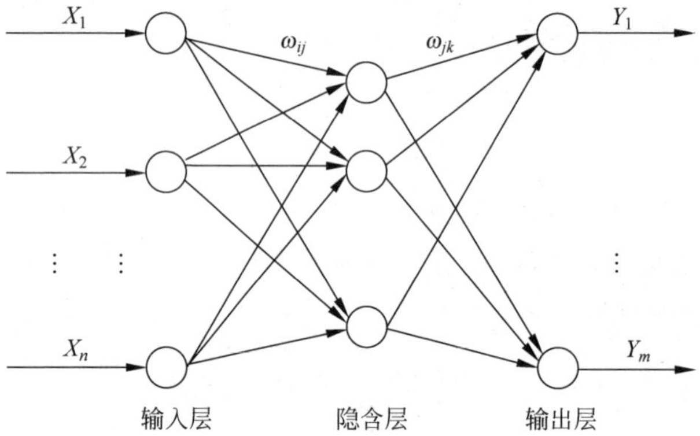

图9.1 多层前馈神经网络拓扑结构

图9.1中,$X_1,X_2,\cdots,X_n$ 是多层前馈神经网络的输入值,$Y_1,Y_2,\cdots,Y_m$ 是神经网络的预测值,ω_{ij} 和 ω_{jk} 为神经网络权值。从图9.1中可以看出,多层前馈神经网络可以看成一个非线性函数,网络输入值和预测值分别为该函数的自变量和因变量。当输入节点数为 n、输出节点数为 m 时,神经网络就表达了从 n 个自变量到 m 个因变量的函数映射关系。

多层前馈神经网络使用前首先要训练网络,通过训练使网络具有联想记忆和预测能力,神经网络的训练过程包括以下几个步骤。

(1) 网络初始化。根据系统输入输出序列(X,Y)确定网络输入层节点数 n,隐含层节点数 l,输出层节点数 m,初始化输入层、隐含层和输出层神经元之间的连接权值 ω_{ij},ω_{jk},初始化隐含层阈值 a,输出层阈值 b,给定学习速率和神经元激励函数。

(2) 隐含层输出计算。根据输入向量 $\boldsymbol{X}$,输入层和隐含层间连接权值 ω_{ij} 以及隐含层阈值 a,计算隐含层输出 H,如式(9.1)所示。

$$H_j=f\left(\sum_{i=1}^{n}\omega_{ij}x_i-a_j\right)\quad j=1,2,\cdots,l \tag{9.1}$$

其中，l 为隐含层节点数，f 为隐含层激励函数，该函数有多种表达形式，本章选择函数如式(9.2)所示。

$$f(x)=\frac{1}{1+\mathrm{e}^{-x}} \tag{9.2}$$

(3) 输出层输出计算。根据隐含层输入 H，连接权值 ω_{jk} 和阈值 b，计算神经网络预测输出 O，如式(9.3)所示。

$$O_k=\sum_{i=1}^{l}H_i\omega_{ik}-b_k \quad k=1,2,\cdots,m \tag{9.3}$$

(4) 误差计算。根据网络预测输出 O 和期望输出 Y，计算网络预测误差 e，如式(9.4)所示。

$$e_k=Y_k-O_k \quad k=1,2,\cdots,m \tag{9.4}$$

(5) 权值更新。根据网络预测误差 e 更新网络连接权值 ω_{ij}，ω_{jk}，计算公式如式(9.5)、式(9.6)所示。

$$\omega_{ij}=\omega_{ij}+\eta H(j)(1-H(j))x(i)\sum_{k=1}^{m}\omega_{jk}e_k \quad i=1,2,\cdots,n;\ j=1,2\cdots,l \tag{9.5}$$

$$\omega_{jk}=\omega_{jk}+\eta H(j)e(k) \quad j=1,2,\cdots,l;\ k=1,2,\cdots,m \tag{9.6}$$

其中，η 为学习速率。

(6) 阈值更新。根据网络预测误差 e 更新网络节点阈值 a，b，计算公式如式(9.7)、式(9.8)所示。

$$a(j)=a(j)+\eta H(j)(1-H(j))\sum_{k=1}^{m}\omega_{jk}e_k \quad j=1,2,\cdots,l \tag{9.7}$$

$$b(k)=b(k)+\mathrm{error}(k) \quad k=1,2,\cdots,m \tag{9.8}$$

(7) 判断算法迭代是否结束，若没有结束，返回步骤(2)。

目前，如何适宜地选取隐含层神经元的数目还没有确定的规律可以指导。但是，隐含层神经元数目是否合适对整个网络是否能够正常工作具有重要的甚至是决定性的意义。隐含层神经元数目如果太少，网络就无法进行训练或者网络的鲁棒性差，抗噪声能力不强，不能辨识以前没有遇到的模式。如果网络隐含层的神经元数目太多，就会需要大量的训练样本，而且能力过强，具有了所有的模式而无法接受新的模式，伴随而来的是为训练而耗费的大量时间和内存，这种现象就是所谓的过拟合。

9.4 引导案例解答(SPSS 软件操作)

案例采用 SPSS 自带的数据文件 tree_credit 来做一个神经网络的分类实验。tree_credit 数据是关于银行客户信用信息的相关数据，具体的特征变量可见引导案例中所示。首先打开数据集文件，要运行“多层感知器”分析，请从菜单中选择：**分析→神经网络→多层感知器命令**，如图 9.2 所示。

将 Credit rating 作为因变量放入因变量窗口，将剩余变量 Age、Income level、Number of credit cards、Education、Car loans 放入协变量窗口，具体如图 9.3 所示。

视频 9-1

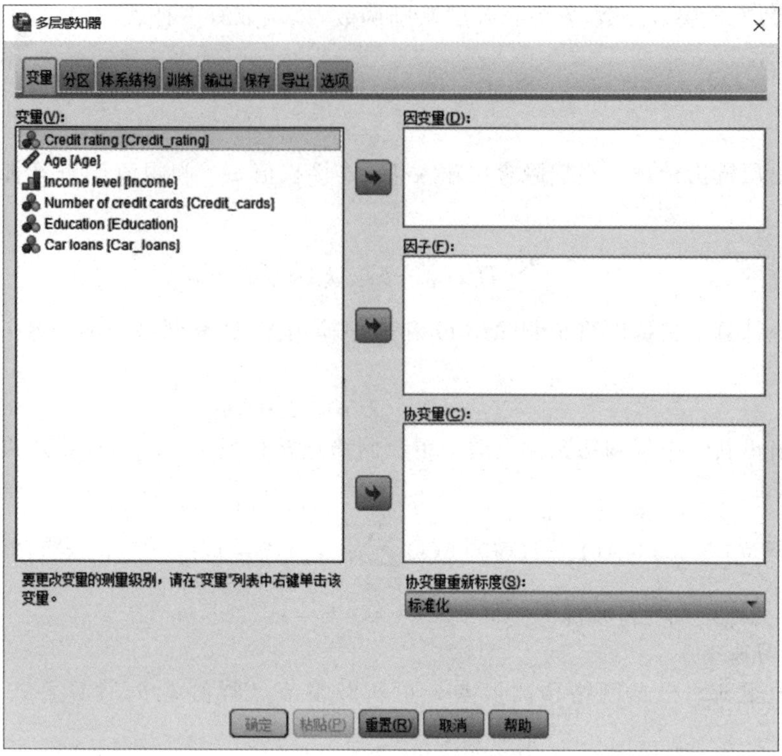

图 9.2　多层感知器页面

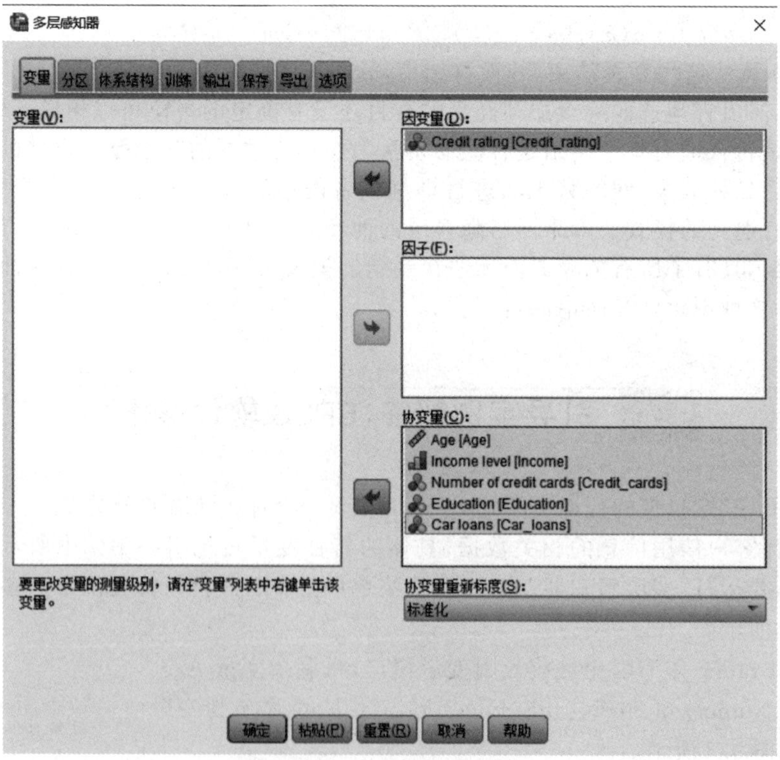

图 9.3　变量选择窗口

单击**分区**选项卡，初次建模，系统默认先抽样 70%作为训练样本，用于完成自学习构建神经网络模型，30%作为检验样本，用于跟踪训练过程中的错误以防止超额训练，具体如图 9.4 所示。

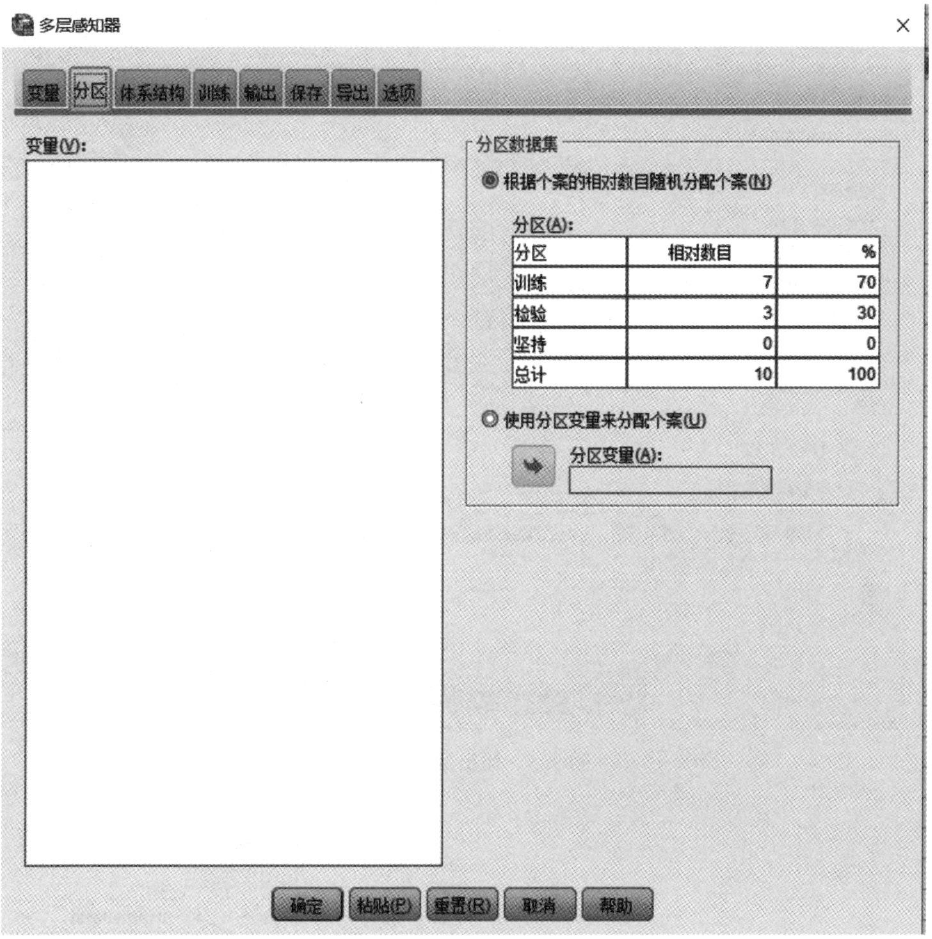

图 9.4　分区选项卡页面

单击输出选项卡，勾选"描述""图"；勾选"模型摘要""分类结果""预测-实测图"；勾选"ROC 曲线"；勾选"个案处理摘要"；勾选"自变量重要性分析"。具体如图 9.5 所示。

这是第一次尝试性的分析，主要参数设置如上，其他选项卡接受软件默认设置，最后返回主面板，单击**确定**按钮，软件开始执行神经网络过程。输出结果见图 9.6～图 9.10，具体分析如下。

通过神经网络模型，共处理数据 2 464 个，其中 69.4%作为训练数据，30.6%作为训练数据集。其中，隐藏层共 1 层，隐藏层激活函数采用双曲正切的方式，输出层的激活函数采用 Softmax 函数。通过神经网络模型，训练集的误差为 18.1%，测试集的误差为 21.8%。暂无证据表明有过拟合现象。总体看当前模型预测准确率仍有提升空间。

为进一步实验模型的准确率，我们再分一个支持样本分区，训练-检验-支持比例为 6∶2∶2，其他参数暂时不变，来看模型是否有变化，具体如图 9.10 所示。

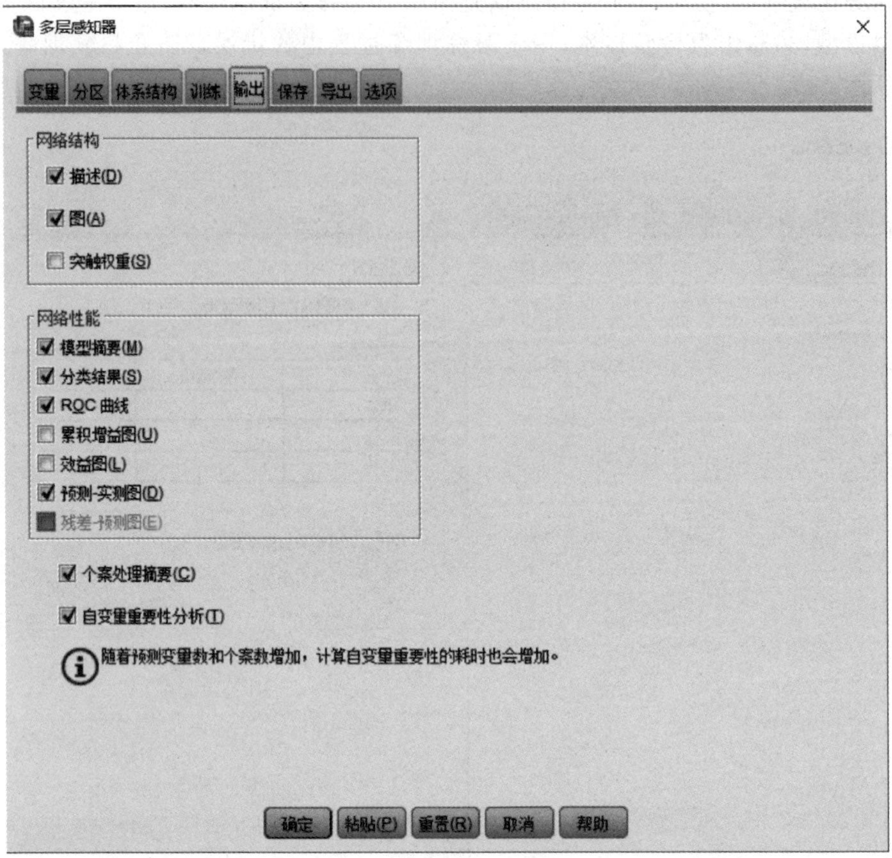

图 9.5　输出选项卡页面

个案处理摘要

		N	百分比
样本	训练	1709	69.4%
	检验	755	30.6%
有效		2464	100.0%
排除		0	
总计		2464	

图 9.6　数据描述图

网络信息

输入层	协变量	1	Age
		2	Income level
		3	Number of credit cards
		4	Education
		5	Car loans
	单元数[a]		5
	协变量的重新标度方法		标准化
隐藏层	隐藏层数		1
	隐藏层 1 中的单元数[a]		2
	激活函数		双曲正切
输出层	因变量	1	Credit rating
	单元数		2
	激活函数		Softmax
	误差函数		交叉熵

a. 排除偏差单元

图 9.7　网络信息图

模型摘要

训练	交叉熵误差	698.896
	不正确预测百分比	18.1%
	使用的中止规则	误差在 1 个连续步骤中没有减小[a]
	训练时间	0:00:00.09
检验	交叉熵误差	321.270
	不正确预测百分比	21.8%

因变量：Credit rating

a. 误差计算基于检验样本。

图 9.8　误差分析图

分类

		预测		
样本	实测	Bad	Good	正确百分比
训练	Bad	547	161	77.3%
	Good	153	872	85.1%
	总体百分比	40.4%	59.6%	81.9%
检验	Bad	234	78	75.0%
	Good	81	338	80.7%
	总体百分比	43.1%	56.9%	78.2%

因变量：Credit rating

图 9.9　分类预测图

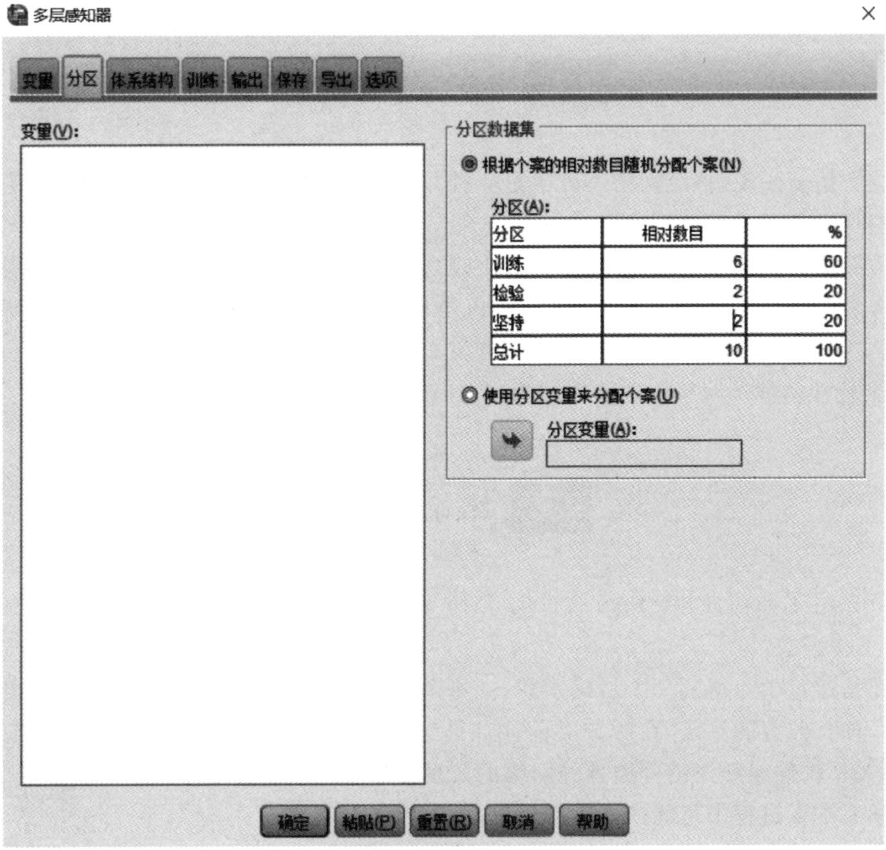

图 9.10　分区选项卡页面

模型误差在 1 个连续步骤中未出现优化减少现象，模型按预定中止。由图 9.9 与图 9.11 可知，模型在 3 个分区中的不正确预测百分比较接近。由图 9.8 与图 9.12 可知，训练集不正确预测百分比由第一次模型的 18.1%下降到 17.4%。

后续我们可进一步通过调整模型的训练分区、隐藏层最大最小训练单元数、训练类型等提升模型的预测效果。

分类

样本	实测	预测 Bad	预测 Good	预测 正确百分比
训练	Bad	433	155	73.6%
	Good	93	743	88.9%
	总体百分比	36.9%	63.1%	82.6%
检验	Bad	151	69	68.6%
	Good	44	260	85.5%
	总体百分比	37.2%	62.8%	78.4%
坚持	Bad	151	61	71.2%
	Good	40	264	86.8%
	总体百分比	37.0%	63.0%	80.4%

因变量：Credit rating

图 9.11　神经网络结果图

模型摘要

训练	交叉熵误差	552.443
	不正确预测百分比	17.4%
	使用的中止规则	误差在 1 个连续步骤中没有减小[a]
	训练时间	0:00:00.09
检验	交叉熵误差	239.215
	不正确预测百分比	21.6%
坚持	不正确预测百分比	19.6%

因变量：Credit rating

a. 误差计算基于检验样本。

图 9.12　第二次模型训练摘要

补充材料

9.5 JMP 软件操作

从数学角度来说，神经网络不外乎是一种非线性回归模型。在神经网络的实现过程中，JMP 软件采用标准非线性最小二乘回归方法。虽然多层前馈神经网络可以有多个隐含层，但对于大部分分类神经网络建模问题，一个隐含层已经足够，JMP Pro 软件中允许用户设置两个隐含层，同时 JMP Pro 软件提供了可以由用户自行定制的 Penalty 值来尽量避免过拟合，并且支持上文所述的 Holdback、*K* 折交叉等交叉验证方法。

JMP 软件的神经网络算法操作较为复杂，读者可参考补充文件进行学习。

9.6 结论与思考

本章介绍了如何使用 SPSS 软件与 JMP 软件实现分类神经网络，其中主要的知识点如下。

分类是通过学习得到一个目标函数，把每个属性集 x 映射到一个预先定义的类标号 y。分类是一种有监督的算法，在做分类前往往已经获得一定的已知分类数据，本章结合 SPSS 软件与 JMP 软件详细介绍分类神经网络的实现方法。

在学习本章过程中可能产生的部分疑问解答。

Q：分类神经网络与其他分类算法相比有何特点？

A：笔者在编写本章的案例时，也同时使用了 logistic 回归与决策树等分类器对本案例中数据进行了分类，结果表明 logistic 回归与神经网络有较好的预测效果，决策树分类预测效果相对较差，但相比前两种算法，决策树可能视觉上对分类标准更容易理解。神经网络分类算法对样本量的要求较低，适合解决一些特征变量高维度、样本量较小的问题。

Q：JMP 案例中已经对原始数据集进行了分割，为什么在神经网络训练过程中依然采用了交叉验证？它们是不是一回事？

A：这是个非常好的问题，由于本章案例样本量足够大，所以在开始笔者便将其划分为训练集、验证集与测试集，在训练集训练过程中同时也采用了 K 折交叉验证，事实上在解决一般分类问题时如果采用交叉验证方法是不必手动对数据进行分割的，尤其是在样本含量较少时。

Q：数据验证集起到了什么作用？如何体现？

A：分类神经网络的设计思路一般为：首先分割数据集为训练集、验证集与测试集，在训练集训练效果不佳的情况下，可以根据此时神经网络对验证集的分类效果调整神经网络的参数，直到达到最佳的验证集分类预测，此时再应用神经网络模型于测试集考查分类效果。本案例中神经网络对训练集的预测效果较好，同时从神经网络对验证集与测试集的预测效果来看，尚未存在过拟合现象，所以本案例中并没有通过验证集调整神经网络训练参数这一过程，读者可以自行更换不同数据完成类似本章的分类过程，体会验证集在神经网络建立中的重要作用。

Q：JMP 数据可视化的主要目的是什么？

A：数据可视化主要旨在借助图形化手段，清晰、有效地传达与沟通信息。但是，这并不意味着，数据可视化就一定因为要实现其功能用途而令人感到枯燥乏味，或者是为了看上去绚丽多彩而显得极端复杂。数据可视化可以看成是一种数据挖掘与探索工具，通过数据可视化，研究人员可以判定数据的分布、数据的集中与离散程度、数据的质量、是否有缺失值或者离群值等。需要注意的是，在现实中，离群值往往代表了一种特殊的“模式”，在建模前需要了解离群值出现的原因，以便决定是否将其剔除或者保留。

Q：针对大数据时代，目前 SPSS、JMP 软件可否支持神经网络并行建模运算？

A：目前 JMP 软件不支持并行神经网络建模，如果需要，可以使用其他软件，如 MATLAB、Python 等。

习题

1. 在使用神经网络解决分类任务时，模型在训练集上的表现非常好，但在测试集上的准确率却在明显下降。请分析这种现象可能出现的原因。

2. 解释什么是交叉验证，其在模型评估中的作用是什么。

3. 在 SPSS 中，可使用的神经网络方法有哪些？

第10章 路径分析

社会科学研究的一个重要目标就是通过挖掘各种变量之间的关系来理解整个社会系统。然而，社会生活复杂多变，要解开蕴含在问题之中错综复杂的变量关系并非易事。作为一种方法论工具，路径分析(Path Analysis)可以帮助研究人员分析具有相关关系的定量数据，以揭示某一个特定结论之中蕴含的因果过程(Casual Process)。与多元回归分析不同的是：路径分析间的因果关系是多层次的，因果变量之间加入了中介变量，使路径分析模型较一般回归模型对于现实因果关系的描述更丰富有力。

20世纪20年代，遗传学家休厄尔·赖特(Sewall Wright)在进行种类遗传学研究(Phylogenetic Study)时首次使用了路径分析方法。之后，路径分析被引入社会科学研究中。社会学家彼得·布劳(Peter Blau)和奥蒂斯·达德利(Otis Dudley)在研究社会成就(Status Attainment)获得过程时，构建了一个路径模型，分析了父母和子女在教育和职业成就上(Educational and Occupational Attainment)隐藏的因果关系。到20世纪70年代，路径分析方法已经越来越普遍，被研究人员广泛应用于心理学、经济学、政治学、生态学和市场调研领域。这一时期的路径分析以最小二乘法为基础，也被称为传统的路径分析。传统的路径分析是多元回归分析的延伸，因而存在一些明显局限：首先，路径模型必须满足所有多元回归分析的假设条件，而社会科学研究往往很难满足全部的假设条件；其次，模型必须假定每个变量都能准确代表研究对象，并且不存在测量误差；另外，路径模型中假设的因果关系必须是单向的，不能存在反馈回路或双向因果关系，否则最小二乘法不能够解出模型。

为了解决传统的路径分析的局限性，从20世纪80年代开始，路径分析逐渐发展出一套结构方程建模方法和相应的计算机软件包(Computer Package)。现代的路径分析使用极大似然估计代替了最小二乘法，引入隐变量(Unobserved Variable)，并允许变量间具有测量误差，不仅可以估计传统的递归路径模型，还可以估计非递归模型，已成为主流的路径分析方法。习惯上，基于最小二乘法的传统路径分析被称作路径分析，而基于极大似然估计的路径分析被称作结构方程模型(Structural Equation Modeling)。本章主要介绍基于最小二乘法的传统路径分析，结构方程模型将在后续章节里介绍。

引导案例

随着各国金融界对信用卡信用风险的关注日益加强，信用卡信用风险评估方法不断推陈出新，管理技术日臻完善，数据挖掘、商业智能等许多定量分析技术和软件已付诸商业应用。根据以往研究经验，对违约行为的估计需要以消费者的个人信息为基础，借款人的居住地、工作年限、教育水平、家庭收入、负债情况等因素都有可能导致违约行为的发生。路径分析作为一种因果关系模型，可以有效地分析违约行为发生的原因，从而帮助贷款人预测信贷风险，避免不良贷款，控制债务拖欠和清偿。本章以 SPSS20.0 自带的数据文件 bankloan_cs_noweights data 进行路径分析。该数据共有 1 500 个有效观测值，包含 12 个变量：分行(branch，Branch)、客户数(ncust，Number of customers)、客户 ID(customer，Customer ID)、年龄(age，Age in years)、教育水平(ed，Level of education)、当前雇方工作年限(employ，Years with current employer)、当前地址居住年限(address，Years at current address)、家庭收入(income，Household income in thousands)、负债率(debtinc，Debt into income ratio(x100))、信用卡负债(creddebt，Credit card debt in thousands)、其他负债(othdebt，Other debt in thousands)、是否曾经违约(default，Previously defaulted)。其中，教育水平为虚拟变量，根据受教育程度不同被划分为五个等级："1"—高中以下(Did not complete high school)、"2"—高中(High school degree)、"3"—大专(Some college)、"4"—本科(College degree)、"5"—本科以上(Post-undergraduate degree)；是否曾经违约为 0，1 变量，1 表示以前有过违约行为，0 表示从来没有违约行为；其余变量则以实际值为准。

10.1 基本理论与概念

在遗传学中，很多现象具有明显的因果关系，如父代与子代的基因关系，父代在前，子代在后，二者的关系只能是单向的，而非对称的。基于对这类变量结构的思考，遗传学家赖特于 1918—1921 年提出了路径分析理论，其主要被用来分析变量间的因果关系。路径分析是线性回归分析的一种形式，通过利用路径图我们可以分析变量之间的关系。一般地，建立回归方程的一个目的是预测，而路径分析关心的是通过建立与观测数据一致的"原因""结果"的路径结构，对变量之间的关系作出合理的解释。本节主要介绍与路径分析有关的基本理论和概念。

10.1.1 路径图

因果关系的社会科学理论主要研究的是系统内的变量和变量之间的关系，模型内的几个变量会影响其他变量，而其他变量可能也会对这几个变量造成影响。简单的多元回归模型一次只能解释一个因变量，而利用路径分析却能一次性通过回归方程来估计和描述系统内的多个变量。

在一个关于孩子教育成就的假设模型中，通过调查研究，我们可以发现，孩子的教育成就受到家庭背景、个人学习成绩和学校预期三个因素的共同影响。除此之外，个人学习成绩和学校预期还受到了来自母亲教育水平和父母收入的影响。而学校对学生的预期也会直接影响学生取得的成绩以及学生的教学成就。

路径图是一种可以有效描述路径分析模型的手段。在路径图中，矩形框表示可观测变量；直线箭头表示假定变量之间有因果关系；弧形的双箭头表示假定两个变量相关，但是没有因果关系。如果变量之间没有连线，则表示假定变量之间没有直接联系。图 10.1 向我们完整展示了这样一个例子，在这个系统里我们罗列了5个基本变量：母亲教育水平(M)、孩子取得的成绩(A)、父母收入(I)、学校的预期(S)、孩子的教育成就(E)，变量之间的单箭头代表的是变量和变量之间的因果关系。例如，孩子的教育成就受到来自母亲教育水平、父母收入、孩子取得的成绩以及学校的预期的影响；而其中的一个解释变量"学校的预期"受到了来自母亲教育水平、父母收入的影响；另一个解释变量"孩子取得的成绩"受到了来自母亲教育水平、父母收入、学校的预期三个因素的影响。在图10.1中，我们还可以发现母亲教育水平和父母收入之间有一个双箭头，它表示的是这两个变量相互有联系但是没有因果关系。

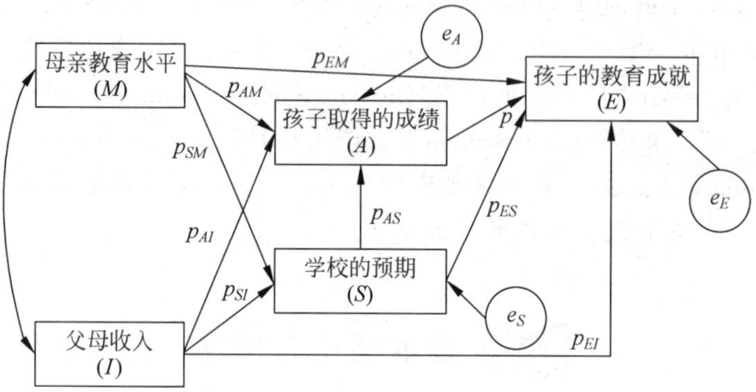

图10.1　孩子预期教育成就的假设模型路径图

10.1.2　内生变量和外生变量

在路径分析的模型中，有外生变量和内生变量。外生变量是只受模型的外部因素影响的变量，在模型中常用来解释其他变量或者输出结果。在图10.1中，母亲教育水平和父母收入就是两个外生变量，模型中没有变量对母亲教育水平和父母收入造成影响，它们只用来解释孩子取得的成绩、学校的预期以及孩子的教育成就三个变量。

内生变量，是指模型要解释的变量，它会受到一个或者一个以上变量的影响。内生变量在路径图中常常伴随着引入箭头出现，包括会出现在引入箭头的输出端，或者是介于两个引入箭头之间。图10.1中，教学成就是一个内生变量，学校预期和学习成绩也是内生变量，我们还可以把它们称为中介内生变量，因为它们介于两个箭头之间，它们既受到来自其他变量的影响，也能够影响孩子的教育成就这个变量。

10.1.3　随机误差

随机误差也称为误差项，用e来表示，是由在测定内生变量的过程中一系列有关因素微小的随机波动而形成的具有相互抵偿性的误差。随着测定次数的增加，随机误差在模型内被假定为具有标准正态分布的性质，即均值为零，并与其他变量不相关。需要注意的是，随机误差并不总是不相关的。

10.1.4 路径系数

路径模型中，每条因果路径都有一个标准回归系数(β)，它表示的是某个自变量对其因变量的直接效果。我们将估计路径系数转换成标准化后的系数，标准化后的路径系数可以让研究人员更方便地来比较解释变量之间的作用关系以及对模型的影响效果，而不用考虑变量是否使用了不同的测量单位。图 10.1 中，p_{AM} 称为由 M 到 A 的路径系数，它表示 M 与 A 间因果关系的强弱，即当其他变量均保持不变时，变量“母亲教育水平”对变量“孩子取得的成绩”的直接作用力的大小。

10.1.5 结构方程

因果模型分为递归模型和非递归模型。递归模型是单向的因果联系，没有直接和间接反馈，误差之间也不相关，因此对于递归模型，我们可以像通常的回归模型一样，采用普通最小二乘法估计模型参数，本章主要的研究对象也是递归模型。非递归模型研究的是相互之间的因果关系，有直接和间接的循环直线箭头，误差之间存在弧线箭头，对这类模型，需要采用结构方程模型软件进行分析，方法和验证因子分析一样。

图 10.1 中的因果关系是线性叠加的，因此模型可以被描述成一系列的结构方程。由于模型存在 3 个内生变量，所以需要使用普通最小二乘法估计三组标准化的路径系数后再建立结构方程，如下所示：

$$\text{孩子的教育成就} = p_{EM}M + p_{ES}S + p_{EA}A + e_E \tag{10.1}$$

$$\text{孩子取得的成绩} = p_{AE}M + p_{AI}I + p_{AS}S + e_A \tag{10.2}$$

$$\text{学校的预期} = p_{SM}M + p_{SI}I + e_S \tag{10.3}$$

在这个模型中，方程(10.1)表示孩子的教育成就与母亲教育水平、父母收入、学校的预期以及孩子取得的成绩 4 个变量的回归系数都相关；方程(10.2)说明孩子个人成绩取决于母亲教育水平、父母收入、学校的预期的路径系数；方程(10.3)表示学校的预期只和父母收入、母亲教育水平相关。同时，每一个内生变量都有一个随机误差，它表示的是其他没有考虑到的变量对解释变量的影响效果。

10.1.6 路径模型的假设条件

在建立路径模型前，还要明确模型需要满足的假设条件。

(1) 模型中各变量的函数关系为线性、可加；否则不能采用回归方法估计路径系数。如果变量之间存在交互作用，还要把交互项看作一个单独的变量，而此时它与其他变量的函数关系同样满足线性、可加。

(2) 模型中各变量均为等间距测度。

(3) 各变量均为可观测变量，并且各变量的测量不能存在误差。

(4) 变量间的多重共线性程度不能太高，否则路径系数估计值的误差将会很大。

(5) 需要有足够的样本量。Kline(1998)建议样本量的个数应该是需要估计的参数个数的 10 倍(20 倍更加理想)。

10.2 路径系数分解

10.2.1 直接因果关系和间接因果关系

变量之间的关系可以是直接因果关系，也可能是间接因果关系。直接因果关系中一个变量直接作用于另一个变量，间接因果关系中两个变量之间不能进行直接作用，中间需要经过一个或者多个变量作为中介。

10.2.2 非因果关系

除了将路径变量间的关系分为直接因果关系和间接因果关系以外，路径模型中还有一类关系被称为非因果关系。非因果关系包括未析和伪相关两个部分，其中未析部分是在原因变量之间存在相关性而引入的，伪相关部分的产生原因是相关系数所涉及的变量之间有一个共同的作用因子，这个共同的作用因子的存在，使源变量的变化引起与之直接作用的多个变量的同时变化，从而使得被作用的变量之间存在着一定的相关性，这种相关关系被称为伪相关。具体内容在 10.2.3 节会详细介绍。

10.2.3 相关系数分解

分解相关系数在路径分析中属于一个很重要的部分，通过对路径系数的分解，我们可以得出系数的因果关系，具体有直接因果关系、间接因果关系、未析部分以及伪相关性，下面进行详细介绍。

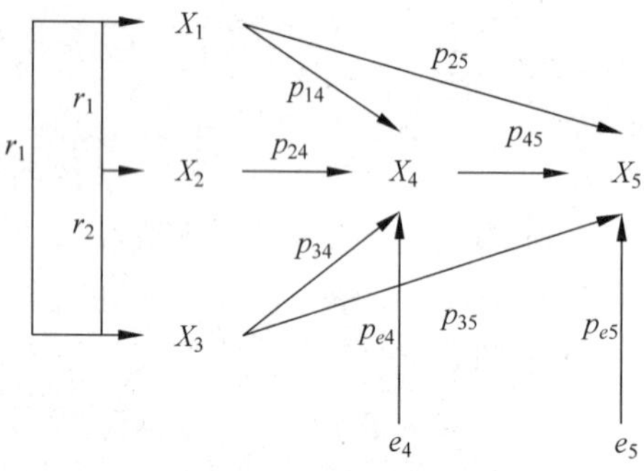

图 10.2 路径图

下面引入一个案例来说明，图 10.2 所示为一个假设的 5 个变量的路径图，从图中可以看出，X_1 对 X_4 有直接作用，因此，X_1 与 X_4 的关系属于直接因果关系；X_2 通过 X_4 对 X_5 有间接作用，则可以说 X_2 和 X_5 的关系属于间接因果关系。

图 10.2 中的 X_1, X_2, X_3 为 3 个两两相关的外生变量，X_1, X_2, X_3 和残差项 e_4 共同决定 X_4；X_1, X_3, X_4 和残差项 e_5 共同决定 X_5。

对于路径图，对应的结构方程组为

$$X_4 = p_{14}X_1 + p_{24}X_2 + p_{34}X_3 + p_{e4}e_4 \tag{10.4}$$

$$X_5 = p_{15}X_1 + p_{35}X_3 + p_{45}X_4 + p_{e5}X_5 \tag{10.5}$$

由于外生变量两两相关，内生变量的误差项之间相互独立，内生变量的误差项与其前置变量之间也相互独立，因此，式(10.4)中，在 p_{14}, p_{24}, p_{34} 已知的前提下，X_4 的方差为

$$\begin{aligned}\mathrm{var}(X_4) &= E\left[(p_{14}X_1 + p_{24}X_2 + p_{34}X_3 + p_{e4}e_4)^2\right] \\ &= p_{14}^2 + p_{24}^2 + p_{34}^2 + 2r_{12}p_{14}p_{24} + 2r_{13}p_{14}p_{34} + 2r_{23}p_{24}p_{34} + p_{e4}^2 \\ &= 1\end{aligned}$$

上式中的 p_{e4} 为残差项和内生变量的相关系数，该系数就是误差项的路径系数。残值路径系数表述的是所有自变量都不能解释的因变量的变异部分。从上式中可以计算得出 p_{e4} 的值，即残差项的路径系数由其他项（内生变量和外生变量）的系数决定。还有一种计算方法，定义残差路径系数为：$p_{ei}=\sqrt{1-R_i^2}$。

下面考虑相关系数的分解，首先分解 X_2 和 X_4 之间的相关系数，由于各变量均经过标准化处理，所以 X_2 和 X_4 的相关系数 r_{24} 等于 X_2，X_4 乘积的期望值。

$$
\begin{aligned}
r_{24} &= E[X_2X_4] \\
&= E[X_2(p_{14}X_1+p_{24}X_2+p_{34}X_3+p_{e4}e_4)] \\
&= r_{12}\times p_{14}+p_{24}+r_{23}\times p_{34}
\end{aligned}
$$

X_2 和 X_4 的相关系数 r_{24} 可以分为三部分：p_{24} 是 X_2 对 X_4 的直接作用。$r_{12}\times p_{14}$ 是由于 X_1 与 X_2 之间的相关性引入了对 X_4 有直接影响的 X_1 的作用。但是，从因果分析的角度，$r_{12}\times p_{14}$ 并未得到分解，它既不是直接作用，也不是间接作用，仅是由于原因变量之间的相关而引入的一项，一般称该项为未析部分。$r_{23}\times p_{34}$ 表示 X_2 通过 X_3 对 X_4 产生的间接影响。具体地，它反映了 X_2 与 X_3 之间的相关性 r_{23} 以及 X_3 对 X_4 的直接作用 p_{34} 的共同作用下，X_2 对 X_4 的间接影响程度。

同理，X_1 和 X_4 的相关系数 r_{14} 等于 X_1，X_4 乘积的期望值。

$$
\begin{aligned}
r_{14} &= E[X_1X_4] \\
&= E[X_1(p_{14}X_1+p_{24}X_2+p_{34}X_3+p_{e4}e_4)] \\
&= p_{14}+r_{12}\times p_{24}+r_{13}\times p_{34}
\end{aligned}
$$

另外，X_3 和 X_4 的相关系数 r_{34} 也很容易得出：

$$
\begin{aligned}
r_{34} &= E[X_3X_4] \\
&= E[X_3(p_{14}X_1+p_{24}X_2+p_{34}X_3+p_{e4}e_4)] \\
&= r_{13}\times p_{14}+r_{23}\times p_{24}+p_{34}
\end{aligned}
$$

下面考虑分解 X_1 和 X_5 之间的相关系数：

$$
\begin{aligned}
r_{15} &= E[X_1X_5] \\
&= E[X_1(p_{15}X_1+p_{35}X_3+p_{45}X_4+p_{e5}e_5)] \\
&= p_{15}+r_{13}\times p_{35}+r_{14}\times p_{45}
\end{aligned}
$$

将 r_{14} 代入上式，整理后，得

$$
\begin{aligned}
r_{15} &= p_{15}+r_{13}\times p_{35}+r_{14}\times p_{45} \\
&= p_{15}+r_{13}\times p_{35}+(p_{14}+r_{12}\times p_{24}+r_{13}\times p_{34})\times p_{45} \\
&= p_{15}+r_{13}\times p_{35}+p_{14}\times p_{45}+r_{12}\times p_{24}\times p_{45}+r_{13}\times p_{34}\times p_{45}
\end{aligned}
$$

上式中，r_{15} 被分成了五个部分：第一部分 p_{15} 是 X_1 对 X_5 的直接作用，即 X_1 和 X_5 具有直接因果关系。第二部分 $r_{13}\times p_{35}$ 是未析部分。第三部分 $p_{14}\times p_{45}$ 是 X_1 通过中间变量 X_4 对 X_5 所起的间接作用，即间接因果关系。因此，X_1 和 X_5 既有直接因果关系，又有间接因果关系。第四部分 $r_{12}\times p_{24}\times p_{45}$ 是未析部分和因果关系中的间接因果关系的综合作用的结果，X_1 先通过 X_2 的相关性作用于 X_4，通过 X_4 这个中间变量再作用于 X_5，对 X_5 产生影响。第五部分 $r_{13}\times p_{34}\times p_{45}$ 和第四部分类似，也是未析部分和间接因果关系共

同作用的结果，X_1 先通过 X_3 的相关性作用于 X_4，通过 X_4 这个中间变量再作用于 X_5，对 X_5 产生影响。

下面来分解：

$$\begin{aligned} r_{45} &= E[X_4 X_5] \\ &= E[X_4(p_{15}X_1 + p_{35}X_3 + p_{45}X_4 + p_{e5}e_5)] \\ &= r_{14}p_{15} + r_{34}p_{35} + p_{45} \end{aligned}$$

将 r_{14}、r_{34} 代入上式，得

$$\begin{aligned} r_{45} &= p_{45} + (p_{14} + r_{12}p_{24} + r_{13}p_{34})p_{15} + (p_{34} + r_{13}p_{14} + r_{23}p_{24})p_{35} \\ &= p_{45} + p_{14} \times p_{15} + r_{12} \times p_{24} \times p_{15} + r_{13} \times p_{34} \times p_{15} + p_{34} \times \\ &\quad p_{35} + r_{13} \times p_{14} \times p_{35} + r_{23} \times p_{24} \times p_{35} \end{aligned}$$

这里的第一项 p_{45} 为 X_4 对 X_5 的直接作用。第二项 $p_{14} \times p_{15}$ 是在前面都未涉及的分解内容，对应的路径图，既找不到间接作用的路径线，也找不到属于非相关因果关系的路径图，这一部分的产生原因是相关系数所涉及的两变量 X_4、X_5 有一个共同的作用因子 X_1。正是这个共同的作用因子的存在，使得 X_1 的变化引起 X_4、X_5 的同时变化，从而使得 X_4、X_5 存在一定的相关性，这种相关关系被称为伪相关，类似这种情况的还有上式的第五项 $p_{34} \times p_{35}$。第三项 $r_{12} \times p_{24} \times p_{15}$、第四项 $r_{13} \times p_{34} \times p_{15}$、第六项 $r_{13} \times p_{14} \times p_{35}$ 以及第七项 $r_{23} \times p_{24} \times p_{35}$ 均属于未析部分与伪相关部分的综合作用的结果。

通过以上的分析，可以总结出，相关系数的分解可能产生四种类型的组成部分：①直接作用产生的直接因果关系；②间接作用产生的间接因果关系；③由于原因变量相关而产生未析部分；④由于共同原因的存在而产生的伪相关部分。

然而，如果按照上面的步骤，相关系数的分解十分烦琐。赖特解决了这一问题，他总结出了从路径图直接分解的规则。赖特认为，对于一个递归性的路径模型，任何两个变量的相关系数都可以表示成连接这两点的所有复合路径之和；而这个复合路径是按下述三个规则选取的（Wright 规则）。

(1) 这个复合路径没有闭合环路。

(2) 在这个复合路径中的箭头取向是不可有“先向前，再向后”，也就是说，该路径链上不止两个箭头时，要“先向后”尽可能多的次数，“再向前”尽可能少的次数。

(3) 对于有多个双箭头的链，只可以取最远距离的一个双箭头，即一条路径中不可以包含两个双向箭头。

读者可以对照图 10.2 的案例进行逐一分析，这里就不再一一阐述。

10.3 路径分析模型的调试和检验

路径模型建立后，除了对路径系数进行估计、分析变量间的相关系数之外，还需要对该模型进行调试和检验。

10.3.1 路径模型的调试

一般而言，路径模型的调试和分析往往从饱和模型（即所有变量之间都有表示因果关系

的单向箭头或者表示相关关系的双向箭头联结)的建立开始。但是饱和模型的因果关系的建立必须依据一定理论基础,例如根据变量间的逻辑关系来设置因果结果,如果饱和模型不符合逻辑关系,我们可以用非饱和模型进行检验,但是该非饱和模型和我们所关注的模型应该具有包含或嵌套关系。

对模型的调试过程在一定程度上类似多元回归过程的调试:如果某一变量的路径系数(回归系数)统计性不显著,则考虑是否将其对应的路径从模型中删去;如果多个路径系数同时不显著,则首先删除最不显著的路径继续进行回归分析,根据下一步的结果再决定是否需要删除其他原因变量。这是调试的一般原则,当然在实际调试过程中,还要注意路径分析模型的理论基础。也就是说,即使其统计不显著,仍然应当加以仔细考虑,并分析其统计不显著的原因:是否受多重共线性的影响,或者其他路径假设的不合理的影响。路径分析在很大程度上是证实性技术而非探索性技术,所以采用路径分析法得到一个统计拟合效果很好的模型,它的实际意义也可能并不大,因为有可能存在逻辑顺序无意义的因果关系。

需要注意的是,路径分析的模型检验是检验调试后的模型与原模型是否一致,而非检验原模型是否符合观测数据。另外,对每个方程进行的检验和对整个路径模型进行检验是不一样的,路径模型检验不是各个回归方程的简单叠加。即使每个回归方程中所有的路径系数都显著,整个路径模型的检验也是有可能不通过的。

10.3.2 路径模型的识别

在对路径模型进行检验之前,首先应该识别路径模型。模型识别通俗而言是指判断模型中的参数是否可以被估计出来。模型识别的结果主要有两大类:不可识别的模型(Under-Identified)和可以识别的模型(Identifiable),后者又可以分为恰好识别(Just-Identified)模型和过度识别(Over-Identified)模型。不可识别的模型是我们掌握的信息不足,不能得到模型的确定解。恰好识别模型指人们掌握的信息可以对需估计的参数提供唯一解,而过度识别模型指只需较少的信息便可以得出参数的唯一解,例如,某方程组中方程个数是 5,而未知数个数是 4,这就是一个过度识别的模型。

饱和的递归模型都是恰好识别模型,由于恰好识别模型能够完全再现实际相关系数值,所以不存在模型检定问题,也就是说饱和的递归模型是不需要进行模型检验的。进行检验的是过度识别模型。过度识别模型是从恰好识别模型中删除某些路径所形成的,检验的目的并不是寻找一种在统计上最能配合数据的模型,而是检验模型背后的理论。具体来说,就是检验在饱和的递归路径模型中删除了某些路径所依据的理论是否正确,即这些被删除的路径是否真的反映了某些变量对其他变量没有直接作用。

10.3.3 路径模型的检验

首先定义模型的整体拟合指数。此指数类似多元回归方程的决定系数 R^2,我们就用 R^2 表示具体对应的路径模型。对作为基准的路径模型,不妨设为饱和模型。我们已经知道,对应每一个路径模型,都可以写出其结构方程组,并且方程的个数和内生变量个数相等。我们不妨设有 m 个内生变量,则对于这 m 个方程,设其回归后的决定系数分别是 $R^2_{(1)}$,

$R^2_{(2)}, \cdots, R^2_{(m)}$，每个 R^2 都代表相应内生变量的方差中由回归方程所解释的比例，$1-R^2$ 则表示回归方程未能解释的残差比例。定义路径模型的整体拟合指数为

$$R_c^2 = 1-(1-R^2_{(1)})(1-R^2_{(2)})\cdots(1-R^2_{(m)}), R_c^2 \in [0,1]$$

其中，R_c^2 是指路径模型中已经解释的广义方差占需要得到解释的广义方差的比例。公式中连乘部分表示广义的残差比例。由于该模型计算的该指数是检验与其嵌套的其他模型的基准，所以 R_c^2 称为基准解释指数，$1-R_c^2$ 为基准残差指数，也就是$(1-R^2_{(1)})(1-R^2_{(2)})\cdots(1-R^2_{(m)})$。

同理可以得出与基准嵌套的非饱和模型的相应指数：

$$R_t^2 = 1-(1-R^2_{(1)})(1-R^2_{(2)})\cdots(1-R^2_{(t)}), R_t^2 \in [0,1]$$

R_t^2 为待检解释指数。由于非饱和模型比饱和模型少了一些路径，所以满足：$R_t^2 \leqslant R_c^2$。根据 R_t^2 与 R_c^2 便可以得到检验模型拟合度的统计量 Q，为

$$Q = \frac{1-R_c^2}{1-R_t^2}$$

虽然 Q 能计算出，但是 Q 的分布很难求出，可以根据 Q 构造统计量 W：

$$W = -(n-d)\ln Q = -(n-d)\ln\left(\frac{1-R_c^2}{1-R_t^2}\right)$$

式中，n 为样本量，d 为检验模型与基准模型的路径数目之差。在大样本情况下，Q 渐进服从自由度为 d 的 χ^2 分布。

值得一提的是，以上我们是以饱和模型作为基准的，在某些情况下，当基准不是饱和模型，同样可以进行模型检验，只要待检验模型和基准模型存在嵌套关系。此时，我们使用的检验统计量 W 与上文提及的用于比较饱和模型与非饱和模型差异的 W 统计量是相同的。在大样本下，W 同样渐进遵从自由度为 d 的 χ^2 分布。

10.4 路径分析方法的优点与局限性

10.4.1 路径分析方法的优点

社会调查常常涉及多元因果影响。为使某种现象的结果被解释得明确、具体，在假设模型中就有必要解释直接变量和间接变量在变量中的关系。

首先，路径分析的一个优点就是它详细阐述了变量中所有可能的因果关系。我们知道普通的多元回归分析是一种比较简单的因果关系模型，各个自变量对因变量的作用并列存在，它仅包含一个环节的因果结构，而路径分析法可以容纳多环节的因果结构，通过路径图把这些因果关系很清楚地表示出来，据此进行更深层次的分析，如比较各种因素之间的相对重要程度，计算变量与变量之间的直接影响与间接影响等。

其次，利用路径分析法可以将变量间的关系分解为因果关系（直接或者间接）以及非因果关系（例如伪相关），也就是说，它可以帮助解决变量间复杂的相互关系，并识别在预测结果中最显著的路径。

最后值得一提的是，路径分析在社会调查领域内的理论上或在其假设检验阶段扮演了重要角色。虽然实验设计是因果关系检验的最好方法(因为随机抽取的个体变量可以进行处理、控制)，但是考虑到社会科学调查学科中问题的多样性，这些实验一般不可行。由于路径分析法要求用路径图详细说明变量之间的关系，所以需要构建详细的、符合逻辑的理论模型以解释我们所关心问题的结果。因此用非实验、定量化的或者有相关关系数据的路径分析法，可以检验关于变量间相互关系的假设是否合理，并且还会提供潜在的(因果)过程。

10.4.2　路径分析方法的局限性

尽管一些学者认为路径分析在定量科学调研方面有很大的优势，但是路径分析法也受到一些批判者的质疑。由于路径分析法是多元回归的延伸，所以它延续了所有原有的线性回归的假设。但是在社会科学调查中这些假设很难满足，尤其是可信度和递归性以及单向因果关系上。例如，路径模型必须假定每个变量都是理论概念的精确表示，而且各变量不应存在测量误差，这些都是难以满足的。另外，假定的模型中只能有单向因果关系(没有反馈回路或者双向因果流)，否则这个模型用普通最小二乘回归法不能解决。最后，路径分析法是用来评价在给定数据集中各变量间的关系是否能反映出模型中说明的因果假设的方法。因为模型是基于关系的，所以路径分析法不能说明因果性或者因果效应的方向性。

10.5　引导案例解答

视频 10-1

10.5.1　路径模型构建

在 Amos Graphics 模块中，我们可以在 File 菜单下，选择 **Data Files** 给出文件名来调用我们需要进行分析的数据文件。

根据案例背景，我们选取教育水平、当前雇方工作年限、当前地址居住年限、家庭收入、负债(＝信用卡负债＋其他负债)以及是否曾经违约这 6 个变量作为路径分析对象。表 10.1 为这 6 个变量的样本相关系数。根据时间和逻辑顺序，我们可以初步得到变量间的因果路径。首先，教育水平会影响收入，大量统计结果表明，教育水平越高，收入也越高；而且一般来说，一个人的受教育程度越高，发生违约行为的可能性也越低。其次，当前雇方工作年限会影响收入，因为在公司工作时间越长，收入越高，同样，在当地居住时间与收入也有正的因果关系；同时，一个人居住时间和工作时间越长意味着生活和工作的变动越少，在当地和当前公司被熟知的程度越高，相应的违约成本也越高，越不容易产生违约行为。最后，收入会影响负债，由于该数据样本来源于美国，而美国民众习惯于提前消费，因此，收入越高的群体负债一般也越高，而相应的，教育水平、工作年限和居住年限也会对负债产生正的因果关系；同时，一个人的收入和负债情况也会对其信用产生影响，收入越高、负债越少的人违约的可能性也越低。另外，居住年限和工作年限应该存在正相关，而教育水平和当工作年限应该存在负相关，因为学历越高的人越不容易满足现状，工作变动的频率也越高；这里我们不关注它们之间的因果关系，只分别假设两者相关。

表 10.1 样本相关性系数矩阵

样本相关系数(r)	教育水平	当前雇方工作年限	当前地址居住年限	家庭收入	负债	是否曾经违约
教育水平	1	**		**	**	**
当前雇方工作年限	−0.147**	1	**	**	**	**
当前地址居住年限	−0.017	0.696**	1	**	**	**
家庭收入	0.159**	0.631**	0.467**	1	**	**
负债	0.102**	0.521**	0.391**	0.643**	1	**
是否曾经违约	0.081**	−0.294**	−0.270**	−0.093**	0.135**	1

注：** 表示在1%水平(双侧)上显著相关。

综上所述，我们可以得到假设的路径模型，并在 SPSS Amos 模块中绘制出路径分析图：在 Diagram 菜单下，选择 **Draw Observed** 绘制观测变量；选择 **Draw Unobserved** 绘制不可观测变量，在路径分析中是残差项；选择 **Draw Path** 绘制两变量的因果关系；选择 **Draw Covariance** 绘制两变量的相关关系；然后对绘出的各个变量指定变量名。接着选定某个残差项后右击，选择 **Object Properties** 后，在 **Parameters** 下设定方差为 1。最终绘制的路径分析图如图 10.3 所示。由图 10.3 可以看到，该模型为递归的路径模型，各外生变量不存在测量误差。假设各路径的因果关系均为线性、可加，并进一步假设各内生变量之间不存在相关关系。

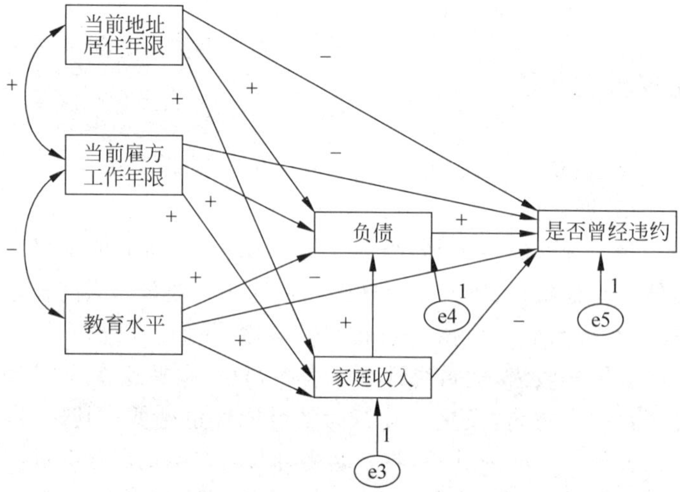

图 10.3 路径分析的假设模型路径图

10.5.2 路径系数估计

Amos 模块可以直接进行路径系数估计。首先，在 **View** 菜单下选择 **Analysis Properties**，在 **Estimation** 一项中选择估计方法为 **Scale-free least squares**，在 **Output** 中勾选 **Standardized estimates**、**Squared multiple correlations** 和 **Indirect, direct & total effects**，关闭

窗口。然后，单击 **Analyze** 菜单下的选项 **Calculate Estimates** 计算路径系数，最终得到的结果如图 10.4 所示。单击 **View** 菜单下的选项 **Text Output**，选择 **Estimates→Scalars→Standardized Regression Weights**，可以得到标准化的路径系数列表（表 10.2），根据表中数据，我们发现当前地址居住年限（address）对家庭收入（income）和负债（debt）的路径系数分别仅为 0.003 和 0.018，教育水平（ed）对是否曾经违约（default）的路径系数仅为 0.01，因此，考虑删除这 3 条路径，并重新估计模型，结果如图 10.5 所示。

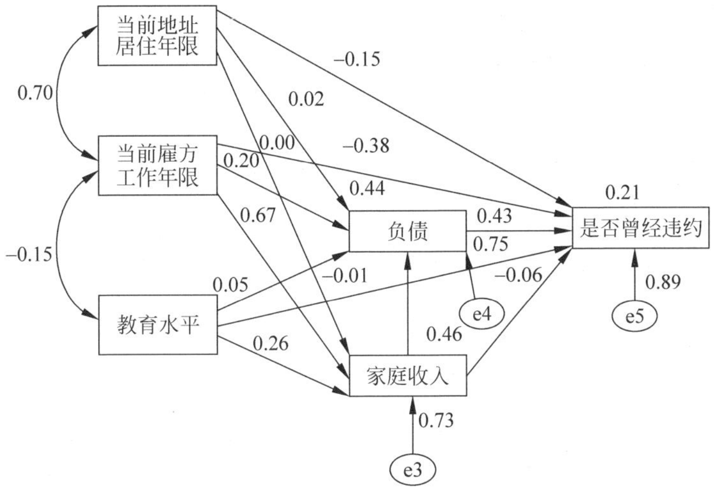

图 10.4　路径分析的标准化终解路径图

表 10.2　Standardized Regression Weights

			Estimate
income	<--	e3	0.733
income	<--	ed	0.257
income	<--	employ	0.666
income	<--	address	0.003
debt	<--	e4	0.750
debt	<--	income	0.499
debt	<--	ed	0.053
debt	<--	address	0.018
debt	<--	employ	0.201
default	<--	debt	0.429
default	<--	e5	0.887
default	<--	employ	−0.379
default	<--	income	−0.060
default	<--	address	−0.146
default	<--	ed	−0.010

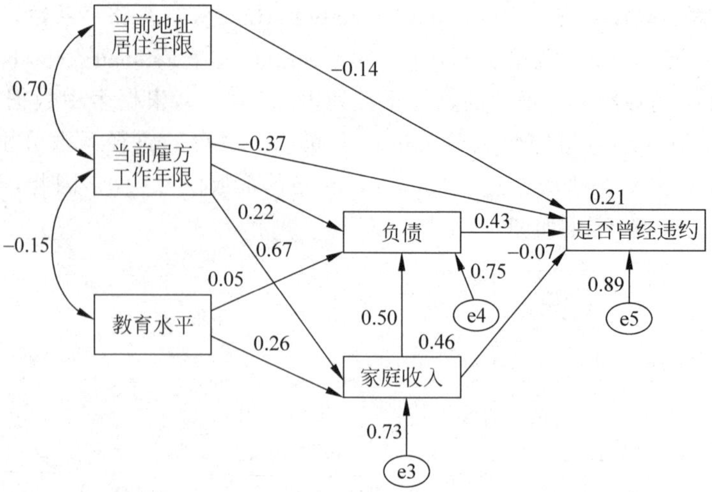

图 10.5 路径分析修正后终解路径图

10.5.3 模型的调试和检验

假设图 10.4 对应的模型为基准模型，图 10.5 对应的模型为待验模型。在 Amos Output 中选择 **Estimates→Scalars→Squared Multiple Correlations**，可以得到每个内生变量对应的 R^2 值，它代表相应内生变量的方差中由回归方程所解释的比例，分别如表 10.3 和表 10.4 所示。

表 10.3 Squared Multiple Correlations(基准模型)

	Estimate
income	0.463
debt	0.438
default	0.214

表 10.4 Squared Multiple Correlations(待验模型)

	Estimate
income	0.462
debt	0.440
default	0.212

下面分别通过计算基准模型和待验模型的拟合指数 R_c^2 和 R_t^2，对模型进行调试。

$$R_c^2 = 1-(1-R_{(c3)}^2)(1-R_{(c4)}^2)(1-R_{(c5)}^2)$$
$$=1-(1-0.463)(1-0.438)(1-0.214)$$
$$\approx 0.7628$$
$$R_t^2 = 1-(1-R_{(t3)}^2)(1-R_{(t4)}^2)(1-R_{(t5)}^2)$$
$$=1-(1-0.462)(1-0.440)(1-0.212)$$
$$\approx 0.7626$$

从而 W 统计量为

$$W=-(n-d)\ln\left(\frac{1-R_c^2}{1-R_t^2}\right)=-(1\,500-2)\ln\left(\frac{1-0.762\,8}{1-0.762\,6}\right)\approx 1.26$$

若基准模型正确，W 遵从自由度为 3 的 χ^2 分布。查表得，当 $df=3$，$p=0.05$ 时，χ^2 临界值为 $7.81>1.26$，因此，这里 W 的 p 值大于 0.05，统计不显著，可以认为图 10.3 对应的模型正确。

10.5.4　路径系数分解

在 Amos Output 中选择 Estimates→Matrices，可以看到标准化的总效应、标准化的直接效应和标准化的间接效应，如表 10.5 所示。

表 10.5　路径系数的分解报表

原因变量	结果变量	总效应	直接效应	间接效应
当前地址居住年限	是否曾经违约	−0.144	−0.144	0.000
当前雇方工作年限	家庭收入	0.668	0.668	0.000
	负债	0.551	0.219	0.332
	是否曾经违约	−0.181	−0.371	0.190
教育水平	家庭收入	0.257	0.257	0.000
	负债	0.181	0.053	0.128
	是否曾经违约	0.060	0.000	0.060
家庭收入	负债	0.497	0.497	0.000
	是否曾经违约	0.143	−0.070	0.214
负债	是否曾经违约	0.430	0.430	0.000

由分解结果可以看到，当前雇方工作年限对违约情况的影响主要为直接影响，通过家庭收入和负债传递的间接影响较小，而教育水平则完全通过家庭收入和负债来间接影响违约情况。家庭收入对违约情况的直接影响为负，而通过负债传递的间接影响为正，并且远远大于直接影响，所以家庭收入对违约情况的总影响为正，这说明一个人的收入越高并不意味着信用度越好，因为高收入往往伴随着高负债，违约的风险也随之提高。其他分析类似，读者如有兴趣可以自己动手尝试下。

习题

1. 路径分析和回归分析有什么区别和联系？
2. 路径分析和结构方程模型有什么联系？
3. 路径系数的计算应注意什么？

第11章 结构方程模型

结构方程模型是一种多元统计分析技术，在社会学、管理、营销、教育、心理等领域具有广泛应用。在社会科学以及经济、市场、管理等研究领域，有时需处理多个原因、多个结果的关系，或者会碰到不可直接观测的变量(即潜在变量)，这些都是传统的统计方法不能很好解决的问题。而结构方程模型，为这些问题提供了有效的解决途径。

引导案例

案例11.1　组织创新气氛测量

创新能力是组织应对日益复杂和多变的全球市场所必须具备的核心竞争力。对于今日更多表现为社会实体的组织来说，拥有创造型员工是企业拥有创新能力的必要而非充分条件。组织的问题不再是某个或者某些员工是否具有创造性，而是怎样激发和支持员工的创造潜能，怎样理解组织中影响创新绩效的环境条件，怎样实现员工创造力到创新行为的有效转化。所以，创新气氛逐渐成为关注的焦点，成为理解组织创新绩效和变革的重要变量。

创新气氛研究的兴起是创造力研究的逻辑延续。研究者们最早从个体视角来研究创造力，主要关注人格特征与认知风格对创造力的影响。研究者对创造性人才的人格特征和创造性思维形成机制进行分析，目的在于找到创造性人才所具备的超乎常人的人格特征和一些能导致新异、有效地解决问题的认知过程和方法。个体视角的研究者假设创造力是一种天赋，在特定个体身上存在。然而，后来的研究者发现，虽然创造性活动对个体提出了基本的素质要求，但基本的天赋素质并不保证个体一定能够产生高创造性的成绩。这种现象将研究者的视线引向个体之外，结果发现组织环境是创造力形成的不可忽视的决定性因素。

创新气氛的研究，既是组织气氛研究的细化和延伸，也是从组织行为学的角度来研究组织创新问题的开端。因此，研究者需要综合关于气氛和创新的研究成果。港、台地区的学者们已经开始相关的问题，并且取得了一定的成效，这证明了创新气氛的概念也同样适用于中国文化下的组织管理。在创新气氛的一些基本理论问题和研究方法上，以往研究存在混乱甚至错误理解，比如：创新气氛的真正本质是什么不清晰，创新气氛的维度结构差异较大，定量研究背后的理论解释薄弱等。

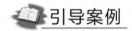

组织创新气氛的结构与测量早期主要采用单因素方法，即用单个条目来测量组织环境创新特性的某一方面内容，然后将若干条目加总后得到特定组织的创新气氛状况。随着研究的不断深入单因素范式逐渐被多因素范式取代，众多学者热衷于研究组织创新气氛的结

构维度及测量量表的开发。

案例 11.2　道路交通安全

道路交通安全是世界性课题，世界卫生组织（WHO）将其定性为“公共卫生危机”。WHO 发布的《2023 年道路安全全球状况报告》显示：每年有大约 119 万人死于道路交通碰撞，其中一半以上的死亡发生在行人、骑自行车和骑摩托车的人中，特别是生活在低收入和中等收入国家的人。根据联合国《2030 年可持续发展议程》要求，如果要实现到 2030 年至少将道路交通死亡和伤害减少一半的全球目标，就需要采取进一步有效措施。

中国是人口大国，也是汽车大国，道路交通安全风险十分严峻。伴随着中国的经济增长和城镇化进程的加快，中国城市的交通模式也在发生深刻变化。20 世纪 90 年代以来，中国机动车保有量呈爆炸式增长，道路交通安全挑战也日趋严峻。

本案例数据选取国内某城市 2003 年到 2020 年间的交通统计数据，包含 5 个变量，分别为每年交通出行人口、GDP、私人机动车保有量、地铁里程、每年交通事故数量。我们想通过构建结构方程模型，建立城市交通事故的宏观影响因素分析模型，确定宏观经济因素、宏观交通因素对交通事故数量的影响。

资料来源：世界卫生组织. Global Status Report on Road Safety 2023[EB/OL]. (2023-10-13). https://www. who. int/teams/social-determinants-of-health/safety-and-mobility/global-status-report-on-road-safety-2023.

11.1　结构方程模型的基本概念

结构方程模型是应用线性方程系统表示观测变量与潜变量之间，以及潜变量之间关系的一种统计方法，是 20 世纪 90 年代以来应用统计学领域中发展最为迅速的一个分支。从发展历史来看，其核心概念在 20 世纪 70 年代初期被相关研究人员提出；80 年代以来，结构方程模型迅速发展，弥补了传统统计方法的不足，成为多元数据分析的重要工具；90 年代至今已发展成内容非常丰富的一个重要领域，在心理学、管理学、社会学等社会科学和行为科学研究中得到了广泛的应用。在国内，相当多的人文社科类实证研究中都已开始采用这一建模方法，随着中国学术研究国际化发展的过程，这一研究方法未来的发展将尤为广泛。

结构方程模型是一种建立、估计和检验因果关系模型的方法。在进行模型估计前，研究者需要根据专业知识或经验设定假设的初始模型，利用结构方程模型分析的过程实际上是对假定模型的验证过程。由于专业人员的认识水平和各种原因的限制，这一模型未必是客观现实的反映，有可能存在偏差和主观性。如何发现模型的问题，如何根据分析结果进一步修正模型，这些正是结构方程可以处理的问题。

结构方程模型基于变量的协方差矩阵来分析变量之间的关系，实际上是一般线性模型的拓展，兼具验证性因子分析(Confirmatory Factor Analysis)和路径分析二者的特性，且具有二者不可比拟的优势：路径分析检验观测变量之间的因果关系，验证性因子分析检验观测变量与潜在变量之间的因果关系，而结构方程建模检验观测变量与潜在变量之间及多个潜在变量内部的因果关系。因此，有学者认为结构方程建模是验证性因子分析、路径分析及多元回归分析的总和。

与传统的回归分析不同，结构方程模型允许研究人员同时检验一批回归方程，而且这些回归方程在模型形式、变量设置、方程假设等方面也与传统回归分析迥然不同。与传统的探索性因子分析不同，在结构方程模型中，我们可以提出一个特定的因子结构，并检验它是否吻合数据。通过结构方程多组分析，我们可以了解不同组别内各变量的关系是否保持不变，各因子的均值是否有显著差异。结构方程模型可以替代多重回归、路径分析、因子分析、协方差分析等方法，清晰分析单项指标对总体的作用和单项指标间的相互关系。因此，其适用范围也较传统回归分析更为多元化。

11.2 结构方程模型的组成

结构方程模型是表明一组观测变量和潜在变量之间是否具有线性关系的假设模型。完整的结构方程模型由测量模型和结构模型组成，变量与变量之间的联结关系用结构参数表示。测量模型是指表明观测变量与潜在变量之间关系的模型，而结构模型是指表明潜在变量之间关系的模型。

11.2.1 变量

在结构方程模型中，根据变量能否被直接测量而将其分为观测变量和潜在变量。观测变量是可以直接被测量的变量，如年龄、文化程度、身高、体重等。潜在变量是用理论或假设来建立的、无法直接测量的变量。现实生活中，有许多变量诸如优秀、乐观、满意、公正等概念虽然是客观存在的，但由于人的认识水平或事物本身的抽象性、复杂性等原因，人们无法直接测量，我们称这样的变量为潜在变量。结构方程可以通过一些可观测变量对潜在变量的特征及其相互之间的关系进行描述，因此，有时也称结构方程模型为潜在变量分析模型。

从相互关系上，变量可分为外源变量（自变量）和内源变量（因变量）。外源变量是引起其他变量变化和自身变化，且假设由系统外其他因素所决定的变量。内源变量则是受其他变量影响而变化的变量。四种变量结合起来形成四类变量，即内源观测变量和外源观测变量，内源潜在变量和外源潜在变量。另外，有些统计技术虽然允许因变量含有测量误差，但却假设自变量是无误差的，如回归分析。事实上，任何测量都是会产生误差的，结构方程模型则允许自变量和因变量都存在测量误差，并且试图更正测量误差所导致的偏差。

11.2.2 指标

结构方程模型的指标分为反映性指标和形成性指标，它们是因潜在变量与观测变量之间因果优先性而产生的不同概念指标体系。当潜在变量被看成是一种基础建构时，产生某些被观测到的事物（即观测变量是效果，潜在变量是因子），反映这种潜在变量的指标称反映性指标。潜在变量被视为受观测变量影响（即潜在变量是效果，观测变量是因子）时形成线性关系，这时观测变量称形成性指标。指标含有随机误差和系统误差，统称为测量误差或误差。随机误差指测量上不准确的行为，系统误差反映指标也同时测量潜在变量以外的特性。

11.2.3 模型

1. 测量模型

测量模型(Measurement Model),也称验证性因子分析模型,主要表示观测变量和潜在变量之间的关系。度量模型一般由两个方程式组成,分别规定了内源潜在变量$\boldsymbol{\eta}$和内源观测变量 $\boldsymbol{y}$ 之间,以及外源潜在变量$\boldsymbol{\xi}$ 和外源观测变量 $\boldsymbol{x}$ 之间的联系,模型形式为

$$\boldsymbol{X} = \boldsymbol{\Lambda x \xi} + \boldsymbol{\delta} \tag{11.1}$$

$$\boldsymbol{Y} = \boldsymbol{\Lambda y \eta} + \boldsymbol{\varepsilon} \tag{11.2}$$

其中,$\boldsymbol{x}$ 为外源观测变量组成的向量;$\boldsymbol{y}$ 为内源观测变量组成的向量;$\boldsymbol{\Lambda x}$ 为外源观测变量与外源潜在变量之间的关系,是外源观测变量在外源潜在变量上的因子负荷矩阵;$\boldsymbol{\Lambda y}$ 为内源观测变量与内源潜在变量之间的关系,是内源观测变量在内源潜在变量上的因子负荷矩阵;$\boldsymbol{\delta}$ 为外源观测变量 $\boldsymbol{x}$ 的误差;$\boldsymbol{\varepsilon}$ 为内源观测变量 $\boldsymbol{y}$ 的误差;$\boldsymbol{\xi}$ 与$\boldsymbol{\eta}$ 分别是 $\boldsymbol{x}$ 与 $\boldsymbol{y}$ 的潜在变量。

2. 结构模型

结构模型(Structural Equation Model),也称为潜在变量因果关系模型,主要表示潜在变量之间的关系。其规定了所研究的系统中假设的外源潜在变量和内源潜在变量之间的因果关系,模型形式为

$$\boldsymbol{\eta} = \boldsymbol{\beta\eta} + \boldsymbol{\Gamma\xi} + \boldsymbol{\zeta} \tag{11.3}$$

其中,$\boldsymbol{\eta}$ 是内源潜在变量;$\boldsymbol{\xi}$ 是外源潜在变量;$\boldsymbol{\beta}$ 是内源潜在变量$\boldsymbol{\eta}$ 的系数矩阵,也是内源潜在变量间的路径系数矩阵;$\boldsymbol{\Gamma}$ 是外生潜在变量$\boldsymbol{\xi}$ 系数矩阵,也是外源潜在变量对相应内源潜在变量的路径系数矩阵;$\boldsymbol{\zeta}$ 为残差,是模式内未能解释的部分。

11.3 结构方程模型的主要特点

Hoyle 指出,结构方程模型可视为不同统计技术与研究方法的综合体。从技术的层面来看,结构方程模型并非单指某一种特定的统计方法,而是一套用以分析共变结构的技术的整合。结构方程模型有时以共变结构分析(Covariance Structure Analysis)、共变结构模型(Covariance Structure Modeling)等不同的名词存在,有时则单指因素分析模式的分析,以验证性因素分析(CFA)来称呼;有时,研究者虽然以结构方程模型的分析软件来执行传统的路径分析,进行因果模型(Causal Modeling)的探究,但不使用结构方程模型的名义,事实上这也是结构方程模型的重要应用之一。不论是用何种名词来称呼,这些分析技术都具有一些基本的共同特质,说明如下。

1. 结构方程模型具有理论先验性

结构方程模型分析最重要的一个特性,是它必须建立在一定的理论基础之上,也就是

说，结构方程模型是用以验证某一先期提出的理论模型（Priori Theoretical model）的适切性的一种统计技术。这也是结构方程模型被视为一种验证性（confirmatory）而非探索性（exploratory）统计方法的主要原因。结构方程模型的分析过程中，从变项内容的界定、变项关系的假设、参数的设定、模型的安排与修正，一直到应用分析软件来进行估计，其间的每一个步骤都必须有清楚的理论概念或逻辑推理作为依据。从统计的原理来看，结构方程模型也必须同时符合多项传统统计分析的基本假设（例如线性关系、常态性）以及结构方程模型分析软件所特有的假设要件，否则所获得的统计数据无法采信。

以因素分析为例，结构方程模型所使用的因素模式采取了相当严格的限制。研究者对于潜在变项的内容与性质，在测量之初即必须有非常明确的说明，或有具体的理论基础，并已先期决定相对应的观察变项的组成模式。分析的进行即在考验这一先期提出的因素结构的适切性，此过程不仅可用于测量工具开发时检验其结构的有效性，还可用于理论架构的检验，因此又被称为验证性因素分析。

2. 结构方程模型同时处理测量与分析问题

过去传统的统计方法，不论分析的内容为何，多把变项视为“真实”“具体”“可观测”的测量资料，在分析过程中，并不去处理测量过程所存在的问题，也就是说，“测量”与“统计”是两个独立分离的程序。传统上，如果变项所涉及的概念是如同“智力”或“焦虑”等不易界定的心理概念，研究者为了获得可以分析的资料，会先行讨论测量的方法，并以信度与效度的概念程序来先行评估，一旦通过评估的标准，即对所获得的测量资料进行分析。

相对于传统的做法，结构方程模型是一套可以将“测量”与“分析”整合为一的计量研究技术。其关键在于结构方程模型将不可直接观察的构念或概念，以潜在变项的形式，利用观察变项的模型化分析来加以估计，不仅可以估计测量过程当中的误差，也可以用以评估测量的信度与效度（如因素效度），甚至可以超越古典测量理论的一些基本假设，针对特定的测量现象（例如误差的相关性）加以检测。另外，在探讨变项之间关系的时候，测量过程所产生的误差并没有被排除在外，而是同时包含在分析的过程当中，使得测量信度的概念整合到路径分析等统计推论的决策过程中。

3. 结构方程模型以共变量的运用为核心，亦可处理均值估计

结构方程模型分析的核心概念是变项的共变量（covariance）。共变量是描述统计中的一种离散量数，利用变异数的离均差和的数学原理，计算出两个连续变项配对分数（Paired Scores）的变异量，用以反映两个变项的共同变异或相互关联程度。共变量是一个非标准化的统计量数，如果将共变量除以两个变项的标准差，即可得出标准化共变量（即 Pearson 相关系数）。

在结构方程模型当中，共变量具有两种功能：第一是描述性的功能，利用变项之间的共变量矩阵，我们可以观察出多个连续变量之间的关联情形；第二是验证性的功能，用以反映出理论模型所导出的共变量与实际观测得到的共变量的差异。在结构方程模型分析过程中最重要的数学程序，即是在产生模型导出共变矩阵（S Matrix）。如果研究者所设定的结构方程模型有问题，或是估计过程导致 S Matrix 无法导出，整个结构方程模型即无法完成。

除了共变量以外，结构方程模型也可以处理变项的集中倾向的分析与比较，也就是均值的检验。传统上，均值检验是以 t 检定或方差分析（ANOVA）来进行的。由于结构方程模型可以对于截距进行估计，使结构方程模型将均值差异的比较纳入分析模型当中，同时若配合潜在变项的概念，结构方程模型更可以估计潜在变项的均值，因此结构方程模型的应用更为广泛。

一般而言，结构方程模型主要的优势来自多元回归与因素分析等主要应用于非实验设计的统计技术，但由于结构方程模型可以处理分组变量与均值估计，因此实验设计所得出的数据也可以利用结构方程模型来分析。

4. 结构方程模型适用于大样本之分析

由于结构方程模型所处理的变项数目较多，变项之间的关系较为复杂，因此为了保证统计假设不被违反，必须使用较大的样本数，同时样本规模的大小，也牵动着结构方程模型分析的稳定性与各种指标的适用性，因此，样本容量的影响在结构方程模型当中是一个重要的议题。

与其他的统计技术一样，结构方程模型分析所使用的样本规模当然是越大越好，但是究竟有没有一个最适合规模，则会随着结构方程模型的复杂度、分析的目的等而产生相当大的变化。但是，一般来说，当样本容量低于 100 时，几乎所有的结构方程模型分析都是不稳定的。Breckler 曾针对人格与社会心理学领域的 72 个结构方程模型实证研究进行分析，样本规模介于 40 和 8 650 之间，中位数为 198。有 1/4 的研究小于样本容量 500，约 20%的研究样本规模小于 100。因此，一般而言，大于 200 以上的样本，才称得上一个中型的样本。若要追求稳定的结构方程模型分析结果，建议样本容量不低于 200。

结构方程模型包含了许多不同的统计技术综观统计分析技术的内容，可以概略分为均值检定的方差分析与探讨线性关系的回归分析两大范畴。事实上，这两者并无本质上的差异，前者可以被归为一般线性模型（General Linear Model）分析技术，后者则是以变项间的线性关系为分析的内容。随着计算机科技的发展，分析软件功能的提升，两种统计模式可以互通，合而为一。

一般线性模型的优点是可以用数学方式来整合不同形态的变异来源，可以不断扩充研究者所欲探讨的变项的数目与影响方式，因此一般线性模型逐渐发展出多种多变量统计的概念，例如多变量方差分析（Multivariate Analysis of Variance）。而回归分析在处理变项的弹性与复杂度的优势时似乎有凌驾方差分析之势，但是方差分析由于简单、清楚的数学原理与容易解释分析的特性，也一直受到研究者的青睐。在结构方程模型当中，虽然是以变项的共变关系为主要内容，但由于结构方程模型往往牵涉到大量变项的分析，常借用一般线性模式分析技术来整合变项，故结构方程模型分析可以说是多种不同统计分析程序的集合体。

5. 结构方程模型重视多重统计指标的运用

虽然结构方程模型涵括了多种不同统计技术于一身，但是对于统计显著性的依赖性却远不及一般统计分析，主要理由有三：第一，结构方程模型所处理的是整体模型的比较，因此所参考的指标不是以单一的参数为主要考量，而是整合性的系数，此时，个别检定是否具有特定的统计显著性即不是结构方程模型分析的重点所在。第二，结构方程模型发展出多种不同的统计评估指标，使使用者可以从不同的角度来进行分析，避免过度依赖单一指标。

第三，由于结构方程模型涉及大样本的分析，当样本较大，结构方程模型分析的核心概念卡方统计量的显著性即受到相当的扭曲，因此结构方程模型的评估指标都特意避免碰触到卡方检定的显著性考验。也因为这个原因，在结构方程模型分析当中，较少讨论到与统计显著性决策有关的第一类与第二类错误议题，显示了结构方程模型技术的优势在于整体层次(Macro-Level)而非个别或微观的层次(Micro-Level)。

11.4 结构方程模型的实施步骤

一般而言，结构方程的实施可以分为模型构建(Model Specification)、模型估计(Model Estimation)、模型评价(Model Assessment)以及模型修正(Model Modification)四个步骤。为了保证所构建的模型的可操作性，本章介绍采用另一种分析步骤体系，在模型构建和估计两个步骤之间加入"模型识别"(Model Identification)过程。

结构方程模型的实施步骤如图 11.1 所示。

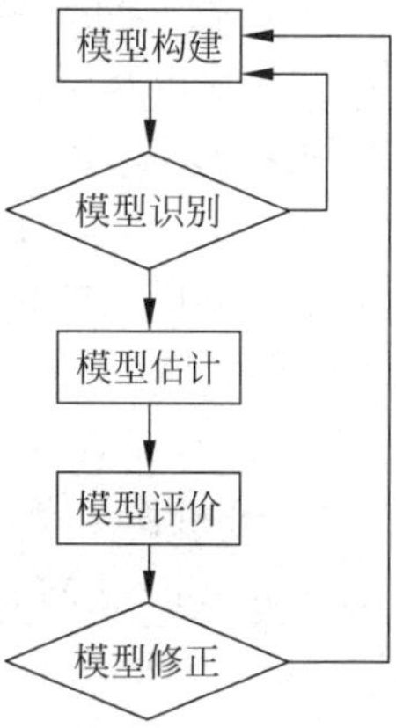

图 11.1 结构方程模型的实施步骤

11.4.1 模型构建

结构方程模型的构建就是用线性方程系统表示出理论模型，是结构方程模型实施过程的第一步。

模型的构建主要依据以下假设。

(1) 线性模型可以体现观察数据特征。

(2) 观察指标与潜变量关系。

(3) 潜变量或观察指标作用方向及属性。

大部分管理、心理、教育、社会等学科中的一些概念(如态度、信心)，都不能直接进行测量，如写作能力，用不同的考评方式测验得出的能力水平并不完全一致。学生的家庭社会经济地位也需要通过问卷，从学生父母的职业、工资、受教育程度及其居住环境等合并成一些粗略指标，继而进行评定。因而，利用结构方程模型分析变量(包括观测变量和潜在变量)的关系，其关键一步就是根据专业知识和研究目的，构建出理论模型，然后用测得的数据去验证这个理论模型的合理性。

在构建模型时，首先检查每一个测量模型中各因子（潜在变量）是否可以用研究的观察变量来测量，这主要根据专业知识确定，同时可借助探索性因子分析，建立测量模型；然后根据专业知识确定各因子之间可能存在的因果关系，建立结构模型。

模型的构建主要包括以下几个方面。

（1）观测变量（即指标，通常是题目）与潜变量（即因子，通常是概念）之间的关系。

（2）各个潜变量之间的关系（即指定哪些因子间有相关的或直接的效应）。

（3）根据研究者的对所研究问题所掌握的知识及经验，去限制因子负荷或因子相关系数等参数的数值或关系（例如可以设定某两个因子间的相关系数就是等于 0.43；某两个因子负荷必须相等）。

构建模型可以有不同的方法。最简单、最直接的一种方法就是通过路径图将自己的模型描述出来。路径图使研究人员得以将设定的模型以直接明了的方式表达出来，并且路径图可以直接转化为建模的方程。在建构模型时，需要指定观测变量（即指标，通常可能以题目去表示）与潜变量（即因子，通常潜变量都是一种概念性的东西，并不具有实际的东西与其相符）之间的关系；以及模型中各个潜变量之间的相互关系（也就是指定哪些因子间有相关或直接的效应）。在建立的一些复杂模型中，可以根据实际情况去估计因子负荷和相关系数等。通过模型构建，就可以得到结构方程模型的两大组成方程即测量模型方程和结构模型方程。在模型建立以后，就可以通过各种计算方法得到结构方程模型中的各个参数。

构建结构方程模型的方法根据估计技术来划分，主要有两大类：一类是基于极大似然估计的协方差结构分析方法，该方法被称为“硬模型”（Hard Model），以线性结构关系（Linear Structural Relationships，LISREL）方法为代表；另一类则是基于偏最小二乘法（Partial Least Square，PLS）的分析方法，被称为“软模型”（Soft Modeling），以 PLS 路径分析方法为代表。

11.4.2　模型识别

在对初始模型构建完成之后，考虑模型中的未知参数是否能够由观测数据得到唯一解，这就是进行模型的识别。

如果未知参数可以由显变量的协方差矩阵的一个或多个元素的代数函数表示，那就称这个参数是可以识别的。有时一个未知参数可以有不同的函数表达形式，这个参数就是过度识别参数。值得注意的是，过度识别参数虽然可以由不同的函数来求解，但如果模型构建正确，仍然可以得到唯一解。

如果模型中所有的未知参数均可识别，那就称这个模型是可以识别的。根据结构方程组的个数与未知参数个数之间的关系，可识别的模型可分为恰好识别结构模型（Just-determined Constructural Model）、识别不足结构模型（Under-determined Constructural Model）和过度识别结构模型（Over-determined Constructural Model）。

当模型中的未知参数都可以识别，且不存在过度识别参数时，模型为恰好识别模型；当模型中包含一个以上不能被识别的未知参数时，模型为识别不足模型；当模型中未知参数都可以识别，且存在一个以上过度识别参数时，模型为过度识别模型。其中，识别不足和恰好识别的结构模型都是不理想的，因为无法得到确定的解，即使能得到唯一解也无法识别模型在统计上是否合理。只有当结构方程的个数多于未知参数时，才可以在需要估计的参数上附加不同的条件以使所求的参数满足统计学要求。

在进行模型识别时，有两个必要条件应该注意进行检验。

(1) 数据点的数目不能少于自由参数的数目。数据点的数目等于$(p+q)(p+q+1)/2$，其中 p 是观测变量 y 的数目，q 是观测变量 x 的数目。自由参数的数目指待定的因子负载、路径系数、潜在变量和误差项的方差、潜在变量之间与误差项之间的协方差的总数。当数据点数目少于自由参数数目时，模型为不能识别的，由于未知项多于已知项，将无法对参数进行估计。

(2) 模型中的每个潜在变量必须具有一个测量尺度。有两种方法可以建立这一尺度：一种方法是将潜在变量的方差设定为 1，即将潜在变量标准化。另一种方法是将潜在变量的观测标识中任何一个的因子负载 λ 设定为一个常数，通常为 1。如果这一潜在变量的方差被设定为任意值，且所有的 λ 也都被设定为任意值，这些 λ 和这个潜在变量的方差就不能识别。而且，其他一些与这一潜在变量相关的参数也不能识别。更具体地说，对于一个潜在变量 (ξ)而言，其方差以及由这个潜在因变量(η)，其残差的方差，指向这个潜在因变量和从其引出的所有路径的系数都是不能识别的。

当然，上面两个条件仅仅是必要的，而非充分的。所以即使上面两个条件得到满足，也还是可能产生模型的识别问题。

11.4.3 模型估计

在判断一个模型可识别之后，需要进行模型估计，即根据显变量的方差和协方差对参数进行估计。

结构方程模型的目标是尽量缩小样本协方差阵与由模型估计出的协方差阵之间的差异，因而结构方程模型的估计从样本协方差矩阵出发，该矩阵是未知参数的函数。固定参数值和自由参数值的估计值代入结构方程，从中推导出理论的协方差矩阵$\boldsymbol{\Sigma}$ 。如果模型正确的话，推导出的协方差矩阵应该近似等于样本协方差矩阵。

由于对这种差别有多种不同的定义方法，因而产生不同的模型拟合方法及相应的参数估计方法。通常的估计方法有工具变量(Instrumental Variable，IV)、两阶段最小二乘(Two-Stage Least Squares，TSLS)、未加权最小二乘(Unweighted Least Squares，ULS)、极大似然、广义最小二乘(Generalized Least S quares，GLS)、一般加权最小二乘以及对角加权最小二乘(Diagonally Weighted Least Squares，DWLS)七种。每种计算方法都是要找到参数估计，以使拟合损失函数达到最小。拟合损失函数是度量观测的样本协方差阵和参数估计给出的预测协方差之间差异程度的函数。

其中，使用比较广泛的估计模型方法是未加权最小二乘法、广义最小二乘法和最大似然估计。

1. 未加权最小二乘法

使下面拟合函数 $\boldsymbol{F}_{ULS}$ 达到最小值的估计 $\hat{\boldsymbol{\theta}}$ 称为未加权最小二乘估计：

$$\boldsymbol{F}_{\mathrm{ULS}}=\frac{1}{2}\mathrm{tr}\left[(\boldsymbol{S}-\boldsymbol{\Sigma}(\theta))^2\right]$$

其中 $\mathrm{tr}(\boldsymbol{A})$ 表示矩阵 $\boldsymbol{A}$ 的迹。$\boldsymbol{S}$ 是全部指标组成的 $(p+q)\times 1$ 向量 (y',x') 的样本协方差矩阵，$\boldsymbol{\Sigma}(\theta)$ 是由模型推出的协方差矩阵。假设 $\boldsymbol{S}$ 和 $\boldsymbol{\Sigma}(\theta)$ 都是正定矩阵，因而它们的行列式大于零，并且 $\boldsymbol{\Sigma}(\theta)$ 有逆矩阵。则 $\mathrm{tr}[(\boldsymbol{S}-\boldsymbol{\Sigma}(\theta))^2]$ 等于残差矩阵 $(S-\boldsymbol{\Sigma}(\theta))$ 中全部元素的平方和。

2. 广义最小二乘法

使下面拟合函数 $\boldsymbol{F}_{GLS}$ 达到最小值的估计 $\hat{\boldsymbol{\theta}}$ 称为广义最小二乘估计：

$$F_{\mathrm{GLS}}=\frac{1}{2}\mathrm{tr}\left[(\boldsymbol{I}-\boldsymbol{\Sigma}(\theta)\boldsymbol{S}^{-1})^2\right]$$

3. 最大似然估计

使下面拟合函数 $\boldsymbol{F}_{ML}$ 达到最小值的估计 $\hat{\boldsymbol{\theta}}$ 称为极大似然估计：

$\boldsymbol{F}_{\mathrm{ML}}=\log|\boldsymbol{\Sigma}(\theta)|-\log|\boldsymbol{S}|+\mathrm{tr}(S\boldsymbol{\Sigma}^{-1}(\theta))-(p+q)$，其中 $\log|A|$ 表示矩阵 $\boldsymbol{A}$ 的行列式的对数。

在这三种方法中，ML 方法对于多数应用问题特别是在考虑到统计问题时，是首选的方法。GLS 方法通常得出与 ML 方法类似的结论。ML 和 GLS 这两种方法在不考虑协方差阵的尺度时使用，而且需要显变量连续和多元正态。这是因为变量的偏态或峰度会导致较差的估计及较高的标准误差。ULS 方法适用于仅当这些变量是可比较的尺度上被测量时得到的协方差阵，否则 ULS 方法需要使用相关阵。若预测或观测的协方差阵是奇异的，则不能使用 ML 和 GLS 这两种方法，这时要么去掉线性相关变量，要么用 ULS 方法。

11.4.4　模型评价

对参数估计完成后，得到了一个结构方程模型，之后需要对其进行评价，即在已有的证据和理论范围内，考察所提出的模型是否能最充分地对观察数据作出解释。

模型评价比模型的构建、识别和估计更为复杂，因为这需要表明在现有证据和知识限度内，所得到的模型是否是对数据最好的解释以及提取的信息量是否最大。

一般而言，评价所建立的结构方程模型时，首先要检查这个结构方程模型中的测量方程的拟合程度，只有在测量方程拟合程度很好的条件下，再检查结构方程直至整个结构方程模型的拟合效果才是合理的。

模型的总体拟合程度有许多测量标准，最常用的拟合指标是拟合优度的卡方检验 χ^2。值得一提的是，在运用卡方检验时，要求结构方程模型中的样本量不能过少，一般应该把样本量控制在 100～200 之间，样本量过小或过大都不合适。检验结果的卡方值越小，说明拟合效果越好。当 χ^2 为 0 时，残差矩阵的所有元素都为 0，标志着模型对数据拟合完美，但这种情况很难达到。为减少样本规模对拟合检验的影响，一般认为，如果 χ^2 与自由度之比小于 2，则可认为模型拟合较好。

除了总体卡方检验之外，模型的拟合好坏还通过表 11.1 所示的其他指标来衡量。

表 11.1 结构方程模型评价指标

指 标	标 准
拟合准则 F(fit criterion)	越接近 0 越好
拟合优度指标 GFI(goodness of index)	越接近 1 越好
调整自由度的 GFI 的指标 AGFI(adjusted goodness of fit index)	越大越好
均方根残差 RMR(root mean square residual)	越小越好
本特勒的比较拟合指数 GFI(comparation fit index)	越接近 1 越好
AIC 准则(Akaike's information criterio)	达到最小值时最好
CAIC 准则(consistent Akaike's information criterion)	达到最小值时最好
SBS 准则(Schwarz's Bayesian criterion)	越小越好
正规指数 NI(normed index)	越接近 1 越好
非正规指数 NNI(non-normed index)	越接近 1 越好
节俭指数 PI(parisimonious index)	越大拟合越好
临界指数 CN(critical n)	越大拟合越好

具体来说，可以从以下几个方面着手进行模型的评价。

1. 对变异的解释

判断回归分析成功与否的传统标准是看被解释变量中的变异比例。这个标准可用于估计因果模式的应用成功与否。

在使用变异比例进行评价时，需要注意两点：第一，决定用哪个被解释变量进行检验。第二，研究的设计因素对变量变异的解释可能有影响。例如，在相同条件下，我们希望对变量的变异能解释更多，这意味着预测的变异通常只能比较具有相同设计的两个研究。但用所解释的变异设置标准去判断因果模式的有效性是不可能的。

2. 系数的显著性或大小

因果模式可用于不同的预测，假设某个自变量能解释特定的干预变量，假设所选的自变量和干预变量在因变量中会引起变异。由这些预测就使我们能够通过考察数据中的预测指标对模型作出评价。因此，当研究者预测的关系在分析图中反映为显著的路径时，他们就说该模式被“验证”了。此外，当路径系数大于某一特定标准时，研究者也判断该模型已被“验证”。当然，这两种程序都有其不足。

第一个程序要求研究者把统计显著性的概念具体化(我们知道，统计显著性反映了样本大小和作用大小。因此，两个研究对同一个因果模式可能得出不同的结论，因为它们涉及的样本大小不同。另外，在同一个回归方程中，回归系数的计算误差可能很大。因此，两个变量作用的大小虽相同，但一个达到显著，而另一个则不显著)。

第二个程序要求研究者把随机产生的影响认为是合理的。此外，两个标准把对系数实际大小的注意转向影响作用的大小，而多数路径图对影响作用的强弱没有加以区分(实际上，对这二者进行区分是很容易的，如把影响作用强的路径加粗，但研究者很少这么做)。尽管存在这些问题，但我们希望模式能做的另一件事情是对它们给予不同的预测。评价回归系数的统计显著性，是检验模式“验证”的一种适当方法。但这个标准相对独立于变异的解释标准。某个标准可能解释了主要的变异，却错误预测了有效的变量。相反，某个标准也可能预测了适当的变量，但仍然只有很弱的共同效应。

3. 相对效果大小

有些因果模式预测了各种效果的相对大小(例如，研究者预测，智力比社会地位对学业成绩的影响更大，并且他把这个预测纳入因果模式)。通过判断回归系数差异的相对大小或统计显著性，就可以对这个预测作出评价。如果差异支持了因果模式，就可以说这个模式被“验证”。但是，判断回归系数的相对大小也是评价因果模式的一种有效方法。这条标准也相对独立于已讨论过的标准。

4. 路径的“捕获”

当研究者考虑因果模式具有干预变量时，会产生另一种判断成功的标准。如果假设干预变量居于自变量和因变量中间并可解释二者间的关系，那我们就预期干预变量“捕获”了大多数联结自变量与因变量的路径。如果模式是成功的，研究者选择了适当的干预变量并确定了正确的因果路径，则分析中几乎没有残差或者根本没有残差，而且自变量与因变量之间也几乎没有直接路径或根本没有直接路径。相反，如果他发现了残差和直接路径，可能表明该模式并没有包括重要的干预变量。

5. 样本比较

可把因果模式用于新的数据，继续对其作出评价。对于大样本，可把数据分成 2 个子样本，一个子样本用于形成因果模式，一个用于验证已形成的因果模式。同样为达比较的目的，研究者也可把源于一个总体的因果模式用于另一个在社会地位、道德、民族或其他背景上完全不同的总体，这类评价通常只“验证”该因果模式的某些方面，不能“验证”模式的其他方面。

11.4.5　模型修正

对模型进行评价的目的不是简单地接收或拒绝一个假设的理论模型，而是根据评价的结果来寻求一个理论和统计上都有意义的相对较好的模型。在应用结构方程模型时进行模型修正是为了提高初始模型的适合程度。模型修正有助于认识初始模型的缺陷，并且还能得到其他替换模型的启示。当尝试性初始模型不能拟合观测数据，即这个模型被数据所拒绝时，我们就需要了解这个模型在什么地方错了，怎样修正模型才能使其拟合得较好。然后我们对模型进行修正，再用同一观测数据来进行检验。

一个好的模型应该具备以下几个条件。

(1) 测量模型中的因子负荷和因果模型中的结构系数的估计值都有实际意义和统计学意义。

(2) 模型中固有参数的修正指数(Modification Index,MI)不要过高。

(3) 几种主要的拟合指数达到了一般要求。

(4) 测量模型和因果模型中的主要方程的决定系数(Coefficient of Determination)R^2应足够大。

(5) 所有的标准拟合残差都小于1.96。

如果我们希望看到的上述情况中的一种或几种没有实现,可以根据具体的结果作出如下改变:①模型评价结果中含有没有实际意义或统计学意义的参数时,可将这些参数固定为零,即删除相应的自由参数。②模型的某个或某几个固定参数的修正指数比较大时,原则上每次只将最大或较大MI的参数改为自由参数,理由是:假设某一固定路径的MI根本很大,需要自由估计,但当修改其他路径后,该MI可能已经变小,对应的路径无须再改动。因此,每次只修改一个固定路径,然后重新计算所有固定路径的MI。但MI受样本容量的影响,因此,不能把MI的数值作为修改的唯一根据。③当评价结果中有较大的标准残差时,分两种情况:一是当有较大的正标准残差时,需要在模型中添加与残差对应的一个自由参数;二是当有较大的负标准残差时,则需要在模型中删除与残差相应的一个自由参数。不断添加与删除自由参数,直到所有的标准残差均小于2。④如果主要方程的决定系数很小,则可能是以下某个或某几个方面的原因:一是缺少重要的观察变量;二是样本量不够大;三是设定的初始模型不正确。

模型修正包括以下几个步骤。

(1) 依据理论或有关假设,提出一个或数个合理的先验模型。

(2) 检查潜变量(因子)与指标(题目)间的关系,建立测量模型,有时可能增删或重组题目。若用同一样本数据去修正重组测量模型,再检查新模型的拟合指数,这十分接近探索性因素分析(Exploratory Factor Analysis, EFA),所得拟合指数,不足以说明数据支持或验证模型。

(3) 若模型含多个因子,可以循序渐进,每次只检查含两个因子的模型,确立测量模型部分的合理后,再将所有因子合并成预设的先验模型,做一个总体检查。

(4) 对每一模型,检查标准误、t值、标准化残差、修正指数、参数期望改变值、χ^2及各种拟合指数,据此修改模型并重复步骤(3)和(4)。

(5) 这最后的模型是依据某一个样本数据修改而成,最好用另一个独立样本交互确定。

有时候会发现,一个模型可能从一个角度看很不错,但从另一个角度看却不好。或者,模型整体上说拟合得不错,但部分方程却拟合得不好。如果修改方程,测定系数提高的同时,拟合指数却会降低。实际上,应用中几乎找不到从各个角度看都很理想的模型,我们能做的是在有理论支持的模型中找到一个相对好的这种模型。

11.5 结构方程模型的优点和局限性

11.5.1 结构方程模型的优点

1. 同时处理多个因变量

结构方程分析可同时考虑并处理多个因变量。在回归分析或路径分析中,尽管统计结果的图表中展示多个因变量，但在计算回归系数或路径系数时，仍是对每个因变量逐一计算。所以图表看似对多个因变量同时考虑，但在计算对某一个因变量的影响或关系时，都忽略了其他因变量的存在及其影响。

2. 容许自变量和因变量含测量误差

态度、行为等变量，往往含有误差，也不能简单地用单一指标测量。结构方程分析容许自变量和因变量均含测量误差。变量也可用多个指标测量。用传统方法计算的潜在变量间相关系数，与用结构方程分析计算的潜在变量间相关系数，可能相差很大。

3. 同时估计因子结构和因子关系

假设要了解潜在变量之间的相关关系，每个潜在变量都由多个指标或题目测量，一个常用的做法是对每个潜在变量先用因子分析计算潜在变量（即因子）与题目的关系（即因子负荷），进而得到因子得分，作为潜在变量的观测值，然后再计算因子得分，作为潜在变量之间的相关系数。这是两个独立的步骤。在结构方程中，这两步同时进行，即因子与题目之间的关系和因子与因子之间的关系同时考虑。

4. 容许更大弹性的测量模型

传统上，我们只容许每一题目（指标）从属于单一因子，但结构方程分析容许更加复杂的模型。例如，我们用英语书写的数学试题，去测量学生的数学能力，则测验得分（指标）既从属于数学因子，也从属于英语因子（因为得分也反映英语能力）。传统因子分析难以处理一个指标从属多个因子或者考虑高阶因子等有比较复杂的从属关系的模型。

5. 估计整个模型的拟合程度

在传统路径分析中，我们只估计每一路径（变量间关系）的强弱。在结构方程分析中，除了上述参数的估计外，我们还可以计算不同模型对同一个样本数据的整体拟合程度，从而判断哪一个模型更接近数据所呈现的关系。

11.5.2 结构方程模型的局限性

与任何统计程序一样，结构方程模型也存在一定的局限性。其具体表现在以下几个方面。

(1) 在结构方程模型的应用早期，由于其自身的相对复杂性和不完善性，研究者们未能准确把握其内涵，因而出现了误用，并把统计结果作为确定因果关系方向的证据，这显然是本末倒置。又由于结构方程模型对模型的接受没有统一标准，所以在有等价模型的情况下，研究者很难拒绝某些模型，这也给模型选择带来了困难。

(2) 影响结构方程模型解释能力的主要问题是指定误差，但结构方程模型程序目前还不能对指定误差加以检验。如果模型未能正确指定概念间的路径或者没有指定所有的关键概念，就可能会引起指定误差。当模型含有指定误差时，该模型可能与样本数据拟合很好，但与样本所在的总体可能拟合得并不好。这时如果用样本特征推论总体，就会犯以偏概全的错误。

(3) 结构方程模型对样本容量的要求较高，也要求模型必须满足识别条件，并且它不能处理真正的分类变量。

尽管结构方程模型的优点是主要的，但其局限也不容忽视，它有待于进一步发展和完善。

11.6 引导案例 11.1 解答

11.6.1 模型设定

1. 潜变量和可测变量的设定

本案例是以组织创新气氛的测量为例，进行验证性因素分析的操作。在本案例中，每一个因素仅取出 3 个题目作为代表，因此共有 18 个题目（代号 A1 至 F3），仅取用《组织创新气氛量表》（邱皓政，1999）的 18 题短题本进行操作示范。量表题目如表 11.2 所示。模型中共包含 6 个因素（潜变量）："组织价值""工作方式""团队合作""领导风格""学习成长""环境气氛"。

2. 数据收集

本次问卷调查的样本是 384 位来自台湾某家企业的员工。问卷内容包括 6 个潜变量因子，18 项可测指标。具体问卷如表 11.2 所示。

表 11.2　组织创新气氛表 18 题短题本描述统计量

潜变量	题目	Mean	SD
组织价值	我们公司重视人力资产、鼓励创新思考(A1)	4.42	0.98
	我们公司下情上达、意见交流沟通顺畅(A2)	4.31	1.02
	我们公司能够提供诱因鼓励创新的构想(A3)	4.07	0.97
工作方式	当我有需要，我可以不受干扰地独立工作(B1)	4.02	1.16
	我的工作内容有我可以自由发挥与挥洒的空间(B2)	4.25	1.16
	我可以自由地设定我的工作目标与进度(B3)	4.24	1.09
团队合作	我的工作伙伴与团队成员具有良好的共识(C1)	4.37	0.98
	我的工作伙伴与团队成员能够相互支持与协助(C2)	4.34	1.03
	我的工作伙伴与团队成员能以沟通协调来化解问题与冲突(C3)	4.31	1.05
领导风格	我的主管能够尊重与支持我在工作上的创意(D1)	4.83	0.94
	我的主管拥有良好的沟通协调能力(D2)	4.95	0.84
	我的主管能够信任下属、适当地授权(D3)	4.83	0.91
学习成长	我的公司提供充分的进修机会、鼓励参与学习活动(E1)	4.63	0.97
	人员的教育训练是我们公司的重要工作(E2)	4.73	1.01
	我的公司重视信息收集与新知的获得与交流(E3)	4.70	0.98
环境气氛	我的工作空间气氛和谐良好、令人心情愉快(F1)	4.23	1.17
	我有一个舒适自由、令我感到满意的工作空间(F2)	4.63	1.09
	我的工作环境可以使我更有创意的灵感与启发(F3)	4.49	0.94

量表采用了 Likert 式六级量度，受测试者在这些题目的得分越高，代表所知觉到的组织气氛越有利于组织成员进行创新的表现。如表 11.3 对"组织价值"的测量。

表 11.3　问卷中组织价值的六级量度

组织价值	1 代表“完全不同意”，6 代表“完全同意”					
1. 我们公司重视人力资产、鼓励创新思考	1	2	3	4	5	6
2. 我们公司下情上达、意见交流沟通顺畅	1	2	3	4	5	6
3. 我们公司能够提供诱因鼓励创新的构想	1	2	3	4	5	6

3. 缺失值的处理

由于部分成员在部分题目上表示无法填答的情形，采用表列删除法，记在一条记录中，只要存在一项缺失，则删除该记录，基于这部分数据做分析，最终得到 313 条数据。

4. 数据的信度和效度检验

结构方程模型的分析过程包括两个阶段：测量模型的信度和效度检验；结构模型内部的因果关系(Causal Relationships)检验。两阶段分析方法是结构方程模型常用的分析方法，在变量测量的可信性和有效性得到保证后，根据潜变量之间的统计关系得出结论才有意义。

从信度检验来看，模型的整体 Cronbach's Alpha 系数的值为 0. 902(表 11.4)，各潜变量 Cronbach's Alpha 系数的值均大于 0.7(表 11.4)，说明模型中各结构变量的观测变量具有很好的一致性，模型具有可靠性。各潜变量 Cronbach's Alpha 系数值如表 11.5 所示。

表 11.4　信度分析结果

可靠性统计量

Cronbach's Alpha	项数
0.902	18

表 11.5　潜变量的信度检验

潜　变　量	组织价值	工作方式	团队合作	领导风格	学习成长	环境气氛
可测变量个数	3	3	3	3	3	3
Cronbach's Alpha	0.755	0.810	0.737	0.857	0.884	0.742

由于本案例的量表由邱皓政(1999)的创新气氛评估量表修订而成，量表效度已得到验证，因此不再对本案例进行效度检验。

11.6.2　AMOS 的操作

1. 模型的绘制

首先，绘制模型中的 6 个潜变量(“组织价值”“工作方式”“团队合作”“领导风格”“学习成长”和“环境气氛”)；其次，设置变量间的关系；最后，为潜变量设置可测变量(A_1、A_2 等)及相应的残差变量(e_1、e_2 等)。最终绘制完成模型结果如图 11.2 所示。

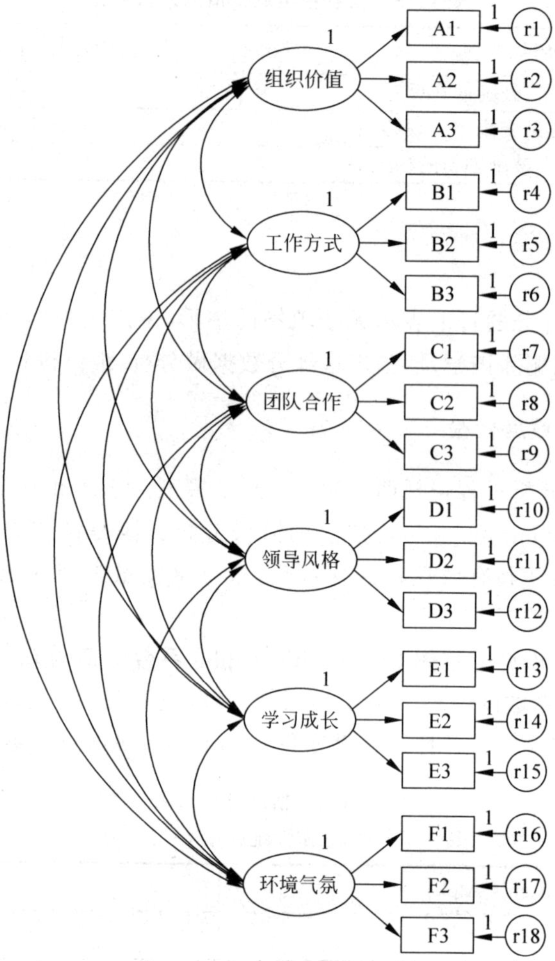

图 11.2 初始模型结构

2. 数据文件的配置

AMOS 可以处理多种数据格式,如：SPSS 文档(＊.sav)、EXCEL 文档(＊.xls)、ACCESS 文档(＊.mdb)等。绘制好基本的模型结构后,选择 File 菜单中的 Data Files,导入相应的数据文件。要注意的是,观测变量名要与数据文件中的变量名相对应。

11.6.3 模型拟合

1. 参数估计方法选择

模型运算是使用软件进行模型参数估计的过程。AMOS 提供最大似然估计、未加权最小二乘等多种参数估计方法。本案例使用最大似然估计进行参数的估计。

2. 标准化系数

在 AMOS 的报表中,如果不做选择,输出结果默认的路径系数(或载荷系数)没有经过标准化，称作非标准化系数。非标准化系数中存在依赖于有关变量的尺度单位，在比较路径系数（或载荷系数）时无法直接使用，因此需要进行标准化。标准化系数是将各变量原始分数转换为 Z 分数后得到的估计结果，用以度量变量间的相对变化水平。因此不同变量间的标准化路径系数（或标准化载荷系数）可以直接比较。在 **Analysis Properties** 中的 **Output** 项中选择 **Standardized Estimates** 项，即可输出测量模型的标准化系数，也就是报表中的 **Standardized Regression Weights**，如表 11.5 中最后一列。

需要注意的是，作为最后报告的数据应为标准化的解，在标准化系数中却无法得知显著性，必须从原始估计量的报表中去获知显著性。

11.6.4 模型评价

AMOS 报表有六项输出，包含分析摘要（Analysis Summary）、变量摘要（Variable Summary）、模型信息（Notes for Model）、估计结果（Estimates）、模型拟合（Model Fit）与运行时间（Execution Time）。在分析过程中，一般通过前三个部分了解模型，在模型评价时使用估计结果和模型拟合部分，在模型修正时使用修正指数部分。

1. 路径系数/载荷系数的显著性

潜变量与潜变量间的回归系数称为路径系数；潜变量与可测变量间的回归系数称为载荷系数。参数估计结果见表 11.6 和表 11.7，模型评价首先要考察模型结果中估计出的参数是否具有统计意义，需要对路径系数或载荷系数进行统计显著性检验。AMOS 提供了一种简单便捷的方法，叫作 CR(Critical Ratio)，同时 AMOS 还给出了 CR 的统计检验相伴概率 p，可以根据 p 值进行路径系数/载荷系数的统计显著性检验。

表 11.6 路径系数估计结果

			Estimate（非标准化系数）	S. E.	C. R.	P	Estimate（标准化系数）
A1	<---	组织价值	0.815	0.051	15.942	***	0.830
A2	<---	组织价值	0.706	0.056	12.712	***	0.692
A3	<---	组织价值	0.614	0.054	11.411	***	0.634
B1	<---	工作方式	0.789	0.062	12.739	***	0.682
B2	<---	工作方式	0.961	0.058	16.564	***	0.833
B3	<---	工作方式	0.856	0.056	15.381	***	0.788
C1	<---	团队合作	0.699	0.053	13.157	***	0.717
C2	<---	团队合作	0.736	0.056	13.098	***	0.715
C3	<---	团队合作	0.696	0.058	11.931	***	0.663
D1	<---	领导风格	0.810	0.045	18.148	***	0.867
D2	<---	领导风格	0.741	0.040	18.720	***	0.886
D3	<---	领导风格	0.655	0.047	14.063	***	0.720
E1	<---	学习成长	0.806	0.046	17.364	***	0.830
E2	<---	学习成长	0.912	0.046	19.819	***	0.906
E3	<---	学习成长	0.791	0.047	16.783	***	0.811
F1	<---	环境气氛	0.641	0.066	9.647	***	0.550

续表

			Estimate（非标准化系数）	S. E.	C. R.	P	Estimate（标准化系数）
F2	<---	环境气氛	0.828	0.058	14.273	***	0.758
F3	<---	环境气氛	0.786	0.049	16.116	***	0.837

注："***"表示 0.01 水平上显著，括号中是相应的 C. R 值，即 t 值。

表 11.7　方差估计结果

			Estimate	S. E.	C. R.	P	Label
组织价值	<-->	工作方式	0.542	0.054	9.973	***	
工作方式	<-->	团队合作	0.697	0.047	14.882	***	
组织价值	<-->	团队合作	0.494	0.061	8.089	***	
团队合作	<-->	领导风格	0.522	0.055	9.477	***	
领导风格	<-->	学习成长	0.557	0.046	12.026	***	
学习成长	<-->	环境气氛	0.443	0.056	7.931	***	
领导风格	<-->	环境气氛	0.316	0.062	5.129	***	
团队合作	<-->	环境气氛	0.600	0.054	11.015	***	
工作方式	<-->	环境气氛	0.391	0.061	6.393	***	
组织价值	<-->	环境气氛	0.695	0.046	15.123	***	
团队合作	<-->	学习成长	0.603	0.050	12.108	***	
工作方式	<-->	学习成长	0.575	0.048	12.072	***	
组织价值	<-->	学习成长	0.526	0.052	10.064	***	
工作方式	<-->	领导风格	0.447	0.055	8.114	***	
组织价值	<-->	领导风格	0.417	0.058	7.164	***	

注："***"表示 0.01 水平上显著，括号中是相应的 C. R 值，即 t 值。

2. 模型的拟合度

前面的参数估计显示主要的参数均达显著水平，接下来要进行模型的拟合度分析。模型拟合指数是考察理论结构模型对数据拟合程度的统计指标。如图 11.3 所示，在 AMOS 的输出报表中，CMIN 指的就是卡方值，TLI、NFI、CFI、GFI 皆大于 0.90，显示组织创新气氛模型具有理想的拟合度。

Model Fit Summary

CMIN

Model	NPAR	CMIN	DF	P	CMIN/DF
Default model	51	240.983	120	.000	2.008
Saturated model	171	.000	0		
Independence model	18	2833.737	153	.000	18.521

RMR, GFI

Model	RMR	GFI	AGFI	PGFI
Default model	.053	.925	.893	.649
Saturated model	.000	1.000		
Independence model	.353	.308	.226	.275

Baseline Comparisons

Model	NFI Delta1	RFI rho1	IFI Delta2	TLI rho2	CFI
Default model	.915	.892	.955	.942	.955
Saturated model	1.000		1.000		1.000
Independence model	.000	.000	.000	.000	.000

图 11.3　模型拟合部分结果图

11.6.5　模型修正

AMOS 提供了两种模型修正指标，其中修正指数用于模型扩展，临界比率（Critical Ratio）用于模型限制。根据之前的模型评价，本案例所提出的模型已经堪称理想，如果需要进一步进行模型修正，需要在 **Analysis Properties** 中的 **Output** 项选择 **Modification Indices** 项。其后面的 **Threshold for Modification Indices** 指的是输出的开始值，将其设为 4，即表示当 MI 高于 4 时，表示该残差具有修正的必要。

如图 11.4 所示，D3 变量与团队合作因素之间，MI 达 11.979，显示 D3 与该因素之间可能具有关联，建议纳入估计，也就是说 D3 变量除了受领导风格因素影响之外，还有可能受到团队合作因素的影响。修正后的模型结构如图 11.5 所示。

Regression Weights: (Group number 1 - Default model)

	M.I.	Par Change
F1 <--- 学习成长	4.445	.127
F1 <--- 领导风格	9.634	.188
F1 <--- 团队合作	4.690	.137
F1 <--- D3	9.344	.192
F1 <--- D2	10.034	.217
F1 <--- D1	4.924	.136
F1 <--- C2	6.335	.140
E3 <--- A1	4.541	-.077
E1 <--- B2	5.313	.069
E1 <--- A3	5.651	.085
D3 <--- 学习成长	5.258	.092
D3 <--- 团队合作	11.979	.146
D3 <--- F1	4.654	.070

图 11.4　模型修正部分结果图

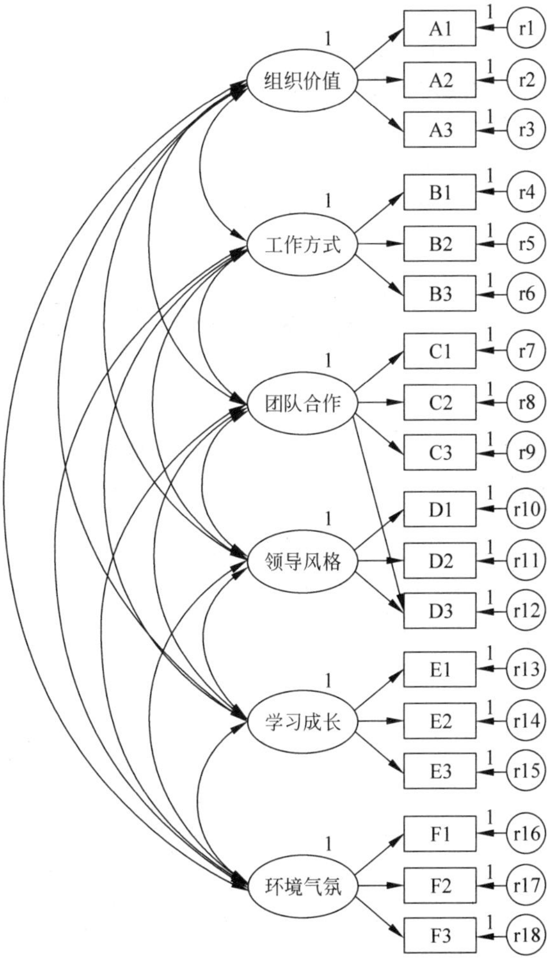

图 11.5　修正后的模型结构

模型修正后，参数估计的主要参数仍达到了显著水平。模型的拟合指数有了些微的改善，如图 11.6 所示，CMIN（卡方值）由 240.983 降到了 221.143，TLI、NFI、CFI、GFI 等指数也都有所改善，说明修正后的模型拟合度更为理想。

Model Fit Summary

CMIN

Model	NPAR	CMIN	DF	P	CMIN/DF
Default model	52	221.143	119	.000	1.858
Saturated model	171	.000	0		
Independence model	18	2833.737	153	.000	18.521

RMR, GFI

Model	RMR	GFI	AGFI	PGFI
Default model	.050	.931	.901	.648
Saturated model	.000	1.000		
Independence model	.353	.308	.226	.275

Baseline Comparisons

Model	NFI Delta1	RFI rho1	IFI Delta2	TLI rho2	CFI
Default model	.922	.900	.962	.951	.962
Saturated model	1.000		1.000		1.000
Independence model	.000	.000	.000	.000	.000

图 11.6　修正后的模型拟合部分结果图

LISREL 软件简介：LISREL(Linear Structural Relations)是由 K. G. Joreskog 和 D. Sorbom 所发展的结构方程模型软件。LISREL 的内容包含多层次分析(multilevel analysis)、二阶最小平方估测(two-stage least-squares estimation)、主成分分析等。由于 LISREL 在探讨多变项因果关系上的强力优势，LISREL 在社会学研究上似乎有越来越受重视的趋势，LISREL 系属于结构方程模型家族的一员，因此 LISREL 的最大能耐亦在于探讨多变项或单变项之间的因果关系。

11.7 引导案例 11.2 解答(AMOS 软件操作)

视频 11-1

本节，我们使用 AMOS 对引导案例做简单的示例。

首先，对数据进行处理，确保数据为归一化后的数据。

根据变量间的相关关系，在 AMOS 中画出模型的理论结构图，AMOS 中，方框表示观测变量，椭圆表示潜在变量，单箭头表示因果关系，双箭头表示相关关系，使用 Select data file(s)导入数据，并绘出城市交通事故宏观影响因素分析模型的理论结构，结果如图 11.7 所示。

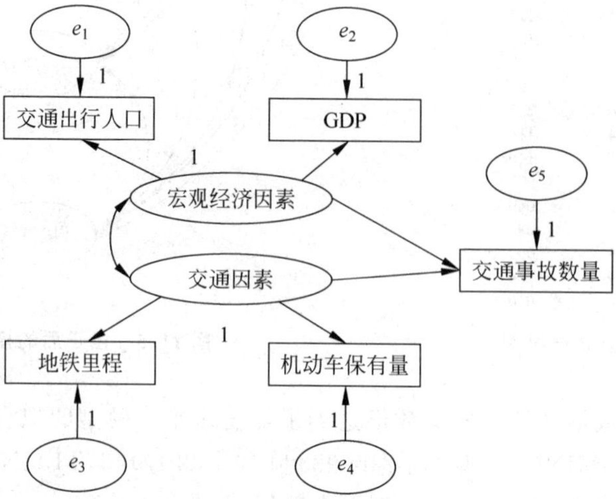

图 11.7　结构模型

单击 **View→Analysis Properties**，选择算法为最大似然法。单击 **Analyze→Calculate Esitimates** 可得到输出结果(图 11.8)。

			Estimate	S.E.	C.R.	P	Label
population	<---	e1	.101	.018	5.567	***	
economic	<---	e2	.098	.017	5.716	***	
population	<---	宏观经济因素	.365	.067	5.428	***	
economic	<---	宏观经济因素	.284	.054	5.240	***	
rail	<---	交通因素	-.346	.060	-5.729	***	
cars	<---	交通因素	-.316	.057	-5.581	***	
rail	<---	e3	.046	.010	4.757	***	
cars	<---	e4	-.068	.012	-5.620	***	
accidents	<---	e5	-.180	.036	-4.944	***	
accidents	<---	宏观经济因素	.242	.171	1.414	.157	
accidents	<---	交通因素	.472	.188	2.508	.012	

			Estimate
population	<---	e1	.267
economic	<---	e2	.326
population	<---	宏观经济因素	.964
economic	<---	宏观经济因素	.945
rail	<---	e3	.133
cars	<---	e4	-.209
rail	<---	交通因素	-.991
cars	<---	交通因素	-.978
accidents	<---	宏观经济因素	.853
accidents	<---	交通因素	1.668
accidents	<---	e5	-.636

图 11.8　输出结果

根据 Estimates 来分析模型结果，结果提供了回归权重和标准化之后的回归权重两个模型参数结果。后续我们可根据变量间关系，修正模型，进一步完善图表结构。

习题

1. 描述结构方程模型的基本组成部分，并解释每个部分的作用。

2. 解释在结构方程模型中，路径系数检验的重要性，并说明如何进行路径系数的显著性检验。

3. 假设你正在研究一个关于学生综合成绩的影响因素模型，其中包括学习态度、教学方法和学业成绩 3 个潜在变量。请设计一个结构方程模型，并说明你将如何验证这个模型的有效性。

参考文献

[1] 王学民.应用多元统计分析[M].3版.上海：上海财经大学出版社，2009.

[2] 何晓群.多元统计分析[M].3版.北京：中国人民大学出版社，2012.

[3] 方开泰.实用多元统计分析[M].3版.上海：华东师范大学出版社，1989.

[4] 李卫东.应用多元统计分析[M].北京：北京大学出版社，2008.

[5] 袁志发，宋世德.多元统计分析[M].北京：科学出版社，2009.

[6] BLAU P M，DUNCAN O D. The American occupational structure[M]. New York：John Wiley & Sons，Inc.，1967.

[7] 杨端.美国信用卡信用风险防范立法及其启示[J].河北法学，2007(3)：96-99.

[8] 李建成(Carlos Lee).商业智能在信用卡违约户特性分析之应用[J]. Journal of data analysis，2007，2(6)：191-203.

[9] LLERAS C. Path analysis[J]. Encyclopedia of social measurement，2005(3)：25-30.

[10] 林嵩，姜彦福.结构方程模型理论及其在管理研究中的应用[J].科技政策与管理，2008(2)：38-41.

[11] 林嵩.结构方程模型原理及AMOS运用[M].武汉：华中科技大学出版社，2008.

[12] 邱皓政，林碧芳.结构方程模型的原理与应用[M].北京：中国轻工业出版社，2009.

[13] 侯杰泰，温忠麟，成子娟.结构方程模型及其应用[M].北京：科学教育出版社，2004.

[14] 吴明隆.结构方程模型：AMOS的操作与应用[M].重庆：重庆大学出版社，2009.

[15] 刘云，石金涛，张文勤.创新气氛的概念界定与量表验证[J].科学学研究，2009(27)：289-294.

[16] BLUNCH N. Introduction to structural equation modeling using IBM SPSS Statistics and AMOS [M]. London：SAGE Publications Ltd，2013.

[17] BOWEN N K，GUO S. Structural equation modeling[M]. Oxford：Oxford University Press，2011.

[18] ANDERSON T W. Introduction to miltivariate statistical analysis[M]. New York：Wiley，1958.

[19] KORIN B P. On the Distribution of a statistic used for testing a covariance matrix[J]. Bioametrica，1968，55：171-178.

[20] 谭鸿.商业智能在信用卡业务分析中的应用研究[D].武汉：华中科技大学，2007.

[21] LLERAS C. Path analysis[J]. Encyclopedia of social measurement，2005(3)：25-30.

附表 1

t 分布表

$P\{t(n)>t_{\alpha}(n)\}=\alpha$

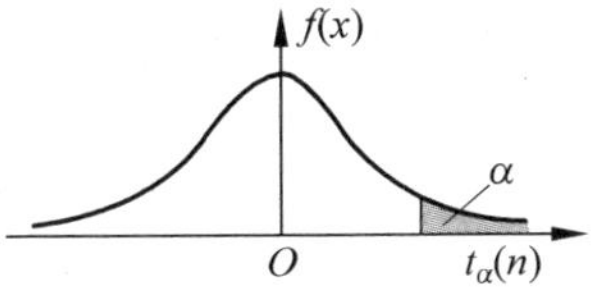

n \ α	0.25	0.10	0.05	0.025	0.01	0.005
1	1.000 0	3.077 7	6.313 7	12.706 2	31.821 0	63.655 9
2	0.816 5	1.885 6	2.920 0	4.302 7	6.964 5	9.925 0
3	0.764 9	1.637 7	2.353 4	3.182 4	4.540 7	5.840 8
4	0.740 7	1.533 2	2.131 8	2.776 5	3.746 9	4.604 1
5	0.726 7	1.475 9	2.015 0	2.570 6	3.364 9	4.032 1
6	0.717 6	1.439 8	1.943 2	2.446 9	3.142 7	3.707 4
7	0.711 1	1.414 9	1.894 6	2.364 6	2.997 9	3.499 5
8	0.706 4	1.396 8	1.859 5	2.306 0	2.896 5	3.355 4
9	0.702 7	1.383 0	1.833 1	2.262 2	2.821 4	3.249 8
10	0.699 8	1.372 2	1.812 5	2.228 1	2.763 8	3.169 3
11	0.697 4	1.363 4	1.795 9	2.201 0	2.718 1	3.105 8
12	0.695 5	1.356 2	1.782 3	2.178 8	2.681 0	3.054 5
13	0.693 8	1.350 2	1.770 9	2.160 4	2.650 3	3.012 3
14	0.692 4	1.345 0	1.761 3	2.144 8	2.624 5	2.976 8
15	0.691 2	1.340 6	1.753 1	2.131 5	2.602 5	2.946 7
16	0.690 1	1.336 8	1.745 9	2.119 9	2.583 5	2.920 8
17	0.689 2	1.333 4	1.739 6	2.109 8	2.566 9	2.898 2
18	0.688 4	1.330 4	1.734 1	2.100 9	2.552 4	2.878 4
19	0.687 6	1.327 7	1.729 1	2.093 0	2.539 5	2.860 9
20	0.687 0	1.325 3	1.724 7	2.086 0	2.528 0	2.845 3
21	0.686 4	1.323 2	1.720 7	2.079 6	2.517 6	2.831 4

续表

n \ α	0.25	0.10	0.05	0.025	0.01	0.005
22	0.685 8	1.321 2	1.717 1	2.073 9	2.508 3	2.818 8
23	0.685 3	1.319 5	1.713 9	2.068 7	2.499 9	2.807 3
24	0.684 8	1.317 8	1.710 9	2.063 9	2.492 2	2.797 0
25	0.684 4	1.316 3	1.708 1	2.059 5	2.485 1	2.787 4
26	0.684 0	1.315 0	1.705 6	2.055 5	2.478 6	2.778 7
27	0.683 7	1.313 7	1.703 3	2.051 8	2.472 7	2.770 7
28	0.683 4	1.312 5	1.701 1	2.048 4	2.467 1	2.763 3
29	0.683 0	1.311 4	1.699 1	2.045 2	2.462 0	2.756 4
30	0.682 8	1.310 4	1.697 3	2.042 3	2.457 3	2.750 0
31	0.682 5	1.309 5	1.695 5	2.039 5	2.452 8	2.744 0
32	0.682 2	1.308 6	1.693 9	2.036 9	2.448 7	2.738 5
33	0.682 0	1.307 7	1.692 4	2.034 5	2.444 8	2.733 3
34	0.681 8	1.307 0	1.690 9	2.032 2	2.441 1	2.728 4
35	0.681 6	1.306 2	1.689 6	2.030 1	2.437 7	2.723 8
36	0.681 4	1.305 5	1.688 3	2.028 1	2.434 5	2.719 5
37	0.681 2	1.304 9	1.687 1	2.026 2	2.431 4	2.715 4
38	0.681 0	1.304 2	1.686 0	2.024 4	2.428 6	2.711 6
39	0.680 8	1.303 6	1.684 9	2.022 7	2.425 8	2.707 9
40	0.680 7	1.303 1	1.683 9	2.021 1	2.423 3	2.704 5
41	0.680 5	1.302 5	1.682 9	2.019 5	2.420 8	2.701 2
42	0.680 4	1.302 0	1.682 0	2.018 1	2.418 5	2.698 1
43	0.680 2	1.301 6	1.681 1	2.016 7	2.416 3	2.695 1
44	0.680 1	1.301 1	1.680 2	2.015 4	2.414 1	2.692 3
45	0.680 0	1.300 7	1.679 4	2.014 1	2.412 1	2.689 6

附表2

F 分 布 表

$P\{F(n_1,n_2) > F_\alpha(n_1,n_2)\} = \alpha$

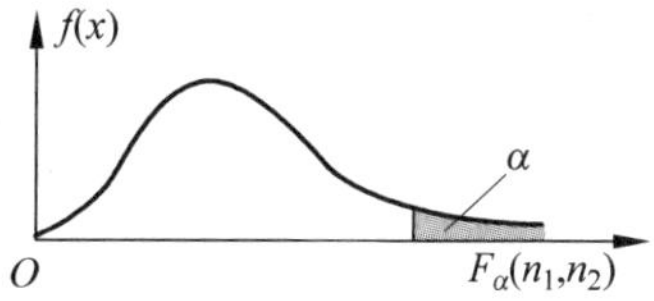

$\alpha = 0.10$

n_2 \ n_1	1	2	3	4	5	6	7	8	9
1	39.86	49.50	53.59	55.83	57.24	58.20	58.91	59.44	59.86
2	8.53	9.00	9.16	9.24	9.29	9.33	9.35	9.37	9.38
3	5.54	5.46	5.39	5.34	5.31	5.28	5.27	5.25	5.24
4	4.54	4.32	4.19	4.11	4.05	4.01	3.98	3.95	3.94
5	4.06	3.78	3.62	3.52	3.45	3.40	3.37	3.34	3.32
6	3.78	3.46	3.29	3.18	3.11	3.05	3.01	2.98	2.96
7	3.59	3.26	3.07	2.96	2.88	2.83	2.78	2.75	2.72
8	3.46	3.11	2.92	2.81	2.73	2.67	2.62	2.59	2.56
9	3.36	3.01	2.81	2.69	2.61	2.55	2.51	2.47	2.44
10	3.29	2.92	2.73	2.61	2.52	2.46	2.41	2.38	2.35
11	3.23	2.86	2.66	2.54	2.45	2.39	2.34	2.30	2.27
12	3.18	2.81	2.61	2.48	2.39	2.33	2.28	2.24	2.21
13	3.14	2.76	2.56	2.43	2.35	2.28	2.23	2.20	2.16
14	3.10	2.73	2.52	2.39	2.31	2.24	2.19	2.15	2.12
15	3.07	2.70	2.49	2.36	2.27	2.21	2.16	2.12	2.09
16	3.05	2.67	2.46	2.33	2.24	2.18	2.13	2.09	2.06
17	3.03	2.64	2.44	2.31	2.22	2.15	2.10	2.06	2.03
18	3.01	2.62	2.42	2.29	2.20	2.13	2.08	2.04	2.00
19	2.99	2.61	2.40	2.27	2.18	2.11	2.06	2.02	1.98
20	2.97	2.59	2.38	2.25	2.16	2.09	2.04	2.00	1.96

续表

n_2 \ n_1	1	2	3	4	5	6	7	8	9
21	2.96	2.57	2.36	2.23	2.14	2.08	2.02	1.98	1.95
22	2.95	2.56	2.35	2.22	2.13	2.06	2.01	1.97	1.93
23	2.94	2.55	2.34	2.21	2.11	2.05	1.99	1.95	1.92
24	2.93	2.54	2.33	2.19	2.10	2.04	1.98	1.94	1.91
25	2.92	2.53	2.32	2.18	2.09	2.02	1.97	1.93	1.89
26	2.91	2.52	2.31	2.17	2.08	2.01	1.96	1.92	1.88
27	2.90	2.51	2.30	2.17	2.07	2.00	1.95	1.91	1.87
28	2.89	2.50	2.29	2.16	2.06	2.00	1.94	1.90	1.87
29	2.89	2.50	2.28	2.15	2.06	1.99	1.93	1.89	1.86
30	2.88	2.49	2.28	2.14	2.05	1.98	1.93	1.88	1.85
40	2.84	2.44	2.23	2.09	2.00	1.93	1.87	1.83	1.79
60	2.79	2.39	2.18	2.04	1.95	1.87	1.82	1.77	1.74
120	2.75	2.35	2.13	1.99	1.90	1.82	1.77	1.72	1.68
∞	2.71	2.30	2.08	1.94	1.85	1.77	1.72	1.67	1.63

10	12	15	20	24	30	40	60	120	∞
60.19	60.71	61.22	61.74	62.00	62.26	62.53	62.79	63.06	63.33
9.39	9.41	9.42	9.44	9.45	9.46	9.47	9.47	9.48	9.49
5.23	5.22	5.20	5.18	5.18	5.17	5.16	5.15	5.14	5.13
3.92	3.90	3.87	3.84	3.83	3.82	3.80	3.79	3.78	3.76
3.30	3.27	3.24	3.21	3.19	3.17	3.16	3.14	3.12	3.10
2.94	2.90	2.87	2.84	2.82	2.80	2.78	2.76	2.74	2.72
2.70	2.67	2.63	2.59	2.58	2.56	2.54	2.51	2.49	2.47
2.54	2.50	2.46	2.42	2.40	2.38	2.36	2.34	2.32	2.29
2.42	2.38	2.34	2.30	2.28	2.25	2.23	2.21	2.18	2.16
2.32	2.28	2.24	2.20	2.18	2.16	2.13	2.11	2.08	2.06
2.25	2.21	2.17	2.12	2.10	2.08	2.05	2.03	2.00	1.97
2.19	2.15	2.10	2.06	2.04	2.01	1.99	1.96	1.93	1.90
2.14	2.10	2.05	2.01	1.98	1.96	1.93	1.90	1.88	1.85
2.10	2.05	2.01	1.96	1.94	1.91	1.89	1.86	1.83	1.80
2.06	2.02	1.97	1.92	1.90	1.87	1.85	1.82	1.79	1.76
2.03	1.99	1.94	1.89	1.87	1.84	1.81	1.78	1.75	1.72
2.00	1.96	1.91	1.86	1.84	1.81	1.78	1.75	1.72	1.69
1.98	1.93	1.89	1.84	1.81	1.78	1.75	1.72	1.69	1.66
1.96	1.91	1.86	1.81	1.79	1.76	1.73	1.70	1.67	1.63
1.94	1.89	1.84	1.79	1.77	1.74	1.71	1.68	1.64	1.61

续表

10	12	15	20	24	30	40	60	120	∞
1.92	1.87	1.83	1.78	1.75	1.72	1.69	1.66	1.62	1.59
1.90	1.86	1.81	1.76	1.73	1.70	1.67	1.64	1.60	1.57
1.89	1.84	1.80	1.74	1.72	1.69	1.66	1.62	1.59	1.55
1.88	1.83	1.78	1.73	1.70	1.67	1.64	1.61	1.57	1.53
1.87	1.82	1.77	1.72	1.69	1.66	1.63	1.59	1.56	1.52
1.86	1.81	1.76	1.71	1.68	1.65	1.61	1.58	1.54	1.50
1.85	1.80	1.75	1.70	1.67	1.64	1.60	1.57	1.53	1.49
1.84	1.79	1.74	1.69	1.66	1.63	1.59	1.56	1.52	1.48
1.83	1.78	1.73	1.68	1.65	1.62	1.58	1.55	1.51	1.47
1.82	1.77	1.72	1.67	1.64	1.61	1.57	1.54	1.50	1.46
1.76	1.71	1.66	1.61	1.57	1.54	1.51	1.47	1.42	1.38
1.71	1.66	1.60	1.54	1.51	1.48	1.44	1.40	1.35	1.29
1.65	1.60	1.55	1.48	1.45	1.41	1.37	1.32	1.26	1.19
1.60	1.55	1.49	1.42	1.38	1.34	1.30	1.24	1.17	1.00

$\alpha=0.05$

n_2 \ n_1	1	2	3	4	5	6	7	8	9
1	161.4	199.5	215.7	224.6	230.2	234.0	236.8	238.9	240.5
2	18.51	19.00	19.16	19.25	19.30	19.33	19.35	19.37	19.38
3	10.13	9.55	9.28	9.12	9.01	8.94	8.89	8.85	8.81
4	7.71	6.94	6.59	6.39	6.26	6.16	6.09	6.04	6.00
5	6.61	5.79	5.41	5.19	5.05	4.95	4.88	4.82	4.77
6	5.99	5.14	4.76	4.53	4.39	4.28	4.21	4.15	4.10
7	5.59	4.74	4.35	4.12	3.97	3.87	3.79	3.73	3.68
8	5.32	4.46	4.07	3.84	3.69	3.58	3.50	3.44	3.39
9	5.12	4.26	3.86	3.63	3.48	3.37	3.29	3.23	3.18
10	4.96	4.10	3.71	3.48	3.33	3.22	3.14	3.07	3.02
11	4.84	3.98	3.59	3.36	3.20	3.09	3.01	2.95	2.90
12	4.75	3.89	3.49	3.26	3.11	3.00	2.91	2.85	2.80
13	4.67	3.81	3.41	3.18	3.03	2.92	2.83	2.77	2.71
14	4.60	3.74	3.34	3.11	2.96	2.85	2.76	2.70	2.65
15	4.54	3.68	3.29	3.06	2.90	2.79	2.71	2.64	2.59
16	4.49	3.63	3.24	3.01	2.85	2.74	2.66	2.59	2.54
17	4.45	3.59	3.20	2.96	2.81	2.70	2.61	2.55	2.49
18	4.41	3.55	3.16	2.93	2.77	2.66	2.58	2.51	2.46
19	4.38	3.52	3.13	2.90	2.74	2.63	2.54	2.48	2.42

续表

n_2 \ n_1	1	2	3	4	5	6	7	8	9
20	4.35	3.49	3.10	2.87	2.71	2.60	2.51	2.45	2.39
21	4.32	3.47	3.07	2.84	2.68	2.57	2.49	2.42	2.37
22	4.30	3.44	3.05	2.82	2.66	2.55	2.46	2.40	2.34
23	4.28	3.42	3.03	2.80	2.64	2.53	2.44	2.37	2.32
24	4.26	3.40	3.01	2.78	2.62	2.51	2.42	2.36	2.30
25	4.24	3.39	2.99	2.76	2.60	2.49	2.40	2.34	2.28
26	4.23	3.37	2.98	2.74	2.59	2.47	2.39	2.32	2.27
27	4.21	3.35	2.96	2.73	2.57	2.46	2.37	2.31	2.25
28	4.20	3.34	2.95	2.71	2.56	2.45	2.36	2.29	2.24
29	4.18	3.33	2.93	2.70	2.55	2.43	2.35	2.28	2.22
30	4.17	3.32	2.92	2.69	2.53	2.42	2.33	2.27	2.21
40	4.08	3.23	2.84	2.61	2.45	2.34	2.25	2.18	2.12
60	4.00	3.15	2.76	2.53	2.37	2.25	2.17	2.10	2.04
120	3.92	3.07	2.68	2.45	2.29	2.18	2.09	2.02	1.96
∞	3.84	3.00	2.61	2.37	2.21	2.10	2.01	1.94	1.88

10	12	15	20	24	30	40	60	120	∞
241.9	243.9	245.9	248.0	249.1	250.1	251.1	252.2	253.3	254.3
19.40	19.41	19.43	19.45	19.45	19.46	19.47	19.48	19.49	19.50
8.79	8.74	8.70	8.66	8.64	8.62	8.59	8.57	8.55	8.53
5.96	5.91	5.86	5.80	5.77	5.75	5.72	5.69	5.66	5.63
4.74	4.68	4.62	4.56	4.53	4.50	4.46	4.43	4.40	4.37
4.06	4.00	3.94	3.87	3.84	3.81	3.77	3.74	3.70	3.67
3.64	3.57	3.51	3.44	3.41	3.38	3.34	3.30	3.27	3.23
3.35	3.28	3.22	3.15	3.12	3.08	3.04	3.01	2.97	2.93
3.14	3.07	3.01	2.94	2.90	2.86	2.83	2.79	2.75	2.71
2.98	2.91	2.85	2.77	2.74	2.70	2.66	2.62	2.58	2.54
2.85	2.79	2.72	2.65	2.61	2.57	2.53	2.49	2.45	2.41
2.75	2.69	2.62	2.54	2.51	2.47	2.43	2.38	2.34	2.30
2.67	2.60	2.53	2.46	2.42	2.38	2.34	2.30	2.25	2.21
2.60	2.53	2.46	2.39	2.35	2.31	2.27	2.22	2.18	2.13
2.54	2.48	2.40	2.33	2.29	2.25	2.20	2.16	2.11	2.07
2.49	2.42	2.35	2.28	2.24	2.19	2.15	2.11	2.06	2.01
2.45	2.38	2.31	2.23	2.19	2.15	2.10	2.06	2.01	1.96
2.41	2.34	2.27	2.19	2.15	2.11	2.06	2.02	1.97	1.92
2.38	2.31	2.23	2.16	2.11	2.07	2.03	1.98	1.93	1.88

续表

10	12	15	20	24	30	40	60	120	∞
2.35	2.28	2.20	2.12	2.08	2.04	1.99	1.95	1.90	1.84
2.32	2.25	2.18	2.10	2.05	2.01	1.96	1.92	1.87	1.81
2.30	2.23	2.15	2.07	2.03	1.98	1.94	1.89	1.84	1.78
2.27	2.20	2.13	2.05	2.01	1.96	1.91	1.86	1.81	1.76
2.25	2.18	2.11	2.03	1.98	1.94	1.89	1.84	1.79	1.73
2.24	2.16	2.09	2.01	1.96	1.92	1.87	1.82	1.77	1.71
2.22	2.15	2.07	1.99	1.95	1.90	1.85	1.80	1.75	1.69
2.20	2.13	2.06	1.97	1.93	1.88	1.84	1.79	1.73	1.67
2.19	2.12	2.04	1.96	1.91	1.87	1.82	1.77	1.71	1.65
2.18	2.10	2.03	1.94	1.90	1.85	1.81	1.75	1.70	1.64
2.16	2.09	2.01	1.93	1.89	1.84	1.79	1.74	1.68	1.62
2.08	2.00	1.92	1.84	1.79	1.74	1.69	1.64	1.58	1.51
1.99	1.92	1.84	1.75	1.70	1.65	1.59	1.53	1.47	1.39
1.91	1.83	1.75	1.66	1.61	1.55	1.50	1.43	1.35	1.26
1.83	1.75	1.67	1.57	1.52	1.46	1.40	1.32	1.22	1.00

$\alpha=0.025$

n_2 \ n_1	1	2	3	4	5	6	7	8	9
1	647.8	799.5	864.2	899.6	921.8	937.1	948.2	956.6	963.3
2	38.51	39.00	39.17	39.25	39.30	39.33	39.36	39.37	39.39
3	17.44	16.04	15.44	15.10	14.88	14.73	14.62	14.54	14.47
4	12.22	10.65	9.98	9.60	9.36	9.20	9.07	8.98	8.90
5	10.01	8.43	7.76	7.39	7.15	6.98	6.85	6.76	6.68
6	8.81	7.26	6.60	6.23	5.99	5.82	5.70	5.60	5.52
7	8.07	6.54	5.89	5.52	5.29	5.12	4.99	4.90	4.82
8	7.57	6.06	5.42	5.05	4.82	4.65	4.53	4.43	4.36
9	7.21	5.71	5.08	4.72	4.48	4.32	4.20	4.10	4.03
10	6.94	5.46	4.83	4.47	4.24	4.07	3.95	3.85	3.78
11	6.72	5.26	4.63	4.28	4.04	3.88	3.76	3.66	3.59
12	6.55	5.10	4.47	4.12	3.89	3.73	3.61	3.51	3.44
13	6.41	4.97	4.35	4.00	3.77	3.60	3.48	3.39	3.31
14	6.30	4.86	4.24	3.89	3.66	3.50	3.38	3.29	3.21
15	6.20	4.77	4.15	3.80	3.58	3.41	3.29	3.20	3.12
16	6.12	4.69	4.08	3.73	3.50	3.34	3.22	3.12	3.05
17	6.04	4.62	4.01	3.66	3.44	3.28	3.16	3.06	2.98
18	5.98	4.56	3.95	3.61	3.38	3.22	3.10	3.01	2.93

续表

n_2 \ n_1	1	2	3	4	5	6	7	8	9
19	5.92	4.51	3.90	3.56	3.33	3.17	3.05	2.96	2.88
20	5.87	4.46	3.86	3.51	3.29	3.13	3.01	2.91	2.84
21	5.83	4.42	3.82	3.48	3.25	3.09	2.97	2.87	2.80
22	5.79	4.38	3.78	3.44	3.22	3.05	2.93	2.84	2.76
23	5.75	4.35	3.75	3.41	3.18	3.02	2.90	2.81	2.73
24	5.72	4.32	3.72	3.38	3.15	2.99	2.87	2.78	2.70
25	5.69	4.29	3.69	3.35	3.13	2.97	2.85	2.75	2.68
26	5.66	4.27	3.67	3.33	3.10	2.94	2.82	2.73	2.65
27	5.63	4.24	3.65	3.31	3.08	2.92	2.80	2.71	2.63
28	5.61	4.22	3.63	3.29	3.06	2.90	2.78	2.69	2.61
29	5.59	4.20	3.61	3.27	3.04	2.88	2.76	2.67	2.59
30	5.57	4.18	3.59	3.25	3.03	2.87	2.75	2.65	2.57
40	5.42	4.05	3.46	3.13	2.90	2.74	2.62	2.53	2.45
60	5.29	3.93	3.34	3.01	2.79	2.63	2.51	2.41	2.33
120	5.15	3.80	3.23	2.89	2.67	2.52	2.39	2.30	2.22
∞	5.02	3.69	3.12	2.79	2.57	2.41	2.29	2.19	2.11

10	12	15	20	24	30	40	60	120	∞
968.6	976.7	984.9	993.1	997.3	1 001	1 006	1 010	1 014	1 018
39.40	39.41	39.43	39.45	39.46	39.46	39.47	39.48	39.49	39.50
14.42	14.34	14.25	14.17	14.12	14.08	14.04	13.99	13.95	13.90
8.84	8.75	8.66	8.56	8.51	8.46	8.41	8.36	8.31	8.26
6.62	6.52	6.43	6.33	6.28	6.23	6.18	6.12	6.07	6.02
5.46	5.37	5.27	5.17	5.12	5.07	5.01	4.96	4.90	4.85
4.76	4.67	4.57	4.47	4.41	4.36	4.31	4.25	4.20	4.14
4.30	4.20	4.10	4.00	3.95	3.89	3.84	3.78	8.73	3.67
3.96	3.87	3.77	3.67	3.61	3.56	3.51	3.45	3.39	3.33
3.72	3.62	3.52	3.42	3.37	3.31	3.26	3.20	3.14	3.08
3.53	3.43	3.33	3.23	3.17	3.12	3.06	3.00	2.94	2.88
3.37	3.28	3.18	3.07	3.02	2.96	2.91	2.85	2.79	2.73
3.25	3.15	3.05	2.95	2.89	2.84	2.78	2.72	2.66	2.60
3.15	3.05	2.95	2.84	2.79	2.73	2.67	2.61	2.55	2.49
3.06	2.96	2.86	2.76	2.70	2.64	2.59	2.52	2.46	2.40
2.99	2.89	2.79	2.68	2.63	2.57	2.51	2.45	2.38	2.32
2.92	2.82	2.72	2.62	2.56	2.50	2.44	2.38	2.32	2.25
2.87	2.77	2.67	2.56	2.50	2.44	2.38	2.32	2.26	2.19

续表

10	12	15	20	24	30	40	60	120	∞
2.82	2.72	2.62	2.51	2.45	2.39	2.33	2.27	2.20	2.13
2.77	2.68	2.57	2.46	2.41	2.35	2.29	2.22	2.16	2.09
2.73	2.64	2.53	2.42	2.37	2.31	2.25	2.18	2.11	2.04
2.70	2.60	2.50	2.39	2.33	2.27	2.21	2.14	2.08	2.00
2.67	2.57	2.47	2.36	2.30	2.24	2.18	2.11	2.04	1.97
2.64	2.54	2.44	2.33	2.27	2.21	2.15	2.08	2.01	1.94
2.61	2.51	2.41	2.30	2.24	2.18	2.12	2.05	1.98	1.91
2.59	2.49	2.39	2.28	2.22	2.16	2.09	2.03	1.95	1.88
2.57	2.47	2.36	2.25	2.19	2.13	2.07	2.00	1.93	1.85
2.55	2.45	2.34	2.23	2.17	2.11	2.05	1.98	1.91	1.83
2.53	2.43	2.32	2.21	2.15	2.09	2.03	1.96	1.89	1.81
2.51	2.41	2.31	2.20	2.14	2.07	2.01	1.94	1.87	1.79
2.39	2.29	2.18	2.07	2.01	1.94	1.88	1.80	1.72	1.64
2.27	2.17	2.06	1.94	1.88	1.82	1.74	1.67	1.58	1.48
2.16	2.05	1.94	1.82	1.76	1.69	1.61	1.53	1.43	1.31
2.05	1.94	1.83	1.71	1.64	1.57	1.48	1.39	1.27	1.00

$\alpha=0.01$

n_2 \ n_1	1	2	3	4	5	6	7	8	9
1	4 052	4 999	5 404	5 624	5 764	5 859	5 928	5 981	6 022
2	98.50	99.00	99.16	99.25	99.30	99.33	99.36	99.38	99.39
3	34.12	30.82	29.46	28.71	28.24	27.91	27.67	27.49	27.34
4	21.20	18.00	16.69	15.98	15.52	15.21	14.98	14.80	14.66
5	16.26	13.27	12.06	11.39	10.97	10.67	10.46	10.29	10.16
6	13.75	10.92	9.78	9.15	8.75	8.47	8.26	8.10	7.98
7	12.25	9.55	8.45	7.85	7.46	7.19	6.99	6.84	6.72
8	11.26	8.65	7.59	7.01	6.63	6.37	6.18	6.03	5.91
9	10.56	8.02	6.99	6.42	6.06	5.80	5.61	5.47	5.35
10	10.04	7.56	6.55	5.99	5.64	5.39	5.20	5.06	4.94
11	9.65	7.21	6.22	5.67	5.32	5.07	4.89	4.74	4.63
12	9.33	6.93	5.95	5.41	5.06	4.82	4.64	4.50	4.39
13	9.07	6.70	5.74	5.21	4.86	4.62	4.44	4.30	4.19
14	8.86	6.51	5.56	5.04	4.69	4.46	4.28	4.14	4.03
15	8.68	6.36	5.42	4.89	4.56	4.32	4.14	4.00	3.89
16	8.53	6.23	5.29	4.77	4.44	4.20	4.03	3.89	3.78

续表

n_2 \ n_1	1	2	3	4	5	6	7	8	9
17	8.40	6.11	5.19	4.67	4.34	4.10	3.93	3.79	3.68
18	8.29	6.01	5.09	4.58	4.25	4.01	3.84	3.71	3.60
19	8.18	5.93	5.01	4.50	4.17	3.94	3.77	3.63	3.52
20	8.10	5.85	4.94	4.43	4.10	3.87	3.70	3.56	3.46
21	8.02	5.78	4.87	4.37	4.04	3.81	3.64	3.51	3.40
22	7.95	5.72	4.82	4.31	3.99	3.76	3.59	3.45	3.35
23	7.88	5.66	4.76	4.26	3.94	3.71	3.54	3.41	3.30
24	7.82	5.61	4.72	4.22	3.90	3.67	3.50	3.36	3.26
25	7.77	5.57	4.68	4.18	3.85	3.63	3.46	3.32	3.22
26	7.72	5.53	4.64	4.14	3.82	3.59	3.42	3.29	3.18
27	7.68	5.49	4.60	4.11	3.78	3.56	3.39	3.26	3.15
28	7.64	5.45	4.57	4.07	3.75	3.53	3.36	3.23	3.12
29	7.60	5.42	4.54	4.04	3.73	3.50	3.33	3.20	3.09
30	7.56	5.39	4.51	4.02	3.70	3.47	3.30	3.17	3.07
40	7.31	5.18	4.31	3.83	3.51	3.29	3.12	2.99	2.89
60	7.08	4.98	4.13	3.65	3.34	3.12	2.95	2.82	2.72
120	6.85	4.79	3.95	3.48	3.17	2.96	2.79	2.66	2.56
∞	6.63	4.61	3.78	3.32	3.02	2.80	2.64	2.51	2.41

10	12	15	20	24	30	40	60	120	∞
6 056	6 107	6 157	6 209	6 234	6 260	6 286	6 313	6 340	6 366
99.40	99.42	99.43	99.45	99.46	99.47	99.48	99.48	99.49	99.50
27.23	27.05	26.87	26.69	26.60	26.50	26.41	26.32	26.22	26.13
14.55	14.37	14.20	14.02	13.93	13.84	13.75	13.65	13.56	13.46
10.05	9.89	9.72	9.55	9.47	9.38	9.29	9.20	9.11	9.02
7.87	7.72	7.56	7.40	7.31	7.23	7.14	7.06	6.97	6.88
6.62	6.47	6.31	6.16	6.07	5.99	5.91	5.82	5.74	5.65
5.81	5.67	5.52	5.36	5.28	5.20	5.12	5.03	4.95	4.86
5.26	5.11	4.96	4.81	4.73	4.65	4.57	4.48	4.40	4.31
4.85	4.71	4.56	4.41	4.33	4.25	4.17	4.08	4.00	3.91
4.54	4.40	4.25	4.10	4.02	3.94	3.86	3.78	3.69	3.60
4.30	4.16	4.01	3.86	3.78	3.70	3.62	3.54	3.45	3.36
4.10	3.96	3.82	3.66	3.59	3.51	3.43	3.34	3.25	3.17
3.94	3.80	3.66	3.51	3.43	3.35	3.27	3.18	3.09	3.00
3.80	3.67	3.52	3.37	3.29	3.21	3.13	3.05	2.96	2.87
3.69	3.55	3.41	3.26	3.18	3.10	3.02	2.93	2.84	2.75

续表

10	12	15	20	24	30	40	60	120	∞
3.59	3.46	3.31	3.16	3.08	3.00	2.92	2.83	2.75	2.65
3.51	3.37	3.23	3.08	3.00	2.92	2.84	2.75	2.66	2.57
3.43	3.30	3.15	3.00	2.92	2.84	2.76	2.67	2.58	2.49
3.37	3.23	3.09	2.94	2.86	2.78	2.69	2.61	2.52	2.42
3.31	3.17	3.03	2.88	2.80	2.72	2.64	2.55	2.46	2.36
3.26	3.12	2.98	2.83	2.75	2.67	2.58	2.50	2.40	2.31
3.21	3.07	2.93	2.78	2.70	2.62	2.54	2.45	2.35	2.26
3.17	3.03	2.89	2.74	2.66	2.58	2.49	2.40	2.31	2.21
3.13	2.99	2.85	2.70	2.62	2.54	2.45	2.36	2.27	2.17
3.09	2.96	2.81	2.66	2.58	2.50	2.42	2.33	2.23	2.13
3.06	2.93	2.78	2.63	2.55	2.47	2.38	2.29	2.20	2.10
3.03	2.90	2.75	2.60	2.52	2.44	2.35	2.26	2.17	2.06
3.00	2.87	2.73	2.57	2.49	2.41	2.33	2.23	2.14	2.03
2.98	2.84	2.70	2.55	2.47	2.39	2.30	2.21	2.11	2.01
2.80	2.66	2.52	2.37	2.29	2.20	2.11	2.02	1.92	1.80
2.63	2.50	2.35	2.20	2.12	2.03	1.94	1.84	1.73	1.60
2.47	2.34	2.19	2.03	1.95	1.86	1.76	1.66	1.53	1.38
2.32	2.18	2.04	1.88	1.79	1.70	1.59	1.47	1.32	1.00

$\alpha=0.005$

n_2 \ n_1	1	2	3	4	5	6	7	8	9
1	16 212	19 997	21 614	22 501	23 056	23 440	23 715	23 924	24 091
2	198.50	199.01	199.16	199.24	199.30	199.33	199.36	199.38	199.39
3	55.55	49.80	47.47	46.20	45.39	44.84	44.43	44.13	43.88
4	31.33	26.28	24.26	23.15	22.46	21.98	21.62	21.35	21.14
5	22.78	18.31	16.53	15.56	14.94	14.51	14.20	13.96	13.77
6	18.63	14.54	12.92	12.03	11.46	11.07	10.79	10.57	10.39
7	16.24	12.40	10.88	10.05	9.52	9.16	8.89	8.68	8.51
8	14.69	11.04	9.60	8.81	8.30	7.95	7.69	7.50	7.34
9	13.61	10.11	8.72	7.96	7.47	7.13	6.88	6.69	6.54
10	12.83	9.43	8.08	7.34	6.87	6.54	6.30	6.12	5.97
11	12.23	8.91	7.60	6.88	6.42	6.10	5.86	5.68	5.54
12	11.75	8.51	7.23	6.52	6.07	5.76	5.52	5.35	5.20
13	11.37	8.19	6.93	6.23	5.79	5.48	5.25	5.08	4.94
14	11.06	7.92	6.68	6.00	5.56	5.26	5.03	4.86	4.72

续表

n_2 \ n_1	1	2	3	4	5	6	7	8	9
15	10.80	7.70	6.48	5.80	5.37	5.07	4.85	4.67	4.54
16	10.58	7.51	6.30	5.64	5.21	4.91	4.69	4.52	4.38
17	10.38	7.35	6.16	5.50	5.07	4.78	4.56	4.39	4.25
18	10.22	7.21	6.03	5.37	4.96	4.66	4.44	4.28	4.14
19	10.07	7.09	5.92	5.27	4.85	4.56	4.34	4.18	4.04
20	9.94	6.99	5.82	5.17	4.76	4.47	4.26	4.09	3.96
21	9.83	6.89	5.73	5.09	4.68	4.39	4.18	4.01	3.88
22	9.73	6.81	5.65	5.02	4.61	4.32	4.11	3.94	3.81
23	9.63	6.73	5.58	4.95	4.54	4.26	4.05	3.88	3.75
24	9.55	6.66	5.52	4.89	4.49	4.20	3.99	3.83	3.69
25	9.48	6.60	5.46	4.84	4.43	4.15	3.94	3.78	3.64
26	9.41	6.54	5.41	4.79	4.38	4.10	3.89	3.73	3.60
27	9.34	6.49	5.36	4.74	4.34	4.06	3.85	3.69	3.56
28	9.28	6.44	5.32	4.70	4.30	4.02	3.81	3.65	3.52
29	9.23	6.40	5.28	4.66	4.26	3.98	3.77	3.61	3.48
30	9.18	6.35	5.24	4.62	4.23	3.95	3.74	3.58	3.45
40	8.83	6.07	4.98	4.37	3.99	3.71	3.51	3.35	3.22
60	8.49	5.79	4.73	4.14	3.76	3.49	3.29	3.13	3.01
120	8.18	5.54	4.50	3.92	3.55	3.28	3.09	2.93	2.81
∞	7.88	5.30	4.28	3.72	3.35	3.09	2.90	2.74	2.62

10	12	15	20	24	30	40	60	120	∞
24 222	24 427	24 632	24 837	24 937	25 041	25 146	25 254	25 358	25 466
199.39	199.42	199.43	199.45	199.45	199.48	199.48	199.48	199.49	199.51
43.68	43.39	43.08	42.78	42.62	42.47	42.31	42.15	41.99	41.83
20.97	20.70	20.44	20.17	20.03	19.89	19.75	19.61	19.47	19.32
13.62	13.38	13.15	12.90	12.78	12.66	12.53	12.40	12.27	12.14
10.25	10.03	9.81	9.59	9.47	9.36	9.24	9.12	9.00	8.88
8.38	8.18	7.97	7.75	7.64	7.53	7.42	7.31	7.19	7.08
7.21	7.01	6.81	6.61	6.50	6.40	6.29	6.18	6.06	5.95
6.42	6.23	6.03	5.83	5.73	5.62	5.52	5.41	5.30	5.19
5.85	5.66	5.47	5.27	5.17	5.07	4.97	4.86	4.75	4.64
5.42	5.24	5.05	4.86	4.76	4.65	4.55	4.45	4.34	4.23
5.09	4.91	4.72	4.53	4.43	4.33	4.23	4.12	4.01	3.90
4.82	4.64	4.46	4.27	4.17	4.07	3.97	3.87	3.76	3.65
4.60	4.43	4.25	4.06	3.96	3.86	3.76	3.66	3.55	3.44

续表

10	12	15	20	24	30	40	60	120	∞
4.42	4.25	4.07	3.88	3.79	3.69	3.59	3.48	3.37	3.26
4.27	4.10	3.92	3.73	3.64	3.54	3.44	3.33	3.22	3.11
4.14	3.97	3.79	3.61	3.51	3.41	3.31	3.21	3.10	2.98
4.03	3.86	3.68	3.50	3.40	3.30	3.20	3.10	2.99	2.87
3.93	3.76	3.59	3.40	3.31	3.21	3.11	3.00	2.89	2.78
3.85	3.68	3.50	3.32	3.22	3.12	3.02	2.92	2.81	2.69
3.77	3.60	3.43	3.24	3.15	3.05	2.95	2.84	2.73	2.61
3.70	3.54	3.36	3.18	3.08	2.98	2.88	2.77	2.66	2.55
3.64	3.47	3.30	3.12	3.02	2.92	2.82	2.71	2.60	2.48
3.59	3.42	3.25	3.06	2.97	2.87	2.77	2.66	2.55	2.43
3.54	3.37	3.20	3.01	2.92	2.82	2.72	2.61	2.50	2.38
3.49	3.33	3.15	2.97	2.87	2.77	2.67	2.56	2.45	2.33
3.45	3.28	3.11	2.93	2.83	2.73	2.63	2.52	2.41	2.29
3.41	3.25	3.07	2.89	2.79	2.69	2.59	2.48	2.37	2.25
3.38	3.21	3.04	2.86	2.76	2.66	2.56	2.45	2.33	2.21
3.34	3.18	3.01	2.82	2.73	2.63	2.52	2.42	2.30	2.18
3.12	2.95	2.78	2.60	2.50	2.40	2.30	2.18	2.06	1.93
2.90	2.74	2.57	2.39	2.29	2.19	2.08	1.96	1.83	1.69
2.71	2.54	2.37	2.19	2.09	1.98	1.87	1.75	1.61	1.43
2.52	2.36	2.19	2.00	1.90	1.79	1.67	1.53	1.36	1.00

附表 3

杜宾-瓦森检验临界值表

$\alpha=0.05$

n	$p=1$		$p=2$		$p=3$		$p=4$		$p=5$	
	d_L	d_U	d_L	d_U	d_L	d_U	d_L	d_U	d_L	d_U
15	1.08	1.36	0.95	1.54	0.82	1.75	0.69	1.97	0.56	2.21
16	1.10	1.37	0.98	1.54	0.86	1.73	0.74	1.93	0.62	2.15
17	1.13	1.38	1.02	1.54	0.90	1.71	0.78	1.90	0.67	2.10
18	1.16	1.39	1.05	1.53	0.93	1.69	0.82	1.87	0.71	2.06
19	1.18	1.40	1.08	1.53	0.97	1.68	0.86	1.85	0.75	2.02
20	1.20	1.41	1.10	1.54	1.00	1.68	0.90	1.83	0.79	1.99
21	1.22	1.42	1.13	1.54	1.03	1.67	0.93	1.81	0.83	1.96
22	1.24	1.43	1.15	1.54	1.05	1.66	0.96	1.80	0.86	1.94
23	1.26	1.44	1.17	1.54	1.08	1.66	0.99	1.79	0.90	1.92
24	1.27	1.45	1.19	1.55	1.10	1.66	1.01	1.78	0.93	1.90
25	1.29	1.45	1.21	1.55	1.12	1.66	1.04	1.77	0.95	1.89
26	1.30	1.46	1.22	1.55	1.14	1.65	1.06	1.76	0.98	1.88
27	1.32	1.47	1.24	1.56	1.16	1.65	1.08	1.76	1.01	1.86
28	1.33	1.48	1.26	1.56	1.18	1.65	1.10	1.75	1.03	1.85
29	1.34	1.48	1.27	1.56	1.20	1.65	1.12	1.74	1.05	1.84
30	1.35	1.49	1.28	1.57	1.21	1.65	1.14	1.74	1.07	1.83
31	1.36	1.50	1.30	1.57	1.23	1.65	1.16	1.74	1.09	1.83
32	1.37	1.50	1.31	1.57	1.24	1.65	1.18	1.73	1.11	1.82
33	1.38	1.51	1.32	1.58	1.26	1.65	1.19	1.73	1.13	1.81
34	1.39	1.51	1.33	1.58	1.27	1.65	1.21	1.73	1.15	1.81
35	1.40	1.52	1.34	1.58	1.28	1.65	1.22	1.73	1.16	1.80
36	1.41	1.52	1.35	1.59	1.29	1.65	1.24	1.73	1.18	1.80
37	1.42	1.53	1.36	1.59	1.31	1.66	1.25	1.72	1.19	1.80
38	1.43	1.54	1.37	1.59	1.32	1.66	1.26	1.72	1.21	1.79
39	1.43	1.54	1.38	1.60	1.33	1.66	1.27	1.72	1.22	1.79
40	1.44	1.54	1.39	1.60	1.34	1.66	1.29	1.72	1.23	1.79
45	1.48	1.57	1.43	1.62	1.38	1.67	1.34	1.72	1.29	1.78
50	1.50	1.59	1.46	1.63	1.42	1.67	1.38	1.72	1.34	1.77
55	1.53	1.60	1.49	1.64	1.45	1.68	1.41	1.72	1.38	1.77
60	1.55	1.62	1.51	1.65	1.48	1.69	1.44	1.73	1.41	1.77

续表

n	$p=1$		$p=2$		$p=3$		$p=4$		$p=5$	
	d_L	d_U	d_L	d_U	d_L	d_U	d_L	d_U	d_L	d_U
65	1.57	1.63	1.54	1.66	1.50	1.70	1.47	1.73	1.44	1.77
70	1.58	1.64	1.55	1.67	1.52	1.70	1.49	1.74	1.46	1.77
75	1.60	1.65	1.57	1.68	1.54	1.71	1.51	1.74	1.49	1.77
80	1.61	1.66	1.59	1.69	1.56	1.72	1.53	1.74	1.51	1.77
85	1.62	1.67	1.60	1.70	1.57	1.72	1.55	1.75	1.52	1.77
90	1.63	1.68	1.61	1.70	1.59	1.73	1.57	1.75	1.54	1.78
95	1.64	1.69	1.62	1.71	1.60	1.73	1.58	1.75	1.56	1.78
100	1.65	1.69	1.63	1.72	1.61	1.74	1.59	1.76	1.57	1.78

$\alpha=0.01$

n	$p=1$		$p=2$		$p=3$		$p=4$		$p=5$	
	d_L	d_U	d_L	d_U	d_L	d_U	d_L	d_U	d_L	d_U
15	0.81	1.07	0.70	1.25	0.59	1.46	0.49	1.70	0.39	1.96
16	0.84	1.09	0.74	1.25	0.63	1.44	0.53	1.66	0.44	1.90
17	0.87	1.10	0.77	1.25	0.67	1.43	0.57	1.63	0.48	1.85
18	0.90	1.12	0.80	1.26	0.71	1.42	0.61	1.60	0.52	1.80
19	0.93	1.13	0.83	1.27	0.74	1.41	0.65	1.58	0.56	1.74
20	0.95	1.15	0.86	1.27	0.77	1.41	0.68	1.57	0.60	1.74
21	0.97	1.16	0.89	1.27	0.80	1.41	0.72	1.55	0.63	1.71
22	1.00	1.17	0.91	1.28	0.83	1.40	0.75	1.54	0.66	1.69
23	1.02	1.19	0.94	1.29	0.86	1.40	0.77	1.53	0.70	1.67
24	1.04	1.20	0.96	1.30	0.88	1.41	0.80	1.53	0.72	1.66
25	1.05	1.21	0.98	1.30	0.90	1.41	0.83	1.52	0.75	1.65
26	1.07	1.22	1.00	1.31	0.93	1.41	0.85	1.52	0.78	1.64
27	1.09	1.23	1.02	1.32	0.95	1.41	0.88	1.51	0.81	1.63
28	1.10	1.24	1.04	1.32	0.97	1.41	0.90	1.51	0.83	1.62
29	1.12	1.25	1.05	1.33	0.99	1.42	0.92	1.51	0.85	1.61
30	1.13	1.26	1.07	1.34	1.01	1.42	0.94	1.51	0.88	1.61
31	1.15	1.27	1.08	1.34	1.02	1.42	0.96	1.51	0.90	1.60
32	1.16	1.28	1.10	1.35	1.04	1.43	0.98	1.51	0.92	1.60
33	1.17	1.29	1.11	1.36	1.05	1.43	1.00	1.51	0.94	1.59
34	1.18	1.30	1.13	1.36	1.07	1.43	1.01	1.51	0.95	1.59
35	1.19	1.31	1.14	1.37	1.08	1.44	1.03	1.51	0.97	1.59
36	1.21	1.32	1.15	1.38	1.10	1.44	1.04	1.51	0.99	1.59
37	1.22	1.32	1.16	1.38	1.11	1.45	1.06	1.51	1.00	1.59
38	1.23	1.33	1.18	1.39	1.12	1.45	1.07	1.52	1.02	1.58
39	1.24	1.34	1.19	1.39	1.14	1.45	1.09	1.52	1.03	1.58
40	1.25	1.34	1.20	1.40	1.15	1.46	1.10	1.52	1.05	1.58
45	1.29	1.38	1.24	1.42	1.20	1.48	1.16	1.53	1.11	1.58
50	1.32	1.40	1.28	1.45	1.24	1.49	1.20	1.54	1.16	1.59
55	1.36	1.43	1.32	1.47	1.28	1.51	1.25	1.55	1.21	1.59

续表

n	$p=1$		$p=2$		$p=3$		$p=4$		$p=5$	
	d_L	d_U	d_L	d_U	d_L	d_U	d_L	d_U	d_L	d_U
60	1.38	1.45	1.35	1.48	1.32	1.52	1.28	1.56	1.25	1.60
65	1.41	1.47	1.38	1.50	1.35	1.53	1.31	1.57	1.28	1.61
70	1.43	1.49	1.40	1.52	1.37	1.55	1.34	1.58	1.31	1.61
75	1.45	1.50	1.42	1.53	1.39	1.56	1.37	1.59	1.34	1.62
80	1.47	1.52	1.44	1.54	1.42	1.57	1.39	1.60	1.36	1.62
85	1.48	1.53	1.46	1.55	1.43	1.58	1.41	1.60	1.39	1.63
90	1.50	1.54	1.47	1.56	1.45	1.59	1.43	1.61	1.41	1.64
95	1.51	1.55	1.49	1.57	1.47	1.60	1.45	1.62	1.42	1.64
100	1.52	1.56	1.50	1.58	1.48	1.60	1.46	1.63	1.44	1.65